Georg Winter (Hrsg.)

Ökologische Unternehmensentwicklung

Springer
Berlin
Heidelberg
New York
Barcelona
Budapest
Hongkong
London
Mailand
Paris
Santa Clara
Singapur
Tokio

Georg Winter (Hrsg.)

Ökologische Unternehmensentwicklung

Mit 86 Abbildungen

Springer

Dr. Georg Winter
Ernst Winter & Sohn GmbH & Co. KG
Osterstr. 58
20259 Hamburg

ISBN-13: 978-3-642-64462-7 eISBN-13: 978-3-642-60576-5
DOI: 10.1007/978-3-642-60576-5

Die Deutsche Bibliothek – CIP-Einheitsaufnahme
Ökologische Unternehmensentwicklung / Georg Winter (Hrsg.). – Berlin ; Heidelberg ; New York ; Barcelona ; Budapest ; Hongkong ; London; Mailand ; Paris ; Santa Clara ; Singapur ; Tokio : Springer, 1997

ISBN 978-3-642-64462-7

NE: Winter, Georg [Hrsg.]

Softcover reprint of the hardcover 1st edition 1997

Herstellung: PRODUserv Springer Produktions-Gesellschaft, Berlin
Einbandgestaltung: Künkel + Lopka, Ilvesheim
Datenkonvertierung durch Lewis & Leins GmbH, Berlin

SPIN: 10532643 7/3020 - 5 4 3 2 1 0 – Gedruckt auf säurefreiem Papier.

Vorwort des Herausgebers

Das Buch vereint mehrere Einzelschriften, die nach einem Gesamtkonzept verfaßt und durch Verweisungen aufeinander bezogen sind, zu einem in sich geschlossenen, gut lesbaren Werk. Es verbindet den in der Spezialisierung liegenden Kompetenzgewinn mit dem roten Faden, auf den die Praxis angewiesen ist.

Das Buch ist pyramidenartig konzipiert. Auf die Formulierung der Politik folgt die Entwicklung einer Strategie. Aus der Strategie werden Ziele abgeleitet, die mit Hilfe von geeigneten Instrumenten umgesetzt werden.

Die Autoren versetzen die Unternehmensleitung in die Lage, unter Einbeziehung moderner Informationstechnik den betrieblichen Umweltschutz an aktuelle Managementkonzepte, Personalentwicklungsmaßnahmen sowie gesetzliche Grundlagen anzubinden. Die Basis bilden die im gesetzlichen Bereich einzusetzenden Tools, deren Auswahl sich nach der jeweiligen Aufgabe richtet.

Umweltorientiertes Management breitet sich in Praxis und Lehre rasch aus. Zunächst ersetzten viele Unternehmen ihre defensive Haltung gegenüber dem Umweltschutz durch aktive Strategien.

Sektorale Ansätze wurden häufiger zu integralen Konzepten, die alle Unternehmensbereiche und Unternehmensebenen erfassen, weiterentwickelt. An die Stelle individueller Integrallösungen treten neuerdings mit der ISO 14001 und der EG-Öko-Audit-Verordnung öfter solche in standardisierter Form.

Immer häufiger wird Umweltschutz als eines der Unternehmensziele akzeptiert. Bei einzelnen Unternehmen beginnt er sich als gleichwertiges Unternehmensziel neben Umsatz, Ertrag und Marktanteil zu etablieren.

Nachdem die Entwicklung zur umweltorientierten Unternehmensführung im deutschsprachigen und skandinavischen Raum entstand, setzt sie sich international immer mehr durch. Inzwischen läßt sich von einer globalen Bewegung sprechen, die u.a. in der Entstehung einer Weltföderation nationaler Unternehmensverbände für umweltbewußtes Management (INEM) Ausdruck findet.

Zunehmend wurde erkannt, daß umweltorientiertes Management integraler Bestandteil jedes Qualitätsmanagements ist und auch moralische Qualität erlangen kann. In der Forderung nach umweltorientierter Unternehmensführung begegnen sich ökonomisches und ethisches Denken.

Eines darf nie vergessen werden: Die Verbreitung umweltorientierter Unternehmensführung allein reicht nicht aus, um diejenige Emissionsverminderung und Ressourcenschonung zu erreichen, die für die Erhaltung der natürlichen Lebensgrundlagen – und damit auch des Wirtschaftssystems – erforderlich sind. Zusätzlich ist eine Fortentwicklung der gesamtwirtschaftlichen Rahmenbedingungen dahingehend notwendig, daß ausschließlich umweltverträgliches Wirtschaften sich noch lohnt. Das Unternehmen braucht den umweltbewußten Staat nicht weniger als der Staat das umweltbewußte Unternehmen.

Der umweltbewußte Unternehmer wird alles in seiner Macht stehende tun, daß die hervorragenden Erfahrungen mit umweltbewußtem Unternehmensmanagement auf den Staat selbst übertragen werden. Der umweltorientiert verfaßte, organisierte und geführte Staat kann im zwischenstaatlichen Wettbewerb vergleichbare Vorteile nutzen wie das umweltbewußte Unternehmen im unternehmerischen Wettbewerbskampf. So gehen auf der staatlichen Ebene wirtschaftliche Vernunft und physische Überlebensstrategie Hand in Hand.

Hamburg, im Sommer 1996 Dr. Georg Winter

Vorwort der Autoren

Im Jahr 1993 erreichte die Diskussion über Umweltmanagementsysteme mit der Verabschiedung der Verordnung (EWG) Nr. 1836/93 zum Umweltmanagement und zur Umweltbetriebsprüfung, kurz Öko-Audit-Verordnung oder EMAS (Environmental Management and Auditing Scheme), ihren vorläufigen Höhepunkt. Immer mehr Arbeitsgruppen und Normenausschüsse beschäftigten sich mit Umweltmanagement, eine steigende Anzahl von Veranstaltungen wurde durchgeführt. Auch an den Hochschulen wurden durch die Vorbereitung bzw. Bearbeitung von verschiedenen Forschungsprojekten die entsprechenden Überlegungen intensiviert. So entstand ein Arbeitskreis aus Vertretern verschiedener Hochschulen mit dem Ziel, ein geschlossenes Konzept zum Umweltmanagement zu erarbeiten. Da alle Mitglieder dieses Hochschularbeitskreises das Umweltmanagement aus verschiedenen Disziplinen - von der Produktions- und Qualitätswissenschaft über die Technikwirkungsforschung und Betriebswirtschaft bis hin zur Technischen Chemie - betrachten, war darüber hinaus die Voraussetzung gegeben, über den Tellerrand auf den gesamtunternehmerischen Zusammenhang zu blicken.

So bleibt uns an dieser Stelle, Herrn Dr. Winter als Herausgeber für seine Bereitschaft und Unterstützung des Werkes ebenso herzlich zu danken wie dem Springer-Verlag für seine intensive Betreuung durch Frau Hestermann-Beyerle, Frau Block und Frau Maas. Natürlich beziehen wir in unseren Dank auch die Herren Professoren Hübner, Kamiske und Redeker sowie die UCB Umwelt Consult Berlin GmbH mit ein, die uns im Rahmen unserer Tätigkeit den Freiraum gelassen haben, uns regelmäßig in Berlin zu treffen und die zum Schluß sehr intensiven Arbeiten am Manuskript durchzuführen.

Wir hoffen, daß uns tatsächlich ein Werk gelungen ist, welches für den Unternehmer in der Praxis Hilfestellung und Wegweiser für zukünftige, umfassende Bemühungen im Umweltmanagement und für die Unternehmensentwicklung sein kann. Wir wünschen uns auch, daß es Wissenschaftler und auch zahlreiche Studenten der verschiedensten Fachrichtungen anregt, sich mit Umweltmanagement zu beschäftigen, um nicht nur den Anforderungen des Studiums, sondern auch denen des späteren Arbeitslebens zu genügen.

Berlin, Hannover, Kassel
Im Herbst 1996

Detlef Butterbrodt
Ulrich Hamm
Stefan Jahnes
Sebastian Kostka
Stefan Otto
Ulrich Tammler

Vorwort der Autoren

Inhaltsverzeichnis

1 Einleitung

Unternehmen derart zu entwickeln oder vielmehr weiterzuentwickeln, daß sie sich nicht im Widerspruch mit ihrer Umwelt befinden und dadurch langfristig ihren Erfolg sicherstellen, ist schon immer die wichtigste unternehmerische Herausforderung gewesen. Mit Umwelt soll hier nicht nur die ökologische, sondern u.a. auch die von den Geschäftspartnern geprägte ökonomische Umwelt angesprochen sein. Diese Herausforderung wird jedoch erst heute als solche begriffen. Dazu trägt einerseits bei, daß sich der Einfluß der Unternehmen auf die ökologische Umwelt als drastisch und offensichtlich im wesentlichen negativ darstellt und andererseits die wirtschaftlichen Bedingungen an Komplexität zunehmen. Globalisierung der Märkte, Sättigungstendenzen, Global Sourcing sind vielstrapazierte Stichworte zu diesem Thema.

Gerade die Antworten auf die Anforderungen bzgl. der ökologischen Umwelt müssen einen ganzheitlichen, alle Unternehmensbereiche umspannenden Charakter haben, da sie durch vielfältige Beziehungen zu anderen Aspekten der Unternehmenstätigkeit wie Qualität, Arbeitssicherheit, Innovation und Wirtschaftlichkeit gekennzeichnet sind und eben alle Unternehmensbereiche tatsächlich betreffen. Daher steht eine ökologische Unternehmensentwicklung beispielhaft für die prinzipielle Vorgehensweise einer zukunftsweisenden Unternehmensentwicklung.

Die Anforderungen als Ausgangspunkt und Maß unternehmerischer Tätigkeit stehen am Anfang dieses Buches. Sie werden im 2. Kapitel aus den Charakteristika verschiedener Unternehmensumwelten abgeleitet. Die Anforderungen werden nach den Gruppen, die sie aufstellen, getrennt dargestellt.

Im 3. Kapitel wird auf die Schaffung der unternehmensinternen Grundlagen für eine ökologische Unternehmensentwicklung eingegangen. Dies stellt sich im wesentlichen als Führungsaufgabe dar. Am Anfang steht hier die Unternehmensanalyse als Voraussetzung für die Entwicklung von Unternehmenspolitik, -zielen und -strategie. Ein wesentlicher Punkt in dieser Betrachtung ist es, als Unternehmen selbst die Initiative zu ergreifen und aktiv zu handeln. Dies bedeutet auch, daß Umweltschutz geplant und vorsorgend betrieben wird. Der Wille dazu muß in Politik, Zielen und Strategien sowohl für Außenstehende als auch für die eigenen Mitarbeiter überzeugend formuliert werden.

Das 4. Kapitel widmet sich den Grundlagen des Verständnisses von Unternehmen als Systemen. Dieses Verständnis wird bei der Betrachtung von Unternehmenskonzepten und -organisationsformen zugrundegelegt. Dabei werden den traditionellen Erfahrungen neue Konzepte, wie z.B. Total Quality Management, Prozeß- und Projektmanagement, gegenübergestellt. Diese modernen Konzepte werden als Grundlage beschrieben, um ökologische Aspekte in die Unternehmensentwicklung aufzunehmen. Insbesondere wenn es um die Einbeziehung des

Wirtschaftlichkeitsdenkens in den betrieblichen Umweltschutz geht, stellen diese Konzepte einen Weg dar, von der kostenintensiven Nachsorge zur vorbeugenden Vermeidung von Umwelteinwirkungen zu kommen.

Im 5. Kapitel wird auf den vielleicht wichtigsten Bereich von Anforderungen sowie die Art der Umsetzung im Unternehmen eingegangen. Er betrifft die rechtlichen Grundlagen des betrieblichen Umweltschutzes. Vor allem grundlegende organisatorische Maßnahmen, wie die Einrichtung eines Beauftragtenwesens und der Aufbau eines Umweltmanagementsystems, sowie die Konsequenzen bzgl. des Personalmanagements stehen im Zentrum der Betrachtung. Die Personalentwicklungsmaßnahmen werden aus der Erkenntnis heraus ausführlich untersucht, daß ohne motivierte und qualifizierte Mitarbeiter vorsorgender betrieblicher Umweltschutz keine Erfolgsaussichten hat.

Das 6. Kapitel beschäftigt sich mit den Grundlagen einer zielorientierten Informationsflußgestaltung. Insbesondere die Anforderungsvielfalt und die Anzahl der sie aufstellenden Anspruchsgruppen bzgl. der ökologischen Umwelt machen den Umgang mit Informationen zu einem wichtigen Erfolgsfaktor der Unternehmensentwicklung. Aus wettbewerbsstrategischen Gründen ist die rechtzeitige und frühzeitige Versorgung mit Informationen notwendig, um auf der Basis dieser Informationen angemessene unternehmerische Entscheidungen treffen zu können.

Im 7. Kapitel wird auf die Nutzung des Prinzips der ständigen Verbesserung, eines Grundprinzips des Qualitätsmanagements, für die ökologische Unternehmensentwicklung eingegangen. Hier werden Managementtechniken dargestellt, mit denen Unternehmen die Umweltverträglichkeit ihrer Prozesse und Produkte erhöhen können. Die Verbindung verschiedener Techniken des Qualitäts- und Umweltmanagements stellt das Bindeglied zwischen umweltorientierter Unternehmensführung und operativer Umsetzung der Unternehmensziele dar und trägt vor allem dem Anspruch Rechnung, vorsorgend und planerisch tätig zu werden.

Im 8. Kapitel wird schließlich auf wirtschaftliche Aspekte im Zusammenhang mit Umweltschutzmaßnahmen eingegangen. Diese stellen das unternehmensinterne Maß für den Erfolg der ökologischen Unternehmensentwicklung dar und ergänzen damit die Bewertung nach rein ökologischen Kriterien durch verschiedene Anspruchsgruppen. Hier wird besonderer Wert auf einen praxisorientierten Ansatz gelegt, der eine Weiterentwicklung der kostenbezogenen Diskussion darstellt.

Im gesamten Kontext stellt das Buch ein ganzheitliches Konzept zur Unternehmensentwicklung dar. Dieses Konzept eignet sich nicht nur, um den Umweltschutz im Unternehmen zu stärken und damit entsprechenden externen Forderungen nachzukommen, sondern es zeigt den grundsätzlichen Weg auch für andere Aspekte der Unternehmensführung auf. Hinzu kommen Bearbeitungsmöglichkeiten für die Schnittstellen. Durch die Aspekte Vorsorge und ständige Verbesserung werden zwei Prinzipien einbezogen, die unter wirtschaftlichen, technologischen, wettbewerbsstrategischen Gesichtspunkten und bzgl. der Mitarbeitereinbeziehung im Umweltmanagement genauso erfolgversprechend sind wie z.B. im Qualitäts-, Arbeitssicherheits-, Kosten- und Innovationsmanagement.

Kapitel 2: Anforderungen an Unternehmen

Ökologische, ökonomische, technologische,
rechtlich-politische und sozio-kulturelle Umwelten des Unternehmens
Anforderungen der Umwelt an das Unternehmen

Kapitel 3: Umweltorientierte Unternehmensführung

Gesamtkonzeption einer umweltorientierten Unternehmensführung:
Informationsgrundlagen
Unternehmenspolitik und -leitbild
Unternehmensziele
Unternehmensstrategie

Kapitel 4: Von traditionellen Unternehmenskonzepten zu modernen Managementkonzepten

Traditionelle Unternehmenskonzepte
Moderne Managementkonzepte
Aktuelle Managementkonzepte im Überblick

Kapitel 5: Umweltorientierte Organisationsgestaltung

Rechtliche Grundlagen der betrieblichen Umweltschutzorganisation
Organisation des betrieblichen Umweltschutzes
Anforderungen durch Umweltmanagementnormen
Umweltorientiertes Personalmanagement
Einführung von Umweltmanagementsystemen
Praxisbeispiel: Umweltorientiertes Weiterbildungssystem

Kapitel 6: Zielorientierte Informationsflußgestaltung

Grundlagen und Definitionen
Informationen im Unternehmen
Informationssysteme zur Managementunterstützung
Datenbanken als Informationsspeicher
Umweltbezogene Informationen

Kapitel 7: Techniken für das Umweltmanagement

Die ständige Verbesserung
Der Technikbegriff in Zusammenhang mit betrieblichem Umweltschutz
Umweltschutzmaßnahmen aus dem Blickwinkel der Wertschöpfung
Der Technikeinsatz in der betrieblichen Praxis
Der Einsatz von Techniken im Umweltmanagement
Einordnung der Techniken nach Aufgaben

Kapitel 8: Die Ermittlung umweltrelevanter Kosten

Grundlagen
Umweltrelevante Kosten
Methodik zur Ermittlung der umweltrelevanten Kosten
Anwendungshinweise

2 Anforderungen an Unternehmen

Die Auswirkungen des technologisch-wirtschaftlichen Handelns des Menschen auf die ökologische Umwelt sind unübersehbar geworden. Das wachsende Problembewußtsein aller Beteiligten im Wirtschaftsprozeß fördert die Einsicht, daß eine Veränderung der bislang vorherrschenden Art des Wirtschaftens unumgänglich ist.

Wirtschaftliche Handlungen und natürliche Umwelt stehen in zwei Grundkategorien von Umwelteinwirkungen in Beziehung:

- Entnahme von Umweltbestandteilen (pflanzliche und tierische Stoffe, Rohstoffe oder Wasser) als grundlegende Voraussetzung für Produktion und Konsum und
- Abgabe von umgewandelten Bestandteilen in die Umwelt nach erfolgten Produktions- und Konsumprozessen (z.B. Abfälle, Schadstoffe, Lärm).

Umweltprobleme und Wirkungsformen betrieblicher Handlungen haben im Laufe der Zeit einen Wandel erfahren. Ehemals punktuelle, d.h. lokal oder regional beschränkte Umweltprobleme wurden zu großräumigen, z.T. globalen Problemen. Blieben vor- und fruhindustrielle Schäden zumeist auf die Umgebung einer Fabrik oder einer Stadt beschränkt, so haben wir es heute mit flächendeckenden Umweltschäden zu tun bzw. mit global wirkenden Schädigungen. Hierzu passen Stichworte wie Ozonloch und Klimaveränderungen.

Die Wirkungen stellen sich immer komplexer dar. Ehemals einfache Ursache-Wirkungs-Zusammenhänge wandelten sich durch Kumulation und Synergieeffekte zu Zusammenhängen, bei denen weder ein Verursacher noch eine Ursache eindeutig festgestellt werden können. So sind die heutigen Waldschäden nicht mehr wie früher als einfache Rauchschäden durch Schwefeldioxid-Emissionen zu charakterisieren, sondern finden ihre Ursache in dem Zusammenwirken vielfältigster Stoffe als Mitverursacher. Sofort sinnlich wahrnehmbare Probleme in ihren Ausprägungen als Staub, Rauch, Ruß, Gestank oder getrübtem Wasser verlagerten sich zunehmend hin zu Auswirkungen, die nur noch mit Hilfe wissenschaftlicher Analysemethodik und entsprechenden technischen Hilfsmitteln festgestellt werden können (z.B. Schwermetalle, nicht wahrnehmbare Gase oder Radioaktivität).

Schließlich treten an die Stelle von Schädigungen, die in kürzeren Zeiträumen wieder abgebaut werden können, solche, bei denen der natürliche Urzustand, wenn überhaupt, nur in längeren Zeiträumen wiederhergestellt werden kann. In der Vergangenheit regenerierten sich Ökosysteme, wie z.B. Gewässer, nach Beendigung der belastenden Tätigkeit zumeist wieder und fanden zum ursprünglichen Gleichgewicht zurück. Dagegen ist die Veränderung der chemischen Zusammensetzung der Atmosphäre ebensowenig umkehrbar wie das Aussterben von Tier- und Pflanzenarten *[Förstner, 1992, S. 8]*.

Diese Schäden beeinträchtigen nicht nur die Lebensbedingungen von Tier- und Pflanzenwelt, sondern auch die des Menschen, so daß durch die Anhäufung regional begrenzter und globaler Umweltprobleme von einer Umweltkrise gesprochen werden kann. Zum Großteil liegt sie in produktions- und konsumorientierten Handlungen des Menschen begründet, da jeder Produktions- und Konsumprozeß neben den beabsichtigten Folgen (Versorgung mit den nachgefragten Gütern oder Dienstleistungen) unerwünschte Nebenwirkungen in bezug auf die ökologische Umwelt hat. Aus Sicht der Unternehmen können unmittelbare, produktionsbedingte und mittelbare, produktnutzungsbedingte Wirkungen mit direkten und indirekten Folgen unterschieden werden. Während Unternehmen für unmittelbare Folgen ihrer Tätigkeit spätestens seit Beginn der Umweltgesetzgebung die Verantwortung übernehmen müssen, ist eine Wahrnehmung umfassender Verantwortung auch für mittelbare und nicht alleinverursachte Umweltschäden im Sinne des oben Gesagten erst im Entstehen. Vorangetrieben wird diese Entwicklung vor allem durch die zunehmende Sensibilisierung verschiedener gesellschaftlicher Gruppen hinsichtlich Umweltproblemen.

Aus dem beschriebenen Problemkreis und der offensichtlichen Mitverantwortung der Unternehmen an der Umweltkrise ergeben sich Notwendigkeit, aber auch Komplexität und Langfristigkeit verstärkter Maßnahmen im betrieblichen Umweltschutz im Sinne einer Führungsaufgabe, die zum langfristigen Erfolg und damit zur Existenzsicherung der Unternehmen entscheidend beiträgt.

Diese Erkenntnisse führen zu einer Anforderungsvielfalt an die Unternehmen, denen nur mit umfassenden Maßnahmen und Veränderungen, zusammengefaßt als Unternehmensentwicklung, begegnet werden kann. Die Anforderungen als mehr oder weniger genaue Interpretation der Wirkungszusammenhänge verschiedener gesellschaftlicher Gruppen stellen dabei Maß und Bewertungskriterium der Gesellschaft für das Gelingen der ökologischen Unternehmensentwicklung dar. Noch aber herrschen Unsicherheit und Uneinigkeit über Ausmaß, Zeitraum und erforderliche Mittel für die Unternehmensentwicklung selbst bei den Unternehmen vor, die sich der Notwendigkeit von Veränderungen bewußt sind.

Um dies zu klären, sind zunächst die Anforderungen genauer zu untersuchen. Unternehmen stehen mit ihrer Umwelt in Wechselwirkungen. Die auffälligste Wechselwirkung ergibt sich daraus, daß Unternehmen mit einzelnen Teilen ihrer Umwelt in Kontakt treten, um diese mit Gütern oder Dienstleistungen zu versorgen, die benötigt oder gewünscht werden. In letzter Konsequenz reagiert ein Unternehmen also auf die Wünsche und Forderungen der Kunden. Damit ist der in der Vergangenheit häufig ausschließlich berücksichtigte Anforderungsträger genannt. Im folgenden wird auf die Vielzahl weiterer Subsysteme der „Gesamt-Umwelt", die mehr oder weniger berechtigt Anforderungen an Unternehmen stellen, eingegangen. Gerade bzgl. der ökologischen Umwelt existieren viele Anspruchsgruppen, die Forderungen an Unternehmen aufstellen, ohne direkt als Kunden in Erscheinung zu treten.

Ein Kernpunkt dieses Buches ist die Betrachtung des Unternehmens als System. Durch diese Sichtweise ist es möglich und sinnvoll, auch die Umwelt, mit der das Unternehmen in Wechselwirkungen steht, als System zu verstehen. Dieses Umsystem wiederum beinhaltet das Unternehmen als Teilsystem. Weitere teilweise bereits genannte Teilsysteme, die eine Rolle spielen und das Unternehmen durch Anforderungen beeinflussen, sind:

- die ökologische Umwelt,
- die ökonomische Umwelt,
- die technologische Umwelt,
- die rechtlich-politische Umwelt und
- die sozio-kulturelle Umwelt.

Diese Umwelten als Umsystem des Unternehmens werden zunächst beschrieben, wobei jedoch eine eindeutige Abgrenzung der einzelnen Umweltkategorien weder möglich noch beabsichtigt ist. Ebenso können bei jeder Umweltkategorie nur einige ausgewählte Aspekte Berücksichtigung finden. Die Umwelten beeinflussen sich gegenseitig, z.B. wird die ökologische Umwelt durch unternehmerische Emissionen beeinflußt. Also werden aus diesen Umwelten oder stellvertretend für sie (die ökologische Umwelt wird von verschiedenen gesellschaftlichen Gruppen vertreten) Anforderungen aufgestellt, um sicherzustellen, daß der unternehmerische Einfluß sich nicht negativ bemerkbar macht.

2.1 Die ökologische Umwelt

Die ökologische Umwelt beinhaltet die unbelebte Natur mit den Umweltmedien Boden, Wasser, Luft und die belebte Natur mit den Bereichen Ökosysteme, Mensch, Flora und Fauna. Sie wird durch die genannten Grundelemente und Lebewesen, durch festgestellte Umweltschäden und Schadensverursacher, durch mögliche Maßnahmenbereiche und Formen ihrer Durchsetzung bestimmt (mögliche Bereiche einer ökologischen Umweltanalyse zeigt Abschn. 3.2.1, s.a. Bild 3.6, Wertbereich „Umweltqualität“).

Im folgenden wird die ökologische Umwelt anhand der Merkmale von Ökosystemen und den Wirkungsbereichen Umweltbelastung und -schutz beschrieben.

Ökosysteme sind grundlegende Funktionseinheiten der Natur und unterscheiden sich häufig beträchtlich voneinander, etwa aufgrund der geographischen Lage, der Zugehörigkeit zu den Bereichen Land oder Wasser oder anderer Besonderheiten der Außenbedingungen – jedoch ist ein Kennzeichen allen Ökosystemen gemein: Ein Ökosystem ist die funktionelle Einheit aus Organismen (Biozönose) und ihrer Umwelt (Biotop), welche durch vielfältige Wechselwirkungen miteinander verknüpft sind. Ein Ökosystem besitzt eine gewisse Regulationskraft, bei deren Versagen das System zerstört wird. Hervorzuheben ist die Stabilität als die Eigenschaft von Ökosystemen, nach einer Störung wieder zum ursprünglichen Energie- und Stoffhaushalt sowie zum normalen Organismenbesatz zurückzukehren. Der Begriff Stabilität ist in engem Zusammenhang mit dem der Belastbarkeit zu sehen, welche die Intensität eines Störfaktors bezeichnet, die gerade noch ohne bleibende Schädigung kompensiert werden kann *[Bick, 1985, S. 39ff.]*.

Eine wichtige Besonderheit von Systemen, und damit auch von Ökosystemen, besteht darin, daß sich ein System anders verhält als vorher seine Teile – es bekommt gänzlich neue Eigenschaften. Ein System ist immer ein Ganzes, und das Ganze ist mehr als die bloße Summe seiner Teile. Dieses „Mehr" ist die Struktur, die Organisation, das Netz der Wechselwirkungen. Ökosysteme sind von sog. statischen (starren) Systemen, die von Menschen erdachte theoretische Systeme wie Dokumentations-, Klassifikations-, Ordnungssysteme oder mathematische Systeme bezeichnen, abzugrenzen. Vielmehr handelt es sich um dynamische Systeme, die das Programm zu ihrer eigenen Veränderung in sich tragen. Die Umwelt als dynamisches System ist die Gesamtheit verschiedener Systeme in Wechselwirkung – ein Wirkungsgefüge, welches durch lebendige Individualität, durch innere und äußere Kommunikation und durch einen Informationsfluß in seiner dynamischen Struktur organisiert ist *[Vester, 1987, S. 19f.]*.

Menschliche Eingriffe in den Naturhaushalt führen häufig zu Veränderungen desselben. Die Veränderungen äußern sich vielfach in Umweltbelastungen und -zerstörungen. Die eingangs charakterisierten Grundkategorien von Umwelteinwirkungen wirtschaftlichen Handelns (Entnahme von Umweltbestandteilen und Abgabe von Abfällen und Emissionen) lassen sich hinsichtlich der Merkmale von Ökosystemen folgendermaßen als Umweltbelastungen unterscheiden:

1. Ökologische Belastungen bezeichnen alle Umwelteinflüsse und -faktoren, die auf menschliche Organismen, Tiere und Pflanzen, Ökosysteme, Umweltmedien oder Sachgüter funktionsbeeinträchtigend einwirken oder diese so verändern, daß sie von einzelnen Menschen oder von größeren Gesellschaftsgruppen (subjektive bzw. intersubjektive ökologische Belastung) als unbefriedigend empfunden werden.
2. Ökologischer Streß wird bei Menschen, Tieren und Pflanzen durch Umwelteinwirkungen und -faktoren hervorgerufen wird. Dabei heißt Streß: Anpassungen, Verzerrungen und Anpassungszwänge, bei denen ein Organismus physisch und psychisch unter Druck steht *[Bechmann, 1985, S.10]*.

Neben dem eingangs skizzierten Wandel von Umweltwirkungen im historischen Zeitablauf lassen sich verschiedene Wirkungsformen von Umweltbelastungen unterscheiden:

- Akute Umweltbelastungen, -zerstörungen oder Katastrophen. Sie treten zu bestimmten Zeitpunkten und an bestimmten Orten als eindeutig identifizierbare Erscheinungen auf, z.B. das „Umkippen" eines Gewässers oder die Havarie eines Öltankers.
- Schleichende Umweltbelastungen und -zerstörungen. Sie äußern sich zunächst nur in graduellen Verschlechterungen der Umweltqualität. Ihre Folgen werden erst langfristig sichtbar, dann können sie jedoch breitflächig und intensiv auftreten. Zudem besteht die Möglichkeit der Anhäufung und Überlagerung einzelner Wirkungen in Form eines neuen Zusammenwirkens. Schleichende Umweltzerstörungen können „irgendwann" in akute Umweltzerstörungen übergehen.
- Schneller Verbrauch von Ressourcen. Er liegt vor, wenn nachwachsende Rohstoffe in einem höherem Umfang genutzt werden als sie nachwachsen bzw.

sich regenerieren, und wenn nicht nachwachsende Rohstoffe schneller verbraucht werden, als Ersatzstoffe für sie gefunden werden oder als auf ihre Nutzung verzichtet wird bzw. werden kann.

- Aufbau von technologischen Risikopotentialen. Viele technische Produkte wie Kraftfahrzeuge und technische Anlagen, wie Chemiefabriken oder Atomkraftwerke, bergen die Gefahr des Unfalls in sich. Ihre Nutzung ist mit Risiken verbunden. Bei gegebenem Stand der Technik wächst das gesamte technologische Risikopotential vor allem in den Industriestaaten mit der Installation einer jeden zusätzlichen technischen Anlage, sofern diese ein Unfallrisiko in sich birgt *[Bechmann, 1985, S. 14 f.]*.

Eine Umweltbelastung/-zerstörung bezeichnet die Nichtübereinstimmung von realer Umweltsituation mit gewünschter bzw. angestrebter Umweltsituation. Bezogen auf grundlegende Sachzusammenhänge eines Ökosystems bedeutet dies weiterhin, daß eine Umweltbelastung/-zerstörung die Grenze der Belastbarkeit eines Ökosystems kennzeichnet und sich auf dem Level dieser Grenze bewegt bzw. über diese hinausgeht und somit die ökosysteminterne Stabilität zerstört. Die gewünschte bzw. angestrebte Situation der ökologischen Umwelt kann über die Tätigkeitsfelder des Umweltschutzes charakterisiert werden.

Der Begriff Umweltschutz war bis Ende der sechziger Jahre im deutschen Wortschatz unbekannt und wurde 1969 als Übersetzung des amerikanischen „environment protection" in die deutsche Amtssprache übernommen, als im Bundesministerium des Innern eine neue Abteilung mit dieser Aufgabe betraut wurde, das heutige Bundesumweltministerium.

Umweltschutz bedeutet zunächst die Vermeidung von Umweltbelastungen und -zerstörungen. Unter Umweltschutz in seiner umweltpolitischen Ausprägung wird nach einer immer noch als aktuell zu bezeichnenden Definition im Umweltprogramm der Bundesregierung von 1971 (!) verstanden:

„... die Gesamtheit aller Maßnahmen, die notwendig sind,

- um dem Menschen seine Umwelt zu sichern, wie er sie für seine Gesundheit und für ein menschenwürdiges Dasein braucht,
- um Boden, Luft und Wasser, Pflanzen- und Tierwelt vor nachteiligen Wirkungen menschlicher Eingriffe zu schützen und
- um Schäden oder Nachteile aus menschlichen Eingriffen zu beseitigen" *[Bundesregierung, 1971, S. 29]*.

Lediglich das heute weithin akzeptierte und in der Umweltgesetzgebung festgeschriebene Vorsorgeprinzip sowie die Forderung des *EMAS* und der *DIN ISO 14001* nach kontinuierlicher Verbesserung (s. Abschn. 7.1) ergänzen heutige Definitionen. Diese Umweltschutzbestimmung betrifft nicht nur den engen Ansatz, der die gesundheitlichen und wirtschaftlichen Belange des Menschen in den Mittelpunkt der Betrachtung stellt, sondern erfaßt im weitesten Sinne alle Vorteile, die eine gesicherte und geschützte Umwelt dem Menschen jetzt und in Zukunft erbringt.

Inhaltlich läßt sich der Schutz der natürlichen Umwelt in die Teilbereiche des ökologischen und technischen Umweltschutzes gliedern, wobei der ökologische

Umweltschutz vorwiegend den Naturschutz (Schutz und Erhaltung der noch nicht oder kaum erschlossenen und genutzten Naturlandschaften, Schutz gefährdeter Tier- und Pflanzenarten und ihrer Lebensräume, Erhaltung natürlicher Elemente in der Kulturlandschaft einschließlich der Wohn- und Arbeitsumwelt des Menschen) betrifft und der technische Umweltschutz auf die Lösung der Problembereiche Luft, Wasser, Lärm, Abfall und Radioaktivität abzielt. Hinsichtlich der Maßnahmen des Umweltschutzes werden unterschieden:

- Umweltforschung, die bestehende oder zu erwartende Schäden und deren Ursachen erforscht
- Beseitigung oder doch schrittweise Reduzierung erkannter Umweltschäden
- Vorsorgemaßnahmen, um drohende Umweltschäden erst gar nicht entstehen zu lassen *[Teutsch, 1985, S. 77 und S. 123]*.

Gerade der letzte Punkt ist wohl von entscheidender Bedeutung im Hinblick auf eine heute vielfach geforderte „Nachhaltige Entwicklung“ (s. Abschn. 3.3.1 und Kap. 5). So ist heute leider immer noch oft festzustellen, daß in diesem Zusammenhang ein Präventionsdefizit für eine in den Industrieländern – trotz vielfältiger Beteuerungen und auch eingeleiteter Maßnahmen – immer noch vorherrschende, rein wachstumsorientierte Wirtschaftsweise herrscht. In Entscheidungskalkülen wird der Gegenwart Priorität gegenüber der Zukunft eingeräumt. Dies ist um so erstaunlicher, da gerade die Ökonomie auf die Zukunft gerichtete Gedanken und Handlungen bedingt. In bezug auf eine „Nachhaltige Entwicklung“ erscheint die an rein ökonomischen Größen orientierte Planung als nicht ausreichend (Schnittstelle zur ökonomischen Umwelt).

2.2 Die ökonomische Umwelt

Die ökonomische Umwelt ist generell durch die gesamtwirtschaftliche Entwicklung gekennzeichnet. Sie beinhaltet hierbei die für das Unternehmen relevanten Wirtschaftssubjekte, z.B. Lieferanten, Kunden und Wettbewerber, aber auch wirtschaftspolitische Rahmenbedingungen (Schnittstelle zur rechtlich-politischen Umwelt) und volkswirtschaftliche Gesamtgrößen (z.B. das Bruttosozialprodukt). Von Bedeutung sind weiterhin die zusammengefaßten Handlungen der Wirtschaftssubjekte am Markt, differenziert nach Absatz- und Beschaffungsmarkt und spezifiziert z.B. nach den Kriterien Marktraum (Stichwort: Globalisierung des Wettbewerbs), Marktstruktur oder Preise.

Im folgenden werden zunächst die für das Unternehmen wichtigen gesamtwirtschaftlichen Einflußgrößen und Kennzahlen angeführt, wobei am Beispiel der Gesamtgröße Bruttosozialprodukt die Verbindung zur ökologischen Umwelt aufgezeigt wird. Schließlich wird die unmittelbar relevante Unternehmensumwelt – Absatz- und Beschaffungsmärkte – charakterisiert (mögliche Bereiche einer ökonomischen Umweltanalyse unter ökologischen Aspekten zeigt Abschn. 3.2.1, s.a. Bild 3.6, Wertbereiche „Wirtschaftlichkeit“ und „Wohlstand“). Einflußgrößen der ökonomischen Umwelt (gesamtwirtschaftlich) können sein *[Farmer, Richman, zitiert nach Macharzina, 1995, S. 16]*:

- „Allgemeines wirtschaftliches Umfeld; grundlegende Faktoren wie die Art des Wirtschaftssystems (Marktwirtschaft, Zentralverwaltungswirtschaft, soziale Marktwirtschaft)
- Zentralbanksystem und Geldpolitik; Organisation und Handlungsweise der Zentralbank, beispielsweise im Hinblick auf die Kontrolle der Geschäftsbanken oder im Hinblick auf die Fähigkeit, die Geldmenge zu kontrollieren
- Fiskalpolitik; Handhabung von Staatsausgaben und Staatsverschuldung im Hinblick auf deren Umfang, Fristigkeit und Wirksamkeit; Gesamtanteil der Staatsausgaben am Bruttosozialprodukt
- Wirtschaftliche Stabilität; Anfälligkeit der Wirtschaft gegenüber Konjunkturschwankungen; Preisstabilität; Wachstumssicherheit; Organisation der Kapitalmärkte; Existenz organisierter Kapitalmärkte wie der Wertpapierbörse; Zuverlässigkeit, Wirksamkeit und Bedeutung der Börse; Größe und Bedeutung des Geschäftsbankensektors; Kreditvergaberestriktionen; Existenz weiterer Kapitalressourcen (beispielsweise Sparkassen)
- Verfügbarkeit von Produktionsfaktoren; Angebot an Kapital und Boden (landwirtschaftliche Erzeugnisse und Rohstoffe); Bevölkerungsdichte und Gesundheitszustand der Bevölkerung
- Absatzmarktgröße; gesamte, effektive Kaufkraft des Landes; erschließbare Exportmärkte
- Energieversorgung und Infrastruktur; Verfügbarkeit diverser Energieträger; Ausbau der Kommunikationssysteme; privates und öffentliches Transportwesen; öffentliches Lagerwesen; Wohnungsbausituation.“

Zur Quantifizierung der angeführten Einflußgrößen wird vor allem in den Industriestaaten umfangreiches statistisches Datenmaterial erhoben. Einerseits, um die aktuelle wirtschaftliche Situation des eigenen Landes zu erheben und Vergleiche zwischen Ländern ziehen zu können - andererseits, um Prognosen der zukünftigen wirtschaftlichen Entwicklung geben zu können:

> „Prognostizierte Entwicklungen der gesamtwirtschaftlichen Entwicklung stellen noch keine Prognosen über die Entwicklung der spezifischen Märkte des eigenen Unternehmens dar, sind aber notwendige Basisinformationen für das Erstellen solcher spezifischer Prognosen. In der Tat zeigt die Erfahrung, daß die Entwicklung eines bestimmten Beschaffungs- oder Absatzmarktes unter Umständen völlig anders verlaufen kann als diejenige volkswirtschaftlicher Gesamtgrößen. Beispielsweise kann die Gesamtarbeitslosigkeit zunehmen, für bestimmte Fachkräfte in der Region jedoch trotzdem ein akuter Mangel bestehen, oder die Nachfrage nach bestimmten Konsumgütern kann trotz Steigerung der Einzelhandelsumsätze abnehmen usw. Es wäre deshalb völlig verfehlt, aus der prognostizierten Entwicklung wirtschaftlicher Gesamtgrößen direkt und ohne gründliche Abklärung der Zusammenhänge auf die Entwicklung des eigenen Unternehmens zu schließen“ *[Ulrich, 1987, S. 80]*.

Im folgenden einige Beispiele für volkswirtschaftliche Gesamtgrößen *[Ulrich, 1987, S. 79]*:

1. Bevölkerung
   - Anzahl der Einwohner und Haushalte, Anteil der Ausländer
   - Bevölkerungsbewegung: Ehen, Geburten, Tod, Wanderungsbewegung
   - ...

2. Gesamtleistung der Volkswirtschaft
   - Bruttosozialprodukt
   - Privater Konsum
   - Investitionen
   - Pro-Kopf-Einkommen, Einkommensverteilung
   - ...
3. Geldwert
   - Index der Konsumentenpreise
   - Großhandelspreisindex
   - Indizes von Rohstoff- und Erzeugerpreisen
   - ...
4. Beschäftigung und Löhne
   - Anzahl der Beschäftigten, Offene Stellen, Arbeitslose
   - Index der Beschäftigung
   - Wöchentliche Arbeitszeit
   - Streiks, Abwesenheitsraten
   - Durchschnittslöhne, Lohnindizes
   - ...
5. Außenhandel
   - Ein- und Ausfuhrwerte
   - Ertragsbilanz
   - ...
6. Öffentliche Finanzen
   - Staatliche Einnahmen und Ausgaben
   - Subventionen
   - Anteil des Staates am Bruttosozialprodukt
   - Staatsverschuldung
   - ...

Neben der bereits erwähnten Prognoseproblematik bestehen Probleme bei der Quantifizierung gesamtwirtschaftlicher Größen: Welche Annahmen und Werthaltungen liegen zugrunde? Welche Rahmenbedingungen wurden festlegt? Diese Problematik soll im weiteren am Beispiel der gesamtwirtschaftlichen Größe *Bruttosozialprodukt* verdeutlicht werden.

Die traditionelle volkswirtschaftliche Sichtweise ist dadurch gekennzeichnet, daß durch einen vermehrten Einsatz der Produktionsfaktoren Arbeit, Kapital, Natur und „technischer Fortschritt" eine Zunahme des realen Bruttosozialprodukts als Wirtschaftswachstum erreicht wird. Quantitativ wird der Wert aller in einer Periode produzierten Güter und Dienstleistungen, ausschließlich der Güter, die als Vorleistungen bei der Produktion verbraucht werden, aber einschließlich der im Ausland netto empfangenen Erwerbs- und Vermögenseinkommen, im Bruttosozialprodukt als Maß des wirtschaftlichen Wachstums ausgedrückt. Das Bruttosozialprodukt ist somit globales Maß für Wachstum oder Schrumpfung einer Volkswirtschaft, und zwar das reale Sozialprodukt als umfassender Ausdruck für die von Preisänderungen bereinigte, periodisch abgegrenzte, wirtschaftliche Leistung einer Volkswirtschaft. Somit berücksichtigt das Bruttosozialprodukt nur den formellen Sektor aller Ströme, die über den Markt laufen, nicht aber den informellen Sektor, der von Eigenleistungen der Haushalte oder Nachbarschaftshilfe gekennzeichnet ist. Darüber hinaus lassen sich weitere Defizite des quantitativen Wachstumskonzepts feststellen, und zwar bezogen auf die ökologische Umwelt:

- Wirtschaftswachstum wird allein in Güter- und Einkommenskategorien ausgedrückt. Der ökologische Stoffkreislauf bleibt ausgeblendet.
- Wirtschaftswachstum ist definiert als Zunahme von Strömungsgrößen – deren Auswirkungen auf Umfang und Qualität ökologischer Bestandsgrößen bleiben unberücksichtigt.
- Im traditionellen Wachstumskonzept werden alle geldlich zu bewertenden Aktivitäten aufaddiert, ohne ihre Funktion zu beachten. Zunehmend werden mehr Ausgaben, die als solche nicht positiv zu bewerten sind, sondern der notwendigen Kompensation von Schäden dienen, die zuvor vom Wirtschaftsprozeß erzeugt wurden, einbezogen *[Simonis, 1988, S. 43]*.

Aufgrund dieser Zusammenhänge erscheint es heute sinnvoll, in das „traditionelle", quantitative Wachstumskonzept qualitative Aspekte zu integrieren. Unter ausdrücklicher Berücksichtigung der Wohlstandskomponente „intakte Umwelt" kann qualitatives Wachstum als das Wachstum bezeichnet werden, bei dem pro Kopf der Bevölkerung eine möglichst gleich verteilte und möglichst hohe Zunahme der materiellen Bedürfnisbefriedigung bei dauerhaft gleichbleibender oder sogar steigender Umweltqualität erreicht wird *[Wicke, 1989, S. 549]*, und zwar:

- Hinsichtlich der wirtschaftlichen Maßzahlen: Anstelle monetärer Quantitäten treten Indikatoren, die den Nutzen oder Schaden der Produktion und des Konsums verdeutlichen sollen.
- Hinsichtlich des materialen Gehalts der Produkte: Anstelle der Steigerung des Produktionswertes durch bloße Erhöhung von umgesetzter Menge an Energie und Rohstoffen tritt die Steigerung des Wertes pro Energie- bzw. Rohstoffeinheit (Entkoppelung von Sozialproduktwachstum und Ressourcenverbrauch und somit Steigerung der Energie- und Rohstoffproduktivität).
- Hinsichtlich des Einkommensbegriffs: Neben die Quantität des Geldeinkommens tritt die Qualität der Arbeit *[Binswanger u.a., 1988, S. 187]*.

Die Qualifizierung traditioneller Zielindikatoren kann in unterschiedlicher Art und Weise erfolgen: durch die Erfassung kompensatorischer Ausgaben, durch kombinierte Wachstums-, Beschäftigungs- und Verteilungsindizes, durch ein integriertes System ökonomischer, sozialer und ökologischer Indikatoren, durch Umweltverträglichkeitsprüfungen etc. *[Simonis, 1988, S. 44]*. In jüngerer Zeit sind hierzu vielfach Ansätze erarbeitet worden, wie z.B. eine Konzeption der Vereinten Nationen mit Input-Output-Anwendungen oder die umweltökonomische Gesamtrechnung des Statistischen Bundesamtes (diese und weitere in: *[Schnabl, 1993]*). Gerade auch im Hinblick auf das Prinzip der „Nachhaltigen Entwicklung" (s. Abschn. 3.3.1 und Kap. 5) erscheint eine zukünftige Einbeziehung qualitativer Aspekte bzw. entsprechender Indikatoren in die Volkswirtschaftliche Gesamtrechnung notwendig.

Von besonderer Bedeutung ist abschließend die unmittelbare ökonomische Unternehmensumwelt: Absatz- und Beschaffungsmärkte. Eine grobe Charakterisierung dieser Märkte kann z.B. über die Beantwortung folgender Fragen erreicht werden:

1. Wird sich der Markt in geographisch-politischer Hinsicht ausdehnen oder einschränken (Marktraum)?
   Internationalisierungs-/Nationalisierungstendenzen, Verschiebungen in der internationalen Arbeitsteilung, Veränderung der Standortvorteile bei Lieferanten, Änderung von Transportmöglichkeiten und -kosten, Absatzreichweite usw.
2. Wird sich die Marktstruktur ändern?
   Zusammensetzung der Anbieter und Nachfrager, Absatzpolitiken und -kanäle usw.
3. Sind qualitative Änderungen der angebotenen Güter und Dienstleistungen zu erwarten?
   Verbesserungen oder Verschlechterungen der Qualität infolge anderer Technologien, veränderter Rohstoffe, Änderungen im Bildungswesen usw.
4. Welche Entwicklungen der Angebotsmengen sind zu erwarten?
   Verknappungs-/Überschußerscheinungen, Kapazitätsentwicklung bei Lieferanten, Angebotsmengen, Marktvolumen, Marktanteil usw.
5. Welche Preisentwicklung ist zu erwarten?
   Geldwertveränderungen, Kostenentwicklung bei Lieferanten, Kaufkraft der Abnehmer usw. *[Ulrich, 1987, S. 80 ff.]*.

Abschließend sei auf ein detailliertes Gliederungsschema zur Untersuchung von Absatz- und Beschaffungsmärkten von *Hinterhuber [1992a, S. 78f.]* hingewiesen. Das Gliederungsschema kann als Basis für eine Analyse des Industriesektors (Angebot und Nachfrage an Produkten und Dienstleistungen, Wettbewerbssituation) und für eine Analyse der Stellung des Unternehmens im Industriesektor (Marktposition des Unternehmens, Konkurrenzanalyse, Kostensituation des Unternehmens, spezifische Wettbewerbsfaktoren) herangezogen werden.

2.3 Die technologische Umwelt

Die technologische Umwelt beinhaltet alle Aspekte, die Technologie aber auch Technik betreffen. Technologie bezeichnet eine übergreifende – Wirtschaft, Gesellschaft und Technik verklammernde – Wissenschaft. Technik beinhaltet den künstlichen Gegenstand, Handlungszusammenhänge und Einrichtungen, in denen Gegenstände entstehen und verwendet werden. Für das Unternehmen sind vor allem technologische und technische Informationen über Produktion und Produkte von Bedeutung, aber auch soziale Technologien wie z.B. soziale Neuerungen, politische Programme oder Gesetze (Schnittstelle zur politisch-rechtlichen Umwelt). Hinzu kommt die wachsende Bedeutung von „thought technologies", wie z.B. Software oder Management-Technologie. Letztere umfaßt die Instrumente der Unternehmensführung und Organisation und somit Ansätze,

Denkweisen, Modelle, Methoden und Hilfsmittel, z.B. für die Innovations- und Technologieplanung *[Hübner/Jahnes, 1992, S. 37]*. Gerade die erfolgreiche technische Innovation ist an die Kombination von Produkt- und/oder Produktionstechnologie mit Management-Technologie gebunden. Gegenstand einer Betrachtung der technologischen Umwelt kann der Stand der Entwicklung und zukünftiges Potential von Technologie und Technik sein, z.B. konkret bezogen auf Forschungs- und Entwicklungstätigkeiten (mögliche Bereiche einer technologischen Umweltanalyse unter ökologischen Aspekten zeigt Abschn. 3.2.1, s.a. Bild 3.6, Wertbereich "Funktionsfähigkeit"). Gerade für Unternehmen in der Bundesrepublik ist die Beschäftigung mit der technologischen Umwelt von entscheidender Bedeutung hinsichtlich der Schnittstelle zur ökonomischen Umwelt (internationaler Wettbewerb!). *Macharzina [1995, S. 23]* verdeutlicht dies drastisch:

> „Aufgrund der relativen Rohstoffarmut der Bundesrepublik ist die Stärke der deutschen Volkswirtschaft vorrangig auf die Qualität und 'Intelligenz' ihres Leistungsprogramms zurückzuführen. Dem Technologieniveau kommt für viele Unternehmen eine besondere Bedeutung als Wettbewerbsfaktor zu, da ihr Erfolg entscheidend von ihrer Innovationskraft abhängt. Da ungerichtete bzw. unkontrollierte Innovationsschübe nicht nur ineffizient, sondern auch existenzgefährdend sein können (...), ist mit der Abstimmung von Technologie- und Marktpotentialen ein entscheidender unternehmenspolitischer Erfolgsfaktor gegeben. Aufgrund der rasanten technologischen Entwicklungen und der unternehmensweiten Bedeutung stellt das Innovations- und Technologiemanagement eine strategische Aufgabe (...) dar. Es muß daher im Aufgabenbereich des Top-Managements angesiedelt werden."

Gelten für ein Unternehmen Technologie und ihre Umsetzung in Innovationen als existentielle Faktoren zur langfristigen Sicherung der Wettbewerbsfähigkeit, so sind Unternehmensphilosophie, -politik, und -organisation sowie die Prozeßgestaltung entsprechend den Anforderungen des Innovationswettbewerbs auszurichten. Dies ist wesentliche Aufgabe des Technologie- und Innovationsmanagements *[Hübner, 1992, S. 1628 ff.]*. Bedingung hierfür ist jedoch die Beschaffung, Verarbeitung und Bewertung von Informationen, die die technologische Umwelt betreffen. Dies kann z.B. über eine Analyse bezogen auf die Anzahl und Struktur marktspezifischer Patentanmeldungen geschehen. Auch eine Branchenanalyse (Was tun die Wettbewerber?, s.a. Abschn. 2.2) hinsichtlich Produkten und Prozessen kann diese Aufgaben erfüllen. Hierbei ist es jedoch besonders wichtig, sich nicht nur auf die „traditionell" vom Unternehmen hergestellten Produkte zu beschränken. Vielmehr sind auch branchen- und unternehmensuntypische Technologien und Techniken auf die Tauglichkeit einer Integration in das bestehende Leistungsprogramm zu überprüfen bzw. hinsichtlich einer möglichen Erweiterung oder auch Neuorientierung des unternehmerischen Handelns zu hinterfragen.

Die Schnittstelle der technologischen zur rechtlich-politischen Umwelt wird von der Technologieförderungspolitik markiert. Sie hat die Förderung des Neuerungsverhaltens einer Volkswirtschaft zum Ziel und ist für das Unternehmen von Bedeutung in ihrer Ausprägung als staatliche oder staatlich geförderte Grundlagenforschung und Innovationspolitik. Während die Grundlagenforschung auf dem Ziel der Erlangung grundlegend neuer Erkenntnisse basiert („zweckfreie" Forschung, hauptsächlich betrieben von staatlichen Institutionen), zielt die Innovationspolitik auf die ökonomische Verwertung von Kenntnissen der Grundlagenforschung ab – ebenso auf die Verwertung von erworbenen Kenntnissen der angewandten Forschung (Erwerb entwicklungsreifer Erkenntnis), die ja hauptsächlich in Unternehmen betrieben wird. Über die Technologieförderungspolitik kann das Neuerungsverhalten von Unternehmen oder Branchen, aber auch von öffentlichen Einrichtungen auf dreierlei Weise gefördert werden:

- Durch Vermehrung der für Forschungs- und Entwicklungszwecke aufzuwendenden Ressourcen.
- Durch Verkürzung des Zeitbedarfs von Forschungs- und Entwicklungstätigkeit durch Förderung betrieblicher Informationssuche in Form von Innovationsberatung oder eines Technologietransfers.
- Durch Abbau von Innovationshemmnissen unter Verzicht auf eine gezielte Förderung *[Gabler, 1992, S. 3250]*.

Insbesondere kleine und mittlere Unternehmen können häufig nicht die immens hohen Forschungs- und Entwicklungskosten tragen, so daß dem Technologietransfer innerhalb der Technologieförderungspolitik ein besonderer Stellenwert zukommt (wobei Technologietransfer staatlich und privatwirtschaftlich z.B. zwischen Hochschule und Unternehmen oder zwischen Unternehmen organisiert sein kann). Bestandteile des Technologietransfers können sein: die Vermittlung von technischem Wissen (Patente, Lizenzen, Know-how), die Bereitstellung von Technik (Spezialmaschinen und -ausrüstung) oder Aus- und Weiterbildung des Personals.

Im Zusammenhang der Öffnung etablierter Unternehmen gegenüber neuen technologischen Entwicklungen sei auf das Konzept des „Venture Managements" hingewiesen. Hierbei sollen durch eine Zusammenarbeit von Unternehmen, die auf unterschiedlichen Entwicklungsstufen stehen, die jeweiligen Stärken der Kooperationspartner genutzt werden, und zwar ohne deren jeweilige Schwächen auf die Partner überzuwälzen oder gar zu verstärken. Deutlich wird dies hinsichtlich positiver Entwicklungspotentiale von gereiften und jungen Unternehmen. Während gereifte Unternehmen z.B. Organisationsvorteile durch eine funktionsfähige, arbeitsteilige Unternehmensorganisation und Erfahrungsvorteile über etablierte Markt-/Technologieverfahren und Geschäftskontakte besitzen, sind bei jungen Unternehmen z.B. folgende Vorteile für die Unternehmensentwicklung wichtig: Strukturvorteile durch gering ausgeprägte hierarchische Strukturen der Unternehmensorganisation bzw. freiere Kommunikationsbeziehungen in den Funktionsbereichen oder Entscheidungsvorteile durch flexibles Reaktionsvermögen im operativen Bereich *[Macharzina, 1995, S. 609ff.]*.

Aufgrund der großen Bedeutung von technologisch/technischen Umwälzungen auf die Gesellschaft, Wirtschaft und Wissenschaft (z.B. durch die Informations- und Kommunikationstechniken) kommt der technologischen Prognostik eine besondere Rolle zu. Gestaltet sich eine Analyse des Ist-Zustands schon vielfach schwierig genug, so treten gerade im Bereich der technologischen Prognostik Unsicherheiten auf. Dennoch können entsprechende Prognosen, wie z.B. der „Deutsche Delphi-Bericht zur Entwicklung von Wissenschaft und Technik" *[BMFT, 1993]* für das Unternehmen wichtige Trends aufzeigen oder aber zu Anstößen einer Neuorientierung oder Erweiterung des unternehmenseigenen Leistungsspektrums führen.

2.4 Die rechtlich-politische Umwelt

Die rechtlich-politische Umwelt beinhaltet die nationale und internationale Gesetzgebung, die Neueinführung bzw. Verschärfung von Grenzwerten oder Standards, Haftungsrisiken, das Verhalten von Parteien und politischen Entscheidungsträgern, insbesondere die Regierungstätigkeit und politische Programme (mögliche Bereiche einer rechtlich-politischen Umweltanalyse unter ökologischen Aspekten zeigen Abschn. 3.2.1 und 5.1).

2.5 Die sozio-kulturelle Umwelt

Die sozio-kulturelle Umwelt umfaßt das individuelle und gesellschaftliche Miteinander und die hierfür bestimmenden Faktoren. Im folgenden werden die Aspekte Wandel des öffentlichen Bewußtseins im Umweltschutz und Werte/Wertesystem verdeutlicht (mögliche Bereiche einer sozio-kulturellen Umweltanalyse unter ökologischen Aspekten zeigt Abschn. 3.2.1, s.a. Bild 3.6, Wertbereiche „Gesundheit" u. „Persönlichkeitsentfaltung u. Gesellschaftsqualität").

Grundlegend stellt sich in diesem Zusammenhang die Frage, ob die Umwelt um des Menschen oder auch um ihrer selbst Willen geschützt werden soll. In diesem Zusammenhang sind zwei grundsätzliche Werthaltungen zum Umweltschutz in der Diskussion:

1. In einer engen Sichtweise (sog. anthropozentrischer Standpunkt) ist die Natur letztlich Mittel zum Zweck für den Menschen, da nur dessen Eigeninteresse bestimmend dafür ist, in welchem Umfang Natur verändert oder bewahrt wird.
2. In einer weitgefaßten Sichtweise (sog. physiozentrischer Standpunkt) ist die Natur Selbstzweck und besitzt einen Eigenwert, so daß ihr prinzipiell ein Eigenrecht der Erhaltung zuerkannt wird, das dem Nutzungsrecht des Menschen gleichrangig, wenn nicht gar übergeordnet ist *[VDI, 1991a, S. 11]*.

Der unter Umweltschutzgesichtspunkten wünschenswerte Übergang vom anthropozentrischen zum physiozentrischen Weltbild wirft die Problematik auf, daß die Forderung, der Mensch müsse den Eigenwert von Tier und Pflanze anerkennen, nur wieder vom Menschen selbst erhoben werden kann und insofern immer notwendig anthropozentrisch bleibt. Diese grundlegende Problematik mindert jedoch nicht den Wert einer physiozentrischen Umweltethik, die zu Recht darauf besteht, daß die Lösung der Umweltprobleme nicht nur in administrativem Handeln und ökonomischen Anreizen bestehen kann, sondern letztlich nur in einer neuen Grundorientierung, in der sich der Mensch als Bestandteil der Natur sieht *[Nutzinger, 1988, S. 43]*.

Ausgehend von der umweltpsychologischen Forschung *[Fietkau, 1984, S. 19]*, die sich auf die zwei Erscheinungsformen „Umweltbewußtsein" und „Wertewandel" konzentriert, wird Umweltbewußtsein als Teil eines sich verändernden gesellschaftlichen Wertesystems begriffen.

Umweltbewußtsein ist erforderlich, um Menschen dafür zu gewinnen, die mit einem ausreichenden Umweltschutz (s. Abschn. 2.1) verbundenen „Opfer" zu Lasten anderer Bedürfnisse zu akzeptieren und sich persönlich umweltgerecht zu verhalten. Zum Umweltbewußtsein gehören:

- Ein ausreichender Einblick in die gegenwärtige Umweltkrise
- Kenntnis der wichtigsten Zusammenhänge zwischen menschlichem Verhalten und den Folgen für die Umwelt (s. Abschn. 2.1) sowie der wichtigsten gesetzlichen Bestimmungen im Umweltrecht (s. Abschn. 2.4)
- Bejahung der ethischen Verantwortung für die Umwelt *[Teutsch, 1985, S. 105]*.

Umweltbewußtsein gilt als notwendige Voraussetzung einer effektiven Umweltpolitik, wobei sich diese Relevanz in dreierlei Hinsicht äußert:

> „Umweltbelastende private Handlungsweisen lassen sich kaum durch administratives Handeln steuern. Möglicherweise notwendig werdende Eingriffe in unsere Konsum- und Lebensgewohnheiten setzen einen veränderten Einstellungshorizont bei der Bevölkerung voraus.
> Eine wichtige Voraussetzung für die Formulierung und Implementation umweltpolitischer Ziele und Maßnahmen ist eine breite Unterstützung durch die öffentliche Meinung.
> In der Beziehung zwischen der objektiven Umweltqualität und der damit verbundenen Beeinträchtigung des Wohlbefindens der Bevölkerung besteht nach vorliegenden sozialwissenschaftlichen Untersuchungen ein Zusammenhang, der sehr stark durch umweltbezogene Einstellungen der Betroffenen moderiert wird" *[Fietkau u.a., 1982, S. 8]*.

Umweltbewußtsein wird vielfach in ökologisches „Wissen" und „Handeln" unterteilt. Eine Untersuchung verdeutlicht: Hohes ökologisches Wissen erhöht kaum die Wahrscheinlichkeit ökologischen Handelns und Fühlens *[Langheine, Lehmann, 1986, S. 44 f. und 53]*. Eine Diskrepanz zwischen individuellem und gesellschaftlich ausgeprägtem Umweltbewußtsein als ökologischem Wissen und tatsächlichen individuellen Handlungen wird deutlich:

> „Wenn sich alle menschlichen Individuen eine ökologische Ethik aneignen würden, wäre für die Natur noch nicht viel gewonnen. Es wären höchstens die Voraussetzungen geschaffen, daß sich etwas verändern könnte. Es kommt aber nicht nur darauf an, was die Menschen von der Natur denken, sondern vor allem, wie sie ihr gegenüber handeln" *[Immler, 1989, S. 226]*.

An dieser Stelle kann nur auf diese Diskrepanz hingewiesen werde. Hinsichtlich einer „Quantifizierung" von Umweltbewußtsein sei auf vielfältige statistische Erhebungen verwiesen, z.B. *UBA [1989, S. 93 ff.]* oder *Rapin [1990, S. 253]*.

Der zweite Bereich der umweltpsychologischen Forschung konzentriert sich auf die Werteforschung. „Werte kommen in Wertungen zum Ausdruck und sind bestimmend dafür, daß etwas anerkannt, geschätzt, verehrt oder erstrebt wird; sie dienen somit zur Orientierung, Beurteilung oder Begründung bei der Auszeichnung von Handlungs- und Sachverhaltensarten, die es anzustreben, zu befürworten oder vorzuziehen gilt" *[VDI, 1991a, S. 4]* (s.a. Abschn. 3.2.3). Werte, die in einem Wertesystem zusammengefaßt sind, bedingen sich nicht immer gegenseitig bzw. sind harmonisch nebeneinander angeordnet. Vielmehr stehen Werte in komplexen Bedingungs- und Wirkungszusammenhängen. Eine Instrumentalbeziehung zwischen zwei Werten liegt vor, wenn jeder der beiden Werte angestrebt werden kann, ohne daß die Umsetzung des anderen dadurch beeinträchtigt wird. Zwischen zwei Werten liegt eine Konkurrenzbeziehung vor, wenn die Umsetzung des einen Wertes durch die Umsetzung des anderen Wertes beeinträchtigt wird *[VDI, 1991a, S. 13]*.

Werte sind nicht statisch oder für immer festgelegt, sondern unterliegen Veränderungen, dem sogenannten Wertewandel, auch Umwertung von Werten genannt. Der Wertewandel ist eine historische Erscheinung. So kommen Abwertungen zuvor hochgeschätzter und Höherwertungen früher gering geachteter Werte vor, seit es Wandlungen menschlicher Kultur gibt – seien es Wandlungen, die sich aus internen kulturellen Entwicklungen, seien es Wandlungen, die sich aus externen Beeinflussungen, aus gegenseitigen Überlagerungen und Durchdringungen von Kulturen ergeben. Ein über einen längeren Zeitraum feststellbarer Wertewandel im gesellschaftlichen Maßstab erfolgt durch die Änderung der Präferenzordnung im Wertesystem oder durch die Änderung der Interpretation von Werten, z.B. konkretisierte sich der Wert Sparsamkeit früher in dem Ziel, die Herstellungskosten eines Motors gering zu halten – heute wird Sparsamkeit zunehmend im Sinne niedrigen Kraftstoffverbrauchs interpretiert, wobei höhere Herstellkosten toleriert werden. Abschließend sollen diese Zusammenhänge an den Wertbereichen Umweltqualität und Lebensqualität näher beschrieben werden.

Der *VDI* versteht unter dem Begriff *Umweltqualität* die Beschaffenheit der natürlichen Umgebung, „... auch wenn es heute auf der Erdoberfläche kaum noch unberührte Natur gibt. Es geht hier also um die Qualität der durch Technik mehr oder weniger umgestalteten Natur" *[VDI, 1991a, S. 10]*. Umweltqualität bezeichnet keine Einheit, sondern bezieht sich auf verschiedene Sektoren und Probleme, die ihre Gemeinsamkeit in der realen oder denkbaren Gefährdung der natürlichen Lebensgrundlagen und -bedingungen haben. Die Qualitäten von Umwelt sind in einzelnen Bereichen nicht ohne weiteres miteinander vergleichbar, z.B. können verschmutztes Wasser und saubere Luft nicht miteinander „verrechnet" werden (s.a. Abschn. 3.2). Ein Versuch, alle Qualitäten der Umwelt auf einen gemeinsamen Nenner zu bringen, kann somit nicht zu einer sinnvollen Aussage führen. Ein bezifferter Umweltsaldo würde Wissen und Einsichten vortäuschen, die nicht real sind. Für Teilbereiche ist eine formalisierte Bewertung aufgrund bestimmter Indikatoren jedoch durchaus denkbar und sinnvoll. Aus diesem Grund erscheint es angemessen, Umweltqualität als Wertbereich anzusehen, der eine Reihe von Unterwerten vereinigt (z.B. Qualitäten der Umweltmedien Boden, Luft, Wasser).

Qualitäten sind in der Ökologie von großer Bedeutung: Leben zeichnet sich in erster Linie durch qualitative Merkmale und Vorgänge aus, die sich nur insofern quantifizieren lassen, als man die Häufigkeit ihres Vorkommens ermitteln kann – das Wesen der Umweltqualität läßt sich nicht durch Zahlen ausdrücken. Erfaßt man allein mit mathematischen und physikalischen Methoden das Zusammenspiel der Lebewelt, erfaßt man nur eine Seite ihrer Natur *[Tischler, 1984, S. 4]*.

Lebensqualität kam als Begriff in den sechziger Jahren aus den USA nach Europa und fand hier Eingang in die öffentliche und politische Diskussion. Im allgemeinen wird unter Lebensqualität nur eine quantitative Zunahme bestimmter Lebensgüter verstanden, z.B. mehr Einkommen, mehr Komfort, mehr Sicherheit usw. „Tatsächlich muß unter diesem Begriff (...) ein korrelatives Gefüge zwischen der Lebensweise des Menschen und seiner Umwelt verstanden werden" *[Klausewitz, 1986, S. 193]*. Technische und wirtschaftliche Entwicklung in der bisher aufgefaßten und durchgeführten Form hat letzten Endes nicht nur mehr Komfort und Lebenssicherheit zur Folge, sondern auch eine Zunahme der negativen Entwicklungen, z.B. mehr psychische Belastung, mehr Zivilisationskrankheiten, mehr Verkehrsunfälle usw. Somit befindet sich die Qualität des Lebens im Gegensatz zu der traditionellen Vorstellung von Lebensstandard. Lebensqualität ist mehr als nur Konsum, und es hat sich gezeigt, daß sie trotz weiter steigendem Lebensstandard stagnieren, ja sogar abnehmen kann. Zur Lebensqualität gehören auch die natürlichen Lebensbedingungen, die bis zur gegenwärtigen Umweltkrise für den Menschen, wie auch für andere Lebewesen verschlechtert wurden. Der Begriff Lebensqualität schließt also die Erkenntnis ein, daß die Quantität eines in erster Linie materiell aufgefaßten und in monetären Größen gemessenen Wohlstands durchaus nicht schon den Ansprüchen gerecht wird, die an ein gutes Leben zu stellen sind *[Klausewitz, 1986, S. 193 u. Teutsch, 1985, S. 66 f.]*.

2.6 Anforderungen der Umwelt an das Unternehmen

Anforderungen oder Forderungen können grundsätzlich in solche unterschieden werden, die innerhalb des Unternehmens aufgestellt werden und solche, die von außerhalb aus den verschiedenen Umwelten an die Unternehmen herangetragen werden. Dabei stellen die internen in nahezu allen Fällen eine Reaktion auf die externen Forderungen dar (z.B. Forderungen an Abfalltrennung als Folge rechtlicher Regelungen des Abfallgesetzes). Daher sollen zunächst externe Anforderungen besprochen werden.

Im Bereich des Umweltschutzes treten verschiedene Anspruchsgruppen auf, die Teilmengen der gesamten Gesellschaft darstellen. Ihre Forderungen lassen sich den Umwelten zuordnen. Einige Anspruchsgruppen stellen auch Anforderungen für mehrere Umwelten auf. Als weitergehender Begriff wird anstatt von Anspruchsgruppen vielfach von Interessensgruppen und Stakeholdern gesprochen. Der Begriff Stakeholder wird als am weitestgehendsten und am konkretesten angesehen, weil er mit dem Anspruch auch eine Berechtigung zum Einbringen des Anliegens verbindet. Hiermit kommt eine stärkere Verknüpfung externer Gruppen mit dem Unternehmen im Sinne des oben gesagten zum Ausdruck sowie eine größere Notwendigkeit für Unternehmen, Ansprüche von außen zu befriedigen. Da die Unterscheidung der Begriffe zwischen Anspruchsgruppen und Stakeholdern für diese Zwecke nicht wesentlich ist, werden sie im folgenden synonym verwendet. Wichtig ist, daß dazu auch unternehmensinterne Gruppen wie die Belegschaft als Ganzes oder der Betriebsrat zählen *[Nork, 1992, S. 108 f.]*.

Folgende Gruppen werden als Stakeholder oder Anspruchsgruppen genannt:

- Beschäftigte
- Konkurrenten
- Lieferanten
- Verbraucher
- Handel
- Kreditgeber
- Presse
- Verbraucherorganisationen
- Umweltschutzorganisationen
- Bürgerinitiativen

- Staat
- Industrieverbände
- Gewerkschaften
- Anwohner
- Versicherungen

Diese Liste läßt sich beliebig verfeinern und erweitern, doch faßt sie die am häufigsten genannten Anspruchsgruppen zusammen *[Nork, 1992, S. 52 ff.; Winter, 1993, S. 40 ff.; Günther, 1994, S. 7; Kamiske u.a., 1995, S. 66 f.]*. Im folgenden sollen kurz die wichtigsten Gruppen mit ihren umweltbezogenen Ansprüchen besprochen werden.

Verbraucher oder Konsumenten der angebotenen Produkte treten entweder als Einzelpersonen auf bzw. werden durch Verbraucher-/Verbraucherschutzorganisationen vertreten. Sie sind im wesentlichen Teil der ökonomischen Umwelt, stellen aber in zunehmendem Maß Anforderungen auf, die die ökologische Umwelt betreffen. Diese betreffen die Umweltverträglichkeit der Produkte während des Gebrauchs/Verbrauchs und danach. Umweltbezogene Ansprüche werden dadurch zu Qualitätsforderungen, da sie in gleichem Maße wie die Forderungen nach z.B. Funktionalität und Funktionsbereitschaft (Wartungsarmut) im Sinne des Qualitätsmanagements zur Erfüllung der Kundenwünsche berücksichtigt werden müssen *[Kamiske u.a., 1995, S. 66]*. So kann z.B. die Recyclingfähigkeit von Produkten als zusätzlicher Produktnutzen und damit als Qualitätsmerkmal angesehen werden *[z.B. Doerner, 1994, S. 172]*.

Daraus läßt sich die Notwendigkeit ableiten, umweltbezogene Forderungen systematisch in die Produktplanung, -entwicklung und Konstruktion einzubeziehen und die entsprechenden Produkteigenschaften dem Kunden und der Öffentlichkeit zu vermitteln. Das Verständnis der Umweltverträglichkeit als Qualitätsmerkmal führt also zu einer Erweiterung des Qualitätsbegriffs. Produkteigenschaften, die über die eigentliche Anwendung hinausgehen (z.B. Recyclingfähigkeit, Art und Umfang der Produktverpackung), rücken verstärkt auch ins Bewußtsein von Produktplanung und Qualitätsmanagement.

Der Staat vertritt die Gesellschaft als Gesamtheit, indem er rechtliche Grundlagen sowie Anreize für umweltverträgliches Wirtschaften schafft. Zusammen mit den ausführenden Organen, wie den Gerichten, bildet er die rechtlich-politische Umwelt. Im Zuge des europäischen Zusammenwachsens sowie der globalen Bemühungen um die Sicherung der natürlichen Lebensgrundlagen sind auch internationale Vereinbarungen und Regelungen u.a. der Europäischen Union zu berücksichtigen.

Grundsätze, aus denen Einzelstaaten, aber auch Unternehmen eigene Verhaltensregeln ableiten können, wurden mit der UN-Erklärung zur Umwelt von Rio de Janeiro vom 14.6.1992 geschaffen. Zugrunde liegt hier das Leitbild des nachhaltigen Wirtschaftens (sustainable development). Durch ressourcenschonende Wirtschaftsweise und gerechte Verteilung der natürlichen Ressourcen sollen auch nachfolgenden Generationen die gleichen Lebenschancen ermöglicht werden (s. Abschn. 3.3.1 und Kap. 5).

Dieses Leitbild prägt auch die Gesetzgebung der europäischen Union, die den Beschluß der Union im Artikel 130 des Gründungsvertrages der Europäischen Gemeinschaft, sich um Belange des Umweltschutzes zu kümmern, ausfüllt. Hierbei ist an erster Stelle die Verordnung (EWG) Nr. 1836/93 zur freiwilligen Beteiligung gewerblicher Unternehmen an einem Gemeinschaftssystem für ein Umweltmanagement und die Umweltbetriebsprüfung zu nennen (diese Verordnung wird im folgenden mit der Abkürzung ihres englischen Titels „Environmental Management and Auditing Scheme“ als *EMAS* bezeichnet). Aufgrund der starken, auch in der allgemeinen Öffentlichkeit geführten Diskussion wird trotz des freiwilligen Charakters ein großer Druck aufgebaut, sich daran zu beteiligen. In diesem System werden sowohl organisatorische (Aufbau eines Umweltmanagementsystems) als auch operative Forderungen formuliert. Letztere betreffen die Verbesserung der Umweltleistung der Unternehmen (siehe hierzu Kap. 7, in dem auch die Notwendigkeit des Einsatzes prozeduraler Techniken aus der Verordnung abgeleitet wird).

Ziel des *EMAS* ist ein dauerhaftes und umweltgerechtes Wachstum in allen Mitgliedstaaten der europäischen Union. Sie ist seit April 1995 in Kraft und hat für Unternehmen, die sich daran beteiligen wollen, folgende Konsequenzen:

- die kontinuierliche Verbesserung des betrieblichen Umweltschutzes
- die Einrichtung von Umweltmanagementsystemen
- die Überprüfung der erbrachten Leistung mit den vorab erklärten Unternehmenszielen
- die Unterrichtung der Öffentlichkeit durch eine Umwelterklärung.

Vorbereitung und Durchführung erfolgen in fünf Schritten:

- Umweltprüfung
- Umweltpolitik
- Umweltmanagementsystem
- Umweltbetriebsprüfung
- Umwelterklärung.

Die *Umweltprüfung* stellt eine umfangreiche, standortbezogene Untersuchung dar. Alle umweltbezogenen Aspekte im Unternehmen und deren Auswirkungen auf die Umwelt werden erfaßt und dokumentiert. Die Umweltprüfung ist mit einer Bestandsaufnahme bzw. einer Istanalyse vergleichbar. Die Umweltprüfung kann anhand von Checklisten von einem für diese Aufgaben benannten Team durchgeführt werden und entspricht formal der Durchführung eines Audits, wie es aus dem Qualitätsmanagement bekannt ist. In das Team können auch unternehmensexterne Fachleute einbezogen werden.

In der unternehmensspezifischen *Umweltpolitik* werden die umweltschutzbezogenen Grundsätze und Ziele des Unternehmens formuliert. Insbesondere ist die Verpflichtung zur Einhaltung aller (rechtlichen) Vorschriften und Richtlinien zum Umweltschutz und zur ständigen Verbesserung der Umweltverträglichkeit Bestandteil der Politik. Aus den Zielen und der Umweltprüfung wird ein Maßnahmenkatalog als Umweltprogramm abgeleitet, in dem Zeiträume, Verantwortlichkeiten, Maßnahmen und Mittel für die Zielerreichung festgelegt werden.

Im *Umweltmanagementsystem* werden die organisatorischen Maßnahmen festgeschrieben, die die Zielerreichung unterstützen sollen. Diese Organisation umfaßt alle Bereiche eines Unternehmens sowie Regelungen für den Umgang mit betrieblichen Umwelteinwirkungen. Wesentliche Punkte sind dabei Erfassungen und Bewertungen der Einwirkungen. Die Dokumentation erfolgt in einem Umwelthandbuch. Für die operative Arbeit werden aus den generellen Festlegungen Verfahrens- und Arbeitsanweisungen erstellt. Konkretisiert werden die Forderungen des *EMAS* in verschiedenen nationalen und internationalen Normen zum Umweltmanagementsystem, die als Grundlage für den Aufbau des Systems anerkannt sind. Die wichtigste Norm ist die internationale *DIN ISO 14001*, auf die in Kap. 3 und 5 Bezug genommen wird.

In der internen *Umweltbetriebsprüfung* werden

- das Umweltmanagementsystem
- alle im Programm festgelegten Maßnahmen
- die Umweltpolitik
- die Umweltziele

auf ihre Wirksamkeit hin überprüft. Die zum Schutz der Umwelt erbrachten Leistungen sollen objektiv, systematisch und regelmäßig begutachtet und dokumentiert werden. Mit Hilfe der Ergebnisse dieses Managementinstrumentes kann die Unternehmensführung beurteilen, ob die Vorgaben zum Umweltschutz eingehalten worden sind. Die Umweltbetriebsprüfung soll spätestens alle drei Jahre wiederholt werden.

Durch die *Umwelterklarung* wird die Öffentlichkeit über die unternehmensinternen Tätigkeiten und die umweltwirksamen Maßnahmen informiert. Neben der Umweltpolitik und dem Umweltprogramm werden die Umwelteinwirkungen sowie Verbesserungen im Umweltschutz dargestellt. Die Umwelterklärung ist standortbezogen und wird nach jeder Umweltbetriebsprüfung abgegeben.

Die Umwelterklärung wird vom einem Umweltgutachter für gültig erklärt. Dieser unternehmensunabhängige Sachverständige ist in einem öffentlich-rechtlichen Zulassungsverfahren anerkannt und überprüft die Übereinstimmung des Umweltmanagementsystems mit den Vorgaben des *EMAS* sowie die Richtigkeit und Schlüssigkeit der Angaben der Umwelterklärung. Anschließend kann der validierte Standort in ein amtliches Register bei den Industrie- und Handelskammern eingetragen werden. Die eingetragenen Standorte werden jährlich im Amtsblatt der Europäischen Union veröffentlicht. Diese Eintragung kann standortbezogen vom Unternehmen zu Werbezwecken auf Briefpapier oder ähnlichem verwendet werden, nicht jedoch zur Produktwerbung bzw. auf Produkten und deren Verpackungen. Da es nicht Ziel dieses Buches ist, einen Leitfaden für die Umsetzung des *EMAS* zu bieten, soll hier nicht weiter auf das *EMAS* eingegangen werden.

In der nationalen Gesetzgebung ist der Umweltschutz seit dem 27.10.94 in Artikel 20a des Grundgesetzes verankert, auch hier stand das Leitbild des nachhaltigen Wirtschaftens Pate:

> „Der Staat schützt auch in Verantwortung für die künftigen Generationen die natürlichen Lebensgrundlagen im Rahmen der verfassungsmäßigen Ordnung durch die Gesetzgebung und nach Maßgabe von Gesetz und Recht durch die vollziehende Gewalt und die Rechtsprechung."

Das Umweltrecht gehört im wesentlichen dem Verwaltungsrecht an, Strafrecht und Privatrecht liefern flankierende Regelungen. Neben organisatorischen Forderungen (z.B. Beauftragtenwesen, Übernahme von Verantwortung durch die Unternehmensleitung) und Restriktionen bzgl. der Belastung von Umweltmedien (Luft, Boden, Wasser) und des Einsatzes bestimmter Materialien (z.B. FCKW) werden zunehmend Forderungen nach vorsorgenden und ökologische Zusammenhänge berücksichtigenden Handlungsweisen aufgestellt. Die wichtigsten Gesetze mit ihren Konsequenzen werden in Kapitel 5 besprochen. Zu ihrer Konkretisierung wurden zahlreiche Verordnungen erlassen, die wiederum durch länderspezifische Regelungen ergänzt werden.

Forderungen nach umweltverträglichen und risikofreien Produktionsverfahren und Produkten, die ohne übermäßige Umweltbelastungen betrieben und entsorgt werden können, werden von Bürgerinitiativen, Umweltschutzverbänden sowie Versicherungen und Kreditgebern aufgestellt [zu den Möglichkeiten und Initiativen von Banken und Kreditgebern siehe *Knörzer, 1994, S. 181 ff.]*. Der Versuch der Einflußnahme auf Unternehmen vor allem von Verbänden und Initiativen erfolgt häufig gemeinsam mit der Presse *[Nork, 1992, S. 98 ff.]*. Diese Anspruchsgruppen gehören einerseits, wie Bürgerinitiativen und Umweltschutzverbände, der sozio-kulturellen Umwelt, andererseits, wie Versicherungen und Kreditgeber, der ökonomischen Umwelt an. Insbesondere die ersten können als Stellvertreter für die ökologische Umwelt gesehen werden, für deren Schutz sie sich engagieren.

Sowohl der sozio-kulturellen als auch der ökonomischen Umwelt gehören Mitarbeiter und Gewerkschaften an. Ihr Anliegen in bezug auf die ökologische Umwelt hängt einerseits mit dem Interesse an einem ungefährlichen Arbeitsumfeld und andererseits mit dem Image eines Unternehmens zusammen. Der Schutz von Mitarbeitern vor Gefahrstoffen trägt ebenso zum Schutz der Umwelt bei. Aufgrund persönlicher Einstellungen arbeiten Mitarbeiter engagierter in Unternehmen mit, deren umweltbezogene Grundeinstellung sie teilen können und die sich glaubhaft und sichtbar um betrieblichen Umweltschutz bemühen.

Diesen externen Forderungen nachzukommen, ist für die Unternehmen eine Frage des langfristigen Erfolgs. Die zunehmende Regelungsdichte setzt Rahmenbedingungen für die betrieblichen Handlungen. Die Aufmerksamkeit und Beurteilung durch die Öffentlichkeit beeinflussen das Image eines Unternehmens und sind daher ebenfalls für den Geschäftserfolg verantwortlich. Ein Unternehmen kann sich also nicht ausschließlich am Abnehmer des Angebotsproduktes orientieren. Es muß in sein Kundenverständnis im Sinne der bereits oben geschilderten Erweiterung des Kundenbegriffs alle als Stakeholder oder Anspruchsgruppen auftretenden gesellschaftlichen Gruppen aufnehmen. Externe Forderungen sind in interne umzusetzen.

Intern erscheinen diese in Form von Unternehmensleitbildern und -politik als generelle Handlungsmaximen für alle Mitarbeiter. Weiterhin werden unmittelbare Forderungen durch die Präzisierung von Zielen für einzelne Bereiche des Unternehmens und des betrieblichen Umweltschutzes aufgestellt und z.B. in einem Umweltprogramm zusammengefaßt. Hierin können sich Ziele zu Energie- und Ressourceneinsparungen und Ziele zum Aufbau organisatorischer Strukturen befinden.

Kapitel 2: Anforderungen an Unternehmen

Ökologische, ökonomische, technologische,
rechtlich-politische und sozio-kulturelle Umwelten des Unternehmens
Anforderungen der Umwelt an das Unternehmen

Kapitel 3: Umweltorientierte Unternehmensführung

Gesamtkonzeption einer umweltorientierten Unternehmensführung:
Informationsgrundlagen
Unternehmenspolitik und -leitbild
Unternehmensziele
Unternehmensstrategie

Kapitel 4: Von traditionellen Unternehmenskonzepten zu modernen Managementkonzepten

Traditionelle Unternehmenskonzepte
Moderne Managementkonzepte
Aktuelle Managementkonzepte im Überblick

Kapitel 5: Umweltorientierte Organisationsgestaltung

Rechtliche Grundlagen der betrieblichen Umweltschutzorganisation
Organisation des betrieblichen Umweltschutzes
Anforderungen durch Umweltmanagementnormen
Umweltorientiertes Personalmanagement
Einführung von Umweltmanagementsystemen
Praxisbeispiel: Umweltorientiertes Weiterbildungssystem

Kapitel 6: Zielorientierte Informationsflußgestaltung

Grundlagen und Definitionen
Informationen im Unternehmen
Informationssysteme zur Managementunterstützung
Datenbanken als Informationsspeicher
Umweltbezogene Informationen

Kapitel 7: Techniken für das Umweltmanagement

Die ständige Verbesserung
Der Technikbegriff in Zusammenhang mit betrieblichem Umweltschutz
Umweltschutzmaßnahmen aus dem Blickwinkel der Wertschöpfung
Der Technikeinsatz in der betrieblichen Praxis
Der Einsatz von Techniken im Umweltmanagement
Einordnung der Techniken nach Aufgaben

Kapitel 8: Die Ermittlung umweltrelevanter Kosten

Grundlagen
Umweltrelevante Kosten
Methodik zur Ermittlung der umweltrelevanten Kosten
Anwendungshinweise

3 Umweltorientierte Unternehmensführung

Die Auswirkungen des technologisch-wirtschaftlichen Handelns des Menschen auf die Natur sind unübersehbar geworden. Das wachsende Problembewußtsein aller Beteiligten im Wirtschaftsprozeß (Staat, Unternehmen, Konsumenten) fördert die Einsicht, daß eine Modifizierung der bislang vorherrschenden Art des Wirtschaftens unumgänglich ist. Bezugsrahmen hierbei können das *EMAS* (Verordnung der EG für Umweltmanagement und Umweltbetriebsprüfung, „Öko-Audit") und die *DIN ISO 14001* (Spezifikationen und Leitlinien zur Anwendung von Umweltmanagementsystemen) sein *[EMAS und DIN, 1995b]*. Das vorliegende Kapitel richtet sich an die Führung des Unternehmens i.w.S., das heißt an das Managementsystem, differenziert nach dem in Abschn. 3.1 skizzierten St. Gallener-Management-Modell. Es greift die zentrale Forderung des *EMAS* und der *DIN ISO 14001* nach einer Umweltpolitik und nach Umweltzielen des Unternehmens auf. Während das *EMAS* standortbezogen, d.h. betriebsbezogen, ausgerichtet ist, ist die *DIN ISO 14001* wesentlich offener gestaltet und beinhaltet auch die vom zuerst genannten Regelwerk vernachlässigte Produktebene. Umweltpolitik und Umweltziele werden in den genannten Regelwerken ausdrücklich gefordert und z.T. über vielfältige Detailanforderungen beschrieben, so daß eine eingehende Betrachtung dieser beiden Bereiche angemessen erscheint. Ein Defizit beider Regelwerke liegt darin, daß notwendige Informationsgrundlagen vernachlässigt werden, die vor allem für die Bildung und Formulierung der Umweltpolitik und -ziele des Unternehmens notwendig sind. Weiterhin wird von beiden Regelwerken die strategische Managementebene nicht berücksichtigt („strategisches Defizit" *[Dyllik, Hummel, 1995]*). Zumindest die *DIN ISO 14001* weist in einem Satz auf die „strategische und wettbewerbliche Bedeutung" des Umweltmanagements hin. So wird weiterhin im vorliegenden Kap. auf Informationsgrundlagen und strategische Ausrichtung des Umweltmanagements eingegangen, welche gemeinsam mit der Umweltpolitik und den Umweltzielen zu einer Gesamtkonzeption umweltorientierter Unternehmensführung verbunden werden. Diese ist als Rahmen zu verstehen, den es unternehmensspezifisch anzupassen und umzugestalten gilt.

Abschließend noch zwei Bemerkungen: Der Verfasser redet von „umwelt"-orientiert etc. und meint damit im Kontext des Buches die natürliche Umwelt (Umweltmedien, Flora, Fauna, Ökosysteme und letztlich auch den Menschen), es sei denn, der Begriff „Umwelt" wird ausdrücklich, wie in Kap. 2 und Abschn. 3.2.1, weitergefaßt (ökologische, ökonomische, technologische, rechtlich-politische und sozio-kulturelle Umwelt). Weiterhin können die in diesem Kap. zugrundegelegten Ansätze, wie das St. Gallener-Management-Modell oder das Konzept der strategischen Unternehmensführung, nicht umfassend dargestellt werden. Dem Leser seien die jeweils zitierten Originalquellen nahegelegt.

3.1 Gesamtkonzeption einer umweltorientierten Unternehmensführung

Ohne eine Diskussion bestehender Theorien und Ansätze der Unternehmensführung zu führen (an dieser Stelle sei auf eine ausführliche Darstellung bei *Macharzina [1995, S. 34 ff.]* verwiesen), sei zunächst, ebenfalls mit *Macharzina [1995, S. 34]*, festgehalten: Das Phänomen „Führung" ist in allen hierarchisch aufgebauten Institutionen (wie z.B. Unternehmen, öffentlichen Verwaltungen, Verbänden oder politischen Parteien) zu finden, vielfach zudem in nicht-hierarchischen Einheiten, deren Mitglieder über wechselseitige Handlungen miteinander verbunden sind (z.B. in einer Sportmannschaft). Der Bedarf an Führung ist im Handeln der Organisationsmitglieder begründet, welches Koordination hinsichtlich angestrebter Ziele verlangt. Im Unternehmen bezieht sich diese Koordination nicht nur auf Personen, sondern zusätzlich auf im Wertschöpfungsprozeß eingesetzte Sachmittel und auch auf immaterielle Güter, wie z.B. Information, Werte etc. Geht man weiter zu den drei *Grundfunktionen* der Unternehmensführung bzw. des Managements, nämlich

- *Gestaltung* (des institutionellen Rahmens, der es ermöglicht, eine handlungsfähige Ganzheit über ihre Zweckerfüllung überlebens- und entwicklungsfähig zu erhalten),
- *Lenkung* (Bestimmung von Zielen; Festlegen, Auslösen und Kontrollieren zielgerichteter Aktivitäten des Systems und seiner Elemente) und
- *Entwicklung* (als Ergebnis von Gestaltungs- und Lenkungsprozessen bzw. als eigenständige Evolution begründet im Erlernen von Wissen, Können und Einstellungen),

so bietet sich für die Erarbeitung eines Konzeptes umweltorientierter Unternehmensführung das *„St. Gallener-Management-Modell"* (Konzept des integrierten Managements) als Bezugsrahmen an. Das auf dem Systemansatz basierende Konzept integriert verschiedene Betrachtungsebenen und Dimensionen, zwischen denen vielfältige Vor- und Rückkopplungsprozesse ablaufen. Die Dimensionen sind nach *Bleicher [1992, S. 68 ff.]*:

- Die Ebene des *normativen Managements* mit dem Inhalt genereller Ziele, Prinzipien, Normen und Spielregeln zur Sicherstellung der Lebens- und Entwicklungsfähigkeit des Unternehmens. Wirkt in seiner konstitutiven Rolle begründend für alle Handlungen des Unternehmens.
- Die Ebene des *strategischen Managements* mit dem Inhalt des Aufbaus, der Pflege und Nutzung von Erfolgspotentialen. Während die normative Ebene Aktivitäten begründet, wirkt die strategische Ebene richtend auf diese Aktivitäten ein.
- Die Ebene des *operativen Managements* mit dem Inhalt der Umsetzung der normativen und stategischen Vorgaben im operativen Vollzug.

Somit gestalten normatives und strategisches Management die Unternehmensentwicklung, operatives Management lenkt diese. Das St. Gallener-Management-Modell kann die strategischen Defizite des *EMAS* und der *DIN ISO 14001* durch ausdrückliche Berücksichtigung der strategischen Ebene abbauen und berücksichtigt sowohl einen „top down"- als auch einen „bottom up"-Ansatz im Management, der gerade für umweltorientierte Handlungen des Unternehmens von grundlegender Bedeutung ist. Das Engagement für ökologische Themen muß zwar von der höchsten Managementebene aus initiiert werden, darf jedoch nicht von oben herab verordnet werden, um eine grundsätzliche Akzeptanz ökologischer Themen im gesamten Managementbereich zu bewirken. Hinzu kommt die Einbeziehung der Mitarbeiter des Unternehmens, damit eine Umweltpolitik im Unternehmen auf allen Ebenen und in allen Bereichen „gelebt" werden kann (vgl. hierzu Kap. 5). Zur umweltorientierten Gestaltung von Handlungen des Unternehmens bedarf es, ausgehend vom Konzept der *strategischen Unternehmensführung*, entsprechender *innerbetrieblicher Rahmenbedingungen* für alle Unternehmensbereiche und -ebenen. Was für die unternehmerische Bewältigung ökonomischer Probleme gilt, kann durchaus auch auf die Bewältigung ökologischer Probleme übertragen werden:

> „Die eigentliche Herausforderung für die Unternehmungen besteht in der Bewältigung des Unerwarteten und nicht in der Extrapolation von Erfolgsrezepten der Vergangenheit. Die Rechtfertigung der Unternehmung liegt zunehmend in ihrer Fähigkeit, das Unerwartete, das nicht Vorhersehbare erfolgreich und effizient im Sinne des Allgemeinwohls zu meistern. An den Grundprinzipien der Führung hat sich nichts geändert; doch die Methoden und Instrumente müssen angesichts der veränderten Umweltbedingungen modifiziert werden, und es müssen andere Prioritäten gesetzt werden. In Zeiten zunehmender Beschleunigung der Veränderung und vermehrter Risikoabwägung kommt der unternehmerischen Flexibilität, der Wahrung der Handlungsfreiheit und somit der strategischen Führung der Unternehmung wesentliche Bedeutung zu" *[Hinterhuber, 1992a, S. V]*.

Zur ausdrücklichen Berücksichtigung der ökologischen Dimension muß diese nach *Hübner, Simon-Hübner [1991, S. 27]* im Rahmen einer Gesamtkonzeption erfaßt werden, die sich in folgenden Ergebnissen äußert:

- Unternehmenspolitik/-leitbild (und Vision)
- Zielsystem
- Unternehmensstrategie
- Maßnahmen zur Realisierung der Strategie.

Aufgabe der Unternehmensführung ist es, der Ökologie im Rahmen einer solchen Gesamtkonzeption eine ihr angemessene Bedeutung festzulegen und entsprechend zu gewichten:

> „Die Berücksichtigung des Ökologie-Aspekts in dieser Form signalisiert den Entscheidungsträgern und Mitarbeitern auf allen Ebenen in allen Bereichen, daß die Unternehmensleitung entschlossen ist, den Weg in Richtung eines umweltverträglicheren Wirtschaftens aktiv zu gehen, und darin keinen Widerspruch zur Realisierung ökonomischer Ziele sieht. Die Berücksichtigung des Ökologie-Aspektes im Leitbild und im Zielsystem macht auch deutlich, daß ökologieorientierte Unternehmensführung über Maßnahmen des herkömmlichen Umweltschutzes weit hinausgeht: Diesem liegt eine Art end-of-the-pipe-Philosophie zugrunde nach dem Motto: Wir verschmutzen weiter und bauen dann kleine Filter, Katalysatoren etc. ein. Ökologischer Unternehmensführung liegt demgegenüber das Prinzip der Vorsorge und Vermeidung zugrunde und nicht nur die Behandlung der Symptome" *[Hübner, Simon-Hübner, 1991, S. 27]*.

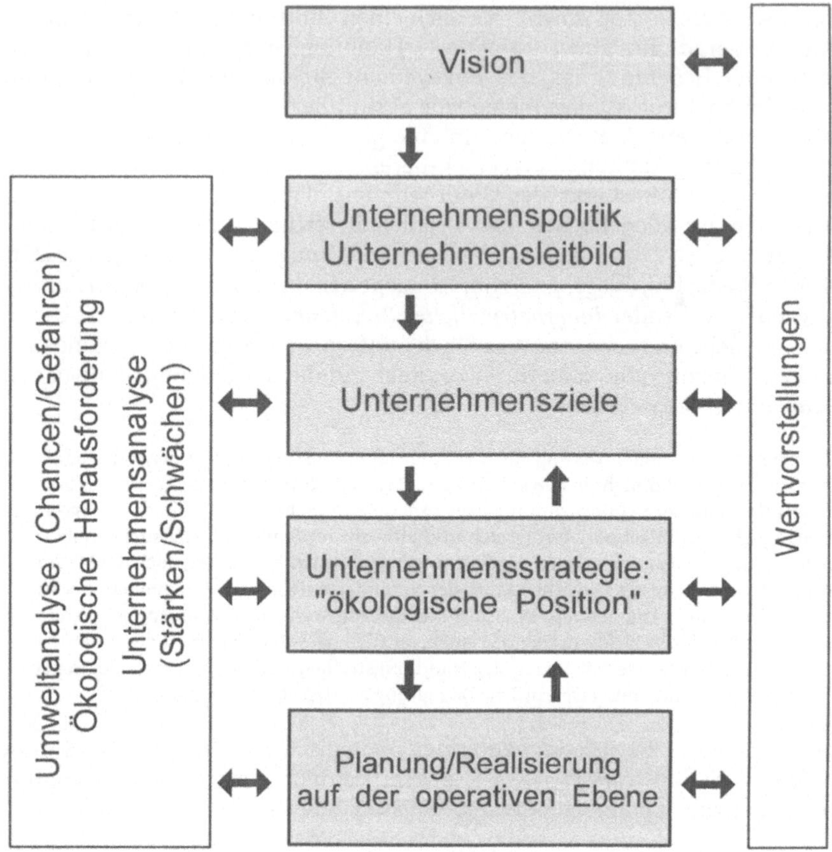

Bild 3.1 Gesamtkonzeption einer umweltorientierten Unternehmensführung *[nach Hübner/Simon-Hübner, 1991, S. 28];* leicht erweitert vom Verfasser

Für die inhaltliche Ausgestaltung einer umweltorientierten Unternehmensführung mit den Komponenten Unternehmenspolitik und -leitbild, Zielsystem, Unternehmensstrategie und entsprechenden Maßnahmen zur Realisierung der Strategie bedarf es einer Ermittlung und Beurteilung der Ausgangslage. Für die Ermittlung entsprechender Informationen bieten sich an *[Hinterhuber, 1992a, S. 73 ff. und Ulrich, 1987, S. 51 ff.]:*

- Analyse und Prognose der Unternehmensumwelt: Ermittlung von Chancen und Gefahren
- Unternehmensanalyse: Ermittlung von Stärken und Schwächen
- Analyse der unternehmensbezogenen Wertvorstellungen.

Es ergibt sich eine Gesamtkonzeption, die Bild 3.1 verdeutlicht („Urform" bei *[Hinterhuber, 1992a]*). In dieser Gesamtkonzeption spiegeln sich auch die drei

Ebenen des St. Gallener-Management-Modells wider. In den nachfolgenden Abschnitten werden die einzelnen Komponenten dieser Gesamtkonzeption näher betrachtet, wobei der Schwerpunkt die Ebene des normativen Managements betrifft (Vision, Unternehmenspolitik und -leitbild, Unternehmensziele als Übergang zur strategischen und operativen Ebene, Abschn. 3.3 und 3.4). Dies ist begründet in der ausdrücklichen Forderung der Bildung und Formulierung von Umweltpolitik und -zielen im *EMAS* und der *DIN ISO 14001*. Weiter wird auf das „missing link" in beiden Regelwerken, die strategische Ebene (Abschn. 3.5), eingegangen. Hinsichtlich der operativen Ebene sei auf die Kap. 5 bis 8 verwiesen. Zunächst jedoch wird die Ermittlung der notwendigen Informationsgrundlagen zur inhaltlichen Ausgestaltung einer umweltorientierten Unternehmensführung vorangestellt (Abschn. 3.2).

3.2 Komponente Informationsgrundlagen: Umwelt- und Unternehmensanalyse, Wertorientierung

Bevor sich die Unternehmensführung mit der Gestaltung der betrieblichen Umweltpolitik, mit der Bildung und Formulierung von Umweltzielen und deren Umsetzung in entsprechenden Strategien befaßt, sind zunächst über individuell zu erarbeitende Checklisten die unternehmensspezifischen Schlüsselprobleme zu identifizieren und ist nach Lösungswegen zu suchen. Hilfestellung bietet hier das Konzept der strategischen Unternehmensführung mit einem Instrumentarium zur Bestimmung der strategischen Ausgangslage. Über eine Umweltanalyse zur Ermittlung von Chancen und Gefahren, eine Unternehmensanalyse zur Ermittlung von Stärken und Schwächen und eine Analyse der unternehmensspezifischen Wertorientierungen (Unternehmensethik) können die notwendigen Informationsgrundlagen für eine Situationsanalyse geschaffen werden. Die „klassische" Umwelt- und Unternehmensanalyse *[z.B. bei Hinterhuber, 1992a, S. 76 ff. und 83 ff.]* in ihrer Ausprägung als Checkliste bzw. Fragenkatalog ist um einen ökologieorientierten Kriterienkatalog zu ergänzen. Zusammen mit einer Analyse der Wertorientierungen der Führungskräfte ergibt sich die ökologische Situationsanalyse nach Bild 3.2. Die drei Elemente der Situationsanalyse sollten im Zeitablauf nicht linear abgearbeitet werden, vielmehr sind ihre vernetzten und bedingenden Zusammenhänge zu berücksichtigen, insbesondere bezogen auf den Zusammenhang von Stärken und Chancen bzw. Schwächen und Gefahren.

Auf der Basis dieser ökologischen Situationsanalyse können eine entsprechende umweltorientierte Unternehmenspolitik, die Bildung und Formulierung von Umweltzielen und die daraus abzuleitenden Strategien erarbeitet werden. In diesem Stadium sind die zu beschaffenden und zu verarbeitenden Daten relativ „grober Natur". Das heißt, daß es sich bei den für die Umwelt- und Unternehmensanalyse notwendigen Informationen oft um „weiche" Daten handelt, also um Daten, die mit Unsicherheiten behaftet sind und die es subjektiv zu interpretieren und zu bewerten gilt, und nicht um objektive, „harte Fakten". An dieser Stelle sei zudem auf *Besonderheiten von Information die ökologische Umwelt* betreffend, hingewiesen *[Stahlmann, 1993, S. 101 f.]*:

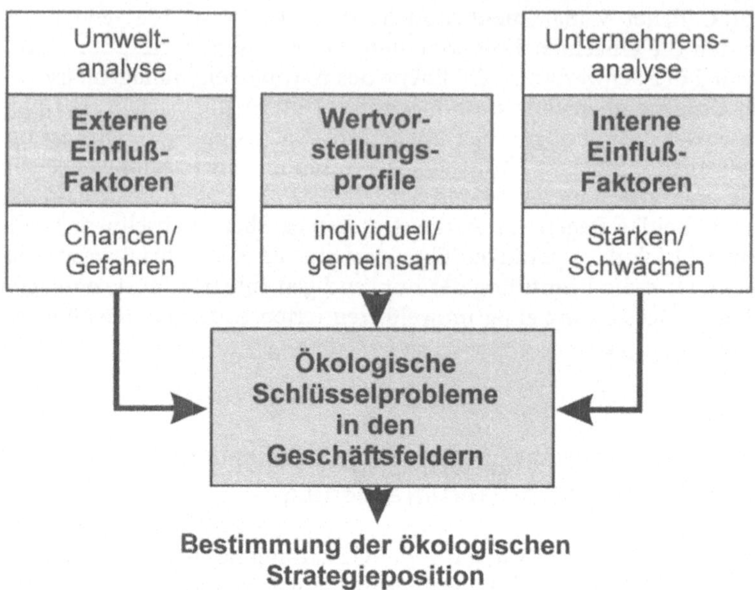

Bild 3.2 Ökologische Situationsanalyse *[Hopfenbeck, 1992, S. 969]*

- *Hohe Dynamik und Unsicherheit:* Ehemals als unbedenklich angesehene Stoffe werden heute erwiesenermaßen als toxisch oder als „Ozonkiller“ eingestuft. Ehemals einfache Ursache-Wirkungszusammenhänge wandelten sich durch Kumulation und Synergismen zu Wirkungszusammenhängen, bei denen weder ein Verursacher noch eine Ursache eindeutig identifiziert werden können.
- *Interdisziplinäre Erkenntnisse:* Ökologische Informationen können nur begrenzt vom ökonomischen System wahrgenommen werden, weil entsprechende Erkenntnisse aus den Fachdisziplinen (z.B. Biologie, Geologie, Physik) stammen und somit zunächst als nicht wirtschaftsrelevant erscheinen.
- *Schwierige bzw. unmögliche Quantifizierbarkeit:* Die Einschätzung der ökologischen Relevanz ökonomischer Handlungen bzw. menschlicher Eingriffe in die Natur hängt maßgeblich vom jeweiligen Wertebewußtsein ab. Der „Wert“ der Schöpfung, einer Tier- oder Pflanzenart oder die Schönheit einer ursprünglichen Landschaft gelten wiederum als „weiche“ Informationen und müssen erst in die Sprache und das Wertesystem des Managements übersetzt bzw. integriert werden.

3.2.1 Umweltanalyse: Ermittlung von Chancen und Gefahren

Das Instrumentarium der Umweltanalyse ist (wie auch die Unternehmensanalyse) unternehmensspezifisch zu erarbeiten. Ein allgemeingültiges, strukturiertes System der Informationsgewinnung, -verarbeitung und -bewertung existiert nicht. Für den Ablauf der Umweltanalyse schlägt *Hopfenbeck [1992, S. 637]* folgende Schritte vor:

- Abgrenzung der für das Unternehmen relevanten Untersuchungsbereiche
- Erfassung der jeweiligen Umweltfaktoren über einen Indikatoren-/Kriterienkatalog
- Analyse der Bedeutung und Eintrittswahrscheinlichkeit der Umweltfaktoren
- Bewertung der Relevanz der Umweltfaktoren (Chancen-Gefahren-Analyse, s. Bild 3.3)
- Festlegung der Reaktionsmöglichkeiten und -dringlichkeiten.

Gemäß gängiger Einteilungen *[vgl. z.B. Hopfenbeck, 1992, S. 970 ff.; Meffert, Kirchgeorg, 1993, S. 62 ff. oder Ulrich, 1987, S. 64 ff.]* können folgende *Bereiche für die Umweltanalyse und -prognose* festgelegt werden, die unter ökologischen Aspekten entsprechend auszugestalten sind:

- *Ökologische Umwelt:* Ökologische Sphäre: Unbelebte Natur mit den Umweltmedien Boden, Wasser, Luft und belebte Natur der Bereiche Ökosysteme, Mensch, Flora, Fauna. Der Bereich der ökologischen Umwelt ist durch die genannten Grundelemente und Lebewesen, durch festgestellte Umweltschäden und Schadensverursacher, durch mögliche Maßnahmenbereiche und Formen ihrer Durchsetzung auszugestalten.
- *Ökonomische Umwelt:* Die für das Unternehmen relevanten Wirtschaftssubjekte, z.B. Lieferanten, Abnehmer und Konkurrenz, desweiteren Märkte, differenziert nach Absatz- und Beschaffungsmärkten und spezifiziert z.B. nach den Kriterien Marktraum, Marktstruktur, Preise, qualitative und quantitative Aspekte; desweiteren: volkswirtschaftliche Gesamtgrößen.
- *Technologische Umwelt:* Stand der Entwicklung und Potential von Technologie und Technik, Forschungs- und Entwicklungstätigkeiten.
- *Rechtlich-politische Umwelt:* Gesetzgebung national und international; Neueinführung bzw. Verschärfung von Grenzwerten; Haftungsrisiken; Parteien und politische Programme, Regierungstätigkeit.
- *Sozio-kulturelle Umwelt:* Aspekte Wandel des öffentlichen Bewußtseins, Wertesystem und -dynamik, Priorität des Schutzes der Umwelt etc. (vgl. auch Abschn. 2.1-2.5).

Vier *Grundsätze [Hinterhuber, 1992a, S. 76]* sind bei der Durchführung der Umweltanalyse zu beachten:

- Je mehr Daten, Phänomene und Beziehungen in ihrer Entwicklung untersucht werden, desto leichter können Schlußfolgerungen und Urteile gezogen bzw. gefällt werden. Es gilt jedoch zu beachten, daß eine Gesamtheit aller Untersuchungsbereiche mit dem jeweils entsprechenden Datenmaterial aufgrund des hohen Informationsbeschaffungsaufwandes in der Realität nicht berücksichtigt werden kann. Deshalb ist eine Auswahl notwendig, die jedoch die Gefahr in sich birgt, daß relevante Daten nicht erfaßt und entsprechend wichtige Beziehungen und Entwicklungen nicht erkannt werden.

- Die Analyse soll sich nicht auf eine Aufzählung von Daten und Informationen beschränken, sondern bedarf unter unternehmensspezifischen Aspekten einer kritischen Beurteilung und Interpretation.
- Die Abarbeitung der Analysefelder (Unternehmensumwelten) muß systematisch erfolgen.
- Annahmen und Informationen, auf denen die Prognosen über zukünftige Entwicklungen basieren, müssen ausdrücklich dargestellt und auf ihre Glaubwürdigkeit untersucht werden.

Bei der Durchführung der Umweltanalyse sind z.B. folgende *Kriterien bzw. Indikatoren* (kein Anspruch auf Vollständigkeit) zu beachten und evtl. unternehmensspezifisch zu ergänzen *[in Anlehnung an Hopfenbeck, 1992, S. 970 ff und Meffert, Kirchgeorg, 1993, S. 63 ff.]:*

1. Ökologische Umwelt
- Zerstörung ökologischer Systeme
  (global, kontinental, national, regional, lokal)
- Beeinträchtigung der Grundfunktionen der ökologischen Umwelt
  (Versorgungs-, Träger-, Regenerierungsfunktion)
- Art, Intensität und Ausmaß von Umweltbelastungen auf
  - unbelebte Natur (Boden, Wasser, Luft)
  - belebte Natur (Mensch, Flora, Fauna)
- Ressourcensituation
  - Geologische Situation (Fundstätten/Konzentrationen)
  - Ressourcenreichweite (in Jahren)
  - Ressourcenverfügbarkeit/-knappheit (qualitative Aspekte, z.B. Aufwand der Rohstoffgewinnung)
  - Ressourcenabhängigkeit (auf dem internationalen/nationalen Markt)
- Energiesituation
  - Energieintensität/-potential (z.B. Heizwert)
  - Regenerative/nicht-regenerative Energieressource
  - Umweltbelastungsgrad der Energierzeugung/-verbrauch
- Langfristige Trends in der naturwissenschaftlichen Grundlagenforschung
- ...

2. Ökonomische Umwelt
- Umfang und Struktur (Art/Höhe) von Umweltschutzinvestitionen
- Marktqualität hinsichtlich umweltverträglicher Produkte
  - Schrumpfungs- und Sättigungserscheinungen
  - Markteintrittsbarrieren
  - Wettbewerbsdruck
  - Nachfrageentwicklung nach umweltverträglichen Produkten und Verfahren in allgemeinen Trends
  - Abnehmerpotential und -volumen
  - Umweltbewußtsein und -handeln marktbezogener unternehmensexterner Anspruchsgruppen

  - Beschaffungs-/Kaufverhalten von Kunden (Industrie, Groß- und Einzelhandel, Konsument etc.)
  - Angebotsverhalten von direkten und indirekten Lieferanten
  - Konkurrenzverhalten auf den Absatz- und Beschaffungsmärkten
  - Fremdkapitalgeber
  - Sonstige Dienstleister des Unternehmens (Berater, Subunternehmer)
  - Kooperationspartner
- ...

3. Technologische Umwelt
- Umweltschutztechnologie
  (Entwicklung, Stand, Komplexität)
- Wirkungsbereiche von Umweltschutztechnologie
  (Schadstoffe/Emissionen, Boden, Wasser/Abwasser, Luft, Abfall, Recycling)
- Neue Entwicklungen/Trends bei Rohstoffen, Werkstoffen, Energieträgern
- Umweltschutzwirkung der Technologie direkt oder indirekt
  - End-of-pipe Technologie
  - Integrierte Technologie
  - Recyclingtechnologie
  - Substitutionstechnologie
  - Umweltinformationstechnologie
  - Meß- und Regeltechnik
- Wirkungsgrad der Umweltschutztechnologie
- Produkt- und/oder Prozeßtechnologie/-innovation
- Kosten der Umweltschutztechnologie
  (Entwicklungs-, Anschaffungs-, Betriebs-, Lern- und Umstellungskosten)
- Trends in Wissenschaft und Forschung
- ...

4. Rechtlich-politische Umwelt
- Globale politische Entwicklungstendenzen
  (Ost-West, Nord-Süd, Marktstellung der Rohstoffproduzenten, Gefahr lokaler oder internationaler Konflikte)
- Umweltpolitische Rahmenbedingungen
  (Finanz- und Wirtschaftspolitik, Technologie- und Innovationspolitik)
- Verhalten staatlicher Organe
  - Parteipolitische Entwicklungen und Positionen
  - Behörden (z.B. informelle Einflußnahme über Apelle und Bereitstellung von Umweltinformationen; Umweltzeichenvergabe)
  - Umweltgesetzgebung
  - Umwelthaftung
  - Gesetze in den Bereichen Luft, Lärm, Gewässer, Abfall, Produkte etc.
- ...

5. Sozio-kulturelle Umwelt
- Bevölkerungsentwicklung in relevanten Ländern
- Änderung grundlegender Wertstrukturen

- Informationsstand in der Bevölkerung hinsichtlich ökologischer Fragestellungen
- Umweltbewußtsein und -handeln nicht-marktbezogener unternehmensexterner Anspruchsgruppen
  - Gesellschaft (ökologisch negativ Betroffene, Medien, Bürgerinitiativen, Kirche, Bildungswesen, kulturelle Institutionen, Bevölkerung generell, Verbraucherverbände, Umweltverbände)
  - Zukünftige Generationen
  - Staat (Bereiche Legislative, Exekutive, Jurisdiktion)
- ...

Zusätzlich zur globalen Umweltanalyse ist die Analyse der ökonomischen Umwelt über eine *Branchenanalyse* (Analyse, Bewertung und Prognose der Gesamtbranche und von Teilbranchen) *und Konkurrenzanalyse* (Analyse, Bewertung und Prognose der Aktivitäten der Wettbewerber) zu konkretisieren. Zur ausführlichen Darstellung s. *Hinterhuber [1992a, S. 80 ff. und 138 ff.]* und *Macharzina [1995, S. 251 ff.]*. Folgende Bereiche bezogen auf ökologische Aspekte sind hierbei zu analysieren und zu prognostizieren *[Hopfenbeck, 1992, S. 972]:*

- Strategien, die die Konkurrenten mit welchem Erfolg verfolgen
- Ökologische Wertvorstellungen und Zielsetzungen der Konkurrenten
- Mögliche zukünftige Strategien der Konkurrenten und daraus resultierende Chancen und Gefahren für das Unternehmen
- Prämissen, auf denen die voraussichtlichen Strategien der Konkurrenten beruhen
- Stärken und Chancen der Konkurrenten
- Schwächen und Gefahren der/für die Konkurrenten als Ansatzpunkte eigener Offensivstrategien.

Im Anschluß an die Umweltanalyse, in der über Kriterien und Indikatoren die bestehende Situation und mögliche Entwicklungen erarbeitet wurden, sind diese Ergebnisse mit den unternehmensspezifischen Gegebenheiten (Stärken und Schwächen, s. Abschn. 3.2.2) zu verknüpfen. Aus dieser Verknüpfung sind Entwicklungsmöglichkeiten (Chancen) und Bedrohungen (Gefahren) abzuleiten. Bild 3.3 verdeutlicht diese Verknüpfung anhand der Chancen-Gefahren-Analyse.

Der Analyse der Stärken und Schwächen des Unternehmens werden Einschätzungen über die Art und Intensität zukünftiger Umweltentwicklungen gegenübergestellt. Um eine erforderliche Informationsverdichtung zu erreichen, muß eine Zuordnung der Ergebnisse aus Umwelt- und Unternehmensanalyse erfolgen. Eine *Chance* liegt nur dann vor, wenn eine ausgeprägte Umweltentwicklung auf eine ausgeprägte Stärke des Unternehmens trifft. Hierbei wird davon ausgegangen, daß das Unternehmen aufgrund seiner spezifischen Gegebenheiten besser in der Lage ist, die entsprechende Entwicklung zu nutzen, als dies die Konkurrenz tun kann. *Gefahren* liegen dann vor, wenn Umweltentwicklungen auf Bereiche des Unternehmens treffen, in denen Schwächen identifiziert wurden. Obwohl über die Chancen-Gefahren-Analyse keine konkreten Handlungsanleitungen

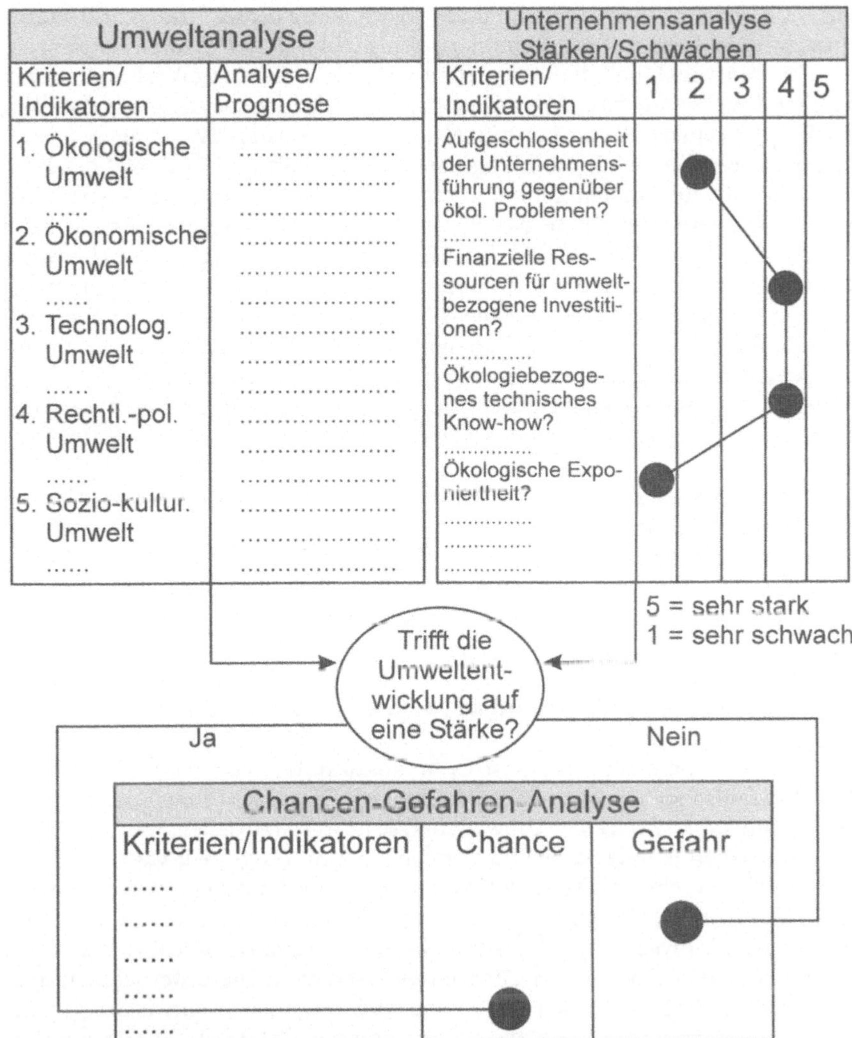

Bild 3.3 Chancen-Gefahren-Analyse *[nach Macharzina, 1995, S. 256]*

aufgezeigt werden, werden doch Bereiche identifiziert, für die entsprechende Ziele zu bilden, Strategien zu formulieren und in denen Maßnahmen einzuleiten sind *[Macharzina, 1995, S. 255 f.]*.

Mögliche *Informationsquellen* zur Schaffung der Informationsgrundlage für die Umweltanalyse und -prognose können z.B. sein: Tagespresse, politische Magazine, Parteiprogramme, Werke des Statistischen Bundesamtes, Förderprogramme der Europäischen Gemeinschaft, „Spiegel der Wirtschaft - Struktur und Konjunktur in Bild und Zahl" des Instituts für Wirtschaftsforschung/ifo in München (Periodika), „Daten zur Umwelt" des Umweltbundesamtes in Berlin (Periodika), „Vital signs - The trends that are shaping our future" des World Watch Instituts in Washington D.C. (Periodika), „Entwicklung und Umwelt - Kennzahlen der Weltentwicklung", herausgegeben von der Weltbank (Washington D.C. 1992), Trendbücher wie z.B. „Megatrends 2000 - Zehn Perspektiven für den Weg ins nächste Jahrtausend" von Naisbitt/Aburdene (Düsseldorf/Wien 1992), „Deutscher Delphi-Bericht zur Entwicklung von Wissenschaft und Technik" des Bundesministeriums für Forschung und Technologie *[BMFT, 1993]*, Arbeitsberichte, Diskussionspapiere und Briefe des Büros für Technikfolgenabschätzung beim Deutschen Bundestag/TAB in Bonn etc. Einen relativ umfangreichen Überblick ausgewählter Institutionen des Informationsmarktes als Anbieter und potentielle Lieferanten von Informationen und Dienstleistungen zeigt *Hübner [1996, S. 285 ff.]*. Für die Konkurrenz- und Branchenanalyse können Controllingdaten, Erfahrungen des Vertriebs/Außendienstes oder Verbandsdaten hilfreich sein.

Folgende *Aufgaben* können durch die gewonnenen Informationen der Umweltanalyse erfüllt werden *[Hopfenbeck, 1992, S. 635]:*

- Erkennen von Chancen, die über den Weg bestehender und/oder neuer Strategien auszunutzen sind
- Erkennen von Gefahren, die über den Weg bestehender und/oder neuer Strategien zu vermeiden, zu umgehen oder zumindest zu minimieren sind
- Erkennen strategischer ökologischer Schlüsselprobleme.

3.2.2 Unternehmensanalyse: Ermittlung von Stärken und Schwächen

Zweck der Unternehmensanalyse ist es herauszufinden, was das Unternehmen aufgrund spezifischer Stärken und Schwächen im Hinblick auf qualifizierte Konkurrenten tun *kann* (Zweck der Umweltanalyse ist es festzustellen, was das Unternehmen tun *könnte*). Wie bereits im vorigen Abschn. festgestellt wurde, können Stärken und Schwächen als relative Größen nur in Verbindung mit der Umweltanalyse (ökologische, ökonomische, technologische, sozio-kulturelle und politisch-rechtliche Umwelt, Branchen- und Konkurrenzanalyse) ermittelt werden, ebenso die daraus resultierenden Chancen und Gefahren. Die Unternehmensanalyse darf sich nicht nur auf den Status quo und vergangene Entwicklungen beschränken, sondern sie muß zudem ermitteln, was das Unternehmen aufgrund aktueller und potentieller Ressourcen zukünftig tun kann, um die über die Umweltanalyse ermittelten Erfolgsfaktoren umzusetzen bzw. um ermittelte Risiken zu vermeiden. Stärken des Unternehmens sind *Outputs*, die die früher angestrebten Zielwerte erfüllt oder überstiegen haben oder die über den vergleichbaren Ergebnissen des stärksten Wettbewerbers liegen, und *strukturelle Merkmale bzw. Leistungspotentiale*, die zu diesen als Stärken qualifizierten Outputs beigetragen haben. Die Stärken-Schwächen-Analyse soll in zwei Richtungen durchgeführt werden: Analyse des kostengünstigsten Funktionierens des Unternehmens (Vergrößerung des defensiven Handlungsspielraums) und der Suche nach neuen Möglichkeiten der Differenzierung (Vergrößerung des offensiven Handlungsspielraumes) *[Hinterhuber, 1992a, S. 83 f.]*. Wie bei der Umweltanalyse auch, gibt es bei der Unternehmensanalyse kein allgemeingültiges Vorgehen. Auch hier sind Kriterienraster oder Fragenkataloge unternehmensspezifisch zu erarbeiten. Ein Fragenkatalog mit „klassischen" Analysebereichen der strategischen Unternehmensführung findet sich bei *Hinterhuber [1992a, S. 85 ff.]*, der exemplarisch folgende Bereiche klassifiziert und über entsprechende Fragen spezifiziert: Produktlinien, Marketing, Finanzsituation, Forschung und Entwicklung, Produktion, Versorgung mit Rohstoffen und Energie, Standorte, Kostenvorteile, Qualität der Führungskräfte, Führungssysteme, Steigerungspotential der Führungskräfte.

Der bei *Hinterhuber* zu findende Fragenkatalog gibt Hilfestellung zur unternehmensspezifischen Formulierung eines Fragenkataloges für die Unternehmensanalyse und -prognose. Eine Beurteilung und Visualisierung der Unternehmensanalyse geschieht z.B. in Form eines Stärken-Schwächen-Profils, wie bereits in Bild 3.3 angedeutet. Eine Analyse der Stärken und Schwächen des Unternehmens unter ökologischen Aspekten kann sich u.a. auf folgende Fragen nach *Meffert, Kirchgeorg [1993, S. 107]* beziehen:

- Ist die Unternehmensleitung gegenüber ökologischen Problemen entsprechend aufgeschlossen oder nicht?
- Stehen ausreichend finanzielle Mittel für umweltbezogene Investitions- und Betriebskosten zur Verfügung?
- Bestehen im Bereich der Beschaffung Kontakte zu Herstellern umweltverträglicher Produkte?
- Wie ist die Charakteristik und Nähe des Leistungsprogramms zu Umweltschutzmärkten zu beurteilen?
- Inwieweit ist das technische Know-how des Unternehmens bereits ökologiebezogen?
- Inwieweit sind Unternehmens- und Marketingstrategien bereits ökologieorientiert?
- Inwieweit ist das Unternehmen hinsichtlich ökologischer Fragestellungen in der Öffentlichkeit exponiert?

Ein weiterer Ansatzpunkt ist die Unternehmensanalyse anhand der erstellten Produkte und Dienstleistungen („Output als Stärken"). Diese Richtung der Analyse geht über die Anforderungen des *EMAS* hinaus, in der die Produktebene in den freiwilligen Bemühungen, Umweltschutz unternehmensspezifisch umzusetzen, kaum Berücksichtigung findet. Drastisch verdeutlichen dies *Degenhardt u.a. [1995, S. 123]*: „Das nur an öko-auditierten Standorten gefertigte 12-l-Automobil kann nicht die schlußendliche Perspektive des ökologischen Umbaus der Wirtschaft darstellen". Insofern erscheint es sinnvoll, die Produktebene in die Unternehmensanalyse einzubeziehen.

Hierzu wurde ein *Instrument zur Ermittlung der ökologischen Qualität von Produkten* von *Hübner, Simon-Hübner [1991]* erarbeitet. Das Instrument kann als umweltorientiertes Äquivalent der Unternehmensanalyse anhand der Wertschöpfungskette *[z.B. bei Macharzina, 1995, S. 245 ff.]* angesehen werden. Das Instrument dient der Bewertung von existierenden und neuen Technologien und Produkten (eine gewisse Homogenität von Produkten vorausgesetzt auch der Bewertung von Produktgruppen oder strategischen Geschäftseinheiten) unter dem Aspekt „Ökologie" durch Einführung der „ökologischen Qualität" als zusätzliche

Dimension der Technologie-, Produkt- und Unternehmensplanung. Die ökologische Qualität wird in Form von Teilqualitäten erfaßt, bezogen auf alle Phasen eines ganzheitlichen Produktlebenszyklus-Modells mit den Phasen angewandte Forschung, Entwicklung/Innovation, Materialwirtschaft/Produktion, Absatz/ Marketing, Produktnutzung und Phase nach Ablauf der Nutzung (Bild 3.16 in Abschn. 3.4.4). Das Instrumentarium steht in Form eines Leitfadens zur unmittelbaren Anwendung im Unternehmen zur Verfügung *[im folgenden nach Hübner, Simon-Hübner, 1991]*.

Kernstück des Instrumentariums ist ein detailliertes Kriterienraster, das die Ermittlung der ökologischen Qualität von Produkten ermöglicht. Ausgegangen wird hierbei von einer ganzheitlichen Betrachtungsweise:

- Einbeziehen aller Phasen, die ein Produkt während seiner Existenz durchläuft.
- Berücksichtigung aller Merkmale des Produkts, welche Auswirkungen auf die Ökosphäre haben könnten.
- Berücksichtigung eines Zeithorizonts, der dem Zeitverhalten der Natur angemessen ist (Generationen!).

Es wird unterschieden zwischen *relativer* und *absoluter ökologischer Qualität*, wobei letztere auf Vermeidungstrategien Bezug nimmt, denn der Nichteinsatz von Ressourcen ist unter ökologischen Gesichtspunkten wünschenswerter als noch so perfekte Recycling-Verfahren. Die Beschäftigung mit einer absoluten ökologischen Qualität bezieht auch die mit einem Produkt befriedigten Bedürfnisse ein und analysiert diese kritisch. Das Instrument beschränkt sich auf die Erfassung der relativen ökologischen Qualität, welche durch Teilqualitäten, bezogen auf die einzelnen Phasen gemäß dem ganzheitlichen Produktlebenszyklus-Modell beschrieben wird. Das Instrument in Form eines detaillierten Kriterienrasters ermöglicht die Erfassung der einzelnen ökologischen Teilqualitäten, indem je Kriterium produktspezifisch analysiert und bewertet wird. Einen exemplarischen Auszug des Kriterienrasters für die Produktlebenszyklusphase Absatz/ Marketing zeigt Bild 3.4.

Die Beurteilung der ökologischen Qualität, bezogen auf alle Phasen des ganzheitlichen Produktlebenszyklus-Modells, erfolgt auf der Grundlage folgender Aspekte:

- Input-Faktoren:
  - Material-/Stoffeinsatz (unterteilt in Roh-, Hilfs- und Betriebsstoffe)
  - Energieeinsatz
  - „Natur“-Einsatz (Boden, Tier- und Pflanzenwelt etc.)
- Output-Faktoren:
  - Emissionen/Immissionen in Luft, Boden und Wasser
  - Wärme
  - Strahlung
  - Lärm.

Die Konkretisierung dieser Aspekte je Phase des ganzheitlichen Produktlebenszyklus-Modells erfolgt durch:

Phase: Absatz/Marketing (A/M)

Produkt/Komponente: .... Blatt A/M 1/9

Bewertung durchgeführt von: .... Datum: ....

Tätigkeitsfelder	Aspekte	Hauptkriterien	Einzelkriterien	Relevanz	Merkmalsausprägungen -5	-4	-3	-2	-1	0	1	2	3	4	5
Verkaufsverpackung Umverpackung Transportverpackung		Verbrauchsintensität	- Anzahl der Verpackungsebenen - Verhältnis Verpackungsvolumen zu Inhaltsvolumen - Verhältnis Verpackungsgewicht zu Inhaltsgewicht - Verhältnis Verpackungswert zu Inhaltswert - Anteil Präsentationsverpackung												
	Materialeinsatz	Packstoff (Packmittel, Packhilfsmittel)	....												
		Materialart/-herkunft	- Anteil des bereits recycelten Materials/Stoffes Ausmaß der Regenerierbarkeit - Gewinnungsbedingungen - Knappheit												

Bild 3.4 Exemplarischer Auszug aus dem Kriterienraster zur Ermittlung der ökologischen Qualität von Produkten *[Hübner/Simon-Hübner, 1991]*

1. Die Unterteilung der einzelnen Phasen in *Tätigkeitsfelder* (z.B. die Tätigkeitsfelder Gebrauch, Verbrauch, Lagerung und Wartung für die Phase „Produktnutzung", s. a. Bild 3.16, Abschn. 3.4.4)
2. Die Auflösung der einzelnen Aspekte in *Hauptkriterien* (z.B. die Hauptkriterien Emissionsmenge, Art der Gefährlichkeit und Ausmaß der Gefährlichkeit für den Aspekt „Emissionen")
3. Die Auflösung der Hauptkriterien in *Einzelkriterien* (z.B. giftig, ätzend/reizend, brand-/explosionsgefährlich, krebserzeugend etc. für das Hauptkriterium „Art der Gefährlichkeit von Emissionen").

Die Ermittlung der Ausprägungen je Kriterium erfolgt auf der Grundlage einer Skala, die von –5 bis 0 sowie von 0 bis +5 reicht (Ausprägungen sind hier z.B.: gering - teilweise - weitgehend; unwürdig - bedenklich - unbedenklich; schlecht - durchschnittlich - optimal etc.). Im Sinne einer konsequenten Anwendung ist es notwendig, daß einige Haupt- und Einzelkriterien (z.B. der Bereich „Emissionen") phasendurchlaufend sind, d.h. in allen Phasen des Produktlebenszyklus abgefragt werden.

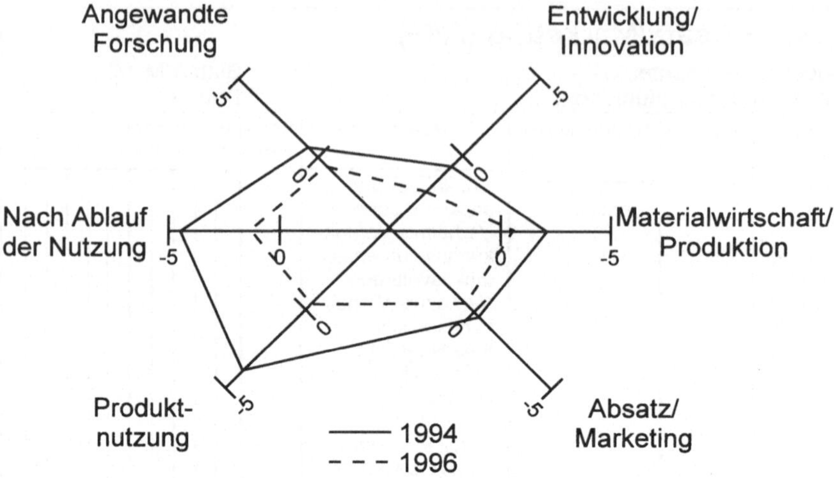

Bild 3.5 Graphische Darstellung der ökologischen Qualität eines Produktes als Ergebnis der Erfassung der Teilqualitäten (Beispiel „Qualitätsspinne") *[nach Hübner/Simon-Hübner, 1991, S. 56]*

Die auf diese Weise ermittelten ökologischen Teilqualitäten je Phase ergeben insgesamt die ökologische Qualität des untersuchten Produktes. Es ist ausdrücklich darauf hinzuweisen, daß eine quantitative Aggregation der Einzelbewertungen nicht möglich ist; vielmehr ist qualitativ zu aggregieren, d.h. die in Bild 3.5 dargestellte Möglichkeit einer Gesamtbewertung kann nur ein Denkanstoß sein. Jedes Unternehmen muß innerbetrieblich eine subjektive Gewichtung sowohl der Kriterien als auch der Phasen vornehmen. Bisherige Anwendungserfahrungen zeigen, daß eine betrieblich interdisziplinäre Anwendung, d.h. eine Informationserhebung unter Mitwirkung von Know-how-Trägern relevanter Unternehmensbereiche, mit einem Zeitaufwand von circa 1 – 2 Tagen verbunden ist (Voraussetzung ist die Verfügbarkeit benötigter Informationen). Das so ermittelte Gesamtergebnis der Bewertung bildet die Grundlage für die vom Unternehmen einzuleitenden Maßnahmen (Handlungsbedarf) zur Verbesserung der ökologischen Qualität dort, wo diese am wenigsten akzeptabel ist *[Hübner, Jahnes, 1994, S. 55]*.

Eine weitere Auflistung möglicher Analysebereiche geben *Hallay, Pfriem [1992, S. 92 ff.]* im Rahmen des *Konzepts der ökologischen Schwachstellenanalyse* (vgl. Abschn. 7.6.9), welche folgende Bereiche beinhaltet, die z.T. auch die Umweltanalyse betreffen:

- Einhaltung umweltrechtlicher Rahmenbedingungen (Grenzwerte, Auflagen, Ge- und Verbote, Verordnungen, Vorschriften)
- Gesellschaftliche Anforderungen (gesellschaftliche und wissenschaftliche Diskussion, Kritik bzw. Akzeptanz)
- Beeinträchtigungen der Umwelt (ökologisches Normalfallrisiko)
  - Luftbelastung
  - Wasserbelastung

- Bodenbelastung
- Toxizität
- Beeinträchtigungen der Umwelt durch potentielle Störfälle
- Internalisierte Umweltkosten (Lager- und Entsorgungskosten, Abgaben, Kontrollaufwand)
- Beeinträchtigung der Umwelt im Rahmen der vor- und nachgelagerten Stufen
  - Rohstoffgewinnung
  - Vorproduktion
  - Gebrauch
  - Entsorgung
  - Recyclingfähigkeit.

Die aufgezählten Bereiche werden über die ABC-Methode klassifiziert und bewertet. Dies weil zum einen die Methode in wohl fast allen Unternehmen bekannt und somit einfach nachzuvollziehen ist und weil zum anderen die grobe Rasterung den Ungenauigkeiten der zugrundeliegenden Erkenntnisse Rechnung trägt (s. „Besonderheiten von Umweltinformation", Abschn. 3.2). Hinzu kommt, daß Problembereiche durch die vorweggenommene Einstufung übersichtlich dargestellt werden können. Die Einstufung mit A bezeichnet ein gravierendes ökologisches Problem und weist somit auf großen und dringenden Handlungsbedarf hin. Eine B-Einstufung weist auf ein ökologisches Problem mit mittelfristigem Handlungsbedarf hin. C-Einstufungen bedeuten, daß nach derzeitigem Kenntnisstand die Umweltwirkungen so gering sind, daß kein Handlungsbedarf besteht.

Weitere Hilfestellungen zur Durchführung der Unternehmensanalyse unter ökologischen Aspekten können leisten: eine systematische Groberfassung unternehmensspezifischer Umweltprobleme insbesondere für Klein- und Mittelbetriebe nach *Foth, Kant [1991, S. 32 ff.]*, wobei anhand eines Fragenkatalogs für die Bereiche Roh-, Hilfs- und Betriebsstoffe, Wareneingang, Lager, Abwasserbehandlung, Abfallbehandlung, Emissionen und Abluft, Lärm, Energie, Arbeitsplatzbelastungen, Fuhrpark, Büro und Verwaltung, Kantine und Sozialräume, Landschaft und Architektur, Umweltbewußtsein der Mitarbeiter unternehmensspezifische Umweltprobleme identifiziert werden können. Desweiteren können umfangreiche und detaillierte Checklisten von *Winter [1993, S. 98 ff.]* bei der Formulierung eines unternehmensspezifischen Fragenkatalogs zu Rate gezogen werden. Es werden die Einzelbereiche Gesamtüberblick, Prioritätenbildung, Willensbildung im Führungsteam, Unternehmensziele und -strategien, Marketing, betriebliche Umweltschutzinstitutionen, Mitarbeitermotivation und -ausbildung, Arbeitsbedingungen, Mitarbeiterverpflegung, Umweltberatung für Mitarbeiterhaushalte, Energie- und Wassereinsparung, Produktentwicklung, Materialwirtschaft, Fertigungstechnik, Entsorgung und Recycling, Altlasten, Fuhrpark, Bauwesen, Außenanlagen, Finanzen und öffentliche Förderprogramme, Öko-Controlling, Recht, haftungsrechtliche Verantwortung, Sicherheitsmanagement, Versicherungen, Öffentlichkeitsarbeit und internationale Wirtschaftsbeziehungen unter umweltorientierten Aspekten hinterfragt.

Eine wesentliche *Informationsquelle* für die Durchführung der Unternehmensanalyse ist der unternehmensinterne Datenbestand, der über das Controlling relativ leicht beschafft werden kann, insbesondere dann, wenn bereits ein umweltorientiertes betriebliches Rechnungswesen installiert ist oder sich zumindest im Aufbau befindet (vgl. Kap. 8). Weitere Informationsquellen können sein: Technische Merkblätter, Sicherheitsdatenblätter, Gesetzessammlungen, Handbücher, unternehmensinterne und -externe Expertenbefragungen etc.

Folgende *Aufgaben* können durch die gewonnenen Informationen der Unternehmensanalyse erfüllt werden *[Hopfenbeck, 1992, S. 635]:*

- Erkennen unternehmensspezifischer Schwächen, auf denen neue Strategien aufbauen können bzw. die im Rahmen neuer Strategien zu vermeiden sind
- Erkennen von Synergiepotentialen, die über neue Mittel auszunutzen sind
- Erkennen der eigenen Mittel/Ressourcen
- Beurteilung der derzeitigen Situation und Prognose möglicher zukünftiger Entwicklung
- Erkennen strategischer ökologischer Erfolgspotentiale.

3.2.3 Handlungsleitende Wertvorstellungen

Von grundlegender Bedeutung für eine umweltorientierte Unternehmensführung sind neben der Unternehmensumwelt, den spezifischen Fähigkeiten und finanziellen Ressourcen des Unternehmens auch die Wertvorstellungen der Führungskräfte, in denen das „Wünschenswerte" zum Ausdruck kommt.

> „Werte kommen in Wertungen zum Ausdruck und sind bestimmend dafür, daß etwas anerkannt, geschätzt oder verehrt oder erstrebt wird. Sie dienen somit zur Orientierung, Beurteilung oder Begründung bei der Auszeichnung von Handlungs- und Sachverhaltensarten, die es anzustreben, zu befürworten oder vorzuziehen gilt. Allgemein wird mit Werten ein Anspruch auf Geltung und Zustimmung verbunden. Werte sind Ergebnisse individueller und sozialer Entwicklungsprozesse, die sich in der Auseinandersetzung mit natürlichen, gesellschaftlichen und kulturellen Bedingungen vollziehen; daher unterliegen Wertsysteme dem historischen Wandel und können in verschiedenen Kulturen und gesellschaftlichen Gruppen voneinander abweichen" *[VDI, 1991a, S. 4].*

Auf der Ebene des normativen Managements geht es um die Bestimmung übergeordneter Wertvorstellungen, zu deren Realisierung das Unternehmen mit eigenen Zielsetzungen und Aktivitäten beitragen soll. Insofern wird auf dieser Ebene die *„Unternehmensmoral bzw. -ethik"* festgelegt, die für das Unternehmensverhalten wegleitend sein soll. Hierbei spielen sowohl die aus personaler Sicht relevanten subjektiven Wertvorstellungen der Führungskräfte, als auch die aus institutionaler Sicht relevanten gesellschaftlichen Wertgrundlagen (vgl. Kap. 2) eine Rolle. Beide Wertvorstellungsbereiche gilt es zu berücksichtigen und bestmöglich zu integrieren.

Eine alleinige passive Anpassung an gesellschaftliche Wertgrundlagen erscheint heute aufgrund eines vielfältigen Wertepluralismus und eines sich ständig vollziehenden Wertewandels ebensowenig möglich wie das interne und externe Durchsetzen subjektiver Wertvorstellungen einer oder weniger Führungskräfte. Die interne Berufung auf Wertvorstellungen einer oder weniger Person(en) erscheint nicht sinnvoll, da in der systemischen Begründung des Unternehmens aufgrund der Vielzahl von Mitarbeitern auf allen Ebenen und in allen Bereichen (insbesondere auf den Ebenen des strategischen und des operativen Managements) nicht einer oder wenigen Person(en) die moralische Macht in letztendlicher Gültigkeit zuzuordnen ist. Hier wird die Notwendigkeit zur Konsensfindung (Harmonisierung unterschiedlicher Wertvorstellungen) unter den Mitgliedern des normativen Managements deutlich, da das Unternehmen nicht als zielgerichtete handlungsfähige Ganzheit agieren kann, wenn gänzlich unterschiedliche individuelle Wertvorstellungen zum Zuge kommen und in widersprüchlichen Entscheidungen und Handlungen münden *[Ulrich, Probst, 1988, S. 268 f.]*. Wiewohl es Aufgabe der normativen Unternehmensführung ist, übergeordnete Werte, Verhaltensnormen und Ziele für das Unternehmen zu bestimmen, ist im Sinne des St. Gallener-Management-Modells auch die strategische und operative Ebene bei der Harmonisierung unterschiedlicher Wertvorstellungen zu berücksichtigen (etwa durch Einbeziehung entsprechender Funktionsträger dieser Ebenen), um das Manko der Exklusivität und Dominanz einer oder weniger Person(en) in diesem Prozeß auszuschließen (vgl. zur Verteilung operativer, strategischer und normativer Führungsaufgaben, Bild 3.17).

Eine Aufstellung möglicher Wertvorstellungen, ohne deren Ziel-Mittel- oder Konkurrenzbeziehungen untereinander zu diskutieren, zeigt Bild 3.6. Die exemplarisch aufgelisteten Wertvorstellungen können sowohl der personalen Sicht (Wertvorstellungen der einzelnen Führungskräfte), als auch der institutionalen Sicht (das Unternehmen als System im Umsystem Gesellschaft, somit relevante gesellschaftliche Wertgrundlagen) zugeordnet werden.

Die Berufung auf Wertvorstellungen einer oder weniger Person(en) im Hinblick auf externe Anspruchsgruppen des Unternehmens (vgl. Kap. 2) ist wohl ebensowenig sinnvoll, da das Unternehmen in ein bestimmtes Wirtschafts- und Gesellschaftssystem eingebettet ist. Dieses System bedingt ein entsprechendes verantwortungsvolles Verhalten nicht nur intern gegenüber den Mitarbeitern, sondern auch gegenüber externen Anspruchsgruppen. So ist evtl. sogar davon auszugehen, daß durch eine grundsätzliche Abweichung der Wertvorstellungen der Unternehmensführung von gesellschaftlichen Wertvorstellungen schwerwiegende gesellschaftliche Konflikte auftreten können *[Bleicher, 1992, S. 61]*.

Nach *Ulrich [1987, S. 51]* erfüllen Wertungen die Funktion von Entscheidungsregeln. Im Rahmen unternehmenspolitischer Entscheidungen besteht das Problem der bereits angesprochenen *Harmonisierung unterschiedlicher Wertvorstellungen* der Unternehmensführung (Einigung der verschiedenen Personen der Unternehmensführung auf für alle gültige, unternehmensbezogene Wertvorstellungen). So erscheint es auch nicht sinnvoll, unmittelbar mit der Bildung von (Unternehmens-/Umwelt-) Zielen zu beginnen, da die hierbei oft entstehenden Meinungsverschiedenheiten z.T. nicht auflösbar sind, weil sie in unbewußten und unterschiedlichen „Vor-Urteilen" der einzelnen Mitglieder der Unternehmensführung wurzeln. Als Hilfsmittel zur Klärung der unternehmensbezogenen Wertvorstellungen schlägt *Ulrich [1987, S. 52 ff.]* ein *Wertvorstellungsprofil* vor, welches auf der Systematik des „morphologischen Kastens" basiert. Hierbei wird das zu behandelnde Problem in seine Grundfunktionen (hier: Wertvorstellungen) und mögliche Lösungsmöglichkeiten (hier: Ausprägungen der Wertvorstellungen) aufgelöst. Wertvorstellungen werden ihren möglichen Ausprägungen

Funktionsfähigkeit
Brauchbarkeit
Machbarkeit
Wirksamkeit
Perfektion
- Einfachheit
- Robustheit
- Genauigkeit
- Zuverlässigkeit
- Lebensdauer
Technische Effizienz
- Wirkungsgrad
- Stoffausnutzung
- Produktivität
...
Wirtschaftlichkeit (einzelwirtschaftlich)
Wirtschaftlichkeit im engeren Sinne, besonders Kostenminimierung
Rentabilität, besonders Gewinnmaximierung
Unternehmenssicherung
Unternehmenswachstum
...
Wohlstand (gesamtwirtschaftlich)
Bedarfsdeckung
Quantitatives bzw. qualitatives Wachstum
Internationale Konkurrenzfähigkeit
Vollbeschäftigung
Verteilungsgerechtigkeit
...
Sicherheit
Körperliche Unversehrtheit
Lebenserhaltung des einzelnen Menschen
Lebenserhaltung der Menschheit
Minimierung des Risikos (Schadensumfang und Eintrittswahrscheinlichkeit)
- des Betriebsrisikos
- des Versagensrisikos
- des Mißbrauchsrisikos
...

Gesundheit
Körperliches Wohlbefinden
Psychisches Wohlbefinden
Steigerung der Lebenserwartung
Minimierung von unmittelbaren und mittelbaren gesundheitlichen Belastungen
- in der Berufsarbeit
- in der privaten Lebensführung
- durch umweltbelastende Produkte und Produktionsprozesse
...
Umweltqualität
Landschaftsschutz
Artenschutz
Ressourcenschonung
Minimierung von Emissionen, Immissionen und Deponaten
...
Persönlichkeitsentfaltung und Gesellschaftsqualität
Handlungsfreiheit
Informations- und Meinungsfreiheit
Kreativität
Privatheit und informationelle Selbstbestimmung
Beteiligungschancen
Beherrschbarkeit und Überschaubarkeit
Soziale Kontakte und soziale Anerkennung
Solidarität und Kooperation
Geborgenheit und soziale Sicherheit
Kulturelle Identität
Mindestübereinstimmung
Ordnung, Stabilität und Regelhaftigkeit
Transparenz und Öffentlichkeit
Gerechtigkeit
...

Bild 3.6 Werte im technischen Handeln *[VDI, 1991a, S. 13]*

gegenübergestellt. Von jedem Führungsmitglied werden nun die präferierten Ausprägungen angekreuzt und über eine Linie verbunden, so daß ein individuelles Wertvorstellungsprofil entsteht. Bild 3.7 zeigt den Auszug aus einem Beispiel eines solchen Wertvorstellungsprofils (Prinzipdarstellung). Wichtig sind hier die unternehmensspezifische Sammlung und Ausarbeitung von Wertvorstellungen und ihren Ausprägungen sowie ein übereinstimmendes inhaltliches Verständnis der im Schema verwendeten Begriffe von allen Mitarbeitern.

Als weiterer Schritt zur Klärung der unternehmensbezogenen Wertvorstellungen werden die individuellen Wertvorstellungsprofile im Führungsteam ausgetauscht und mehr oder weniger gravierende Abweichungen je Wertorientierung diskutiert. Ziel ist eine *genügende Harmonisierung* innerhalb der Führungsgruppe in einem gemeinsamen Wertvorstellungsprofil für das Unternehmen. Hierbei sollte ein gewisser Toleranzbereich akzeptiert werden, innerhalb dessen Gewich-

Ausprägungen / Faktoren					
....	....	....			....
Risikoneigung	größt-mögliche Sicherheit	Eingehen "kalkulierter" Risiken			höchste Risiken akzeptieren
		gering	mittel	hoch ●	
....	....	....			....
Marktleistungs-qualität	keine Bedeutung	angemessenes Qualitätsniveau			maximale Qualitäts-vorstellung
		gering	mittel	hoch ●	
....	....	....			....
Innovations-neigung	sehr gering	angemessene Innovationsfähigkeit			sehr hoch
		gering	mittel ●	hoch	
....	....	....			....

Bild 3.7 Schema zur Erstellung eines Wertvorstellungsprofils (Auszug) *[Ulrich, 1987, S. 53/56]*

tungsunterschiede annehmbar und aus dem Blickwinkel der Träger unterschiedlicher Funktionen sogar erwünscht sein können. Sind die Profile jedoch zu verschieden, so deuten sie auf zukünftige Konfliktmöglichkeiten hin. Eine oberflächliche Kompromißbereitschaft im Führungsteam kann zwar zunächst Konflikte überspielen, die jedoch auf nachfolgenden Ebenen aufgrund widersprüchlicher Zielvorgaben und Verhaltensanweisungen ausgetragen werden. Weiter kann auf der Basis unterschiedlicher Wertorientierungen keine konsistente Unternehmenspolitik entwickelt werden, da Unterschiede in den grundlegenden Einstellungen bei der Bildung von Zielen und Strategien wieder zum Durchbruch kommen *[Ulrich, 1987, S. 52 ff.]*.

Es läßt sich mit *Ulrich, Probst [1988, S. 270]* zusammenfassen, daß mit der Entwicklung und Durchsetzung eines *Wertesystems des Unternehmens* die Aufgabe erfüllt wird, zukünftige Unternehmensaktivitäten „... aus übergeordneter Sicht zu begründen und zu legitimieren und einen sinngebenden Kontext für alle Beteiligten und Betroffenen zu schaffen. Dieses Wertesystem kann nur von Menschen geschaffen werden und beruht unlösbar auf persönlichen Überzeugungen und Einstellungen, die sich aber auf die Frage beziehen müssen, wie sich die Unternehmung als Institution in ihrer Umwelt verhalten soll."

Dieser Zusammenhang wird zumeist in der mannigfaltigen Literatur und in entsprechenden Konzepten und Instrumenten, eine umweltorienierte Unternehmenspolitik bzw. ein Umweltmanagement betreffend, vernachlässigt. Jedoch gerade bei der Bildung und Formulierung von umweltschutzbezogenen Zielen und Strategien wird die Relevanz von Wertvorstellungen als Voraussetzung dieser Ziele und Strategien deutlich. Nur wenn umweltschutzbezogene Werte in einem entsprechenden Verhältnis zu rein ökonomisch und technisch begründeten Werten stehen, kann eine glaubwürdige Umweltpolitik im Unternehmen erarbeitet und nach innen und außen ebenso glaubwürdig kommuniziert werden (selbiges gilt auch hinsichtlich der sozialen Verantwortung des Unternehmens). Hinzu kommt eine Art „Vorsteuerung" hinsichtlich möglicher Konflikte von ökonomischen Zielen und Umweltzielen (vgl. hierzu Abschn. 3.4.4).

3.3 Komponente Unternehmenspolitik und -leitbild: Maximen umweltverantwortlichen Verhaltens des Unternehmens

Die Festlegung und Umsetzung einer Umweltpolitik des Unternehmens ist eine der zentralen Forderungen des *EMAS* und der *DIN ISO 14001*. Die Umweltpolitik ist Ausdruck der grundsätzlichen Denkhaltung des Unternehmens in Sachen Umwelt. Sie verdeutlicht Einstellungen und Werthaltungen der Unternehmensführung als Orientierungsrahmen für das Handeln im Unternehmen und ist schriftlich in Form eines Leitbildes nach innen und außen dokumentiert. Als Teil der Unternehmenspolitik verdeutlicht die Umweltpolitik eine selbstauferlegte Beschränkung im Bereich der Unternehmensführung, weil über die Erfüllung bestehender Gesetze hinaus unzulässige Aktivitätsfelder vom Management selbst definiert werden (vgl. Bild 3.8). Sie drückt ein anerkanntes Basiskonzept aus und besitzt somit Koordinierungsfunktion für umweltorientiertes Handeln. Sie bildet die Grundlage für umweltorientierte Ziele und Strategien *[Hopfenbeck u.a., 1995, S. 69]*. Im folgenden wird zunächst auf die Vision als „Leitstern" der Umweltpolitik und auf grundlegende Merkmale der Unternehmenspolitik, die auch für den Bereich der Umweltpolitik relevant sind, eingegangen, um dann die detaillierten Anforderungen an die Umweltpolitik nach *EMAS* und *DIN ISO 14001* aufzuzeigen. Schließlich wird der Bereich der schriftlichen Dokumentation der Umweltpolitik in Form eines Leitbildes verdeutlicht.

3.3.1 Vision „Nachhaltige Entwicklung"

Eine *Vision* bezieht sich auf erwartete, realisierbare zukünftige Möglichkeiten („Bild von der Zukunft"). Das Wesen der Vision liegt in Richtungen, die sie ausweist (und nicht in gesetzten Grenzen), in Fragen, die sie aufwirft (und nicht in Antworten, die sie für diese findet) und in dem, was sie ins Leben ruft (und nicht in dem, was sie abschließt). Die Vision gilt heute als wichtiges Führungsinstrument, um neue Werte in die Unternehmenspolitik zu integrieren, wobei sie als konkretes Zukunftsbild nahe genug hinsichtlich einer Realisierung erscheint, zudem jedoch fern genug ist, um die Organisation für eine neue Wirklichkeit zu motivieren *[Hinterhuber, 1992a, S. 41 f.]*. Die *Wirkung* von Visionen auf die Mitglieder einer Organisation lassen sich nach *Magyar [zitiert nach Bleicher, 1992, S. 87]* durch folgende Punkte charakterisieren:

1. Sinnvermittlung und Faszinationskraft
2. „Brandstiftung" und Begeisterung

3. Impulsgebung und „Trendsetting"
4. Identifikations- und Erinnerungsfähigkeit
5. Kreativitäts- und Innovationsförderung
6. Motivation und Integration
7. „Kompaß- und Leuchtturmfunktion"
8. Vorsprungsproduktion, Macht- und Existenzsicherung.

Diesem Rahmen für ein Zukunftsbild steht jedoch gerade im Hinblick auf ein umweltverantwortliches Verhalten des Unternehmens vielfach eine *Ausgangslage* entgegen, die *Schreiber [1994, S. 29]* folgendermaßen charakterisiert:

> „Unternehmer betrachten die zukünftige Entwicklung vorwiegend aus Sicht der potentiellen Marktchancen und des Gewinns. Ihre Sicht ist damit begrenzt wie die eines Panzerfahrers, der die Landschaft nur durch einen Sehschlitz erkennen kann. Diese Einengung, verstärkt durch das Auf und Ab der Fahrtbewegungen sowie das Getöse der aktuellen Marktschlachten, macht sie zu Steuermännern eines gefährdeten Systems. Warum? Erstens weil man im Panzer keine Rundsicht hat und vorwiegend nur auf den Erhalt des Systems 'Panzer' fixiert ist. Zweitens: Weil man im Panzer andere Sorgen hat als über die Zukunft nachzudenken. Dabei gerät auch das für die Zukunft entscheidende Thema Ökologie in den Hintergrund. 'Global denken und lokal handeln' ist ein seit vielen Jahren bekanntes Motto, das jedoch noch zuwenig in die Zukunftsstrategien der Unternehmen eingeflossen ist".

Eine Vision für ein umweltverantwortliches Unternehmensverhalten, somit Auslöser, Richtung und offener Fragen- und Aufgabenkomplex, kann z.B. das auf gesellschaftspolitischer und volkswirtschaftlicher Ebene seit geraumer Zeit und in letzter Zeit in zunehmendem Maße auch im Hinblick auf das Unternehmen diskutierte Konzept der *„Nachhaltigen Entwicklung"* sein. Der Begriff der Nachhaltigkeit stammt aus der Forstwirtschaft. Unter dem Aspekt der nachhaltigen Nutzung werden Forstflächen so bewirtschaftet, daß ein langfristiger, kontinuierlicher Ertrag über mehrere Generationen ohne Aufzehrung der natürlichen Ressourcen erzielt werden kann. Der Begriff „Nachhaltige Entwicklung" (Sustainable Development) wurde 1987 durch die Weltkommission für Umwelt und Entwicklung (sog. „Brundtland-Kommission") in das öffentliche Bewußtsein gerückt. Grundlegende Forderung ist eine Entwicklung, die den Bedarf der Gegenwart deckt, ohne zukünftigen Generationen die Grundlage für deren Bedürfnisbefriedigung zu nehmen *[Schmidheiny, 1992, S. 32]*.

Die Formulierung einer allgemeingültigen Definition ist noch nicht abgeschlossen. Nach *Schulz, Schulz [1994, S. 33]* gelten die Forderung nach Entwicklung (als ein Vektor wünschenswerter Ziele) als auch der nachhaltige Charakter dieser Entwicklung (der Wert des Entwicklungsvektors darf in Zukunft nicht sinken) als unstrittig. Inhaltlich wird der Rahmen über zwei Fragenkomplexe gesteckt, zum einen durch den Fragenkomplex der *intergenerativen Gerechtigkeit* („Wie können spätere Generationen nicht schlechter gestellt werden als die heutige Generation ?") und durch den Fragenkomplex der *intragenerativen Gerechtigkeit* („Wie kann die Situation der Entwicklungsländer trotz verschärfter ökologischer Restriktionen verbessert werden ?").

Dieser umfassende Rahmen beinhaltet ökonomische Ziele wie Verteilungsgerechtigkeit oder Erfüllung von Grundbedürfnissen, soziale Ziele wie kulturelle

Vielfalt oder Verbesserung des Bildungsstandes und ökologische Ziele wie Ressourcenschonung oder Emissionsbegrenzung. Eine engere Interpretation beinhaltet eine ökologisch nachhaltige Entwicklung und umfaßt ein „nur" ökologisches Zielsystem.

Das Konzept der Nachhaltigen Entwicklung entspricht somit den Merkmalen einer Vision. Es werden Richtungen aufgezeigt (und nicht Grenzen gesetzt), es werden Fragen aufgeworfen (und nicht vorschnelle Antworten gegeben), und es wird bestimmt durch die derzeitige soziale und ökologische Situation (und nicht durch einen „vorgefertigten" Endzustand mit konkreter Zeitplanung). Die Vision Nachhaltige Entwicklung ist dynamisch und bedarf somit einer ständigen Überprüfung. Nach *Schmidheiny [1992, S. 126]* führt sie in ihrer Verbindlichkeit im Unternehmen zur Entwicklung von Strategien und Programmen, welche Aufbau- und Ablauforganisation umgestalten, um sie mit der Vision in Einklang zu bringen. Ist die Vision oder sind Teilbereiche von ihr realisiert, wird dies durch (gemessene) Ergebnisse in der Berichterstattung verdeutlicht. Diese sind Teil eines geschlossenen Regelkreises, der positive Anreize zur ständigen Verbesserung gibt.

So global die Forderungen an eine Nachhaltige Entwicklung auch formuliert und so unkonkret Konzepte für einen entsprechenden Beitrag des einzelnen Unternehmens noch sind (vor allem hinsichtlich des umfassenden Rahmens einer Nachhaltigen Entwicklung in ihrer weitgefaßten Definition), so gilt in diesem Zusammenhang das oben nach *Schreiber [1994, S. 29]* zitierte Motto: „Global denken und lokal handeln". Dieses Motto wird von *Schmidheiny [1992, S. 140]* untermauert, nach dem eine Nachhaltige Entwicklung letztlich das Ergebnis unendlich vieler Entscheidungen ist, die Milliarden von Individuen tagtäglich treffen. *Hinterhuber [1992a, S. 42]* vergleicht die Vision mit dem Polarstern: Wegsuchende Karawanen orientieren sich in der sich ständig verändernden Wüstenlandschaft an den Leitbildern des Sternenhimmels. Die Sterne sind nicht das Ziel der Reise, bieten aber eine sichere Orientierung für den Weg in die Oase. Übertragen auf das Unternehmen bietet die Vision eine grundlegende Orientierung für das Denken, Handeln und Fühlen der Mitarbeiter. Die Vision Nachhaltige Entwicklung vermag die Richtung zu weisen in ein gesellschaftspolitisch und ökologisch verantwortungsbewußtes Wirtschaften, zu dem das einzelne Unternehmen seinen Beitrag leisten kann.

3.3.2 Bestimmungsfaktoren der Unternehmenspolitik

Umweltpolitik als Maxime umweltverantwortlichen Handelns des Unternehmens ist nur in Zusammenhang mit der bestehenden Unternehmenspolitik (z.B. Geschäftspolitik, Produkt-Markt-Politik, Ressourcenpolitik und/oder Führungspolitik) zu erarbeiten. Ohne in eine begriffsdefinitorische Diskussion zu verfallen bzw. vielfältige theoretische Ansätze zur Unternehmenspolitik zu diskutieren, soll an dieser Stelle der Ansatz nach *Ulrich [1987, S. 29 f.]* in Grundzügen vorgestellt werden, der die Entwicklung und Verwirklichung der Unternehmenspolitik als Problemlösungsprozeß begreift. Dies erscheint gerade im Hinblick auf ein neu zu bildendes Element der Unternehmenspolitik wie die Umweltpolitik sinnvoll. In Anlehnung an den Problemlösungsprozeß kann die Entwicklung und Verwirklichung der Unternehmenspolitik in zwei *Phasen* unterteilt werden:

1. Die geistige Phase, die zur Wahl einer bestimmten Problemlösung führt (Entscheidungsprozeß)
2. die handlungsbezogene Phase, die der Verwirklichung der ausgewählten Problemlösung dient (Prozeß der Implementierung).

Der unternehmenspolitische *Entscheidungsprozeß* basiert zunächst auf Informationen über relevante Tatbestände der Ausgangslage. Dieser Informationsinput kann, wie in Abschn. 3.2 ausführlich für den Bereich der umweltorientierten Unternehmensführung dargestellt, über Umwelt- und Unternehmensanalyse als auch über die Klärung unternehmensbezogener Wertvorstellungen erhoben und verarbeitet werden. Die unternehmenspolitischen Entscheide als Output sollten idealtypischerweise folgenden *Anforderungen* genügen:

- Allgemeingültigkeit (Anwendbarkeit in vielen zukünftigen Führungssituationen)
- Wesentlichkeit (Beeinflussung des Wichtigen, Bedeutenden und Grundsätzlichen des zukünftigen Unternehmensgeschehens)
- Langfristige Gültigkeit (Bestimmung des Unternehmensgeschehens auf längere Sicht)
- Vollständigkeit (Bezug zu anzustrebenden Zielen, einzusetzenden Leistungspotentialen und einzuschlagenden Strategien)
- Wahrheit (Spiegelung der wirklichen Auffassungen und Absichten der Unternehmensführung)
- Realisierbarkeit (Anpassung an unternehmensspezifische Möglichkeiten, keine idealistischen Wunschvorstellungen)
- Konsistenz (kein Widerspruch zwischen Entscheidungsbereichen)
- Klarheit (keine Mißverständnisse bei Interpretation und Konkretisierung durch die Mitarbeiter) *[Ulrich, 1987, S. 29 f.]*.

Der *Prozeß der Implementierung* als Verwirklichung der Unternehmenspolitik über Kommunikation und Motivation ist als Daueraufgabe der Unternehmensführung zu sehen. Die Gesamtheit der Führungskräfte als Träger der Unternehmenspolitik hat für eine Institutionalisierung der Unternehmenspolitik zu sorgen, welche nach *Ulrich [1987, S. 238]* zusammenfassend über folgende Maßnahmen erreicht werden kann:

- Organisation der unternehmenspolitischen Entscheidungsprozesse als Zusammenwirken der höheren Führungskräfte
- inhaltliche, verfahrensmäßige und zeitliche Koordination von Politik und Planung
- systematische Einbeziehung der Unternehmenspolitik in ein umfassendes Management-Informations- und Kontrollsystem
- Aufgreifen unternehmenspolitischer Themen in die Schulung von Führungsteams
- kontinuierliche Ausnutzung von Informationskanälen zur Förderung des Verständnisses der ausführenden Mitarbeiter für unternehmenspolitische Entscheidungen und Zusammenhänge.

Zweifellos stellt sich die Entwicklung und Verwirklichung der Unternehmenspolitik als Aufgabe der Unternehmensführung dar. Moderne Managementkonzepte setzen jedoch zunehmend auch auf die Einbeziehung von Mitarbeiterbelangen auf allen Ebenen und in allen Bereichen, deshalb sei an dieser Stelle ausdrücklich auf Kap. 4 und Abschn. 7.6, zudem auf die weiteren Ausführungen hinsichtlich der Umweltpolitik des Unternehmens verwiesen, die diese Zentrierung von Unternehmenspolitik auf die Unternehmensführung aufweichen und die mitarbeiterbedingte Akzeptanz als wesentliches Element der Unternehmenspolitik entsprechend berücksichtigen.

Unternehmenspolitik als grundsätzlicher Entscheidungsbereich ist somit grundlegender Inhalt unternehmerischer Gesamtführung und umfaßt alle Maßnahmen, durch die die Unternehmensführung konsequent und zielbewußt das Unternehmen ordnend zu gestalten versucht. Man spricht jedoch nur dann von Unternehmenspolitik, wenn dieses konsequente und zielbewußte Handeln allen Mitarbeitern verbindlich bekannt gegeben wird (Leitbild, Abschn. 3.3.4). Die Unternehmenspolitik ist also strikt abzugrenzen von internen geschäftlichen Grundsatzregelungen, bei denen Vertraulichkeit, wie z.B. bei Strategiepapieren, zu gewährleisten ist *[Bleicher, 1992, S. 188 und Hinterhuber, 1992a, S. 59]*.

Das Unternehmen ist ein offenes, autonomes System in einer dynamischen Umwelt, wobei die Autonomie des Unternehmens grundlegende Voraussetzung ihrer Entwicklungsfähigkeit ist *[Bleicher, 1992, S. 87 ff.]*. Somit ist der Ausgleich zwischen Umwelt- und Inweltinteressen für das System Unternehmen und seine Politik von entscheidender Bedeutung (vgl. Kap. 2). Als weitere wesentliche Aufgabe der Unternehmenspolitik sieht *Bleicher [1992, S. 94 ff.]* die Definition eines Entwicklungspfades in die Zukunft und somit den Ausgleich des Spannungsverhältnisses von Vergangenheit und Zukunft in der Gegenwart. Dieser Entwicklungspfad wird bestimmt durch generelle Ziele, welche auf der Vorgabe einer Grundorientierung für bevorzugte Verhaltensweisen basieren. Die Spezifizierung des Entwicklungspfades kann durch positive als auch durch negative Vorgaben erfolgen (positive Vorgaben erfordern meist konkrete Zielvorgaben mit einem situativ immer wieder neu zu definierenden Toleranzbereich, der Unsicherheiten bei den Mitarbeitern bewirken kann - eine negative Vorgabe von Grenzen des Verhaltensspielraumes durch eine Bestimmung unzulässiger Aktivitätsfelder definiert autonome Spielräume und setzt klare Grenzen). Dies wird in Bild 3.8 verdeutlicht. Auch die Bestimmung des Entwicklungspfades für das Unternehmen ist Aufgabe der Unternehmensführung, wobei nach dem St. Gallener-Management-Modell die Bestimmung zulässiger und unzulässiger Aktivitätsfelder Aufgabe des normativen Managements ist (Gestaltung), das Lavieren innerhalb des definierten Aktivitätsraums Aufgabe des strategischen und operativen Managements ist (Lenkung).

3.3.3 Merkmale der Umweltpolitik des Unternehmens

Eine umweltorientierte Unternehmenspolitik kann als Inbegriff all jener Unternehmensgrundsätze, Meta-Ziele, Verfahrensregeln etc. aufgefaßt werden, die das (Gesamt-)Verhalten des Unternehmens gegenüber externen und internen Anspruchsgruppen, und zwar inklusive der natürlichen Umwelt, regeln. Als Verkörperung der Gesamtheit übergeordneter, umweltorientierter Rahmenentscheide

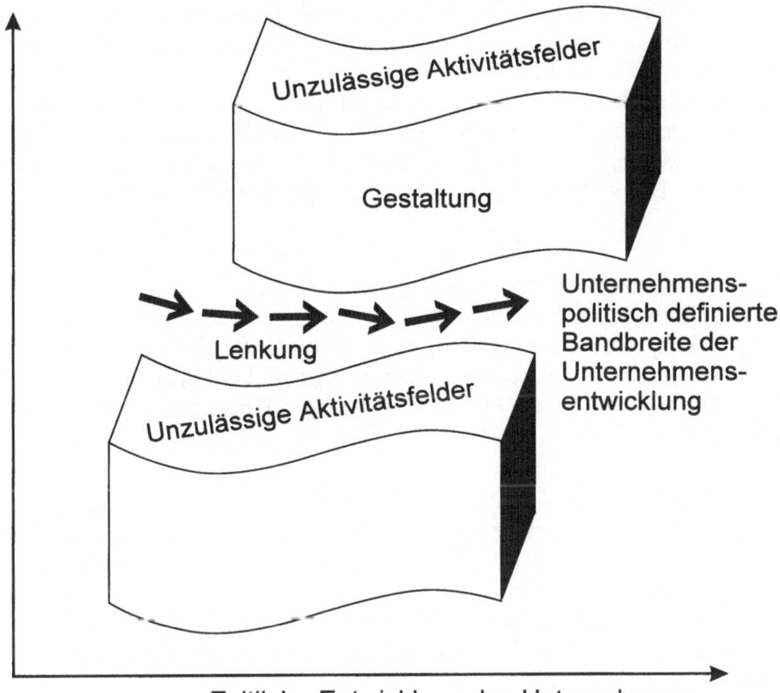

Bild 3.8 Definition des unternehmenspolitisch anvisierten Zukunftskurses der Unternehmensentwicklung *[Bleicher, 1992, S. 96]*

bezeichnet die Unternehmenspolitik zugleich Weg und Ziel betriebswirtschaftlicher Entwurfsarbeit zu angestrebten Verhaltensänderungen *[Seidel, Menn, 1988, S. 79]*, vgl. auch Bild 3.8. Nach *Dyllik [1991, S. 49]* kommen der Unternehmensführung folgende Aufgaben zu, um Umweltschutz in die Unternehmenspolitik zu integrieren:

- Unmißverständlich verdeutlichen, daß Umweltschutz ein ernsthaftes und persönliches Anliegen der obersten Führung ist (vgl. Abschn. 3.2.3)
- Konkrete Grundsätze und Richtlinien für alle umweltrelevanten Bereiche des Unternehmens erlassen
- Klare Verantwortlichkeiten zuteilen und eine geeignete Organisationsform für die Umsetzung ökologischer Erkenntnisse in den Unternehmensalltag schaffen (vgl. Abschn. 5.1 und 5.2)
- Umweltorientierte Ziele nicht nur in Projekt- oder Bereichsplänen, sondern auch in den persönlichen Zielen der Mitarbeiter ausweisen
- Aufbau eines ökologischen Controllings zur Überwachung der Zielerreichung (vgl. Kap. 6 und 8)
- Ökologische Erkenntnisse und Themen in die betriebliche Aus- und Weiterbildung integrieren (vgl. Abschn. 5.6).

Während das *EMAS* und die *DIN ISO 14001* in vielen Bereichen sehr unkonkret sind und wenig Hilfestellung geben, so wird der Bereich der Umweltpolitik differenziert und umfangreich beschrieben.

Im *EMAS/Artikel 2* wird Umweltpolitik definiert als „... die umweltbezogenen Gesamtziele und Handlungsgrundsätze eines Unternehmens, einschließlich der Einhaltung aller einschlägigen Umweltvorschriften". In Anhang I/Teil A werden Forderungen an die Umweltpolitik des Unternehmens formuliert (standortbezogen):

- Schriftliche Festlegung der Umweltpolitik
- Festlegung der Umweltpolitik auf der höchsten Managementebene
- Regelmäßige Überprüfung der Umweltpolitik und evtl. Anpassung
- Bekanntmachung der Umweltpolitik an Mitarbeiter und Öffentlichkeit
- Zweck der Umweltpolitik ist die Einhaltung gängiger Umweltvorschriften und eine stetige Verbesserung des betrieblichen Umweltschutzes.

Im einzelnen sollen in der Umweltpolitik gemäß *EMAS [Anhang I/Teil C]* folgende Gesichtspunkte Berücksichtigung finden, die auch für die Festlegung und Umsetzung der Umweltprogramme relevant sind (Umweltprogramm nach *EMAS [Artikel 2]:* „... Beschreibung der konkreten Ziele und Tätigkeiten des Unternehmens, die einen größeren Schutz der Umwelt an einem bestimmten Standort gewährleisten sollen, einschließlich [...] Maßnahmen und der gegebenenfalls festgelegten Fristen [...]"):

1. „Beurteilung, Kontrolle und Verringerung der Auswirkungen der betreffenden Tätigkeiten auf die verschiedenen Umweltbereiche;
2. Energiemanagement, Energieeinsparungen und Auswahl von Energiequellen;
3. Bewirtschaftung, Einsparung, Auswahl und Transport von Rohstoffen; Wasserbewirtschaftung und -einsparung;
4. Vermeidung, Recycling, Wiederverwendung, Transport und Endlagerung von Abfällen;
5. Bewertung, Kontrolle und Verringerung der Lärmbelästigung innerhalb und außerhalb des Standorts;
6. Auswahl neuer und Änderungen bei bestehenden Produktionsverfahren;
7. Produktplanung (Design, Verpackung, Transport, Verwendung und Endlagerung);
8. betrieblicher Umweltschutz und Praktiken bei Auftragnehmern, Unterauftragnehmern und Lieferanten;
9. Verhütung und Begrenzung umweltschädigender Unfälle;
10. besondere Verfahren bei umweltschädigenden Unfällen;
11. Information und Ausbildung des Personals in bezug auf ökologische Fragestellungen;
12. externe Information über ökologische Fragestellungen".

Im *EMAS [Anhang I/Teil D]* werden weiterhin *„Gute Managementpraktiken"* im Sinne von Handlungsgrundsätzen formuliert, auf denen die Umweltpolitik des Unternehmens beruhen soll. Diese sind im einzelnen:

1. „Bei den Arbeitnehmern wird auf allen Ebenen das Verantwortungsbewußtsein für die Umwelt gefördert.
2. Die Umweltauswirkungen jeder neuen Tätigkeit, jedes neuen Produkts und jedes neuen Verfahrens werden im voraus beurteilt.

3. Die Auswirkungen der gegenwärtigen Tätigkeiten auf die lokale Umgebung werden beurteilt und überwacht und alle bedeutenden Auswirkungen dieser Tätigkeiten auf die Umwelt im allgemeinen werden geprüft.
4. Es werden die notwendigen Maßnahmen ergriffen, um Umweltbelastungen zu vermeiden bzw. zu beseitigen und, wo dies nicht zu bewerkstelligen ist, umweltbelastende Emissionen und Abfallaufkommen auf ein Mindestmaß zu verringern und die Ressourcen zu erhalten; hierbei sind mögliche umweltfreundliche Technologien zu berücksichtigen.
5. Es werden notwendige Maßnahmen ergriffen, um unfallbedingte Emissionen von Stoffen oder Energie zu vermeiden.
6. Es werden Verfahren zur Kontrolle der Übereinstimmung mit der Umweltpolitik festgelegt und angewandt; sofern diese Verfahren Messungen und Versuche erfordern, wird für die Aufzeichnung und Aktualisierung der Ergebnisse gesorgt.
7. Es werden Verfahren und Maßnahmen für die Fälle festgelegt und auf dem neuesten Stand gehalten, in denen festgestellt wird, daß ein Unternehmen seine Umweltpolitik oder Umweltziele nicht einhält.
8. Zusammen mit den Behörden werden besondere Verfahren ausgearbeitet und auf dem neuesten Stand gehalten, um die Auswirkungen von etwaigen unfallbedingten Ableitungen möglichst gering zu halten.
9. Die Öffentlichkeit erhält alle Informationen, die zum Verständnis der Umweltauswirkungen der Tätigkeit des Unternehmens benötigt werden; ferner sollte ein offener Dialog mit der Öffentlichkeit geführt werden.
10. Die Kunden werden über die Umweltaspekte im Zusammenhang mit der Handhabung, Verwendung und Endlagerung der Produkte des Unternehmens in angemessener Weise beraten.
11. Es werden Vorkehrungen getroffen, durch die gewährleistet wird, daß die auf dem Betriebsgelände arbeitenden Vertragspartner des Unternehmens die gleichen Umweltnormen anwenden wie es selbst".

Die *DIN ISO 14001 [DIN, 1995b, S. 11]* definiert Umweltpolitik als „Erklärung der Organisation über ihre Absichten in bezug auf ihre Umweltleistung insgesamt, [die] einen Rahmen für Handlungen und für die Festlegung der umweltbezogenen Zielsetzungen und Einzelziele bildet". Weiterhin heißt es *[DIN, 1995b, S. 13]*:

> „Die oberste Leitung muß die Umweltpolitik der Organisation festlegen und sicherstellen, daß sie:
> a) in bezug auf Art, Umfang und Umwelteinwirkungen ihrer Tätigkeiten, Produkte oder Dienstleistungen angemessen ist;
> b) eine Verpflichtung zur kontinuierlichen Verbesserung und Vermeidung von Umweltbelastungen enthält;
> c) eine Verpflichtung zur Einhaltung der relevanten gesetzlichen Umweltbestimmungen und anderer Forderungen, zu deren Einhaltung die Organisation sich verschreibt, enthält;
> d) den Rahmen für die Festlegung und Bewertung von umweltbezogenen Einzelzielen bildet;
> e) dokumentiert, umgesetzt und aufrechterhalten sowie allen Mitarbeitern bekanntgegeben wird;
> f) der Öffentlichkeit zugänglich ist".

Im *Anhang A (informativ)/Anleitung zur Anwendung* heißt es weiter:

> „A.4.1 Umweltpolitik
> Die Umweltpolitik ist die treibende Kraft für die Umsetzung und Verbesserung des Umweltmanagementsystems der Organisation, so daß sie ihre Umweltleistung aufrechter-

halten und gar verbessern kann. Daher sollte die Umweltpolitik die Verpflichtung der obersten Leitung zur Erfüllung der relevanten gesetzlichen Forderungen und zur kontinuierlichen Verbesserung widerspiegeln. Die Umweltpolitik bildet die Grundlage, auf der die Organisation ihre umweltbezogenen Zielsetzungen und Einzelziele festlegt. Die Umweltpolitik sollte ausreichend klar formuliert sein, damit sie sowohl von internen als auch von externen interessierten Kreisen verstanden wird, und in regelmäßigen Abständen überprüft und überarbeitet werden, um veränderten Bedingungen und Erkenntnissen Rechnung zu tragen. Ihr Anwendungsbereich sollte klar definiert sein.
Falls eine übergeordnete Körperschaft besteht, von der die Organisation ein Teil ist, sollte die oberste Leitung ihre Umweltpolitik in Abstimmung und im Zusammenhang mit der Umweltpolitik dieser Körperschaft festlegen und dokumentieren.
ANMERKUNG – Die oberste Leitung kann aus einer Einzelperson oder einer Gruppe von Mitarbeitern mit geschäftsführender Verantwortung für die Organisation bestehen" *[DIN, 1995b, S. 23]*.

Neben der inhaltlichen Ausgestaltung der Umweltpolitik des Unternehmens durch die beiden angeführten Regelwerke gibt es eine Vielzahl weiterer Vorschläge und Verpflichtungen von Organisationen und Vereinigungen. Exemplarisch seien an dieser Stelle die *Grundsatzpunkte der „Business Charta for Sustainable Development"* der Internationalen Industrie- und Handelskammer (ICC), die *„Tutzinger Erklärung zur umweltorientierten Unternehmenspolitik"*, der *„Ehrenkodex des bundesdeutschen Arbeitskreises für umweltbewußtes Management/B.A.U.M. e.V."* oder die Empfehlungen der *„Agenda 21" zum Umweltmanagement* angeführt *[zu finden in: Schulz, Schulz, 1994, S. 16 f., S. 27, S. 33 ff. und S. 36 ff.]*. Als unternehmenstheoretische Grundlagenreflexion zur Thematik sei das (Standard-) Werk *„Unternehmenspolitik in sozialökologischen Perspektiven"* von *Reinhard Pfriem [1995]* dem Leser empfohlen.

Bei der *Erarbeitung der Umweltpolitik* schlagen *Butterbrodt, Tammler [1996, S. 46]* die Bildung eines Projektteams vor, durch welches die Umweltpolitik unter Federführung der Unternehmensleitung erarbeitet, formuliert und mit anderen Unternehmensgrundsätzen abgestimmt wird (Integration der Umweltpolitik in bereits bestehende Bereiche der Unternehmenspolitik). Zur Sicherung unternehmensweiter Akzeptanz und des Verständnisses sind Workshops mit allen Führungskräften und Abteilungsleitern durchzuführen (Konsensfindung!). Den Zeitpunkt der Erarbeitung der Umweltpolitik des Unternehmens sehen die Autoren ambivalent: Eine frühe Veröffentlichung der Umweltpolitik im Leitbild des Unternehmens ermöglicht es, die Relevanz der Thematik zu verdeutlichen. Andererseits sollte zunächst eine Bestandsaufnahme des Ist-Zustands geschehen. Dieser Befund verdeutlicht die Dynamik der Umweltbeziehungen des Unternehmens und die Notwendigkeit einer entsprechenden flexiblen Weiterbearbeitung der Umweltpolitik.

Neben der Durchführung von Workshops zur Gewährleistung einer Partizipation aller Managementebenen und Bereiche während des Entwicklungsprozesses der Umweltpolitik, fordern *Hopfenbeck u.a. [1995, S. 69]* für eine erfolgreiche Erarbeitung und Implementierung der Umweltpolitik:

- Bereits vorhandene unternehmensspezifische Werte und Normen müssen Berücksichtigung finden („aufgedrückte" Werte und Normen finden bei den Mitarbeitern nur geringe Akzeptanz)

- Grundsätze der Umweltpolitik müssen im gesamten Unternehmen bekanntgemacht und verbreitet werden (z.B. über Informationsveranstaltungen, Broschüren etc.)
- Grundsätze der Umweltpolitik sollen „gelebt" werden (z.B. durch symbolisches Handeln der Unternehmensleitung oder durch Einklang mit den formalen organisatorischen Bedingungen).

Zusammenfassend zeigt Bild 3.9 wichtige Forderungen an die Umweltpolitik des Unternehmens, wobei ein Kernelement der umweltpolitische Bezug zu „Tätigkeiten, Produkten und Dienstleistungen" (T., P. + D.) ist (generelle Forderung nach *DIN ISO 14001*). Somit wird die gesamtheitliche Betrachtung der Umweltauswirkungen einer Organisation, die über den Standortbezug des EMAS hinausgeht, gewährleistet *[Hopfenbeck u.a., 1995, S. 64]*. Warum ist nun gerade die Einbeziehung des Produktes von Relevanz? Im Rahmen der Produktplanung und -gestaltung werden Verwendungs- und Nutzungsziele des Produktes, Produktstruktur und -technologien festgelegt. Diese Produkteigenschaften äußern sich in der Produktion, während der Nutzung und nach Ablauf der Nutzung als mehr oder weniger schädliche Umweltwirkungen, so daß eine vorausschauende Abschätzung (Koppelung von Produktplanung/-gestaltung mit Produktfolgenabschätzung; s. a. Abschn. 3.2.2., „Ökologische Qualität von Produkten") dringend notwendig erscheint *[Hübner, Jahnes, 1994, S. 51]*.

Abschließend seien Fallstricke der Umweltpolitik des Unternehmens nach *Pfriem [1995, S. 106]* angeführt, deren Kenntnis als auch der reflektierte Umgang mit diesen Fallstricken der Unternehmensführung Hilfestellung zu einer erfolgreichen Bildung, Formulierung und Umsetzung von Umweltpolitik geben:

- Fehlende Kenntnis der eigenen Situation (s. Abschn. 3.2.2)
- Mangelnde Beobachtung des Umfeldes (s. Abschn. 3.2.1)
- Unklare Zielstrukturierung (s. Abschn. 3.4)
- Konfliktverdrängung
- Konzentration auf kurzfristige Probleme (s. Abschn. 3.3.1)
- Beschränkung auf harte Daten (s. Abschn. 3.2)
- Behandlung von Gestaltungsfeldern als Sachzwänge
- Defizite in der Organisation des betrieblichen Umweltschutzes (s. Kap. 5).

3.3.4 Umweltpolitik des Unternehmens und ihr Ausdruck im Leitbild

Das Unternehmensleitbild (Unternehmensgrundsätze) stellt die grundlegende Willenskundgebung der obersten Unternehmensleitung dar. Es beinhaltet die allgemeinsten unternehmenspolitischen Entscheide (gedruckte und allgemein zugängliche unternehmenspolitische Ziel- und Grundsatzerklärungen). Das Leitbild verkörpert eine Zusammenfassung der konkreteren unternehmenspolitischen Entscheide in wenigen Sätzen (das Allgemeine und besonders Wesentliche) *[Ulrich, 1987, S. 31]*. Im Sinne von Unternehmensphilosophie erfüllt das Leitbild die Funktion des obersten handlungsorientierten Wertsystems der Unternehmensführung (vgl. Abschn. 3.2.3) und begründet die gesellschaftliche Legi-

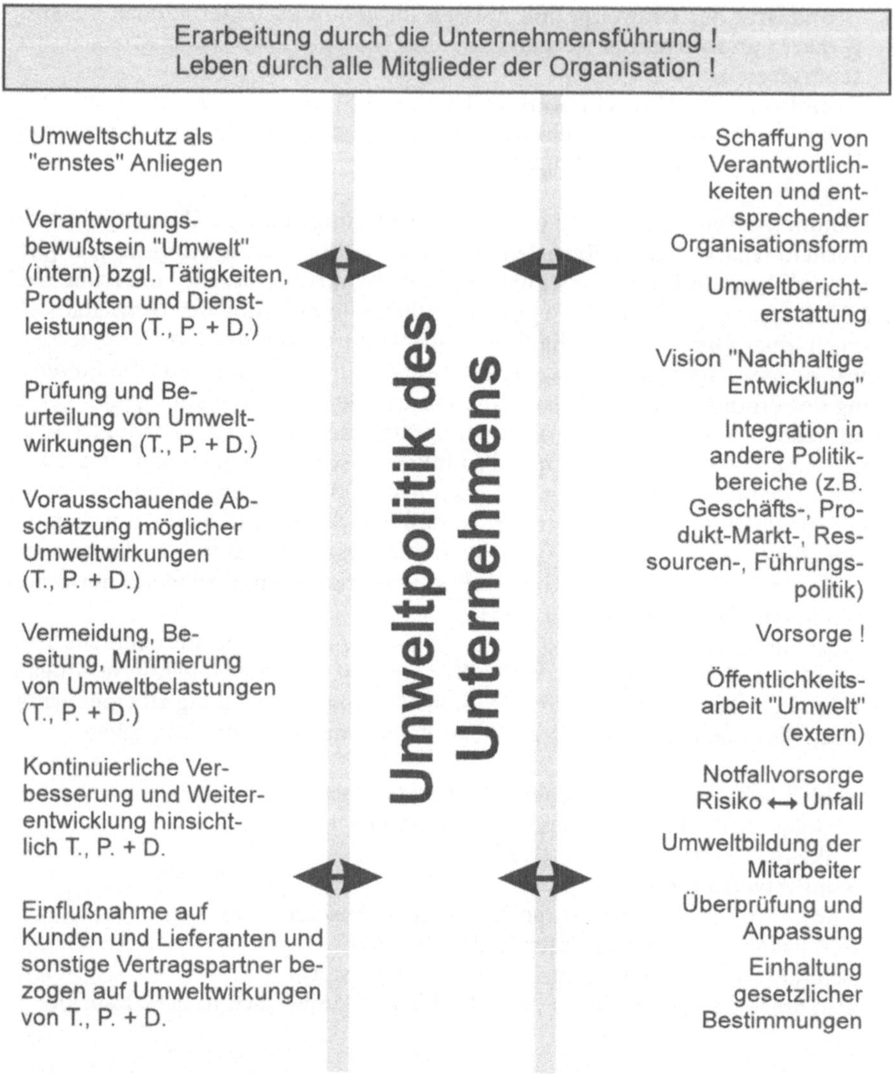

Erarbeitung durch die Unternehmensführung !
Leben durch alle Mitglieder der Organisation !

Umweltpolitik des Unternehmens

Umweltschutz als "ernstes" Anliegen	Schaffung von Verantwortlichkeiten und entsprechender Organisationsform
Verantwortungsbewußtsein "Umwelt" (intern) bzgl. Tätigkeiten, Produkten und Dienstleistungen (T., P. + D.)	Umweltberichterstattung
Prüfung und Beurteilung von Umweltwirkungen (T., P. + D.)	Vision "Nachhaltige Entwicklung"
Vorausschauende Abschätzung möglicher Umweltwirkungen (T., P. + D.)	Integration in andere Politikbereiche (z.B. Geschäfts-, Produkt-Markt-, Ressourcen-, Führungspolitik)
Vermeidung, Beseitung, Minimierung von Umweltbelastungen (T., P. + D.)	Vorsorge !
Kontinuierliche Verbesserung und Weiterentwicklung hinsichtlich T., P. + D.	Öffentlichkeitsarbeit "Umwelt" (extern)
Einflußnahme auf Kunden und Lieferanten und sonstige Vertragspartner bezogen auf Umweltwirkungen von T., P. + D.	Notfallvorsorge Risiko ↔ Unfall
	Umweltbildung der Mitarbeiter
	Überprüfung und Anpassung
	Einhaltung gesetzlicher Bestimmungen

Bild 3.9 Elemente der Umweltpolitik des Unternehmens

timation des unternehmerischen Handelns (Unternehmensethik) *[Ulrich, Fluri, 1992, S. 17]*.

Aspekte zur Überprüfung des Leitbildes und somit auch zur Überprüfung der Brauchbarkeit der Unternehmens- (Umwelt-) Politik sind nach *Hinterhuber [1992a, S. 66 f.]*:

- Wurde das Leitbild von der Unternehmensführung selbst erarbeitet?
- Akzeptieren und verteidigen die Mitarbeiter das Leitbild?

- Ist das Leitbild konkret genug und dennoch allgemeingültig für das Unternehmen?
- Ist das Leitbild langfristig ausgerichtet?
- Wird das Leitbild von der Unternehmensführung „vorgelebt"?
- Sind die Unternehmensgrundsätze anpassungsfähig genug für interne und externe Veränderungen?
- Ist die Einhaltung der Unternehmensgrundsätze überprüfbar?

Butterbrodt, Tammler [1996, S. 42 ff.] differenzieren das Leitbild in Leitlinien und Leitsätze. Die *Umweltleitlinien* werden als Regelwerk für die Unternehmensführung verfaßt und beinhalten die Bedeutung und Funktion der Umweltpolitik, die allgemeine umweltbezogene Ausrichtung des Unternehmens und die Hauptthemen des unternehmensspezifischen Umweltschutzes. Somit beinhalten die Umweltleitlinien die allgemeinen und wesentlichen umweltpolitischen Entscheide. Bild 3.10 zeigt ein Beispiel.

Die *Umweltleitsätze* des Unternehmens werden als Mitarbeiterregelwerk formuliert und beinhalten für die einzelnen Funktionsbereiche greifbare umweltschutzbezogene Zielsetzungen. Durch die Umweltleitsätze werden den Mitarbeitern auch die umweltschutzbezogenen Wertvorstellungen (vgl. Abschn. 3.2.3) nahegebracht. Hinzu kommt ihre mögliche Eignung als Bewertungsgrundlage für durchgeführte Maßnahmen. Bild 3.11 zeigt ein Beispiel für Umweltleitsätze.

Das Leitbild des Unternehmens, im obigen Sinne die Umweltleitlinien und -sätze, sollte im Unternehmen erarbeitet worden sein. *Hinterhuber [1992a, S. 59]* verdeutlicht dies kraß: „Dabei ist ein schlecht formuliertes, aber unternehmensintern erarbeitetes Leitbild einem noch so guten Leitbild vorzuziehen, das aber von einer anderen Unternehmung stammt oder von einem Berater vorgelegt wird und somit nicht authentisch ist." Bild 3.10 und Bild 3.11 sollten somit als Orientierungshilfe angesehen werden.

Der *Einführungsprozeß* des Leitbildes *[Hopfenbeck, 1992, S. 742 ff.]* gliedert sich idealtypischerweise in die Phasen der Formulierung und Implementierung. Bei der *Formulierung* des Leitbildes können drei Vorgehensweisen unterschieden werden:

1. Die oberste Unternehmensführung erstellt das Leitbild (das Leitbild enthält nur die Vorstellungen eines kleinen Personenkreises, unternehmenskulturelle Werte und Normen der Organisationsmitglieder finden keine Berücksichtigung)
2. Mittleres Management und Experten aus Stabsstellen erstellen im Projektteam auf der Grundlage von Befragungen der Organisationsmitglieder das Leitbild (hohe Wahrscheinlichkeit der Berücksichtigung unternehmenskultureller Werte und Normen und hohe Wahrscheinlichkeit einer breiten Akzeptanz durch die Organisationsmitglieder)
3. Ein Projektteam entwirft ein „grobes" Leitbild und berücksichtigt anschließend in Beratungsprozessen die Vorstellungen und Meinungen der Organisationsmitglieder (durch direkte Einflußnahme der Organisationsmitglieder auf die Erstellung des Leitbildes kann eine hohe Akzeptanz im Unternehmen erreicht werden).

LEITLINIEN:

1. Einklang von Ökonomie und Ökologie

Der nachhaltige Schutz unserer Umwelt erfordert von uns die gleichzeitige Berücksichtigung ökonomischer und ökologischer Belange. Aus diesem Grund beziehen wir bei der Erwirtschaftung von Erträgen die Folgen unseres Handelns für die Umwelt konsequent mit ein.

2. Verantwortung aller Mitarbeiter

Umweltschutz stellt für uns eine Führungsaufgabe dar, die von allen Mitarbeitern gewollt werden muß. Daher fördern wir die Motivation und das Verantwortungsbewußtsein aller Mitarbeiter für den Umweltschutz. Dies erreichen wir durch eine aktive Information und Kommunikation.

3. Umweltgerechtes Handeln

Bei der Anwendung von Verfahren streben wir die ständige Verbesserung der Umweltverträglichkeit an. Eingesetzte Rohstoffe, Hilfsstoffe, Energie, Wasser und sonstige Güter werden so sparsam wie möglich eingesetzt. Entstandene Reststoffe und Abfälle werden, wenn möglich, dem Produktionsprozeß wieder zugeführt oder in umweltgerechter Weise verwertet bzw. entsorgt. Gleichzeitig sind Arbeitssicherheit und Gesundheitsfürsorge zentrale Bestandteile unserer Umweltschutz-aktivitäten.

4. Arbeitskreis „Umweltmanagement"

Unser Arbeitskreis fördert aktiv den vorbeugenden, integrierten Umweltschutz. In diesem werden umweltgerechte Konzepte erarbeitet und in Zusammenarbeit mit beteiligten Mitarbeitern umgesetzt.

5. Offener Dialog

Wir suchen den Dialog mit der Öffentlichkeit sowie mit unseren Nachbarn und arbeiten mit Kunden und Lieferanten sowie den Behörden in Umweltfragen eng zusammen.

6. Ständige Verbesserung

Wir überprüfen in regelmäßigen Abständen den Zustand des Umweltschutzes in unserem Unternehmen und leiten bei erkannten Abweichungen von unseren Umweltzielen entsprechende Maßnahmen ein.

Bild 3.10 Beispiel Umweltlinien *[Butterbrodt/Tammler, 1996, S. 43 f.]*

Die *Implementierung* des Leitbildes geschieht über Maßnahmen, die für das Bekanntmachen, Verstehen, Verbreiten und Anwenden des Leitbildes im Unternehmen sorgen. Hierbei beinhalten personale Maßnahmen z.B. Informationsveranstaltungen oder Schulungsaktivitäten und strukturelle Maßnahmen z.B. das

LEITSÄTZE:

Unser Motto:

Wir wollen vertrauensvoll zusammenarbeiten,
handeln eigenverantwortlich und konsequent,
achten auf Ordnung und Sauberkeit
und halten vereinbarte Regelungen ein.

Unsere Leitsätze:

Mit den Mitteln des Betriebes gehen wir verantwortungsvoll und kostenbewußt um.

Wenn Fehler passieren, wollen wir in erster Linie daraus lernen und Ursachen erkennen.

Wir gehen sorgsam mit Wasser und Energie um. Damit schonen wir die Natur, sparen wertvolle Rohstoffe und Geld.

Wir trennen unseren Müll und unsere Produktionsrückstände, um sie einer geeigneten und kostengünstigen Verwertung und Entsorgung zuführen zu können.

Mit gefährlichen Stoffen gehen wir zum Schutz unserer eigenen Gesundheit und des Unternehmens sorgfältig und verantwortungsvoll um und halten die Sicherheitsbestimmungen ein.

Zum Schutz des Bodens lagern wir gefährliche Stoffe nur an dafür vorgesehenen Stellen.

Um Unfälle und Gesundheitsrisiken auszuschließen, informieren wir rechtzeitig unsere Vorgesetzten über erkannte Risiken.

Wir alle sind Fachleute und geben nur gute Arbeit an unsere Kollegen und Kunden weiter.

Bild 3.11 Beispiel Umweltleitsätze *[Butterbrodt/Tammler, 1996, S. 45]*

Entwickeln von Richtlinien und Anweisungen, die die globalen Aussagen des Leitbildes operationalisieren. Diesen doch eher idealtypischen Merkmalen des Leitbildes können im Unternehmen geringe Akzeptanz und sogar Ignoranz entgegenschlagen. Die Kritik an Leitbildern läßt sich nach *Hopfenbeck [1992, S. 744] und Bleicher [1992, S. 187]* folgendermaßen zusammenfassen:

- Leitbilder sind „philosophische Wortklaubereien", „utopische Leerformeln", wenig verbindlich
- Leitbilder sind wenig operationabel

- Leitbilder stellen die einseitige Absichtserklärung der Unternehmensführung dar
- Leitbilder enthalten nur Selbstverständliches
- Leitbilder bedürfen einer Erklärung (was heißt denn das schon wieder?) und einer situationsbedingten Auslegung
- Leitbilder werden aus Reklamezwecken erstellt und verkörpern Wunschdenken
- Formulierungsprobleme beschäftigen mehr als der Inhalt
- Mein persönliches Vorbild genügt.

3.4 Komponente Unternehmensziele: Zielbildung als Grundlage des Führungssystems

Ziele sollen den Auswahlprozeß von (Lösungs-)Alternativen lenken, indem versprochene und angebotene Wirkungen der Alternativen mit den Forderungen des Ziels verglichen und damit beurteilbar werden *[Hauschildt, 1993, S. 205]*. Die besondere Bedeutung von Zielentscheidungen für das Unternehmen ergibt sich daraus, daß durch Formulierung der Zielinhalte nachfolgende Entscheidungs- und Realisierungsprozesse weitgehend festgelegt werden *[Macharzina, 1995, S. 175 f.]*. Ziele sind somit Voraussetzung und Grundlage für Planungs-, Realisierungs- und Entscheidungsprozesse auf allen Ebenen und in allen Bereichen des Unternehmens.

Während die (Umwelt-)Politik des Unternehmens auf der höchsten Management-Ebene (normative Ebene) festgelegt wird, werden die (Umwelt-)Ziele unter Mitwirkung und für alle betroffenen Unternehmensebenen und -bereiche festgelegt. Der Unternehmensführung kommt in diesem Zusammenhang und in Verbindung zu den anderen Komponenten umweltorientierter Unternehmensführung die Aufgabe der Zielbildung und -formulierung im Sinne von strategischen bzw. Oberzielen zu. Ein Herunterbrechen dieser Ziele ist hingegen Aufgabe der jeweils betroffenen Unternehmensebenen und -bereiche (strategische und operative Ebene). Dies entspricht der Forderung des *Total Quality Managements* nach interaktiver und bereichsübergreifender Festlegung von Zielen (vgl. Abschn. 4.2), ebenso der ausdrücklichen Forderung nach Festlegung von Umweltzielen im *EMAS* und der *DIN ISO 14001* in entsprechenden Umweltmanagementsystemen. Während in der theoretischen und empirischen Zielforschung die Frage, welche Ziele von welchen Unternehmen angestrebt werden, die Analyse der Zielformulierung und die Analyse von Zielkonflikten ausführlich diskutiert werden, geben die beiden genannten Regelwerke kaum Auskunft und Hilfestellung für den Prozeß der Bildung und Formulierung von Umweltzielen des Unternehmens für das Umweltmanagementsystem. Obwohl beide Regelwerke der Festlegung von Umweltzielen eine zentrale Bedeutung zumessen, bleibt zum einen die inhaltliche Ausgestaltung von Umweltzielen eher nebulös, zum anderen wird die Bündelung von (Ober-)Zielen in Strategien zur Sicherung der Wettbewerbsfähigkeit nicht berücksichtigt (strategische Ebene). Folgende Ausführungen als auch Abschn. 3.5 haben das Ziel, diese Defizite auszugleichen.

3.4.1 Ziele: Begriff, Funktionen und Anforderungen

Um sich dem Begriff des *„Zieles"* zu nähern, ohne eine umfangreiche begriffsdefinitorische Diskussion zu führen, soll zunächst eine allgemeine Zieldefinition des *VDI [1991a, S. 3]* vorangestellt werden: „Ein Ziel ist ein als möglich vorgestellter Sachverhalt, dessen Verwirklichung angestrebt wird; es wird durch eine Entscheidung gesetzt". Somit lassen sich folgende Merkmale eines Zieles festhalten: Zukunftsbezogenheit, Orientierung an einem „wünschenswerten" Endzustand und die Verbindung zwischen Zielsetzung und Handeln der jeweiligen Zielgruppen. Durch Zukunftsbezogenheit und konkrete Handlungsorientierung grenzen sich Ziele von Motiven und Normen ab: Ziele beziehen sich auf (zumindest vorläufige) Endzustände, Motive und Normen (im Sinne gesellschaftlicher bzw. individueller Normen) auf Bedingungszusammenhänge menschlichen Verhaltens. Der Begriff Motiv bezieht sich dabei auf das Handeln des Einzelnen und dessen subjektive Antriebe. Der Begriff Norm zielt auf das erwartete Verhalten des Individuums in einem bestimmten sozialen Zusammenhang ab. Abgrenzungen verdeutlichen eine Problematik, die vielfach bei Begriffen mit hoher Gebrauchshäufigkeit und „umfassendem Charakter" zu Tage tritt: die Abgrenzung bei Definitionsversuchen; hier vor allem zu ähnlichen Begriffen wie Motiv und Norm, aber auch zu Begriffen wie Zweck, Aufgabe, Grundsatz etc. Eine inhaltliche Konkretisierung und somit Abgrenzung von häufig synonym gebrauchten Begriffen kann über die folgend aufgeführten Zieldimensionen erreicht werden *[Hauschildt, 1993, S. 205 f.; desweiteren Macharzina, 1995, S. 178 oder Staehle, 1991, S. 408]*. Demnach beinhaltet ein Ziel im Sinne eines Unternehmensziels folgende Komponenten:

- *Zielobjekt* (Teilbereich der Realität, über den normative Aussagen gemacht werden; sachliches Zielelement)
- *Zieleigenschaften/Zielinhalte* (sachliche Festlegung dessen, was angestrebt wird – Zieleigenschaften sind als Vorschrift zu begreifen, welche Kriterien zur Bewertung von Alternativen heranzuziehen sind)
- *Zielmaßstab* (Meßvorschriften zur Quantifizierung der Zieleigenschaften
- *Zielausmaß* (angestrebtes Ausmaß der Zielerfüllung; absolute oder relative Festlegung des im Hinblick auf den Zielinhalt verfolgten Anspruchsniveaus)
- *Zeitlicher Bezug* (Festlegung, zu welchem Zeitpunkt ein Ziel erreicht werden soll und somit auch Zeitraum, welcher zur Zielerreichung zur Verfügung steht: End-Termin und Frist).

Desweiteren kommen Zielen vielfältige Funktionen zu *[Macharzina, 1995, S. 179]*: Ziele bergen die *Funktion eines Entscheidungskriteriums* in sich, d.h., daß sich die Auswahl von (Problem-)Lösungen an zuvor festgelegten Zielen orientiert. Bei operational bestimmbaren und bestimmten Zielen können Entscheidungsträger Alternativen nach deren Zielbeiträgen beurteilen und ordnen, somit steuern Ziele menschliches Handeln *(Handlungs- und Orientierungsfunktion)*. Ziele sollen auch dazu dienen, die von verschiedenen Instanzen bei unterschiedlichen Aufgaben oft unabhängig voneinander getroffenen Entscheidungen zu bündeln, um zu übergeordneten Unternehmenszielen beizutragen *(Steuerungs- und Koordinationsfunktion)*. Entscheidungen von Führungskräften können über die *Legitimi-*

pen verdeutlicht und gerechtfertigt werden, wenn sie hinsichtlich übergeordneter Ziele als formallogisch gelten können und somit dem Ziel entsprechen. Somit kommt Unternehmenszielen auch eine *konfliktlösende Funktion* zu. In diesem Zusammenhang ist darauf zu verweisen, daß nicht immer eine Übereinstimmung zwischen offiziellen und realen Unternehmenszielen gegeben ist. Offizielle Ziele als Willenskundgebungen bzw. Absichtserklärungen gegenüber unternehmensinternen und -externen Anspruchsgruppen bergen das Problem in sich, in wie weit sich effektive Verpflichtung und reine Deklaration vermischen. Reale Ziele des Unternehmens hingegen bestimmen dessen laufende Entscheidungen. Reale Ziele werden von denjenigen, die sie entwickelt haben, als Selbstverpflichtung verstanden.

Die *Zielformulierung* hat bestimmten inhaltlichen und formalen Anforderungen zu genügen, die den Charakter von *Prinzipien* der Zielformulierung haben. Nach *Haberfellner u.a. [1992, S. 142 ff.]* sind dies:

- *Wertorientierung:* Dieses Prinzip der eingeschränkten Objektivität bringt zum Ausdruck, daß sich Ziele immer aus einer Kombination aus Fakten (objektiv) und deren Wertung (subjektiv) zusammensetzen (vgl. auch Abschn. 3.2.3).
- *Lösungsneutralität:* Ziele sollen nicht die Lösung beschreiben, sondern die erwünschten und/oder unerwünschten Wirkungen einer noch unbekannten Lösung.
- *Operationalität:* Merkmal einer operationalen Zielformulierung sind die Angabe von Zielobjekt, Zieleigenschaften, Zielmaßstab, Zielausmaß und Zeitbezug.
- *Vollständigkeit hinsichtlich der Zielinhalte:* Lösungen basieren in der Regel auf einer ganzen Anzahl von verschiedenen Zielinhalten (Zielbündel). Klassen möglicher Zielinhalte können sein: finanzielle, funktionelle, personelle, soziale und gesellschaftliche Zielinhalte.
- *Berücksichtigung aller wichtigen Informationsquellen und Interessenslagen:* Hinsichtlich der notwendigen Informationsgrundlagen sind Mängel, Schwierigkeiten und Gefahren im Problemfeld, vermutete Chancen und Möglichkeiten und auch übergeordnete (Unternehmens-)Ziele relevant (vgl. auch Abschnitte 3.2.1 und 3.2.2). Desweiteren sollten jene Personen, die von einer Lösung betroffen sind (z.B. Management, Kunden, Mitarbeiter, Lieferanten), in entsprechende Überlegungen einbezogen werden.
- *Feststellbarkeit der Zielerfüllung:* Hier ist besonders die Formulierung des Zielausmaßes von Bedeutung. Folgende Möglichkeiten bieten sich an: Vorgabe einer eindeutig feststellbaren Bedingung („Die Lösung soll keine baulichen Veränderungen bedingen"), die Vorgabe der Zielrichtung ohne Einschränkung („Die Rentabilität soll möglichst hoch sein", offene Zielformulierung), die Vorgabe einer Zielrichtung ergänzt um eine Einschränkung („Der Investitionsbetrag soll möglichst gering sein, höchstens jedoch xxx DM", restriktive Zielformulierung).
- *Prioritätensetzung:* Prioritäten bringen die relative Wichtigkeit und Strenge zum Ausdruck, mit der entsprechende Ziele beachtet oder eingehalten werden müssen: Muß-Ziele (eine Bedingung muß zwingend eingehalten werden), Soll-Ziele/Hauptziele (Ziele mit hoher Bedeutung für die Entwicklung und spätere Bewertung von Lösungen), Wunschziele/Nebenziele (ihre Einhaltung ist wenig verbindlich vorgeschrieben; „nice-to-have"-Ziele).

- *Widerspruchsfreiheit von Teilzielen:* In einem Zielkatalog zusammengefaßte Teilziele können in unterschiedlichen Beziehungen zueinander stehen (vgl. nächsten Abschn.). Konkurrenz- bzw. Konfliktsituationen können über Prioritätensetzung, Einführung von Mindest- oder Höchstwerten oder die Streichung eines Konfliktverursachers bewältigt werden.
- *Überblickbarkeit und Bewältigbarkeit eines Zielkatalogs:* Die Prinzipien der Vollständigkeit und Berücksichtigung aller wichtigen Informationen und Interessenslagen birgt die Gefahr der Beeinträchtigung der Überblickbarkeit in sich. Mögliche Selektions- und Reduktionsmechanismen betreffen die Strukturierung eines Zielkatalogs (Zielbündel) und die Prioritätensetzung (Muß-, Soll-, Wunschziele). Weiterhin kann das Prinzip der Widerspruchsfreiheit helfen, Ziele eventuell zu eliminieren.

In aller Regel können diese idealtypischen Prinzipien in der Realität nicht vollständig eingehalten werden *[Hopfenbeck, 1992, S. 502 f. und Staehle, 1991, S. 408 ff.]*. Besonders hinsichtlich des Zielsystems, d.h. hinsichtlich der Gesamtheit aller verfolgten Unternehmensziele lassen sich die folgenden Mängel anführen: Die Zielsysteme sind zumeist nur teilweise strukturiert, unscharf voneinander abgegrenzt und vage definiert. Sie sind nicht allen Mitarbeitern bekannt, sind nur teilweise transparent und weisen Lücken, Widersprüche und Unklarheiten auf. Vor allem die vage Definition von Zielsystemen ist häufig beabsichtigt, um überhaupt konsensfähige Ziele „aushandeln" zu können. Sie bietet sich an bei komplexen innovativen Entscheidungsproblemen, in frühen Phasen des Entscheidungsprozesses und auf höheren Managementebenen.

3.4.2 Zielordnungen und -bildung

Ziele können als nach bestimmten Kriterien geordnete Elemente eines Zielsystems aufgefaßt werden, zwischen welchen horizontale und vertikale Beziehungen bestehen oder hergestellt werden können *[Macharzina, 1995, S. 180]*.

Zunächst lassen sich Ziele nach ihrem Rang differenzieren in übergeordnete/originäre Ziele (Oberziele) und untergeordnete/abgeleitete Ziele (Unterziele). Der Rang drückt den Stellenwert eines Ziels innerhalb eines hierarchischen Zielsystems aus. Ober- und Unterziele können auch über Merkmalsklassen Haupt-/Nebenziele oder Primär-/Sekundärziele unterschieden werden. Eine Differenzierung von Zielen nach ihrer Präferenz oder Priorität verdeutlicht die Bewertung von Zielinhalten. Rangunterschiede drücken stets Präferenzunterschiede aus. Umgekehrt gilt dies jedoch nicht: Leisten gleichrangige Ziele unterschiedliche Beiträge zur Zielerfüllung eines Oberziels, besitzen die Ziele mit höheren Erfüllungsbeiträgen eine höhere Präferenz gegenüber denjenigen mit niedrigeren Beiträgen zur Erfüllung eines Oberziels *[Macharzina, 1995, S. 180 f.]*. Eine hierarchische Ordnung kann durch *Ziel-Mittel-Beziehungen* erreicht werden. Diese liegt vor, wenn Ziele der Erreichung anderer Ziele dienen. Somit wird ein Unterziel als Mittel zur Erreichung eines Oberziels angesehen. Formal findet diese Zielstruktur ihren Ausdruck in sog. Zielpyramiden bzw. Zielbäumen.

Ziele können in vielfältigen Beziehungen zueinander stehen *[Haberfellner u.a., 1992, S. 149 ff. und Schneck, 1995, S. 38 ff.]*: Voneinander abhängig können Ziele zueinander sein, wenn sie sich gegenseitig fördern (*Komplementarität;* Maßnahmen zur Erreichung des einen Ziels führen gleichzeitig zu einer höheren Zielerreichung eines oder mehrerer anderer Ziele), wenn sie widersprüchlich sind (*Konkurrenz, Konflikt;* Maßnahmen zur Erreichung des Ziels führen gleichzeitig zu einer Abnahme des Zielerreichungsgrades eines oder mehrerer anderer Ziele) oder sich gänzlich ausschließen *(Antinomie)*. Hinzu kommt eine neutrale Zielbeziehung *(Indifferenz)*, bei der die Erreichung mehrerer Ziele unabhängig voneinander ist. Die Zielbeziehungen werden in Bild 3.12 anhand unterschiedlicher Zielerreichungsgrade (in %) zweier Ziele verdeutlicht.

Vielfach gelten Ziele nicht für alle Unternehmensbereiche gleichermaßen. So sind *Zuordnungsbereiche* zur Strukturierung von Zielsystemen von Bedeutung. Zuordnungsbereiche können z.B. sein: Funktionsbereich, Abteilung, Stelle, aber auch strategische Geschäftseinheit oder Produktlinie. Ein weiteres Unterscheidungsmerkmal von Zielen betrifft deren *Planungshorizont* (Zeitbezug). Allgemein kann hier differenziert werden in kurzfristige Ziele (Geschäftsjahr), mittelfristige Ziele (Zeitraum von circa 2-3 Jahren) und langfristige Ziele (Zeitraum von ca. 5 Jahren) *[Macharzina, 1995, S. 178 und 181]*. Welcher Zeitraum jedoch als kurz-, mittel- oder langfristig zu gelten hat, hängt letztendlich von der Problemstellung und von situativen Gegebenheiten ab (die Vision „Nachhaltige Entwicklung" bedeutet soweit als möglich die Berücksichtigung eines Zeitraums, der Generationen betrifft).

Spezifische Zielsysteme, Zielhierarchien oder Zielformulierungen sollen an dieser Stelle nicht gezeigt werden; zu unterschiedlich sind diese gestaltet und hängen von Unternehmen, Branchen, Märkten oder auch Produkten ab. Selbst das „klassische" Unternehmensziel *Erhalt des Unternehmens* „kann keine Allgemeingültigkeit für sich beanspruchen (z.B. auf begrenzte Dauer angelegte Unternehmen oder Betriebsaufgabe)" *[Schreiner, 1988, S. 28]*. Es sei hier verwiesen auf Bild 3.14, aus dem eine mögliche Aufstellung von Unternehmenszielen zu entnehmen ist. Desweiteren sei exemplarisch verwiesen auf eine vergleichende Analyse verschiedener empirischer Untersuchungen über Inhalte von Unternehmenszielen bei *Macharzina [1995, S. 189 ff.]*, der folgende Entwicklungstendenzen ableitet:

- Bezugsgruppenorientierte Ziele nehmen an Bedeutung zu (z.B. hohe Qualität des Angebots oder soziale Verantwortung)
- Unternehmensziele, die in den Konzepten des strategischen Managements ihren Ursprung finden, treten in den Vordergrund (z.B. Erhalt des Unternehmens oder Sicherung der Wettbewerbsfähigkeit)
- Vergangenheits- und gegenwartsorientierte ertragswirtschaftliche Ziele scheinen eher in den Hintergrund zu treten.

Zur Verdeutlichung eines möglichen *Prozesses der Zielbildung* wird im folgenden einer Stufung nach *Hopfenbeck [1992, S. 503 ff.]* gefolgt. Anders strukturierte und gestufte Vorgehensweisen finden sich z.B. bei *Haberfellner u. a. [1992, S. 153 f.]* oder *Hauschildt [1993, S. 208 ff.]*. Folgende Aufgaben lassen sich anführen:

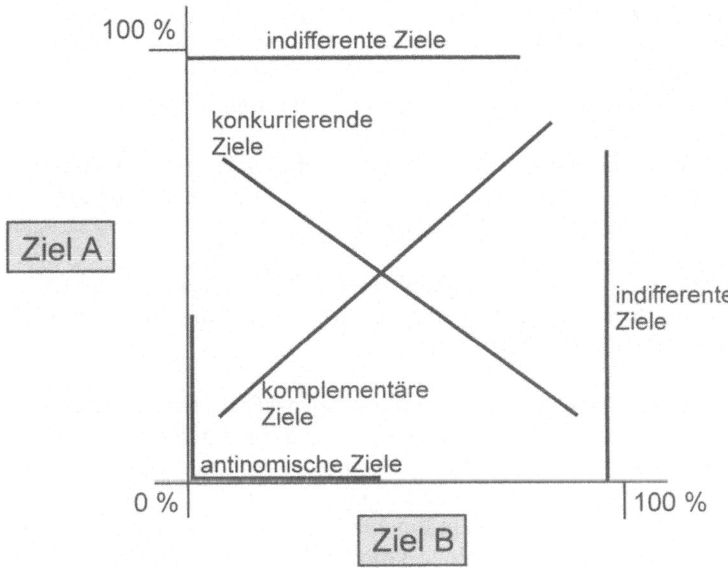

Bild 3.12 Zielbeziehungen *[Schneck, 1995, S. 38]*

1. *Zielsuche:* Die Zielsuche beinhaltet die Auswahl von zweckentsprechenden und anforderungsgerechten Zielen aus der Menge möglicher Ziele. Ziele beschreiben einen zukünftigen, wünschenswerten Zustand, haben somit normativen Charakter. So fließen in Zielsuche und Auswahl auch entsprechende Wertvorstellungen ein (s. a. Abschn. 3.2.3).
2. *Operationalisierung (Handlungsorientierung):* Die Operationalisierung von Zielen erstreckt sich auf die weiter oben angeführten Zieldimensionen Zielobjekt, Zieleigenschaften/-inhalt, Zielmaßstab, Zielausmaß und Zeitbezug. Ein Ziel gilt als hinreichend operational, wenn der Zielerreichungsgrad gemessen werden kann (Soll-Ist-Vergleich). Als Meßvorschriften können kardinale Skalen (Zielsetzung ist quantifizierbar, höchster Operationalisierungsgrad), ordinale Skalen (Rangordnung mit „Vorziehungswürdigkeit") oder nominale Skalen (Feststellung des Erreichens oder Nicht-Erreichens eines Ziels, schwächste Form der Operationalisierung) dienen.
3. *Zielanalyse und -ordnung:* Zielanalyse und -ordnung betreffen das hierarchische Ordnen von Zielen in Ober- und Unterziele (Ziel-Mittel-Beziehungen), das Zuordnen von Prioritäten zu Zielen (Festlegen der Rangfolge der Wichtigkeit/Dringlichkeit/Verbindlichkeit von Zielen) und das Analysieren der Zielbeziehungen (Komplementarität, Konkurrenz/Konflikt, Antinomie und Indifferenz).
4. *Prüfung auf Realisierbarkeit:* Unerreichbare Forderungen unterlaufen den Leistungswillen der Zielgruppe, trotzdem sollten die Zieleigenschaften/-inhalte und Zielerreichungsgrad einen gewissen „Herausforderungs-" bzw. „Moti-

vationscharakter" beinhalten. Realisierbarkeit von Zielen betrifft den Maßnahmen- und Ressourceneinsatz zur Verwirklichung der Ziele.

5. *Zielentscheidung (Selektion):* Auf der Grundlage der bisher durchgeführten Aufgaben obiger Stufen ist eine endgültige Entscheidung bezüglich der anzustrebenden Ziele zu treffen.
6. *Durchsetzung der Ziele (Akzeptanz):* Die ausgewählten Ziele sind bekanntzugeben, zuzuordnen und durchzusetzen. Wichtig ist eine entsprechende Zielformulierung, die es den Mitarbeitern ermöglicht, sich mit den Zielen zu identifizieren (Zielakzeptanz).
7. *Zielüberprüfung und Revision:* Die hohe Komplexität und Dynamik der Unternehmensumwelt erfordern eine periodische Zielüberprüfung und -überarbeitung und gegebenenfalls eine Zielkorrektur.

Hauschildt [1993, S. 229] fordert, den Zielbildungsprozeß als normalen Arbeitsprozeß zu begreifen: „Wer das Setzen von Zielen nicht als nüchterne Arbeit begreift, beschwört spätere Konflikte, riskiert Irrwege des Entscheidungsvorganges, läuft Gefahr, das Problem zu simplifizieren, begünstigt unkontrollierte Machtverteilungen, akzeptiert das ungezügelte Eigenleben von Teilbereichen und bindet damit Management-Kapazität". Hinzu kommt die Forderung, Zielbildungsprozesse bewußt zu beenden aufgrund der Bindung knapper Management-Kapazität und der Konkurrenz anderer Probleme (weder Schnellschüsse noch endlose Schleifen in der Zielbildung). Dennoch hat die Forderung nach Überprüfung und evtl. Modifikation von Zielen im Ablauf der Zeit ihre Berechtigung. Zielbildung und -formulierung sind somit nicht eine einmalige Aufgabe im Unternehmen, sondern ein permanenter Prozeß *[Staehle, 1991, S. 410 und EMAS]:* Aufgrund von Veränderungen unternehmensinterner und -externer Gegebenheiten werden im Ablauf der Zeit Zielveränderungen notwendig. Dies geschieht zum einen über Zielkonkretisierungen bei unklarer und unpräziser Zielformulierung oder über Zielwandel, wenn Ziele insgesamt in ihrer Orientierung verändert werden. Abschließend zeigt Bild 3.13 Praxis-Tips zur Zielformulierung.

3.4.3 Instrumente der Zielfindung und -bildung

Bei der Zielfindung und -bildung können unterschiedliche Instrumente zur Anwendung kommen. Geeignet sind z.B. *[Haberfellner u.a., 1992, S. 154 und 429 ff. und Schneck, 1995, S. 36 ff.]:*

- Kreativitätstechniken: Kreativitätstechniken sind Grundsätze, Regeln und Vorgehensweisen, „... die das Überwinden des passiven Wartens auf Einfälle und die Erhöhung der Wahrscheinlichkeit, schnell gute Lösungen zu finden, bezwecken. Sie werden gebraucht, wenn routinemäßige Lösungswege nicht bekannt sind. Dabei werden Such- und Findeprinzipien (Heuristiken) wie wechselseitige Assoziation, Analogie-Übernahme, Abstraktion, Strukturzerlegung, Variation und Kombination verwendet" *[Haberfellner u.a., 1992, S. 492].* So sind z.B. die Techniken Brainstorming oder Synektik geeignet zur Zielfindung oder die Morphologie zur Zielstrukturierung.

- Formulieren Sie wichtige Ziele klar, eingängig und schriftlich.
- Denken Sie daran, daß auch Ziele in Form von Zuständen nur über Prozesse erreichbar sind.
- Nehmen Sie die Zielfindung für die Organisation(seinheit) mit Ihren Mitarbeitern gemeinsam vor. So nutzen Sie die Motivierungs- und Integrationsfunktion von Zielen.
- Achten Sie auf die Beziehungen zwischen verschiedenen Zielen in einem Zielbündel oder Zielsystem und berücksichtigen Sie mögliche Nebenwirkungen der Zielverfolgung und -erreichung.
- Sorgen Sie dafür, daß die wichtigen Ziele der Organisation(seinheit) den Mitarbeitern immer wieder vor Augen geführt werden.
- Achten Sie darauf, daß die in Ihrer Organisation(seinheit) gesetzten Ziele realistisch und gerecht sind.
- Überprüfen Sie Ihre Zielsetzungen von Zeit zu Zeit.
- Seien Sie sich darüber im klaren, daß Pläne auf Vermutungen aufbauen, und gestalten Sie sie deshalb so, daß sie unterschiedlichen Entwicklungen gerecht werden können.
- Nutzen Sie die Initiav-Form der Delegation, um Ihre Mitarbeiter weiter zu ertüchtigen, um sie besser zu motivieren, und um sich selber zu entlasten.

Bild 3.13 Praxis-Tips zur Zielbildung *[Rüdenauer, 1991, S. 250]*

- *Input-Output-Modelle:* Als Modelltyp der Darstellung von Systemen, deren Relationen zumeist Strömungsgrößen sind, sind Input-Output-Modell geeignet zur Formulierung von Zieleigenschaften.
- *Kennzahlen:* Kennzahlen, wie z.B. Input-/Output-Kennzahlen oder Wirtschaftlichkeitskennzahlen, als verdichtete numerische Abbildung von Sachverhalten, können als Hilfestellung zur Zielformulierung herangezogen werden.
- *Polaritätsprofile:* Polaritätsprofile zur Darstellung skalierbarer Eigenschaften von Systemen, Objekten oder etwa Personen bilden eine Vielzahl von deren Eigenschaften gleichzeitig ab und eignen sich bei der Zielformulierung zur graphischen Veranschaulichung der derzeitigen und der anzustrebenden Situation.
- *Hierarchische Darstellungen:* Hilfsmittel zur Veranschaulichung von Gesamtzusammenhängen. Im Sinne des Ziel-Mittel-Denkens werden Ziele und Mittel dergestalt relativiert, daß etwas nur zielbezogen auf eine hierarchisch darunterliegende Aussage ist. Jedes Ziel ist aber auch mittelbezogen auf ein darüberliegendes höheres Ziel (Unterziele als Mittel zur Erreichung von Oberzielen).

- *Zielkataloge:* Zusammenstellung von Zielen und Teilzielen (Zielbündel) in einer sinnvoll strukturierten Form, um mehrere geforderte Eigenschaften eines Zielobjektes zu ordnen.
- *Zielrelationen-Matrizen:* Hilfsmittel, mit der die Teilziele eines Projekts auf ihre Verträglichkeit untereinander analysiert werden (unterstützende, indifferente, gegenläufige oder widersprüchliche Beziehungen der Teilziele untereinander).

Die einzelnen Instrumente können an dieser Stelle nicht im Detail erläutert werden. Es sei jedoch nochmals auf die oben zitierte Literatur verwiesen. Weiterhin sei verwiesen auf Kap. 7 und zwei Methodensammlungen: *Hübner, Jahnes [1992]* und *Kamiske u.a. [1995a]*.

3.4.4 Umweltschutzziele im Unternehmen

Begründet in den vielfältigen Bedingungs- und Wirkungszusammenhängen zwischen natürlicher Umwelt und Unternehmen sowie umfangreichen Anforderungen unternehmensinterner und -externer Anspruchsgruppen ist das Zielsystem des Unternehmens durch Umweltschutzziele zu ergänzen. Zudem orientiert sich an diesen Zielen die Entwicklung von Strategien zur Sicherung der Wettbewerbsfähigkeit. Hierbei stellt sich zunächst die Frage nach den Zielrelationen von ökonomischen Zielen und Umweltschutzzielen.

Nach *Müller [1993, S. 29 f.]* können die Zielsetzung Rentabilität und Ziele des Umweltschutzes in folgenden Fällen komplementär oder konkurrierend sein:

- *Komplementäre Zielbeziehungen:* Zielkomplementarität ist gegeben bei Wettbewerbsvorteilen durch Umweltschutzinnovationen in der Produkt- und Prozeßgestaltung, bei aktiver Vorwegnahme von gesetzlichen Entwicklungen und Konsumentenforderungen, bei Möglichkeiten zur Diversifikation, bei Imagegewinn und bei Material- und Energiekosteneinsparung.
- *Konkurrierende Zielbeziehungen:* Zielkonflikte tauchen dann auf, wenn durch die Einhaltung umweltpolitischer Zielgrößen Kostensteigerungen stattfinden. Hierbei stehen in einer kurzfristigen Sichtweise bei Unternehmensentscheidungen kostensteigernde Effekte von Umweltschutzmaßnahmen im Vordergrund, während mögliche Nutzensteigerungen in längerfristiger Perspektive vernachlässigt werden.

In jüngerer Zeit wurde in empirischen Erhebungen untersucht, welchen Einfluß Umweltschutzziele auf „klassische" Unternehmensziele ausüben. Bild 3.14 zeigt die Ergebnisse einer Untersuchung der Forschungsgruppe Umweltorientierte Unternehmensführung (FUUF), zitiert nach *Wicke u.a. [1992, S. 26 f.]*. Bild 3.14 verdeutlicht, daß bei Unternehmen, die sich überdurchschnittlich stark um eine umweltorientierte Unternehmensführung bemühen, Umweltschutzziele eher neutral (indifferent), vielfach sogar als fördernd (komplementär) zur Erreichung der Unternehmensziele angesehen werden (Stichprobe von 600 Unternehmen mit einem überrepräsentierten Anteil von Unternehmen, die in umweltorientier-

Das Unternehmensziel ... steht zu den Umweltschutzzielen	(stark) fördernd	neutral	(stark) hemmend
Unternehmensexistenz sichern	60	34	6
Unabhängigkeit des Unternehmens	26	69	5
Mitarbeitergewinnung, -motivation	72	25	3
Liquiditätsziel	16	52	32
Wettbewerbsfähigkeit steigern	52	32	16
Unternehmenswachstum	46	53	1
Marktanteil steigern	44	55	1
Umsatz steigern	44	55	1
Angebotsqualität steigern	58	41	1
Gewinn steigern	28	67	5
Kunden- und Marktorientierung	63	36	1
Ansehen in der Öffentlichkeit verbessern	87	13	0
Konkurrenzsituation verbessern	51	47	2

Bild 3.14 Zusammenhang zwischen den Umweltschutz- und Unternehmenszielen (Angaben in Prozent) *[Wicke et al., 1992, S. 27]*

ten Vereinigungen, wie dem Bundesdeutschen Arbeitskreis für umweltbewußtes Management/B.A.U.M., engagiert sind).

Umweltschutzziele lassen sich grundsätzlich in input und outputbezogene Ziele unterscheiden. Inputbezogene Ziele betreffen Ressourcenschonung und -erhaltung von Rohstoffen und Energie *(Ressourcenziel)*. Outputbezogene Ziele betreffen unerwünschten Output und beziehen sich auf Fragen der Umwelt als Aufnahmemedium *(Emissionsziel) [Schreiner, 1988, S. 33]*. Hinzu kommt die Verminderung potentieller Gefahren und die Verhinderung von Störfällen *(Risikoziel)*. Da die Zielbildung im Unternehmen aufgrund der ständigen Veränderung unternehmensexterner und -interner Gegebenheiten ein permanenter Prozeß ist, sind auch Ziele dieser drei Zielbereiche nicht für immer festgeschrieben. Insbesondere hinsichtlich des Zielmaßstabs und -ausmaßes sind Umweltschutzziele gesellschaftlichen Bedingungen (Umweltschutzgesetzgebung/Grenzwerte, Stand der Technik oder gesteigertes Umweltbewußtsein und entsprechendes Kaufverhalten von Konsumenten) und ökologischen Erkenntnissen (Entdecken von neuen Ursache-Wirkungs-Zusammenhängen, Langzeitwirkungen) im Sinne einer *kontinuierlichen Verbesserung* anzupassen (Prinzip der kontinuierlichen Verbesserung des japanischen Kaizen, welches davon ausgeht, daß ein nicht mehr verbesserungswürdiger Endzustand nicht existiert; vgl. Abschn. 7.1). Das Ziel der kontinuierlichen Verbesserung des Umweltschutzes im Unternehmen wird zudem ausdrücklich im Sinne eines Oberziels im *EMAS* und der *DIN ISO 14001* gefordert. Die Zielkategorien umweltorientierter Unternehmensführung zeigt Bild 3.15.

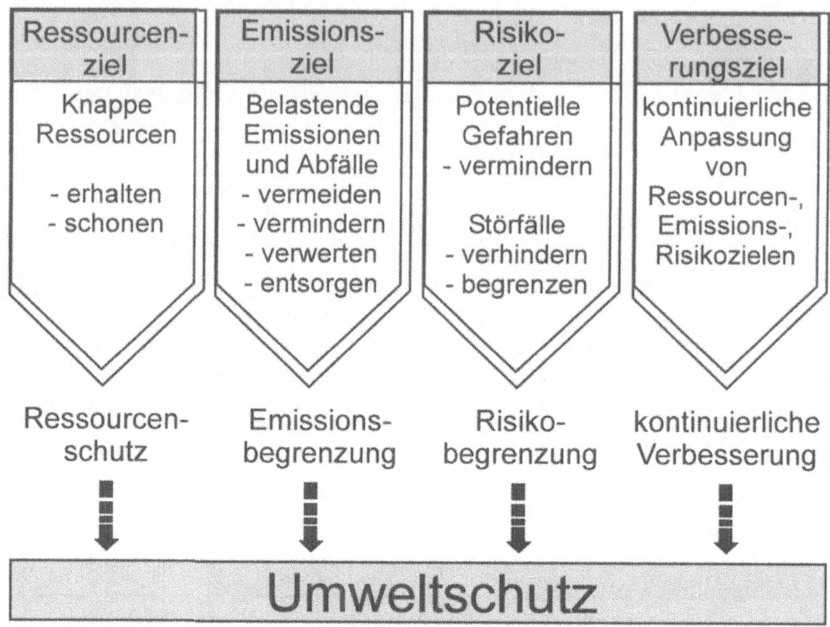

Bild 3.15 Umweltschutz als Unternehmensziel *[Dyllik, 1991, S. 35; erweitert vom Verfasser]*

Umweltschutzziele erfüllen die Funktionen *Koordination* (Verhinderung, daß Umweltschutz lediglich in einzelnen Funktionsbereichen als ineffiziente Insellösung Berücksichtigung findet), *Steuerung* (Berücksichtigung ökologischer Effizienzanforderungen als Bewertungskriterium bei Unternehmensentscheidungen) und *Kontrolle* (Umweltschutzziele als Frühwarninstrumentarium zur Vermeidung von rechtlichen und gesellschaftlichen Legitimationsproblemen). Weiterhin erfüllen Umweltschutzziele eine *sachlich-rationale* und *sozio-emotionale Funktion:* Zum einen sind sie gegenüber unternehmensspezifischen Anspruchsgruppen zu kommunizieren, um die Legitimität von Umweltschutzaktivitäten des Unternehmens zu sichern. Zum anderen soll das Bekenntnis von Führungskräften zum Umweltschutz eine Vorbild- und Identifikationsfunktion hinsichtlich eines umweltbewußten Klimas erzeugen *[Meffert, Kirchgeorg, 1993, S. 140 f.]*.

Zur Erfüllung dieser Funktionen sind Umweltschutzziele nach ihren Dimensionen zu spezifizieren und damit zu operationalisieren. *Meffert, Kirchgeorg [1993, S. 141 ff.]* schlagen folgende Ansatzpunkte einer Operationalisierung von Umweltschutzzielen vor:

Als *unternehmensinterne Zielobjekte* lassen sich neben den funktionellen Bereichen auch Produkte, Produktgruppen oder Geschäftseinheiten als Bezugspunkte wählen. Je nach unternehmensspezifischen Gegebenheiten sind funktions- und produktbezogene Umweltschutzziele aufeinander abzustimmen. Insbesondere produktbezogene Umweltschutzziele verdeutlichen die Verantwortung des Unternehmens über die „Standortgrenzen" hinaus durch Berücksichtigung der Produktnutzung und der Phase nach der Nutzung. Eine Hilfestellung bei der Bildung produktbezogener Umweltschutzziele kann das Modell eines ganzheitlichen Produktlebenszyklus laut Bild 3.16 geben. Bei der Bildung funktionsbezogener Umweltschutzziele sind nicht nur die „klassischen" betriebswirtschaftlichen Bereiche Beschaffung, Produktion und Absatz zu berücksichtigen, sondern auch Funktionen wie Personal und Organisation (vgl. Kap. 5) und Finanzierung/ Controlling (vgl. Kap. 8).

Für die Bildung von Umweltschutzzielen sind als *unternehmensexterne Zielobjekte* die Umweltmedien Boden, Wasser und Luft heranzuziehen. Zudem können auch Menschen, Tiere, Pflanzen, Ökosysteme oder Sachgüter unternehmensexterne Zielobjekte sein.

Bei der Festlegung der *Zieleigenschaften/-inhalte* können in Anlehnung an Bild 3.15 die Kategorien Vermeiden, Vermindern, Verhindern, Begrenzen, Erhalten, Schonen und Verbessern herangezogen werden. Diese Kategorien sind als Oberziele zu sehen, die es hinsichtlich verschiedener unternehmensinterner und -externer Zielobjekte weiter zu differenzieren und konkretisieren gilt. Hinsichtlich einer Zielwirkung auf die Umweltmedien kann zwischen direkten und indirekten Umweltschutzzielen unterschieden werden: Direkte Umweltschutzziele betreffen z.B. Verringerung des Ressourceneinsatzes (Rohstoffe, pflanzliche und tierische Stoffe) oder Verminderung von schädlichen Emissionen und Abfällen (vgl. Bild 3.15). Neben diesen eindeutigen Oberzielen sind jedoch auch Ziele zu bilden, die indirekt zur Verbesserung der Umweltqualität beitragen. Diesbezüglich sind z.B. im Marketingbereich definierte Unterziele anzuführen, wie die Erhöhung des Bekanntheitsgrades umweltverträglicherer Produktalternativen, Informationen über umweltverträgliche Entsorgung der Produkte für den Konsumenten, Erhöhung des Distributionsgrades von umweltverträglichen Produkten oder Erhöhung des Zeitaufwandes für Umweltberatung im Kundendienst *[Meffert, Kirchgeorg, 1993, S. 143]*.

Bei der Festlegung des *Zielmaßstabs,* über den die entsprechende Zielerreichung quantifiziert werden kann, bieten sich Umweltkennzahlen an. Im folgenden einige Beispiele *[Seidel, Goldmann, 1995, S. 543 ff.; leicht ergänzt nach Müller, 1993, S. 24]:*

Energiekennzahlen
- Gesamtenergieverbrauch = Summe der Verbräuche der einzelnen Energieträger
- Energieträgeranteil = Verbrauch des Energieträgers / Gesamtenergieverbrauch
- Energieeinsatzquote = Energieverbrauch (gesamt) / Produkteinheit(en)

Abluftkennzahlen
- Emissionsmengen anfallender Luftschadstoffe in kg
- Emissionsquoten = emittierte Schadstoffmenge / Produkteinheit(en)

Wasser und Abwasserkennzahlen
- Einsatzmengen der Wasserarten (z.B. Trinkwasser, Brauchwasser, Brunnenwasser); Gesamtwassereinsatz
- Wasseranteile = Einsatzmenge der Wasserart / Gesamtwassereinsatz, -verbrauch
- Mengen der Abwasserarten; Gesamtwasserabgabe
- Abwasseranteile = Prozeßwasser / Gesamtabwassermenge
- Wassereinsatzquoten = Einsatzmengen der Wasserarten / Produkteinheit(en)

Phase	Tätigkeitsfelder
Angewandte Forschung	- Planung - Labortätigkeit (physische Forschungsprozesse)
Entwicklung/ Innovation	- Planung - Prototypenentwicklung und Optimierung von Produkten und Prozessen
Materialwirtschaft/ Produktion	- Beschaffung (inkl. Verpackung der beschafften Komponenten) - Anlieferung - Lagerhaltung (inkl. Endprodukt-lagerung - innerbetrieblicher Transport - Produktionsprozeß
Absatz/ Marketing	- Verpackung (Verkaufs-, Um-, Transportverpackung) - Transport und firmeneigene Fahrzeuge - Absatzpolitische Maßnahmen
Produkt-nutzung	- Gebrauch - Verbrauch - Lagerung - Wartung
Nach Ablauf der Nutzung	- Abfallvermeidung - Recycling (Wieder-/Weiterverwendung) - Recycling (Wieder-/Weiterverwertung) - Entsorgung von nicht recyclebaren Komponenten

Bild 3.16 Produktlebenszyklusphasen und Tätigkeitsfelder *[Hübner/Simon-Hübner, 1991, S. 65]*

- Abwasserquoten = Mengen der Abwasserarten / Produkteinheit(en)
- Wasserintensität Produktionsprozeß X = Wasserverbrauch des Produktionsprozesses X / Gesamtwassereinsatz

Materialkennzahlen
- (Gesamt-)Rohstoffeinsatz
- Rohstoffanteil A = Rohstoffeinsatz A / Gesamtrohstoffeinsatz
- Rohstoffeinsatzquote = Rohstoffeinsatz / Produkteinheit(en); (analog: Hilfs- und Betriebsstoffe, Sekundärrohstoffe und Problemstoffe)

Abfallkennzahlen
- (Gesamt-)Abfallmenge
- Abfallanteil A = Abfallmenge A / Gesamtabfallmenge
- Abfallquote = Gesamtabfallmenge / Produkteinheit(en)

Produktkennzahlen
- Zusammensetzung bzw. Stoffvielfalt des Produkts
- Recyclingfähigkeit

- Energieverbrauch je Zeiteinheit bei durchschnittlichem Gebrauch
- Emissionen (Mengen und Arten) während der Nutzung bei verschiedenen Leistungsstufen je Leistungseinheit
- Entsorgungskosten je Produkteinheit

Sozial-ökologische Kennzahlen
- Anteil ökologisch orientierter Schulungen = Schulungen im Umweltschutz / Schulungen gesamt
- Anteil ökologisch orientierter Vorschläge = ökologisch orientierte Vorschläge / Vorschläge gesamt

Kennzahlen für Störfälle und Rechtsverstöße
- Anzahl der Störfälle mit Umweltbezug
- Anzahl der Rechtsverstöße mit Umweltbezug

Standortbezogene Umweltkennzahlen
- Einwirkungen auf lokale Ökosysteme
- Versiegelte Fläche als absolute Zahl in Quadratmetern (qm)
- Flächenversiegelungsanteil = versiegelte Fläche qm / Gesamtfläche qm

Ausdrücklich sei an dieser Stelle nochmals auf die in Abschn. 3.2 angeführten Besonderheiten von die ökologische Umwelt betreffenden Informationen hingewiesen.

Die Bestimmung des *Zielausmaßes* beinhaltet je nach Zielobjekt und -eigenschaften nun das Festlegen von zulässigen oder anzustrebenden, die Einheit des Zielmaßstabes betreffende Höchstmengen. Bei der alleinigen Orientierung des Zielausmaßes an Grenzwerten ergeben sich Probleme: Langzeitwirkungen, Kumulations- und Synergieeffekte von Stoffen bleiben unberücksichtigt, Grenzwerte stellen nicht rein ökologische Maßstäbe dar, da sie vielfach durch die Berücksichtigung ökonomischer Belange verzerrt sind, und sie stellen zudem nicht von der Gesellschaft als Ganzes akzeptierte Normen dar *[Müller, 1993, S. 83]*.

Der *Zeitbezug* (Frist und Ziel-Endpunkt) von Zielen sollte vor allem realistisch sein (Stand der Technik und entsprechende Möglichkeiten, auch zur Verfügung stehende finanzielle und personelle Ressourcen). Bei der Bildung von Oberzielen, die das Unternehmen als Ganzes betreffen, sind eher langfristige Zeiträume anzusetzen. Bei der Bildung von entsprechenden (operationalisierten) Unterzielen sind mittel- bis kurzfristige Zeiträume von Bedeutung. Generell sollte jedoch die Vision „Nachhaltige Entwicklung" nicht aus den Augen verloren werden, welcher der Zeitbezug „Generationen" zugrundeliegt. Im Bereich von kurz- und mittelfristigen Zeiträumen sind diese so zu planen, daß der Ziel-Endpunkt vor der Durchsetzung entsprechender Rahmenbedingungen (Umweltgesetzgebung) und sich abzeichnender Forderungen unternehmensinterner und -externer Anspruchsgruppen liegt.

3.5 Komponente Unternehmensstrategie: Die ökologische Positionierung des Unternehmens im Wettbewerb

In Anlehnung an das St. Gallener-Management-Konzept betreffen die bislang vorgestellten Komponenten umweltorientierter Unternehmensführung größtenteils den Bereich des normativen Managements, vor allem hinsichtlich der Entwicklung, Integration und Verwirklichung der Umweltpolitik des Unternehmens. Die grundlegenden Rahmenbedingungen für das Unternehmen sind von der Unternehmensleitung auf höchster Ebene festzulegen. Wie die Abschn. 3.3 und 3.4 jedoch zeigten, sollte dies nicht in harter Abgenzung zu den Managementbereichen der operativen und strategischen Führung geschehen. Vielmehr sind alle Managementbereiche und -ebenen als auch die Mitarbeiter entsprechend zu berücksichtigen, um die unternehmensweite Akzeptanz normativer Vorgaben „vorzusteuern". Diesen Zusammenhang, bezogen auf die Verteilung operativer, strategischer und normativer Führungsaufgaben, verdeutlicht Bild 3.17.

Während das *EMAS* und die *DIN ISO 14001* den normativen Managementbereich berücksichtigen (Umweltpolitik) und für den operativen Bereich Handlungsanleitungen geben und Forderungen aufstellen (Umweltprogramme), wird der Wettbewerbsbezug des Umweltmanagements vernachlässigt (zumindest die *DIN ISO 14001 [DIN, 1995b, S. 5]* weist durch die Feststellung „... Umweltmanagement umfaßt einen großen Bereich von Themen, zu denen auch Fragen von strategischer und wettbewerblicher Bedeutung gehören ..." auf die Wichtigkeit des strategischen Wettbewerbsbezugs hin). Vor allem hinsichtlich der Möglichkeit der *freiwilligen* Beteiligung der Unternehmen am *EMAS* ist dies verwunderlich. Unter der Fragestellung: Heute „Freiwilligkeit" – morgen „freiwilliger" Zwang?, weisen *Hopfenbeck u.a. [1995, S. 47]* auf die strategische Dimension beider Regelwerke hin: Unternehmen, die nicht auf die Teilnahmeerklärung nach *EMAS* verweisen können bzw. den Forderungen eines Umweltmanagementsystems nach *DIN ISO 14001* entsprechen, werden sich zukünftig vermutlich einem zunehmenden Rechtfertigungsdruck seitens ihrer Anspruchsgruppen (vgl. Kap. 2), wie Abnehmer/Lieferanten, Versicherung, Hausbank, lokale Behörden, Standortgemeinde, Mitarbeiter, kritische Öffentlichkeit etc., ausgesetzt sehen. Folgen eines damit verbundenen negativen „Öko-Images" können z.B. die Finanzierbarkeit von Investitionen, die Versicherungsfähigkeit, die Attraktivität als Arbeitgeber oder die Nachfrage durch den Kunden betreffen. „Es ist deshalb zu erwarten, daß sich fortschrittliche Unternehmen aus strategischen Gründen der Wettbewerbsfähigkeit und der Standortsicherung einer Teilnahme am europaweiten System nicht verschließen können" *[Hopfenbeck u.a., 1995, S. 47]*.

Dyllik, Hummel sehen die vom *EMAS* und der *DIN ISO 14001* geforderten Umweltmanagementsysteme als offensive Instrumente, die dem Unternehmen Chancen eröffnen, die sich aus dem ökologischen Umbau der Wirtschaft ergeben. Dies heißt z.B. Ausnützung ökologisch bedingter Kostensenkungspotentiale, Verminderung von Kredit- und Haftungsrisiken, Verbesserung von Motivation und Image bei den eigenen Mitarbeitern und externen Anspruchsgruppen sowie Erschließung ökologischer Differenzierungspotentiale am Markt. In diesem Zusammenhang stellen die Autoren fest, daß sich im *EMAS* und der *DIN ISO 14001* nichts findet, was auf die Gefahren und Chancen eines Umweltmanagements hin-

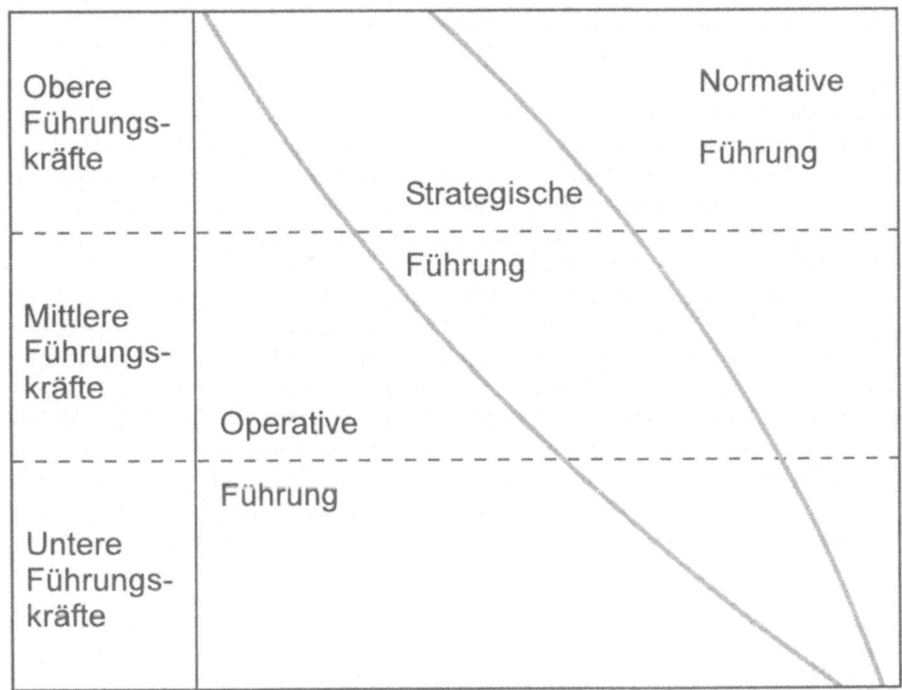

Bild 3.17 Verteilung operativer, strategischer und normativer Führungsaufgaben *[Ulrich/Probst, 1988, S. 272]*

weist oder was der Unternehmensführung helfen könnte, „... die ökologischen Probleme und Veränderungen im unternehmerischen Umfeld als Anlaß und Ausgangspunkte für eine gezielte Reduktion bestehender ökologischer Risikopotentiale sowie für einen Aufbau ökologischer Erfolgspotentiale zu verwenden. Statt den Blick auf die ökologischen Probleme der Kunden zu lenken, die als Ansatzpunkt für chancenorientierte Differenzierungsstrategien dienen können, wird der Blick einseitig und ausschließlich auf die eigenen ökologischen Probleme ausgerichtet". Gelingt es bei der Umsetzung der Regelwerke nicht, dieses strategische Defizit zu überwinden und strategische Potentiale zu erschließen und auszunützen, werden die Unternehmen durch einen „operativen Bleifuß" belastet, anstatt durch neue Perspektiven und Handlungsmöglichkeiten „beflügelt" zu werden *[Dyllik, Hummel, 1995, S. 27 f.]*.

Dieser Abschn. wird sich im folgenden mit dem Strategiebezug der umweltorientierten Unternehmensführung beschäftigen, dem strategischen Management-Bereich. Bezogen auf den operativen Management-Bereich sei verwiesen auf die Kap. 5, 6, und 8. Zudem sei verwiesen auf die Abschn. 7.6.1 bis 7.6.8.

3.5.1 Strategische Orientierung des Unternehmens

Strategie als ein primär aus dem militärischen Bereich entnommener *Begriff* unterliegt vielfältigen Definitionsversuchen; einen Überblick gibt *Hopfenbeck [1992, S. 626 f.]*. Am prägnantesten und für die meisten Fälle ausreichend ist die Wiedergabe von Strategie nach *Moltke:* „Die Strategie ist die Fortbildung des ursprünglich leitenden Gedankens entsprechend den stets sich ändernden Verhältnissen" *[zitiert nach Hinterhuber, 1990, S. 50]*. Der leitende Gedanke im unternehmerischen Handlungsbereich wird bestimmt durch die Unternehmenspolitik (inkl. Vision) und die aus ihr abgeleiteten (Ober-) Ziele. Nach *Hinterhuber [1990, S. 51]* geht man bei der Verfolgung einer Strategie davon aus, daß eine vorgegebene Zielposition über eine Reihe von Entscheidungen erreichbar ist, für welche eine Vielzahl von Personen in verschiedenen Verantwortungspositionen und an verschiedenen Orten zuständig ist. Die Entscheidungen werden im Laufe der Zeit immer dann getroffen, wenn Unsicherheitselemente weggefallen sind und die ursprünglich verfolgte Linie (ursprünglich leitender Gedanke) präzisiert und den zwischenzeitlich eingetroffenen Ereignissen angepaßt werden kann. Aufgabe ist es, zwischen zwei entgegengesetzten Anforderungen einen Ausgleich zu schaffen:

- „Eine Vielzahl von Entscheidungen, die zu verschiedenen Zeiten, an verschiedenen Orten und von verschiedenen Personen getroffen werden, auf eine gemeinsame Zielposition ausrichten, von der aus in Zukunft weitere Entscheidungen getroffen werden können und
- den Führungskräften, die diese Entscheidungen treffen werden, den größtmöglichen Handlungsspielraum einräumen, damit sie in ihren Entscheidungen auch die neuen Elemente berücksichtigen können, die nach der Verabschiedung der Strategie bekannt geworden sind" *[Hinterhuber, 1990, S. 51]*.

Hauptschwierigkeiten sind hierbei die Beurteilung der Inhalte künftiger Entscheidungen (vgl. Abschn. 3.2) und die Bestimmung der den Entscheidungsträgern einzuräumenden Handlungsspielräume (vgl. Kap. 5).

Vielfach wird der Begriff Strategie sehr ausgedehnt und umfassend verwendet und schließt die Bestimmung oberster Ziele mit ein („strategische Ziele"). Nach *Ulrich [1987, S. 106 f.]* wird der Begriff Strategie hier im ursprünglichen Sinne verwendet und bezieht sich auf die Frage des „WIE" als grundsätzliche Vorgehensweise zur Erreichung der unternehmenspolitischen Zielvorgaben. Es handelt sich bei den Unternehmensstrategien nicht um differenziert ausgearbeitete Techniken, Methoden oder Programme zur Erreichung vorgegebener kurzfristiger Zielsetzungen, sondern um allgemeine Verfahrensrichtlinien zur Erreichung von ebenfalls allgemeinen Unternehmenszielen.

An dieser Stelle kann nicht das umfassende Management-Konzept der strategischen Unternehmensführung dargestellt werden, und im folgenden wird sich auf den Bereich umweltorientierter Strategien konzentriert. Dem Leser seien die grundlegenden Werke von *Hans H. Hinterhuber* empfohlen: *Wettbewerbsstrategie [1990], Strategische Unternehmensführung, Bd.1: Strategisches Denken [1992a]* und *Strategische Unternehmensführung, Bd. 2: Strategisches Handeln [1992b]*. Hinsichtlich der Integration strategischer Unternehmensführung in das St. Gallener-Management-Konzept sei verwiesen auf *Bleicher [1992, S. 199 ff.]*.

Je nach Ausprägung der Umweltpolitik und der Umweltziele des Unternehmens bieten sich für das Unternehmen verschiedene *strategische Optionen* an, Umweltpolitik zu verwirklichen und entsprechende Ziele zu erreichen. Im folgenden wird weitestgehend der Klassifizierung strategischer Optionen im Umweltschutz von *Meffert, Kirchgeorg* gefolgt, welche die Bereiche *Basisstrategien, Wettbewerbsstrategien* und *Risikostrategien* unterscheiden. Basisstrategien sind in ihrer wettbewerbstrategischen als auch in ihrer risikostrategischen Ausrichtung zu konkretisieren (vgl. Bild 3.19). Strategien werden dabei als langfristige, bedingte Verhaltenspläne zur Entwicklung und Sicherung unternehmerischer Erfolgspotentiale und als zentrales Bindeglied zwischen Umweltpolitik/-zielen und operativen Maßnahmen gesehen *[Meffert, Kirchgeorg, 1993, S. 145 ff.]*. Während strategische Entscheide in ihren Merkmalen denen des normativen Managements weitestgehend gleichen, lassen sich bezogen auf Entscheide des operativen Managements wesentliche Unterschiede feststellen, wie Bild 3.18 verdeutlicht.

Die Gesamtunterscheidung von Umweltschutzstrategien der Bereiche Basis-, Wettbewerbs- und Risikostrategien nach *Meffert, Kirchgeorg* zeigt Bild 3.19 in Form eines „Strategiewürfels". Eine Übersicht vielfältiger, in der Literatur diskutierter gesellschafts- und/oder umweltschutzbezogener Strategietypologien zeigt eine Übersicht bei *Meffert, Kirchgeorg [1993, S. 147]*. Weitere Typologisierungen von Umweltstrategien finden sich z.B. bei *Macharzina [1995, S. 855 ff.], Steger [1993, S. 210 ff.]* oder *Zahn, Schmid [1992, S. 57 ff.]*.

Abschließend noch zwei *kritische Standpunkte* zum Bereich „Strategie": *Macharzina [1995, S. 223]* stellt bei der Auswertung neueren Schrifttums fest, daß die zunehmende Geschwindigkeit und abnehmende Stetigkeit des Umweltwandels es immer schwieriger werden lassen, Strategien im Sinne komplexer Maßnahmenbündel zu formulieren. Es stellt sich die grundsätzliche Frage, ob hinsichtlich dieser Umweltdynamik das Management die Strategieformulierung überhaupt bewältigen kann bzw. ob die „strategische Zukunft" des Unternehmens überhaupt „manageable" ist. Aus diesem Grund werden Strategien als „Grundmuster im Strom von Entscheidungen und Handlungen gesehen". Für den Bereich der Umweltstrategien führt *Pfriem [1995, S. 75 f.]* kritisch an, daß sich diese ausschließlich aus dem Blickwinkel langfristiger Überlebenschancen des Unternehmens als betriebswirtschaftlich handelnde Einheit ableiten. *Pfriem* stellt fest, daß langfristiges Überleben bekanntermaßen auch solchen Unternehmen gelingt, die ein hohes Maß an ökologischen Schäden und Zerstörungen produzieren, und plädiert ausdrücklich dafür, ökologische Probleme in ihrer Eigenständigkeit zu untersuchen und ökonomische Konzepte danach zu beurteilen, inwieweit sie einen tatsächlichen Beitrag zur Bewältigung ökologischer Probleme leisten. Es kommt darauf an, Umweltziele soweit irgend möglich betriebswirtschaftlich vertretbar zu machen und aktiv anzustreben und nicht als Grenze („Restriktion des Gewinnziels") anzusehen. Beiden berechtigten kritischen Standpunkten kann entgegengehalten werden, daß zum einen durch die Zielsetzung der kontinuierlichen Verbesserung nicht nur die Umweltpolitik und -ziele, sondern auch der Bereich der Umweltstrategien eine flexible Anpassung an die Umweltdynamik erfährt, und daß zum anderen Umweltstrategien im Gesamtkonzept umweltorientierter Unternehmensführung (Wertvorstellungen der Un-

Bild 3.18 Merkmale operativer und strategischer Entscheide *[Ulrich/Probst, 1988, S. 267]*

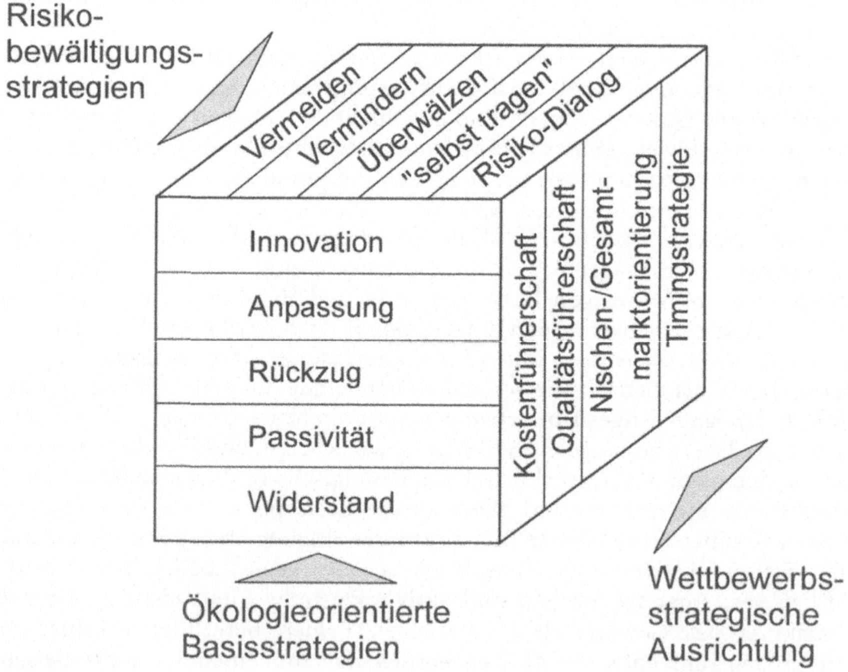

Bild 3.19 Strategische Grundsatzentscheidungen im Umweltmanagement *[Meffert/Kirchgeorg, 1993, S. 146]*

ternehmensführung, Vision „Nachhaltige Entwicklung", Umweltpolitik, Umweltziele) eine rein betriebswirtschaftlich-monetäre bzw. Öko-Marketing-Orientierung nicht sinnvoll erscheinen lassen.

3.5.2. Basisstrategien

Nach *Zahn, Schmid [1992, S. 57 ff.]* läßt sich über die

- tatsächliche ökologische Betroffenheit eines Unternehmens in einer bestimmten Branche und
- über die Sensibilisierung des Managements gegenüber der ökologischen Herausforderung

die Art und Weise der Einbeziehung des möglichen Erfolgsfaktors Umweltschutz grundsätzlich in einer defensiven oder offensiven Verhaltensform feststellen. Beide Verhaltensweisen werden seit geraumer Zeit in der betriebswirtschaftlichen Literatur diskutiert und von Unternehmen praktiziert. Die beiden strategischen Anpassungsalternativen stehen in krassem Gegensatz zueinander, wie Bild 3.20 zeigt. Hervorzuheben ist, daß eine defensive Verhaltensweise in der Regel nur durch geringe Zukunftsorientierung gekennzeichnet ist. Demhingegen ist eine offensive Verhaltensweise dadurch gekennzeichnet, alle sich durch die ökologische Herausforderung bietenden Chancen wahrzunehmen. Zudem zieht ein offensives Verhalten wettbewerbsstrategische Veränderungen nach sich, wenn durch das Handeln umweltbewußter (Pionier-)Unternehmen Branchenstrukturen aufgebrochen werden und sich bislang gültige Wettbewerbsregeln in Richtung einer Umweltorientierung verändern.

Ein Beispiel für passive/defensive und aktive/offensive Strategien für den Produktionsbereich zeigt *Steven [1994, S. 51 f.]:*

Bei *passiven Strategien* wie Filterung und Deponierung bleiben die bei der Produktion anfallenden Schadstoffe im wesentlichen erhalten – es wird nur dafür gesorgt, daß von diesen Schadstoffen unmittelbar ausgehende Gefahren und Umweltwirkungen reduziert werden. Solche Strategien haben die Verteilung bzw. Verdünnung von Schadstoffen zur Folge („Politik der hohen Schornsteine"): Schadstoffkonzentrationen am Produktionsstandort werden eingehalten, jedoch geschehen Beeinträchtigungen an entfernteren Orten. Eine entgegengesetzte passive Strategie betrifft die Konzentration von Schadstoffen (Trocknung von Schlämmen, Müllverbrennung oder Ausfällung von Säuren). Die Konzentration ermöglicht eine dem Gefährdungspotential angemessene Behandlung der Schadstoffe und die Einsparung knappen Deponieraums, jedoch werden bei dieser Vorgehensweise häufig langfristige und globale Auswirkungen nur unzureichend berücksichtigt.

Aktive Strategien zielen demgegenüber auf die Reduktion von Schadstoffen ab. Maßnahmen hierfür können z.B. sein: der Einsatz anderer Rohstoffe (z.B. der Ersatz stark schwefelhaltiger Braunkohle durch Anthrazit in Verbrennungsprozessen: Faktorsubstitution), die Verfahrensoptimierung (optimale Einstellung technischer Parameter zur Schadstoffreduktion bei vorhandenen Anlagen, wobei

Strategische Anpassungsalternativen

Defensives Verhalten	Offensives Verhalten
Konflikthandhabung	*Konflikthandhabung*
- reaktiv - statisch - abwartend - passiv - beschränkend - kompensierend - anpassend - isoliert - individuell - unternehmensbezogen - Sachzwänge	- proaktiv - dynamisch - vorausschauend - aktiv - beeinflussend - vermeidend - innovativ - integriert - kooperativ - anspruchsgruppenbezogen - eigenständige Konzeption
Wettbewerbswirkung	*Wettbewerbswirkung*
- Hinnahme - Gegenwartsorientierung - Krisenmanagement	- Gestaltung - Zukunftsorientierung - Chancenmanagement

Bild 3.20 Ökologiebezogenes strategisches Anpassungsverhalten *[Zahn/Schmid, 1992, S. 58]*

das Prozeßniveau des Produktionsverfahrens so gewählt wird, daß bei gleichen oder etwas verringerten Produktionsmengen entstehende Schadstoffe in einem bestimmten Umfang zurückgehen: intensitätsmäßige Anpassung), die Prozeßsubstitution (Einsatz eines neuen technischen Verfahrens, welches die erwünschten Produkte mit geringerem Schadstoffausstoß erzeugt) oder die Produktgestaltung (konstruktive Gestaltung von Produkten im Hinblick auf minimierten Schadstoffausstoß und Rohstoffverbrauch bei Produktion und Nutzung, eine Verlängerung der Produktnutzungsdauer vermindert zudem Abfallmengen und Schadstoffemissionen durch wegfallende „Ersatzprodukte").

Die strategischen Anpassungsalternativen des defensiven und offensiven Umweltschutzverhaltens mit den jeweiligen Ausprägungsformen der Konflikthandhabung und Wettbewerbswirkung lassen sich nach *Meffert, Kirchgeorg [1993, S. 151 ff]* weiter in 5 Basisstrategien (Widerstand, Passivität, Rückzug, Anpassung und Innovation; vgl. Bild 3.19) unterscheiden. Diese Basisstrategien des Umweltschutzes lassen sich auf der Grundlage folgender strategischer Grunddimensionen ableiten:

- *ökologieorientierte Anpassungsintensität* (Unterscheidung in aktives bzw. offensives und passives bzw. defensives Verhalten mit den jeweiligen Ausprägungen lt. Bild 3.20)
- *Verhaltensbezugsebene der Umweltstrategien* (Strategieobjekt; extern: Markt/Wettbewerber, Gesellschaft und intern: Unternehmen/innengerichtet)

- *Zeitpunkt der Strategieentwicklung und Maßnahmenrealisierung* (Zeitbezug proaktiv: Reaktion auf erste „schwache Signale" im Vorfeld konkreter Umweltschutzforderungen und somit Ausnutzung eines Zeitvorteils, der in Image- und Ertragsvorteile gegenüber reaktiven Wettbewerbern umgesetzt werden kann; Zeitbezug reaktiv: Umweltschutzerfordernisse werden erst durch eine Betroffenheitssituation, z.B. Umweltschutzgesetze, berücksichtigt)
- *Art der Strategieentwicklung* (integriert: Ausrichtung der Umweltschutzstrategie auf alle Unternehmensfunktionen und -bereiche; isoliert: Berücksichtigung nur partieller Aspekte des Umweltschutzes, z.B. im Produktionsbereich)
- *Form der Durchsetzung der Strategie* (kooperativ: Kooperation mit anderen Unternehmen der Branche, mit Zulieferern oder Abnehmern, Verhaltensabstimmungen in Form von Branchenabkommen hinsichtlich Umweltschutzmaßnahmen; individuell: alleinige Entwicklung und Durchsetzung von Umweltschutzstrategien) *[Meffert, Kirchgeorg, 1993, S. 146 ff.]*.

Die 5 Basisstrategien (vgl. Bild 3.19) sind jeweils durch folgende Merkmale gekennzeichnet:

- *Widerstandsstrategien:* Hinsichtlich der ökologischen Anpassungsintensität sind Widerstandsstrategien als defensiv einzustufen (vgl. Bild 3.20). Durch sie wird gegenüber Umweltschutzanforderungen des Marktes und der Gesellschaft über Konfrontation eine Erhaltung des status quo angestrebt (z.B. als Reaktion bereits geäußerter Umweltschutzforderungen von Bürgerinitiativen). Widerstandsstrategien können vor allem dann für das Unternehmen zum „Erfolg" führen, wenn das Unternehmen gemeinsam mit gesinnungsgleichen Unternehmen (Branche, Unternehmensverbände) im Vorfeld der Verabschiedung konkreter Umweltgesetze oder Umweltstandards seinen Einfluß, bezogen auf eine Verhinderung oder Abschwächung von Gesetzen/Standards, geltend macht (Lobbyismus). Dadurch kann evtl. kurzfristig über eine Verhinderung der Internalisierung von Umweltkosten die Wettbewerbsfähigkeit erhalten werden (insbesondere gegenüber Wettbewerbern auf dem internationalen Markt, die geringeren Umweltschutzanforderungen unterliegen). Die Internalisierung von Umweltkosten bedeutet hier die Übernahme von Kosten, die vom Unternehmen auf die Allgemeinheit übertragen werden. Eine bislang vielfach vorherrschende Externalisierung von Kosten liegt z.B. vor, wenn ein Unternehmen nur unzureichend geklärte Abwässer in öffentliche Gewässer einleitet und somit auf Investitionen für eine moderne Kläranlage verzichtet. Die Reinigung erfolgt nun, falls notwendig, durch öffentliche Maßnahmen, die nicht in die private Kostenrechnung eingehen. Wird das Unternehmen nun aber z.B. über Umweltauflagen oder -abgaben gezwungen, die Investition für eine entsprechende Kläranlage zu tätigen, so werden Umweltkosten internalisiert. Widerstandsstrategien wirken jedoch den Umweltschutzzielen der Vermeidung und Verminderung entgegen, gefährden langfristig gesehen die Legitimität des Unternehmens (Anspruchsgruppenkonflikte) und verhindern ein Wahrnehmen von Chancen des Umweltschutzes, was sich langfristig gesehen ebenfalls negativ auswirken kann, wenn nicht alle Wettbewerber der Branche

Widerstandsstrategien fahren und sich einzelne Wettbewerber ökologisch profilieren.

- *Passivität:* Diese Strategie ist durch „Nicht-Verhalten" und Ignoranz von Umweltproblemen gekennzeichnet. Bezogen auf die gesellschaftliche Legitimität wird sich das passive Verhalten im Gegensatz zur aktiven Widerstandsstrategie weniger stark auswirken, da das Unternehmen sich gegenüber externen Anspruchsgruppen nicht ausdrücklich gegen eine Integration umweltschützender Maßnahmen ausspricht. Jedoch kann auch das „Nichtstun" zu merklichen Folgen führen, denn hätten entsprechende Handlungen stattgefunden, hätte sich eine andere, evtl. wünschenswertere Zukunft ergeben.
- *Rückzugsstrategien:* Beim Verfolgen einer Rückzugsstrategie versucht das Unternehmen, sich artikulierten Umweltschutzanforderungen zu entziehen, weil keine adäquaten Anpassungsmöglichkeiten zur Lösung bestehender Umweltprobleme gesehen werden. Bezogen auf die Verhaltensbezugsebene betrifft der Rückzug z.B. die Verlagerung von Teilen umweltbelastender Unternehmensfunktionen wie Produktion oder Entsorgung ins Ausland. Dadurch entzieht sich das Unternehmen der nationalen Umweltgesetzgebung und kann evtl. auch international wettbewerbsbezogene Kostennachteile durch die Vermeidung gesetzlich bedingter Umweltschutzinvestitionen ausgleichen. Es geschieht jedoch keine Vermeidung oder Verringerung von Umweltbelastungen, sondern diese werden lediglich regional verlagert, die Legitimität im Inland jedoch gesichert. Demgegenüber besteht für das Unternehmen aufgrund einer zunehmend internationalen Vernetzung von Umweltschutzverbänden wiederum die Gefahr entsprechender Kritik. Der komplette Rückzug aus einem Geschäftsfeld, d.h. das nicht mehr Weiterproduzieren eines Produktes oder einer Produktgruppe, hat die vollständige Vermeidung von durch Produktion, Nutzung und Entsorgung bedingten Umweltbelastungen zur Folge, jedoch werden marktbezogene Chancen des Umweltschutzes den Wettbewerbern überlassen.
- *Anpassungsstrategie:* Die Anpassung betrifft die gesetzlich bedingte Berücksichtigung von Erfordernissen des Umweltschutzes, wobei jedoch diesen Anforderungen lediglich entsprochen wird, ohne marktbezogene Chancen des Umweltschutzes innovativ zu nutzen. Umweltschutzmaßnahmen werden isoliert an den Brennpunkten (Bereiche, Funktionen, Produkte) entwickelt und durchgeführt. Die Anpassungsstrategie kann individuell vom einzelnen Unternehmen oder von einer ganzen Branche verfolgt werden.
- *Innovationsstrategie:* Bei der Verfolgung einer innovativen Strategie werden vom Unternehmen unabhängig von gesellschaftlichen oder marktbezogenen Umweltschutzforderungen ökologische Problemfelder lokalisiert und mit dem Ziel bearbeitet, Wettbewerbsvorteile zu gewinnen. Hierbei werden alle Anstrengungen unternommen, zukunftsorientierte, ökologisch und ökonomisch verträgliche Problemlösungen zu entwickeln *[Meffert, Kirchgeorg, 1993, S. 151 ff.; vgl. auch Zahn, Schmid, 1992, S. 59 f.]*.

In bezug auf die eingangs skizzierten offensiven und defensiven Grundhaltungen betrifft die offensive Grundhaltung die Innovationsstrategie. Widerstands-, Passivitäts-, Rückzugs- und Anpassungsstrategie kennzeichnen die defensive Grundhaltung zur Bewältigung der ökologischen Herausforderung. Bei einer ernsthaften Umsetzung eines Umweltmanagementsystems nach *EMAS* und *DIN ISO 14001* kann nur die innovative Strategie verfolgt werden, um das geforderte Umweltziel der kontinuierlichen Verbesserung (vgl. Bild 3.15) zu erfüllen. Im Rahmen der innovativen Strategie bedeutet Innovation „... verbesserte oder neue Problemlösungen bezogen auf Produkte, Dienstleistungen, Verfahren/Prozesse und Sozialsysteme unter Verwendung von bestehenden oder neuen (technischen) Erkenntnissen" *[Hübner, 1996, S. 65 f.]*.

Bezogen auf Relevanz und Anwendung stellen *Zahn, Schmid* fest, daß es sich bei den angeführten Basisstrategien um Idealtypen handelt, die in der skizzierten „Reinform" sicherlich selten auftreten und verfolgt werden. Vielmehr kommen unterschiedliche Strategien - auch als Mischstrategien - zur Anwendung. Auch *Zahn, Schmid* plädieren für die Verfolgung der Innovationsstrategie, die als einzige Strategie den Merkmalen eines offensiven unternehmerischen Verhaltens (vgl. Bild 3.20) zur Bewältigung der ökologischen Herausforderung in vollem Umfang gerecht wird: „In Anbetracht des zu erwartenden ökologiebezogenen Wettbewerbs, scheinen daher lediglich mittels der Strategien der ökologischen Innovation sowie - mit Einschränkungen - der Anpassung und des Rückzugs erfolgversprechende Antworten auf die ökologische Herausforderung verbunden zu sein, da einzig und allein diese Strategietypen an den *Ursachen* ökologischer Probleme ansetzen und zu deren Beseitigung beitragen" *[Zahn, Schmid, 1992, S. 60]*.

Beispiel für eine innovative Strategie ist die *Strategie der Dauerhaftigkeit* (bezogen auf langlebige Gebrauchsgüter) nach *Stahel [1994]* als Kern einer nachhaltigen Gesellschaft (vgl. Abschn. 3.3.1: Vision „Nachhaltige Entwicklung"). *Stahel* fordert eine Abkehr von der heute vorherrschenden kurzfristigen Optimierung von Produktion und Verkauf hin zu einer Nutzungsoptimierung über längere Zeiträume (Prinzip des Verkaufs der Nutzung eines Produkts anstelle des Produkts) mit verminderten Ressourcenströmen. Hierzu schlägt er zwei mögliche Strategien vor:

1. Verminderung der Geschwindigkeit der Ressourcenströme durch Verlängerung der Nutzungsdauer von Produkten
2. Verminderung des Querschnitts der Ressourcenströme durch intensivere Nutzung von Produkten.

Die *Verlängerung der Nutzungsdauer* betrifft vor allem technische Strategien der Prävention (langlebig konzipierte Produkte), der Instandhaltung (Dienstleistungen zur Nutzungsdauer-Verlängerung durch Qualitätskontrolle, Reparatur, Aufarbeitung, technologisches Hochrüsten) und der Wiederverwendung (z.B. Kaskadennutzung: Weiterverwendung älterer Produkte für weniger anspruchsvolle Zwecke, z.B. Lokomotive - vom Schnellzug über den Güterzug zur Rangiermaschine). Die *Erhöhung der Nutzungsintensität* stützt sich auf die Schließung der Verantwortungskreisläufe (Verbinden einer anderen Produktkonzeption mit einer anderen Art der Kommerzialisierung, z.B. Vermietung von Langzeitgütern anstelle des Verkaufs von Wegwerfgütern). Die Nutzung der Produkte steht im Zentrum der wirtschaftlichen Optimierung, die Fertigung gerät zunehmend in die Rolle eines Zulieferers an Unternehmen, die Nutzen verkaufen (Deutsche Bahn, Telekom) *[Stahel, 1994, S. 73]*.

Auswirkungen der Strategien einer höheren Ressourceneffizienz könnten die Wirtschaft (Substitution von Energie durch Facharbeit und Substitution von zentralen Fertigungsstätten durch dezentrale Werkstätten), Arbeitsplätze (Erhöhung der Anzahl und Qualifikation der Arbeitsplätze; Änderungen von Zeitstrukturen: Dienstleistung rund um die Uhr) und Umwelt (Verminderung des Verbrauchs an Ressourcen durch Substitution von Rohstoffen durch Gebrauchtgüter und -komponenten und durch Rohstoffsubstitution in Fertigung, Distribution und Abfallwirtschaft, verbunden mit Reduktion der durch diese Bereiche verursachten Umweltbelastungen) betreffen *[Stahel, 1994, S.74 ff.]*.

3.5.3 Wettbewerbsstrategien

Neben dem Verfolgen der angeführten Basisstrategien gilt es, zusätzlich die wettbewerbsstrategische Ausrichtung des Unternehmens am Markt zu berücksichtigen. Grundlegende Zielsetzung bei der Berücksichtigung von Wettbewerbsstrategien ist die Entwicklung und Kultivierung einer unternehmensspezifischen Kompetenz, durch die gegenüber der Konkurrenz Wettbewerbsvorteile aufgebaut und abgesichert werden sollen *[Meffert, Kirchgeorg, 1993, S. 153]*. Diese Zielsetzung kann erreicht werden durch das Verfolgen der Strategien der Kosten- oder Qualitätsführerschaft unter Berücksichtigung der Aspekte Marktraum und Zeit. In der vielfältigen Literatur zur strategischen Unternehmensführung werden zahlreiche wettbewerbsstrategische Optionen dargelegt, wobei sich jedoch immer wieder auf die von Michael E. Porter entwickelten Strategiebereiche der Kostenführerschaft und Differenzierung (Qualitätsführerschaft) bezogen wird.

Die *Merkmale* der angeführten Wettbewerbsstrategien sind folgende:

- *Strategie der Kostenführerschaft:* Durch die Strategie der Kostenführerschaft wird versucht, die Stückkosten unter das Niveau der wichtigsten Wettbewerber zu senken, um über niedrigere Preise Wettbewerbsvorteile zu erlangen. Dies kann geschehen mit Hilfe qualifizierter Mitarbeiter, durch produktivitätssteigernde Verfahrensinnovationen, Standardisierung oder Rationalisierung. Als ökonomische „Effizienzstrategie" weist die Kostenführerschaft auch eine ökologische Effizienz auf. So können über Erfahrungskurveneffekte Ausschußquoten verringert werden, was zu Rohstoff- und/oder Energieeinsparungen führen kann. Über Recyclingverfahren können Produktionsabfälle minimiert und somit Entsorgungskosten gespart werden. Auch gibt es Bereiche, in denen umweltschädigende und teure Rohstoffe durch umweltverträglichere und billigere Rohstoffe oder Recyclingmaterialien ersetzt werden können.
- *Strategie der Qualitätsführerschaft:* Die Strategie der Qualitätsführerschaft (Differenzierungsstrategie) zielt darauf ab, durch die Schaffung einer wenn möglich einzigartigen oder zumindest „besseren" Leistung Wettbewerbsvorteile gegenüber der Konkurrenz zu erringen. Diese Wettbewerbsvorteile können in der Durchsetzung höherer Preise oder in der Erhöhung der Absatzmengen liegen. Im Rahmen der Qualitätsführerschaft kommt der Produktentwicklung eine herausragende Bedeutung zu, da durch sie alle Produkteigenschaften, z.B. die Produktnutzung oder die Entsorgbarkeit von Produkten betreffend, fest-

gelegt werden. Umweltschutzbelange bieten als zusätzliche Qualitätsdimension erweiterte Differenzierungspotentiale zur Erlangung von Wettbewerbsvorteilen (s. a. Abschn. 3.2.2: „Ökologische Qualität von Produkten"). Für den Konsumenten äußert sich eine Qualitätssteigerung in einer erhöhten Befriedigung seiner Bedürfnisse, z.B. über einen zusätzlichen Produktnutzen oder durch Zeiteinsparung während der Produktnutzung. Für industrielle Abnehmer kann eine erhöhte Qualität von Zukaufprodukten zu einer Qualitätssteigerung der eigenen Produkte oder zur Senkung von Produktionskosten führen. Voraussetzung für die Qualitätsführerschaft ist ein hohes Maß an Flexibilität und entsprechende Innovationsfähigkeit des Unternehmens.

- *Nischen-/Gesamtmarktorientierung:* Die Strategie der Qualitätsführerschaft zielt auf eine möglichst breite Marktabdeckung ab und setzt eine günstige Marktposition und hohe Marktmacht des Unternehmens voraus. Sind diese Voraussetzungen nicht gegeben, erscheint eine qualitätsorientierte Nischenstrategie mit Spezialisierung auf bestimmte Marktsegmente sinnvoll.
- *Timingstrategie:* Die grundlegende Entscheidung der Timingstrategie betrifft die Frage, ob eine umweltorientierte Profilierung zeitlich vor oder nach den Hauptwettbewerbern geschehen soll (Pionier- oder Folgerstrategie). Von Bedeutung sind in diesem Zusammenhang zunächst primäre Marktwiderstände (Widerstände bei der Akzeptanz und Übernahme umweltverträglicher Produkte durch die Abnehmer). Die Überwindung von Kaufwiderständen für umweltverträgliche Produkte kann erhebliche Aufwendungen von früh in den Markt eintretenden Unternehmen erfordern, so daß eine Folgerstrategie sinnvoller erscheint. Ebenfalls bedeutsame sekundäre Marktwiderstände betreffen Markteintrittsbarrieren (Summe aller Faktoren, die es dem Unternehmen erschweren oder evtl. sogar unmöglich machen, sich in einem Markt erfolgreich zu etablieren) und Mobilitätsbarrieren (Faktoren, die es dem Unternehmen nach erfolgtem Markteintritt erschweren, sich neben früh im Markt profilierten Unternehmen ebenfalls als Anbieter umweltverträglicher Produkte zu profilieren). Sekundäre Marktwiderstände nehmen mit der Zeit aufgrund zunehmender Profilierung von Unternehmen mit frühem Markteintritt zu. Es wird ein Dilemma deutlich, da mit der Zeit durch die Etablierung umweltverträglicher Produkte Kaufwiderstände für umweltverträgliche Produktinnovationen sinken. *[Meffert, Kirchgeorg, 1993, S. 154 ff. und Macharzina, 1995, S. 855 ff.].*

Rückkoppelnd zur innovativen Basisstrategie erweist sich die Strategie der Qualitätsführerschaft neben den Faktoren Marktmacht und -position als weitgehend kompatibel - vor allem unter dem Gesichtspunkt, daß im allgemeinen (ökologische) Innovationen bezogen auf Produkte und Verfahren zunächst mit Kostensteigerungen verbunden sind und somit der Strategie der Kostenführerschaft entgegenstehen.

Von entscheidender Bedeutung für die Verfolgung der Strategie der Qualitätsführerschaft im Hinblick auf eine innovative Basisstrategie ist somit die *Innovationsfähigkeit* des Unternehmens, d.h. die Leistungsfähigkeit bezogen auf das Hervorbringen von (umweltverträglichen) Neuerungen. Die Innovationsfähigkeit wird wesentlich bestimmt durch die im Unternehmen vorhandenen Innovationspotentiale, z.B. technische Innovationspotentiale, und das unternehmensspezifische Innovationsklima als Gesamtheit interner Rahmenbedingungen bzw. organisatorischer Voraussetzungen für das Hervorbringen von Neuerungen.

Weiterhin von Bedeutung ist das Kaufverhalten der Abnehmer - weiterverarbeitende Industrie oder Endkonsument, die eine umweltverträgliche Differenzierung durch ihre Kaufentscheidungen honorieren müssen. Hier spielt z.B. die Frage eine Rolle, ob Zielgruppen zu einem Nachfragewechsel von umweltschädigenden zu umweltverträglicheren Produkten bereit sind (s. a. die Thematik Diskrepanz zwischen „Umweltbewußtsein" und „Umwelthandeln" in Abschn. 2.5). Für die Strategie der Qualitätsführerschaft sind somit umfangreiche und „ernsthafte" Marketingmaßnahmen von Nöten.

Letztendlich ist die *„traditionelle" Qualität* von Produkten zu berücksichtigen, d.h. z.B. die technisch-funktionale Qualität als Eignung für den Verwendungszweck.

3.5.4 Risikostrategien

Basisstrategien des Umweltschutzes sind neben ihrer wettbewerbsstrategischen auch in ihrer risikostrategischen Dimension zu konkretisieren. Die Wahl einer bestimmten Basis- und Wettbewerbsstrategie bedingt Risiken in geringerem oder höherem Ausmaß und erfordert entsprechende Formen der Risikoabsicherung *[Meffert, Kirchgeorg, 1993, S. 159 f.]*.

Den Begriff Risiko verbindet man in der Umgangssprache mit Wagnis oder Gefahr, somit der Möglichkeit, einen Schaden zu erleiden. In diesem Sinne kann der Begriff Risiko als Maß für die Größe von Gefahr definiert werden *[Hauptmanns u.a., 1987, S. 1]*. Wie sicher bzw. gefährlich z.B. eine technische Anlage ist, wird also quantitativ durch das Risiko ausgedrückt. Ebenso wie der Wert Sicherheit (vgl. Bild 3.6) ist auch das Risiko von jeher mit der menschlichen Existenz verknüpft, sei es aus naturaler Perspektive (z.B. durch Krankheiten oder Naturkatastrophen) oder aus technischer Perspektive (z.B. Risiken der Kerntechnik oder Großanlagen der chemischen Industrie). Beide Begriffe finden sich immer wieder in der öffentlichen Diskussion, und zwar in verstärktem Maße, wenn technische Katastrophen eintreten. Als Stichworte seien angeführt: Seveso - Challenger - Tschernobyl - Exxon Valdez - usw. Im Unternehmenskontext bezeichnet Risiko die Gefahr einer negativen Zielabweichung (vgl. Abschn. 3.4.4 Umweltschutzziele).

Instrument zur Quantifizierung der Sicherheit oder Gefährlichkeit einer Technik ist die Risikoanalyse, zu deren Beginn drei grundlegende Fragen zu klären sind:

- Wessen Risiko soll ermittelt werden? (z.B. bei Einzelpersonen das Individualrisiko, bei Personengesellschaften das Kollektivrisiko oder in der Industrie das Investitionsrisiko)
- Welches Risiko einer Person oder Gemeinschaft soll ermittelt werden? (z.B. ein spezielles Risiko wie Tod durch Blitzschlag oder Risikosummen wie etwa Risiko im Kraftfahrzeugverkehr)
- Für welchen Zeitraum soll das Risiko ermittelt werden? (manche Risiken bestehen permanent, andere nur zu bestimmten Zeiten oder bei bestimmten Abläufen) *[Hauptmanns u.a., 1987, S. 2]*.

Risiko als das Produkt aus Schadensumfang (bzw. Gefahrenpotential) und Eintrittshäufigkeit (bzw. Eintrittswahrscheinlichkeit) *[VDI, 1991a, S. 9]* fordert eine Meßbarmachung des Schadens: Bei dem Verlust von Menschenleben wird die Zahl der Todesfälle, bei einem Sachschaden wird dieser in Geldeinheiten gemessen. Bei manchen Schäden gestaltet es sich allerdings schwierig, eine geeignete Maßeinheit zu finden, etwa bei Umweltschäden oder psychischen Schäden. Die Eintrittswahrscheinlichkeit kann man als eine in Zahlen ausdrückbare Größe für die Ungewißheit bezeichnen. Neben der objektiven Schätzung können subjektive Wahrscheinlichkeitswerte eine Rolle spielen, die auf dem persönlichen Urteil des Schätzenden beruhen. Subjektive Schätzungen können sinnvoll sein, wenn sich das persönliche Urteil auf fachliche Erfahrung des Schätzenden stützt, d.h. wenn es sich um ein Expertenurteil handelt *[Hauptmanns u.a., 1987, S.2 ff.]*.

Gerade im Hinblick auf Umweltwirkungen neuer Technologien (z.B. in der Müllverbrennung) gilt es, qualitative Faktoren der Risikobestimmung und -wahrnehmung zu berücksichtigen, die die Akzeptanz- und Legitimitätsrisiken des unternehmerischen Handelns betreffen. Solche qualitativen Risikofaktoren beziehen sich z.B. auf die Bereitschaft zur freiwilligen Risikoübernahme, Langzeitwirkungen eines Schadens, Bekanntheits- und Gewöhnungsgrad der/an Risiken *[Meffert, Kirchgeorg, 1993, S. 160 f.]*.

Der Wunsch nach uneingeschränkter Nutzung der technischen Entwicklung und die Forderung nach totaler Sicherheit vor negativen Auswirkungen muß, vor allem im Bereich der Großtechnik, zu einem Zielkonflikt führen, der nur durch Kompromisse beseitigt werden kann. Ein nicht unerhebliches Argument bezogen auf eine Kompromißlösung ist, daß Sicherheit erhebliche Anstrengungen verlangt und somit Kosten verursacht, die mit steigenden Anforderungen an die Sicherheit ebenfalls steigen. „Totale" Sicherheit würde, wie Bild 3.21 verdeutlicht, einen wirtschaftlichen Aufwand an Sicherheits- bzw. Schadenverhütungskosten von „unendlich" erfordern. Eine rein monetär bewertete Analyse des Wertes Sicherheit kann sehr leicht zu einem inhumanen Optimum oder Kompromiß führen, sie kann daher sicher nur Entscheidungshilfe, aber nicht Orientierungsmaßstab sein.

Das Ideal der totalen Sicherheit kann es in der Realität aus folgenden Gründen nicht geben: Technik wird von Menschen erdacht, gestaltet und genutzt. So unvollkommen der Mensch von Natur aus ist, so fehlerhaft kann auch die Technik sein, die er schafft. Naturvorgänge sind nur begrenzt beherrschbar, und immer besteht die Möglichkeit technischen Versagens *[VDI, 1991a, S. 9]*. Stets ist also mit einer, wenn auch vielleicht noch so geringen Eintrittswahrscheinlichkeit einer Schädigung zu rechnen, sei es bei normalem Betrieb, im Falle des Versagens oder im Falle des Mißbrauchs eines technischen Systems.

Für das Unternehmen gilt es, ein optimales Sicherheitsniveau zu bestimmen, das sich aus den Erwartungswerten von Schäden bei unterschiedlichen Sicherheitsniveaus und den Schadenverhütungskosten ableiten läßt. Eine Verringerung des Sicherheitsniveaus senkt zwar die Schadenverhütungskosten, erhöht jedoch den Erwartungswert von Schäden *[Meffert, Kirchgeorg, 1993, S. 167 f.]*. Modelltheoretisch wird dieser Zusammenhang in Bild 3.21 verdeutlicht.

Die Merkmale der in Bild 3.19 angeführten Risikostrategien sind folgende:

- *Risikovermeidung:* Die Strategie der Risikovermeidung ist ursachenorientiert, da sie auf die Beseitigung der eigentlichen Ursache des Risikos abzielt. Dies geschieht z.B. über den Verzicht der Produktion umweltgefährdender Güter oder die Schaffung von Stoffkreisläufen. Eine vollständige Risikovermeidung ist jedoch nicht möglich, da Produktion und Konsum immer mit mehr oder weniger belastenden Umweltwirkungen verbunden sind. Hinzu kommt, daß das Unternehmen nur beschränkt Einfluß nehmen kann auf globale Risiken. Hier sind globale Vermeidungsstrategien gefragt, wie sie über Branchen- oder internationale Abkommen erreicht werden können.
- *Risikominderung:* Risikominderungsstrategien können ursachenorientiert (Schadenverhütung und Verringerung der Eintrittswahrscheinlichkeit eines Schadens) und wirkungsorientiert (Herabsetzung der Folgen eines möglichen Schadens) ausgerichtet sein. Die ursachenorientierte Strategie kann über die Erhöhung betriebsinterner Standards, Substitution von umweltgefährdenden Einsatzstoffen sowie durch Kommunikations-, Aufklärungs- und Schulungsmaßnahmen bei Mitarbeitern und Produktnutzern konkretisiert werden. Maßnahmen einer wirkungsorientierten Strategie sind z.B. konstruktionsbe-

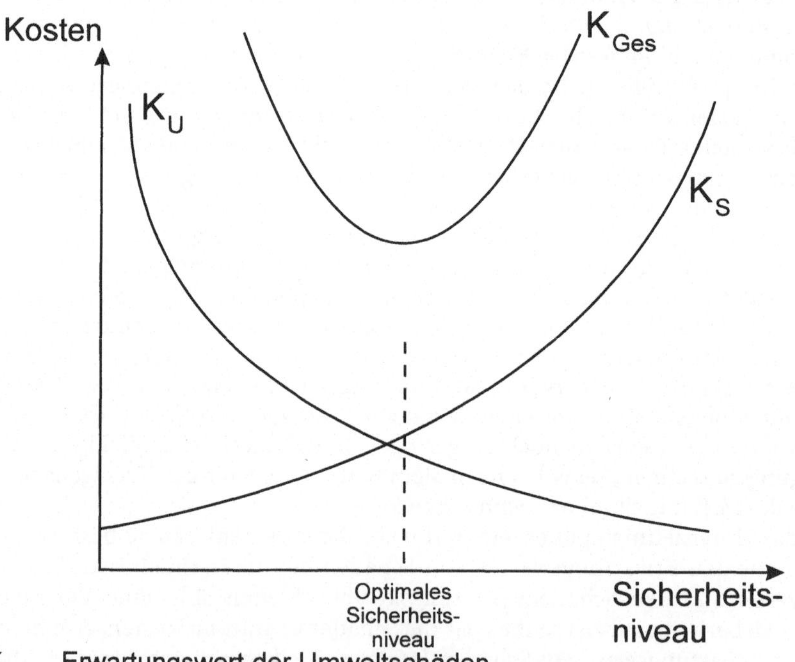

Bild 3.21 Modell zur Ableitung des optimalen Sicherheitsniveaus *[Meffert/Kirchgeorg, 1993, S. 168]*

dingte Schadensbegrenzungsmaßnahmen, wie mehrfache Kontrollinstrumente, produktbezogene Rückrufaktionen oder ein Umwelttelefon-Service.

- *Risikoüberwälzung:* Bei Risikoüberwälzung werden die Ursachen des Risikos nicht beseitigt, es werden vielmehr die Schadensfolgen auf andere übertragen. Zentrales Beispiel hierfür ist die Versicherung, die individuell auftretende Risiken in regelmäßig anfallende Prämien umsetzt. Grundlegende Frage hierbei ist, ob Umweltrisiken überhaupt bzw. in welchem Ausmaß versicherbar sind.
- *Selbsttragen des Risikos:* Unternehmen können freiwillig (die Versicherung vieler „kleiner" Schäden ist mit höheren Kosten verbunden als ein erwarteter Schadensaufwand) oder unfreiwillig (nicht versicherbare Schadensfälle) Risiken selbst tragen. Wenn das Risiko selbst getragen werden soll, können aktiv eigene finanzielle Reserven für den Schadensfall aufgebaut werden. Bei einer passiven Ausrichtung ohne Bildung finanzieller Reserven sind Schäden vom Unternehmen bewußt unvorbereitet zu tragen.
- *Risiko-Dialog:* Mit der Strategie des Risiko-Dialogs wird versucht, aus Sicht des Unternehmens auf Risiken hinzuweisen und mit betroffenen internen und externen Anspruchsgruppen auf Konsensbasis zu „partnerschaftlichen Risikoentscheidungen" zu kommen. In den USA und Deutschland ist der Risiko-Dialog z.T. über gesetzlich vorgeschriebene Auskunftspflichten oder öffentliche Anhörungen reguliert, so daß ein Dialog zwischen Industrie, Gesetzgeber und Gesellschaft stattfinden kann *[Meffert, Kirchgeorg, 1993, S. 167 ff.]*.

Rückkoppelnd zur offensiven Verhaltensweise (vgl. Bild 3.20) und der Basisstrategie Innovation erscheinen nur die Strategien der Risikovermeidung und -minderung im Sinne von Risikovorsorge für eine umweltorientierte Unternehmensführung geeignet. Beide Strategien entsprechen auch Forderungen des *EMAS* und der *DIN ISO 14001* (wobei sich jedoch nicht auf den Begriff „Risiko" bezogen wird):

Im *EMAS* heißt es in *Anhang I/Punkt B3:* Auswirkungen auf die Umwelt, z.B. in bezug auf kontrollierte und unkontrollierte Emissionen in die Atmosphäre oder Ableitungen in Gewässer oder in die Kanalisation:

> „Dies umfaßt Auswirkungen, die sich ergeben oder wahrscheinlich ergeben aufgrund von
> 1. normalen Betriebsbedingungen;
> 2. abnormalen Betriebsbedingungen;
> 3. Vorfällen, Unfällen und möglichen Notfällen;
> 4. früheren, laufenden und geplanten Tätigkeiten."

Desweiteren heißt es im *Anhang I unter Punkt C* (zu behandelnde Gesichtspunkte bezogen auf Umweltmanagementsysteme): Verhütung und Begrenzung umweltschädigender Unfälle und Einführung besonderer Verfahren bei umweltschädigenden Unfällen; und unter *Punkt D* (gute Managementpraktiken): Notwendige Maßnahmen sind zu ergreifen, um unfallbedingte Emissionen von Stoffen oder Energie zu vermeiden.

Die *DIN ISO 14001 [DIN, 1995b, S. 17]* fordert Notfallvorsorge und entsprechende Maßnahmenplanung:

> „Die Organisation muß Verfahren einführen und aufrechterhalten, um mögliche Unfälle zu ermitteln und auf Unfälle und Notfallsituationen entsprechend zu reagieren, sowie Umwelteinwirkungen, die damit verbunden sein können, zu verhindern und begrenzen".

Weiter heißt es bezogen auf Abweichungen, Korrektur- und Vorsorgemaßnahmen:

> „Die Organisation muß Verfahren einführen und aufrechterhalten, um die Verantwortlichkeit und Befugnisse für die Behandlung und Untersuchung von Abweichungen, die Ergreifung von Maßnahmen zur Begrenzung etwaig verursachter Einwirkungen, und für die Veranlassung von Korrektur- und Vorsorgemaßnahmen, festzulegen.
> Alle Korrektur- und Vorsorgemaßnahmen zur Beseitigung der Ursachen tatsächlicher oder potentieller Abweichungen müssen der Schwere des Problems Rechnung tragen und den Umwelteinwirkungen angemessen sein.
> Die Organisation muß alle Veränderungen der dokumentierten Verfahren, die sich aus den Korrektur- und Vorsorgemaßnahmen ergeben, umsetzen und darüber Aufzeichnungen führen" *[DIN, 1995b, S. 18]*.

3.6 Zusammenfassung

Im vorliegenden Kapitel wurde der Rahmen für eine *umweltorientierte Unternehmensführung* aufgezeigt, den es unternehmensspezifisch zu modifizieren und adaptieren gilt. Bezugsrahmen waren hierbei die Regelwerke des *EMAS* und der *DIN ISO 14001*.

Die notwendigen *Informationsgrundlagen* sind für ein Umweltmanagementsystem von entscheidender Bedeutung. Hierbei sind „harte Fakten" wie Emissionsmengen oder Toxizität von Stoffen grundlegend, jedoch können sie nur parallel zur Entwicklung einer umweltorientierten Unternehmensführung im Sinne einer ganzheitlich ökologischen Unternehmensentwicklung erhoben werden. In diesem Zusammenhang sind Besonderheiten von Informationen zu beachten, die die ökologische Umwelt betreffen. Grundvoraussetzung ist zudem ein Signal der Führenden im Unternehmen, die auf oberster Ebene die Situation des Unternehmens unter ökologischen Aspekten zu analysieren haben. Hierfür erscheinen die Instrumente der strategischen Unternehmensführung („Umwelt- und Unternehmensanalyse") geeignet. Auf der Basis dieser Analyse sind entsprechende Grundsatzentscheidungen (Umweltpolitik) zu formulieren. Hierbei spielen auch die handlungsleitenden Wertvorstellungen der Unternehmensführung eine entscheidende Rolle. Die Unternehmensführung muß sich darüber klar sein, daß ein halbherziges Lippenbekenntnis zum Umweltschutz nicht ausreicht, um das Unternehmen bei Mitarbeitern und externen Anspruchsgruppen glaubhaft zu profilieren. Vielmehr muß der Wert „Umweltqualität" von der Unternehmensführung ernsthaft verdeutlicht und glaubhaft vorgelebt werden.

Die *Unternehmenspolitik* als grundsätzlich fixierter Entscheidungsbereich für das Unternehmen bedarf insbesondere hinsichtlich der Formulierung und des „Lebens" von Umweltpolitik einer Vision der Unternehmensführung, die alle Bereiche und Ebenen des Unternehmens durchsetzt, ja infiziert: hierzu bietet sich das Konzept der „Nachhaltigen Entwicklung" an. Sonst besteht wiederum die Gefahr, daß Umweltschutz nur bloßes Lippenbekenntnis bzw. reaktive Anpassung an Marktforderungen ist und Anspruchsgruppen des Unternehmens entsprechend reagieren. Umweltpolitik als „Papiertiger", verteilt und versteckt in Schränken und Schubladen, artet leider zu lästiger Berichtspflicht aus und entwickelt sich nicht zur erwünschten, gelebten Unternehmenskultur (Stichwort „operativer Bleifuß" in *[Dyllik, Hummel, 1995, S. 24]*).

Kein unternehmerisch verantwortlicher Mensch handelt „rein aus dem Bauch heraus", sondern hat zumindest im ökonomischen Bereich immer mehr oder weniger konkrete *Ziele* vor Augen, die grundsätzliche Entscheidungsbereiche konkretisieren; dies möge jeder Leser - für den beruflichen wie auch den privaten Bereich - für sich selbst überprüfen. Wenn Umweltziele, ökonomische Zielsetzungen sind im Unternehmen ja hinlänglich bekannt, auf ein gewisses Maß an Widerwillen stoßen und deren Entwicklung - weil sie ja neu sind, und erst erarbeitet werden müssen - zunächst vom beteiligten Management als zusätzliche Belastung empfunden werden, so kann dies nicht bedeuten, daß diese Zielkategorie weniger wichtig oder evtl. vielleicht sogar unerwünscht ist, sondern daß sie zunächst einmal zu erarbeiten ist. Warum soll für umweltorientiertes Handeln nicht dasselbe gelten wie für ökonomisches Handeln? Zielorientiertes und somit konsequentes Handeln war und ist erfolgsorientiert, was jedoch nicht heißt, daß Ziele für alle Zeit gültig und konfliktfrei sind und in jedem Fall zum Erfolg führen. Aufgabe der Unternehmensführung ist es, grundlegende Oberziele für die Umweltpolitik des Unternehmens zu erarbeiten, die es auf nachfolgenden Managementebenen und der operativen Ebene zu konkretisieren und zu erfüllen gilt.

Die *Strategie* als langfristiger, bedingter Verhaltensplan zur Entwicklung und Sicherung von Erfolgspotentialen, der durch Unternehmenspolitik und -ziele festgelegt wird und operative Maßnahmen leitet, findet sich weder im *EMAS* noch in der *DIN ISO 14001*. In letztgenannter wird zumindest die Wichtigkeit verdeutlicht. Dem Bereich der Strategie haftet immer noch etwas Suspektes („Militärisches") an. Strategie beinhaltet jedoch heute den grundsätzlichen Weg des Unternehmens im Wettbewerb. Dieser Weg soll und kann nur unternehmensangepaßt definiert werden. Eine Hilfestellung hierzu liefert weder das *EMAS* noch die *DIN ISO 14001*. Zur Entwicklung und Sicherung langfristiger Erfolgspotentiale hat das Unternehmen eine offensive Verhaltensweise zu verfolgen, die über Strategien der Innovation, Qualität und Risikovermeidung auszugestalten ist.

Kapitel 2: Anforderungen an Unternehmen

Ökologische, ökonomische, technologische, rechtlich-politische und sozio-kulturelle Umwelten des Unternehmens
Anforderungen der Umwelt an das Unternehmen

Kapitel 3: Umweltorientierte Unternehmensführung

Gesamtkonzeption einer umweltorientierten Unternehmensführung:
Informationsgrundlagen
Unternehmenspolitik und -leitbild
Unternehmensziele
Unternehmensstrategie

Kapitel 4: Von traditionellen Unternehmenskonzepten zu modernen Managementkonzepten

Traditionelle Unternehmenskonzepte
Moderne Managementkonzepte
Aktuelle Managementkonzepte im Überblick

Kapitel 5: Umweltorientierte Organisationsgestaltung

Rechtliche Grundlagen der betrieblichen Umweltschutzorganisation
Organisation des betrieblichen Umweltschutzes
Anforderungen durch Umweltmanagementnormen
Umweltorientiertes Personalmanagement
Einführung von Umweltmanagementsystemen
Praxisbeispiel: Umweltorientiertes Weiterbildungssystem

Kapitel 6: Zielorientierte Informationsflußgestaltung

Grundlagen und Definitionen
Informationen im Unternehmen
Informationssysteme zur Managementunterstützung
Datenbanken als Informationsspeicher
Umweltbezogene Informationen

Kapitel 7: Techniken für das Umweltmanagement

Die ständige Verbesserung
Der Technikbegriff in Zusammenhang mit betrieblichem Umweltschutz
Umweltschutzmaßnahmen aus dem Blickwinkel der Wertschöpfung
Der Technikeinsatz in der betrieblichen Praxis
Der Einsatz von Techniken im Umweltmanagement
Einordnung der Techniken nach Aufgaben

Kapitel 8: Die Ermittlung umweltrelevanter Kosten

Grundlagen
Umweltrelevante Kosten
Methodik zur Ermittlung der umweltrelevanten Kosten
Anwendungshinweise

4 Von traditionellen Unternehmenskonzepten zu modernen Managementkonzepten

Das Bild unternehmerischer Führungsaufgaben wird in zunehmendem Maße von unterschiedlichen Managementsystemen geprägt. Zukunftsorientiertes Management muß sich durch neue Ansätze ständig weiterentwickeln.

Im Brennpunkt betrieblicher Managementsysteme stehen seit Mitte der achtziger Jahre die Aspekte der Qualität und mit Beginn der neunziger Jahre der betriebliche Umweltschutz. Während Qualitäts- und Umweltmanagement weit entwickelt sind und in vielfältiger Weise in die betriebliche Praxis umgesetzt werden, befassen sich die Bereiche des Arbeitssicherheits-, Daten- und Informationsmanagements sowie sozialverträglicher Arbeitsweisen, die noch am Anfang ihrer Entwicklung stehen, bisher eher mit technischen Fragen der jeweiligen Wissenschaftsgebiete.

Bei dem Versuch, eine Integration dieser oben aufgeführten Einzelsysteme vorzunehmen, stößt man auf Parallelen und Gemeinsamkeiten bezüglich der Kunden-, Mitarbeiter- und Prozeßorientierung.

Ähnlich wie sich Unternehmen in einem Markt behaupten müssen, der durch starken Wettbewerb, kurze Innovations- und Produktlebenszyklen und eine dramatische Steigerung der Komplexität von Prozessen und Produkten gekennzeichnet ist, müssen sich auch Managementkonzepte an ihrer Leistungsfähigkeit und Flexibilität messen lassen. Daher werden nur diejenigen Organisationen den Weg ins nächste Jahrhundert erfolgreich beschreiten können, die auch ihre Managementkonzepte der Tatsache anpassen, daß der Erfolg oder Mißerfolg unternehmerischen und staatlichen Wirtschaftens in zunehmendem Maß durch die Verknappung von Geld, Zeit und natürlichen Ressourcen beeinflußt wird *[Doppler, 1994, S. 17; Kamiske, Malorny, 1994, S. 3]*. Die Grundlage für die Weiterentwicklung von Managementkonzepten und Organisationsmethoden ist das Verständnis von der Organisationslehre. Aufbauend auf diesen Inhalten können Managementkonzepte, wie das Total Quality Management (TQM), umgesetzt werden, die weitreichende Ansichten des vernetzten Denkens beinhalten, welche sowohl bei der mehrdimensionalen Entwicklung von Unternehmenszielen als auch bei der Betrachtung der unternehmerischen Verantwortung zum Tragen kommen (s. Kap. 3). Mit dem TQM wird erstmalig ein Managementansatz vorgestellt, in dessen Definition von der Verantwortung eines Unternehmens für die Gesellschaft gesprochen wird.

Im Anschluß an die Darstellung der Grundlagen der Organisationslehre werden in einer Beschreibung die Inhalte des Qualitäts-, umfassenden Qualitäts- und Umweltmanagements sowie deren Zusammenhänge, Unterschiede und Synergien aufgezeigt. Herausgestellt werden die Bedeutung der Qualitätsorientierung an den Kundenwünschen zum einen und die Entwicklung umweltverträglicher Produkte und Produktionsprozesse zum anderen. Um die historische Entwicklung des TQM-Führungsmodells nachvollziehbar darzustellen und die Grundlagen für die ökologische Dimension dieses Modells aufzuzeigen, wird auf die verschiedenen Qualitätssichtweisen hingewiesen. Diese werden als allgemeingültige Managementaussagen interpretiert und deren Bedeutung für den Umweltschutz hervorgehoben. Über die Darstellung der Qualitätssichtweisen hinaus werden die Grundprinzipien von TQM aufgezeigt, die Verbindung zur effektiven Organisation des Umweltschutzes wird herausgestellt. Abschließend werden organisatorische Lösungsansätze und unterstützende Systeme und Techniken vorgestellt.

4.1 Traditionelle Unternehmenskonzepte

4.1.1 Unternehmensorganisation – Grundlagen

Das gesamte betriebliche Geschehen vollzieht sich nach bestimmten Regeln, die zu einem Ordnungssystem zusammengefaßt werden. Unter dem Ordnungssystem wird ganz allgemein eine strukturierte Gesamtheit von beliebigen Elementen mit wechselseitigen Beziehungen verstanden. Eine Unterscheidung erfolgt danach, ob das System in Wechselbeziehungen zum Systemumfeld steht oder nicht. Gibt es Beziehungen zum Umfeld, so spricht man von einem offenen System. Gibt es diese Beziehungen nicht, spricht man von einem geschlossenen System *[Ulrich, Fluri, 1992, S. 31]*. Eine weitere Differenzierung erfolgt nach dem hierarchischen Aufbau des Systems, der Systemhierarchie. Innerhalb eines definierten Systems gibt es Subsysteme, die gegenüber dem Hauptsystem als Systeme niederer Ordnung bezeichnet werden. Diese Teilsysteme des Gesamtsystems sind durch eine starke Beziehungsintensität gekennzeichnet. Die kleinste Einheit eines Systems ist das Systemelement *[Behrendt, u.a., 1974, S. 12 ff.]*. Die Abgrenzung der Systemelemente gegeneinander sowie die Systemabgrenzung gegenüber dem Umfeld ist dabei nicht objektiv vorgegeben, sondern hängt von der Betrachtungsweise des Systembeobachters ab. Die Systemumgebung wird auch als Umwelt eines System oder als Supersystem bezeichnet *[Jung, Kleine, 1993, S. 28]*. Im folgenden haben die drei Begriffe gleichwertige Bedeutung.

Das System „Unternehmen“ ist aufgrund der vorhandenen Wechselbeziehungen mit dem Umfeld, z.B. dem Markt, den Lieferanten oder den konkreten Kunden, ein offenes System, das durch weitere, unten aufgeführte Merkmale gekennzeichnet ist. Dieses System wird geplant und mit Hilfe organisatorischer Maßnahmen verwirklicht. Dabei wird unter der Organisation der Entwicklungsprozeß verstanden, der zu dieser Ordnung führt. Nach Schwarz ist dies der funktionale Organisationsbegriff *[Schwarz, 1983, S. 17]*. Am Ende des Entwicklungsprozesses stehen das strukturierte Regelwerk „Unternehmen“ quasi als Ergebnis dieses Prozesses und die geschaffene Organisation als Ordnungssystem *[Wöhe, 1986, S. 153]*. In diesem Fall wird die Organisation als Instrument zur Gestaltung von Leistungsabläufen und zur Zielerfüllung verstanden und entsprechend als instrumentaler Organisationsbegriff definiert.

Außerdem besteht der institutionelle Organisationsbegriff *[Schwarz, 1983, S. 18 f.]*. Unter diesem Begriff sind im allgemeinen alle zielgerichteten sozialen Systeme zusammengefaßt, z.B. Verwaltungen, Krankenhäuser u.a.m. (s. unten). Im Mittelpunkt der weiteren Betrachtung steht die strukturelle Ordnung, denn das geschaffene Ordnungssystem im Sinne des instrumentalen Organisationsbegriffs bildet die Grundlage zur Ausgestaltung von Prozessen zur Leistungsvollbringung und damit zur Zielerreichung.

Nach der Definition des instrumentalen Organisationsbegriffs dürfen eine Organisation und somit auch das Ordnungssystem „Unternehmen" nie Selbstzweck sein, sondern müssen immer einen „dienenden" Charakter haben *[Schwarz, 1983, S. 18]*. Nach Ulrich und Fluri ist ein Unternehmen, dessen Wesen hier genauer beschrieben wird, ein wirtschaftlich selbsttragendes, multifunktionales und soziotechnisches System *[Ulrich, Fluri, 1993, S. 31]*.

Das auf längere Sicht ausgerichtete Zusammenwirken von Menschen mit dem Zweck, ein gemeinsames Ziel oder mehrere Ziele zu erreichen oder eine gemeinsame Leistung zu erbringen, wird als System im oben genannten Sinn bezeichnet. Wird dieses Zusammenwirken durch Menschen geprägt, spricht man von einem Sozialsystem. Im Gegensatz dazu werden Systeme, die vorwiegend einen technischen, naturwissenschaftlichen oder mathematischen Charakter haben, als technische Systeme bezeichnet. Hieraus abgeleitet bilden Unternehmen, in denen Menschen unter Zuhilfenahme technischer Mittel tätig sind, soziotechnische Systeme *[Jung, Kleine, 1993, S. 28; Spur, 1994, S. 199]*. Im Rahmen des soziotechnischen Systems Unternehmen gibt es zwei Gruppen von Einflußfaktoren. Zum einen sind das die personenbezogenen und zum anderen die aufgabenbezogenen Einflüsse. Die personenbezogenen sind diejenigen, die unmittelbar mit den Menschen in der Organisation und der Unternehmenskultur zusammenhängen. Unter Unternehmenskultur werden hierbei alle im Unternehmen bewußt entwickelten und unterbewußt vorhandenen Werte, die gemeinsam vertreten werden, verstanden. Auf die Vertiefung dieser Einflußfaktoren wird hier verzichtet, da dieses Thema in Kap. 5 dargestellt wird. Die aufgabenbezogenen Einflüsse werden im Zusammenhang mit den Grundfunktionen der Organisation und der Arbeitsorganisation erläutert.

4.1.2 Grundfunktion der Organisation

In Abschn. 4.1.1 wird das Unternehmen als offenes, ziel- und zweckorientiertes soziotechnisches System dargestellt und beschrieben. Ausschlaggebend für eine Differenzierung zwischen Unternehmen und Organisation sind dabei die spezifischen Merkmale, insbesondere die der Wirtschaftlichkeitsbetrachtung, d.h. die Gestaltung der Abläufe, die unter Effizienzkriterien (z.B. Kosten, Termine, Qualität) zu den gewünschten Ergebnissen führen sollen. Das Unternehmen ist damit ein Sonderfall der Organisation.

Der Begriff Organisation wird, wie bereits in Abschn. 4.1.1 eingeführt, u.a. als Instrument zur Zweckerfüllung und Zielerreichung verstanden. Dabei werden die Begriffe Unternehmung, Unternehmen, Betrieb und Fabrik gleichbedeutend verwendet. Unter der Organisation werden im weiteren alle formalen Regelungen verstanden, die zweckdienlich sind und zur Zielerreichung führen. Schwarz definiert die Organisation

„...als System dauerhaft angelegter betrieblicher Regelungen, das einen möglichst kontinuierlichen und zweckmäßigen Betriebsablauf sowie den Wirkzusammenhang zwischen Trägern betrieblicher Entscheidungsprozesse gewährleisten soll, gleichgültig, ob diese Regelungen schriftlich fixiert sind oder nicht“ *[Schwarz, 1983, S. 18]*.

Im Mittelpunkt der Organisation steht dabei die Transformation von Inputs (z.B. Rohstoffe, Energie, Arbeit, Informationen), die aus der Umwelt kommen, in Outputs (z.B. Halbzeuge, Fertigprodukte, Dienstleistungen), die in die Umwelt zurückgeführt werden. In dem unter wirtschaftlichen Bedingungen ablaufenden Prozeß der Umwandlung von Input in Output sieht Ulrich die primäre Unternehmensaufgabe *[Ulrich in: Staehle, 1991, S. 384]*. Das Ziel der Organisation besteht letztendlich darin, alle systemerhaltenden und -fördernden Transaktionen des Unternehmens mit der Systemumwelt bzw. mit dem Supersystem (Gesellschaft) zu verwirklichen, d.h. beispielsweise, Gewinne zu erwirtschaften.

Die Zergliederung eines Systems in Teilsysteme sowie die Interaktion eines Systems mit der Systemumwelt, z.B. dem Kunden oder dem Markt, erfordern ein Organisationsgefüge zur Koordination der Aufgaben, z.B. in Form eines Managementsystems, welches die Aufgabe hat, innerhalb der Teilsysteme und zwischen den Teilsystemen Koordinations- und Kontrollaufgaben zu übernehmen und diese zu unterstützen. Nach Katz und Kahn gibt es neben dem Managementsystem noch vier weitere Teilsysteme, mit denen das System Unternehmen beschrieben werden kann *[Katz, Kahn in: Staehle, 1991, S. 387]*. Hierzu gehören das Produktionssystem, das Versorgungssystem, das Anpassungssystem und das Erhaltungssystem. Für die Darstellung moderner Managementkonzepte steht das Managementsystem im Vordergrund, die anderen vier werden im weiteren Verlauf nicht näher beschrieben.

4.1.3 Arbeitsorganisation (Aufbau- und Ablauforganisation)

Zur Integration des Qualitäts- und Umweltschutzgedankens in Unternehmen und zur Umsetzung moderner Managementkonzepte, wie z.B. des Total Quality Managements oder eines Umweltmanagementsystems, ist es sinnvoll und erforderlich, die vorhandenen Organisationsstrukturen zu betrachten. Hierdurch wird es möglich, die zu entwickelnden Maßnahmen für die Umsetzung der aufgeführten Managementsysteme oder den betrieblichen Umweltschutz optimal im Unternehmen einzusetzen. Organisieren bedeutet dann, innerhalb eines umrissenen Rahmens die Systemstrukturen festzulegen, die Funktionsträger zu bestimmen und deren Beziehungen zueinander zu regeln. Innerhalb des soziotechnischen Systems Unternehmen besteht die Aufgabe des Managements darin, die elementaren Organisationselemente Aufgaben, Informationen, Verantwortung und Zuständigkeit auf die Funktionsträger Mensch und Arbeitsmittel (z.B. Produktionsanlagen, Informationssysteme) zu verteilen und die Zielerreichung sicherzustellen. Bei dieser Vorgehensweise werden eine Aufgabenstruktur, eine Kommunikationsstruktur und eine Autoritätsstruktur entwickelt. Staehle spricht bei der Verteilung von Aufgaben, Informationen, Verantwortung und Zuständigkeiten von einer Differenzierung und bei der zur Zielerreichung erforderlichen Koordination innerhalb des Systems von Integration. Dies entspricht der Vorgehensweise von Kosiol, der in diesem Zusammenhang von Analyse und Synthese spricht *[Kosiol in: Staehle, 1991, S. 627]*.

Analyse- und Synthesetätigkeiten ergeben sich sowohl für die Gestaltung der Gebildestrukturen (Aufbauorganisation) als auch bei der Gestaltung der Prozesse (Ablauforganisation). Die Aufbauorganisation ist dabei der statische und die Ablauforganisation der dynamische Anteil *[Gaitanides in: Staehle, 1991, S. 628]*. Bei der Aufgabenanalyse werden betriebliche Aufgaben nach vorgegebenen Merkmalen (Verrichtung, Objekt, Rang, Phase und Zweckbeziehung) in Teilaufgaben zerlegt. Durch die Aufgabensynthese werden die Teilaufgaben zu organisatorischen Einheiten zusammengefaßt und miteinander verbunden. Aus dieser Vorgehensweise werden Prozesse abgeleitet und die Organisationsstrukturen entwickelt. Die Aufgabensynthese ist durch vier Hauptmerkmale gekennzeichnet. Neben der Stellenbildung, bei der Kompetenzen für den Stelleninhaber zugewiesen werden, sind dies Instanzen- und Abteilungsbildung sowie die Aufgabenverteilung (Dezentralisation und Zentralisation).

Als Ergebnis der Aufgabenanalyse und der nachfolgenden Synthese ergeben sich die Stellenbildung und das innerbetriebliche Beziehungsgefüge bzw. das Aufgabengefüge. Das Aufgabengefüge bildet die Grundlage zur Beschreibung des betrieblichen Aufbausystems. Das Aufbausystem besteht aus fünf Teilsystemen, hierzu gehören das Leitungssystem, das Kommunikations- bzw. Informationssystem (s. Kap. 6), das Arbeitssystem, das Kontrollsystem und das Planungssystem *[Staehle, 1991, S. 163]*. Das hierarchische Gebilde eines Unternehmens wird in erster Linie durch das Leitungssystem beschrieben. Ulrich und Fluri beschreiben übersichtlich die verschiedenen Modelle und wesentlichen Merkmale von Leitungssystemen bzw. Strukturtypen *[Ulrich, Fluri, 1992, S. 186]*. Neben den grundlegenden Strukturtypen wie Linienorganisation, Stab-Linien-Organisation, Funktionale Organisation und Matrix-Organisation werden von Spur weitere Organisationsformen aufgegriffen und erläutert. Hierbei handelt es sich um Organisationsformen, die nach Objekt (z.B. Komponenten im Automobilbau) und Verrichtung (z.B. Zentrallackiererei in einem Maschinenbaukonzern) ausgerichtet sind, wie beispielsweise Cost-Center und Profit-Center Konzepte *[Spur, 1994, S. 203]*.

Die Prozeßstruktur beschreibt die arbeitsorganisatorischen Abläufe in einer zeitlichen Gliederung innerhalb der oben beschriebenen Gebildestruktur. Aufbauorganisation und Ablauforganisation sind in engem Zusammenhang zu sehen. Zwischen beiden organisatorischen Dimensionen bestehen Abhängigkeiten, die dazu führen, daß eine Trennung in der Diskussion nicht sinnvoll erscheint, für eine Beschreibung jedoch erforderlich ist. Das Zusammenspiel von Aufbauorganisation und Ablauforganisation ermöglicht die betriebliche Aufgabenerfüllung und Zielerreichung (s. oben). Hierbei versteht man unter Ablauforganisation die sinnhafte Gestaltung und Verknüpfung von Arbeitsprozessen (s. Abschn. 4.2.2), deren Aufgabe es ist, einzelne Arbeitsabläufe zu einer zweckmäßigen und wirtschaftlichen Prozeßstruktur zu verbinden. Dabei wird ein Gleichgewicht zwischen Stabilität und Flexibilität angestrebt. Zur Entwicklung der Prozeßstruktur wird ebenso wie bei der Entwicklung der Gebildestruktur (Aufbauorganisation) die Methode

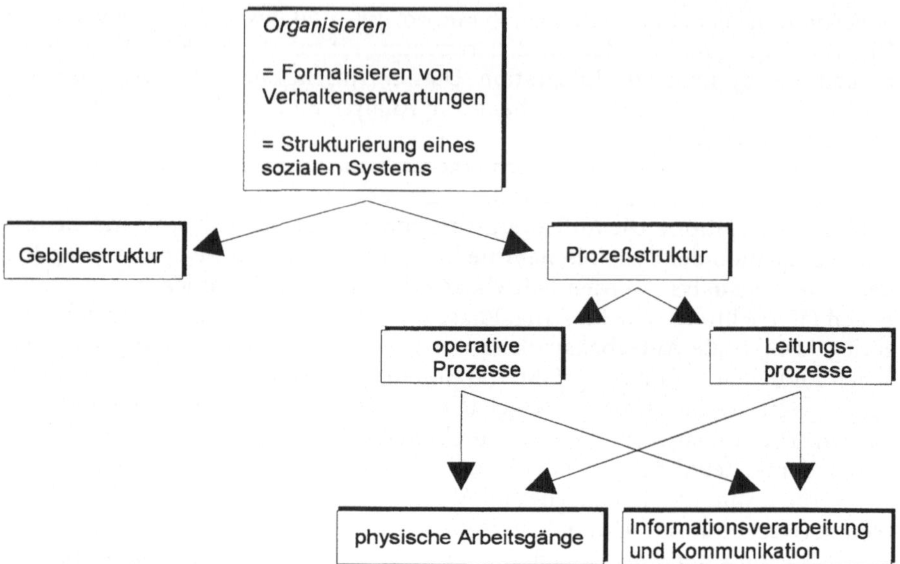

Bild 4.1 Organisatorische Strukturierungsaufgaben *[Ulrich, Fluri, 1992, S. 172]*

der Aufgabenanalyse und -synthese angewendet. Der Einsatz dieser auch als Arbeitsanalyse bezeichneten Methode ist die Grundlage für die Arbeitsteilung und die daraus resultierende Verteilung von Aufgaben innerhalb eines Unternehmens.

Neben der Ausrichtung an den Arbeitsabläufen bzw. Prozessen, die in einem Unternehmen ablaufen, definieren Ulrich und Fluri Leitungsprozesse *[Ulrich, Fluri, 1992, S. 172]*. Im Rahmen dieser Betrachtungsweise werden Managementaufgaben wie Planen, Führen und Organisieren angeführt. Von Staehle wird die Managementaufgabe um die Funktion Kontrolle erweitert *[Staehle, 1991, S. 65]*. Diese vier Kernelemente des Managementbegriffs beziehen sich dabei sowohl auf die „Konstruktion" und Realisierung der Organisation im Sinne des instrumentalen Organisationsbegriffs als auch auf die kontinuierliche Tätigkeit des Organisierens. In Bild 4.1 sind die Zusammenhänge der organisatorischen Strukturierungsaufgaben dargestellt.

4.1.4 Der Managementbegriff

Der Begriff „Management" stammt aus England und wurde dort im 19. Jh. geprägt. Das Verb „to manage" hat die Bedeutung handhaben, bewerkstelligen oder deichseln und bezeichnet in der deutschen Umgangssprache auch leiten oder führen *[Jung, Kleine, 1993, S. 23]*. Staehle führt in einer umfassenden Literaturdiskussion weitere Definitionen an, die jedoch im Rahmen dieser Darstellung zu weit führen *[Staehle, 1991, S. 6 f.]*. Ulrich und Fluri beschreiben in ihrer Konzeption des allgemeinen Managements einen pragmatischen Ansatz zur Begriffserläuterung, ebenso wie Jung und Klein in ihrer Herleitung des Managementbegriffs *[Jung, Kleine, 1993, S. 25; Ulrich, Fluri, 1992, S. 13]*.

Management bezeichnet die Leitung soziotechnischer Systeme in personen- und sachbezogener Sicht. Dabei geht es um die Bewältigung der Aufgaben, die erledigt werden müssen, um die vereinbarten Ziele des Unternehmens gemeinschaftlich zu erreichen (s. Kap. 3). Zur Darstellung zeitgemäßer Managementkonzepte, wie z.B. Total Quality Management (TQM), Lean Management und Umweltmanagement, ist eine Einigung bezüglich der Begriffe Führung und Leitung erforderlich. Im Rahmen der folgenden Beschreibung dieser Konzepte wird der Begriff Management gleichgesetzt mit den Bezeichnungen Betriebs- und Menschenführung. Synonym hierfür wird auch der Begriff Führung verwendet. Auf dieser Grundlage kann beispielsweise TQM gleichberechtigt als Managementkonzept oder als Führungsmethode bezeichnet werden. Führen im Rahmen von TQM und damit bei der Verwirklichung einer ökologieorientierten Ausrichtung des Unternehmens ist ein dynamischer Prozeß, der dadurch gekennzeichnet ist, daß Freiräume für die individuelle Verwirklichung der gemeinschaftlichen Ziele bestehen.

Diese Sichtweise von Führen, die durch einen teamorientierten Ansatz geprägt ist, hebt sich deutlich von autoritären Führungsprinzipien ab. Komplexe Anforderungen des Marktes, z.B. schnelle Reaktionszeit auf Veränderungen oder Steigerung der Produktvielfalt, erfordern einen Führungsstil, der auf den Konsens mit den Mitarbeitern abzielt. Mitarbeitermotivation, Entwicklung eines ausgeprägten internen und externen Kunden-Lieferantenverhältnisses, Zusammenarbeit aller Stellen im Unternehmen sowie die Entwicklung und Umsetzung von Visionen und Zielen stehen dabei im Mittelpunkt.

4.1.5 Managementfunktionen

Die traditionellen Führungsmethoden und Organisationsansätze bilden eine wichtige Basis zur Realisierung der betrieblichen Organisationsstruktur. Diese werden voraussichtlich auch in Zukunft ein wichtiges Instrument der Organisationslehre sein, zur Bearbeitung gegenwärtiger oder zukünftiger, komplexer Aufgaben reichen Sie jedoch nicht mehr aus *[Kamiske, Malorny, 1994, S. 5]*. Organisationen, die unter den oben beschriebenen Umfeldbedigungen erfolgreich im Wettbewerb bestehen wollen, haben die Chance, eine Unternehmenskultur zu entwickeln, die am Erfolgsfaktor Qualität ausgerichtet ist und den Kunden in den Mittelpunkt aller unternehmerischen Aktivitäten stellt.

Unternehmensphilosophie
Voraussetzung für eine erfolgreiche unternehmerische Tätigkeit ist eine formulierte Unternehmensphilosophie. Diese soll den Wert und den Sinngehalt der unternehmerischen Tätigkeiten im Hinblick auf die Erwartungen und Forderungen des gesamten Unternehmensumfeldes festlegen. Im Sinne der oben aufgeführten Definition (s. Abschn. 4.1.3) werden unter Umfeld die Gesellschaft, die Kunden, die Mitarbeiter, die Anteilseigner und die physische Umwelt gezählt. Nur wenn die Absichten der unternehmerischen Tätigkeiten zum Umfeld definiert sind, können Konflikte (z.B. zwischen ökologischen und ökonomischen Interessen),

die einen unternehmerischen Erfolg erschweren oder behindern, vermieden werden. Als Beispiel sei ein vermindertes Investitionsvolumen auf Kosten eines erhöhten Unfallrisikos genannt.

Unternehmenspolitik
Die Unternehmensphilosophie findet ihren Niederschlag in der vom Unternehmen schriftlich dokumentierten Unternehmenspolitik. Dabei sind alle Geschäftsbereiche mit den Querschnittsfunktionen wie Qualität, Umweltschutz, Arbeitsschutz, Personalentwicklung, Finanzwirtschaft, Werkschutz sowie Daten- und Informationssicherung abzudecken. Die Unternehmenspolitik definiert die Beziehungen der Mitarbeiter zum Kunden, zur Gesellschaft und zur Umwelt im einzelnen (s. Kap. 3).

Unternehmensziele
Zur konsequenten Durchsetzung der Unternehmenspolitik ist die Formulierung strategischer Unternehmensziele erforderlich (s. Kap. 3). Diese sind auf die verschiedenen Unternehmensebenen (z.B. Formulierung von Abteilungszielen und Stellenzielen) zu übertragen. Aus den strategischen Zielen werden konkrete Ziele abgeleitet. Konkrete Ziele werden dabei immer im Zusammenhang mit Terminen, Vorgaben und Verantwortlichkeiten definiert. Auf diese Art und Weise entsteht ein System klar definierter Zielsetzungen, wodurch Abstimmungsprobleme innerhalb des Unternehmens vermieden werden und eine fortwährende Zielorientierung gewährleistet wird.

Unternehmensprogramme
Die Unternehmenszielsetzungen müssen kurz- und langfristige Unternehmensprogramme zur Folge haben. In Unternehmensprogrammen werden die Maßnahmen festgelegt, mit welchen Mitteln und in welchen Zeiträumen die Ziele erreicht werden sollen und wer für die Umsetzung verantwortlich ist.

Unternehmensführung
Begleitend zur Unternehmensphilosophie bzw. Unternehmenspolitik muß die Unternehmensleitung einen überzeugenden Führungsstil entwickeln. Für die Mitarbeiter muß klar erkennbar sein, daß die Verantwortungsträger des Unternehmens die festgelegten Grundsätze vorbildlich selbst befolgen und unterstützen.

Unternehmensplanung
Zur Realisierung aller Zielsetzungen des Unternehmens und der daraus abgeleiteten Unternehmensprogramme sind Detailplanungen erforderlich. Dafür sind Regeln aufzustellen, deren Einhaltung verbindlich ist. Beispiele für Planungen sind Produkt-, Budget-, Ressourcen- und Personalplanung.

Unternehmensorganisation
Jedes Unternehmen braucht organisatorische Arbeitsteilungen, nach denen alle geschäftlichen Vorgänge ablaufen (s. Abschn. 4.1.3). Dabei erfordert die Bewältigung von unternehmerischen Aufgaben oder von Projekten fast immer die Zusammenarbeit mehrerer Linien- oder Stabsfunktionen. Für dieses Zusammen-

wirken sind genaue Funktions- und Stellenbeschreibungen erforderlich, aus denen die Zuständigkeiten und Verantwortungen hervorgehen.

Controlling
Die im Zusammenhang mit der jeweiligen Zielsetzung relevanten Unternehmensdaten, wie z.B. Personaleinsatz, Produktionsmengen, Kosten, Abfall- und Wertstoffmengen und Betriebsstoffe, sind regelmäßig zu erfassen und im Vergleich mit den Zielvorhaben zu bilanzieren. Bei Diskrepanzen zwischen Ist- und Sollzustand sind korrigierende Maßnahmen einzuleiten. Dies betrifft z.B. die Überwachung des Cash flow, der Investitionen und der Kosten-Kontrollbögen sowie im betrieblichen Umweltschutz das Erstellen und Führen von Bilanzsystemen (z.B. Ökobilanz, Prozeßbilanz, Produktbilanz, Betriebsbilanz).

Neben dem Controlling auf der Basis von Unternehmensdaten sind alle eingeleiteten Maßnahmen daraufhin zu beurteilen, ob sie überhaupt eingeführt wurden bzw. ob sie das erwartete Ergebnis erzielt haben. Hier sind Reviews, Audits und Follow-ups zu festgesetzten Terminen erforderlich.

4.2 Moderne Managementkonzepte

Die Entwicklung eines umfassenden Managementsystems im Sinne des TQM ist die Antwort auf die zunehmende Komplexität von betrieblichen und überbetrieblichen Abläufen und Aufgaben. Dies beinhaltet in zunehmendem Maß die Weiterentwicklung von betrieblichen Einzelzielen (z.B. Gewinn) hin zu mehrdimensionalen Zielsystemen (z.B. Marktanteile, Unternehmensimage, Wettbewerbsfähigkeit, Umweltverträglichkeit von Produkten und Prozessen). Diese Vorgehensweise schließt die Überwindung rein betriebswirtschaftlich geprägter Ziele ein, so daß in einer umfassenden Sichtweise folgende Aspekte gleichberechtigt berücksichtigt werden müssen: Rentabilität, Produktivität, Qualität, Umweltschutz, Arbeitsschutz und Soziales.

Die Umsetzung der damit verbundenen Ziele wird durch eine Top-Down-Vorgehensweise erreicht, die von der Leitung gewollt, gefördert und begleitet wird. Hierbei wird die Leitung durch geeignete Systeme und Methoden unterstützt. Zukunftsorientierte Führungsverantwortung erstreckt sich auf die interaktive und bereichsübergreifende Entwicklung von Zielen, die Einbeziehung aller Mitarbeiter der Organisation und die konsequente Anwendung kommunikationsfördernder Methoden unter den Gesichtspunkten der ständigen Verbesserung aller im Unternehmen ablaufenden Prozesse. Strategische Planung und die Führung der Mitarbeiter (das Management als Dienstleister seiner Mitarbeiter) müssen gegenüber administrativen Aufgaben an Bedeutung gewinnen, um die gesamte Organisation auf neue Anforderungen, die sich aus dem Markt und der Gesellschaft ergeben, auszurichten.

4.2.1 Total Quality Management – Grundlagen und Entwicklung

Total Quality Management (TQM) ist eine Managementkonzeption, in dessen Kern die Umsetzung des unternehmerischen Qualitätsdenkens steht. Im Rahmen der folgenden Darstellung werden die Bezeichnungen TQM und umfassendes Qualitätsmanagement gleichbedeutend verwendet. Wahlweise wird TQM in der Literatur als Managementkonzept, Führungsmethode, Strategie oder Vision bezeichnet *[Herrmann, Walter, 1995, S. 923]*. Die Inhalte von TQM werden in der internationalen Norm DIN EN ISO 8402 definiert, womit zunächst eine Orientierungshilfe vorgegeben wird *[DIN, 1992a]*. Nach Zink sind zwar in dieser Definition die „richtigen" Elemente des TQM erfaßt, die Beschränkung auf eine Führungsmethode reicht ihm jedoch nicht aus *[Zink, 1993, S. 3]*. Mit dieser Norm wird TQM strukturiert, einzelne Segmente werden benannt.

> „Eine auf die Mitwirkung aller ihrer Mitglieder gestützte Managementmethode einer Organisation, die Qualität in den Mittelpunkt stellt und durch das Zufriedenstellen der Kunden auf langfristigen Geschäftserfolg sowie auf Nutzen für die Mitglieder der Organisation und für die Gesellschaft abzielt" *[DIN, 1992a]*.

Während 1992 in Anlehnung an die ursprüngliche Bezeichnung TQM noch von totalem Qualitätsmanagement gesprochen wird, definiert die DIN EN ISO 8402 von 1994 umfassendes Qualitätsmanagement. Die Bezeichnung „umfassend" bezieht sich dabei auf die Gesamtheit aller betrieblichen Einheiten der Organisation, die systematischem Qualitätsmanagement unterliegen. Hieraus wird abgeleitet, daß sich Qualitätsmanagement auf der Grundlage des vorab eingeführten Organisationsbegriffs auf alle Bereiche des sozio-technischen Systems bezieht.

Die normative Definition wird durch fünf Anmerkungen ergänzt, von denen vier Aussagen die Inhalte der Norm vertiefen. In der Anmerkung 1 wird die personenbezogene Sichtweise zum Ausdruck gebracht. Durch die starke Mitarbeiterorientierung wird den Mitgliedern der Organisation im Rahmen eines Managementkonzeptes besondere Aufmerksamkeit geschenkt. Der Ausdruck „alle ihre Mitglieder" bezeichnet jegliches Personal in allen Stellen und allen Hierarchie-Ebenen der Organisationsstruktur *[DIN, 1992a]*.

Durch die Anmerkung 2 wird in besonderem Maß die Bedeutung der Führung hervorgehoben und gleichzeitig auf die kontinuierliche Mitarbeiterqualifikation hingewiesen. Hier wird Führung als Methode verstanden und gleichzeitig Ausbildung und Schulung im Sinne der Methodenvermittlung interpretiert. Wesentlich für den Erfolg dieser Methode ist, daß die oberste Leitung überzeugend und nachhaltig führt und alle Mitglieder der Organisation ausgebildet und geschult sind *[DIN, 1992a]*.

In Anmerkung 3 wird dem Qualitätsbegriff eine neue, weitreichende Bedeutung zugeordnet. Qualität wird auf das Erreichen aller Managementziele ausgeweitet. Der Begriff Qualität bezieht sich beim umfassenden Qualitätsmanagement auf das Erreichen aller geschäftlichen Ziele der Organisation *[DIN, 1992a, S. 21]*. Auf der Grundlage dieser Definitionsanmerkung werden alle Ziel der Organisation berücksichtigt und somit der Bogen zu den umweltrelevanten Zielen gespannt.

Erstmalig wirkt ein betriebliches Managementkonzept über die Unternehmensgrenzen hinaus. Der Begriff „Nutzen für die Gesellschaft" bedeutet Erfüllung der an die Organisation gestellten Forderungen der Gesellschaft. Hier besteht eine eindeutige Beziehung zwischen der Auslegung der 4. Anmerkung der Definition und den Anforderungen der Gesellschaft gegenüber der Organisation bezüglich des betrieblichen Umweltschutzes. Die Organisation des betrieblichen Umweltschutzes wird u.a. durch gesetzliche Vorgaben zu einer konkreten Forderung der Gesellschaft an das Unternehmen.

Die 5. Anmerkung bezieht sich auf weitere Bezeichnungen des umfassenden Managements, wie Total Quality Control (TQC) oder Company Wide Quality Control (CWQC).

Neben den aufgeführten typischen Merkmalen von TQM wie der Mitarbeiterorientierung, Kundenorientierung und Methodenorientierung gewinnt immer mehr die Prozeßorientierung an Bedeutung. Angestrebt werden sichere und in sich stabile Prozesse zur Erreichung der vereinbarten Ziele. Prozesse werden dann als fähig und beherrscht bezeichnet, wenn diese eindeutig definiert sind, systematische Fehler ausgeschlossen werden können und zufällige Fehler keine Auswirkung auf das Ergebnis haben oder die Zielerreichung nicht in Frage stellen (s. Abschn. 4.2.4). Bezogen auf die praktische Auswirkung bedeutet dies, daß der Kunde von möglichen Auswirkungen von Fehlern an einem Produkt oder einer Dienstleistung nichts spürt und auch nicht betroffen ist. Das Ziel der Prozeßsicherheit ist dann erreicht, wenn der Prozeß unter diesen Voraussetzungen wirtschaftlich abläuft und die durch den Kunden aufgestellten Forderungen erfüllt sind. Die Wirtschaftlichkeit kann dann erreicht werden, wenn Verschwendung jeglicher Art vermieden wird und am Ende der Prozeßkette nicht mit aufwendigen Nachbesserungsmaßnahmen das erreicht werden soll, was im Prozeß nicht erreicht werden konnte – den Anforderungen entsprechende Produkte und Dienstleistungen. In Bild 4.2 sind die Elemente von TQM dargestellt. Diese bilden das Fundament zur Entwicklung des betriebsspezifischen Qualitätsmanagementsystems.

Die Wirkzusammenhänge und Beziehungen, die auf der Grundlage der DIN EN ISO 8402 entwickelt werden können, sind in einem von Malorny beschriebenen Beziehungsdiagramm (Bild 4.3) abgebildet *[Malorny, Hummel, 1996]*.

Der mit der Norm DIN EN ISO 8402 aus dem Jahr 1994 hervorgehobene umfassende Charakter von TQM wird verdeutlicht, wenn die einzelnen Teilaspekte des Begriffs TQM näher betrachtet werden. Total bezeichnet das ganzheitliche Denken im TQM. Dies bezieht sich auf die Ausrichtung bzw. Orientierung, die in Bild 4.2 als Säulen abgebildet ist. Hinzu kommen bereichs- und funktionsübergreifende Aspekte, die inbesondere in der Prozeßorientierung zum Ausdruck kommen *[Zink, 1993, S. 3]*. Der Teilaspekt Quality bringt das zugrundeliegende umfassende Verständnis von Qualität zum Ausdruck. Die gesamte Organisation wird auf die Komponente Qualität hin ausgerichtet. Management hebt die besondere Bedeutung des Führungsaspektes hervor (s. Bild 4.6) *[Kamiske, Brauer, 1995, S. 245]*.

Von den zahlreichen Einflußgrößen kommt dem Prinzip der ständigen Verbesserung eine besondere Bedeutung zu. Dieses Prinzip beruht auf dem japanischen Ansatz des Kaizen. Im Mittelpunkt dieses Prinzips steht die Botschaft, daß

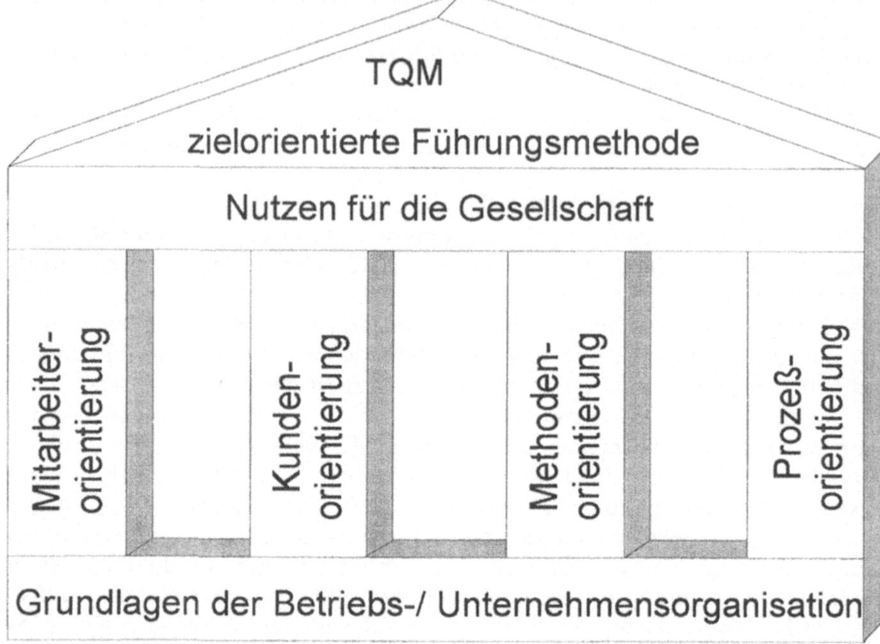

Bild 4.2 Elemente des Umfassenden Qualitätsmanagements

kein Tag ohne irgendeine Verbesserung im Unternehmen vergehen soll *[Imai, 1993, S. 24]*. Hierbei liegt die besondere Bedeutung der Verbesserung in kleinen Schritten, im Gegensatz zur Innovation oder Reorganisation. Angesprochen von diesem Prinzip wird jeder Mitarbeiter im Unternehmen, der insbesondere in seinem Arbeitsbereich Ansatzpunkte zur Verbesserung kennt und die Chance zur Verbesserung eigenverantwortlich nutzt.

Die kontinuierliche Qualitätsverbesserung erfordert ein Qualitätsbewußtsein auf allen Ebenen und in allen Bereichen des Unternehmens. Umfassendes qualitätsorientiertes Denken und Handeln wird zu einem festen Bestandteil der Unternehmenskultur, die permanent gefördert und weiterentwickelt wird. Zum Erreichen aller Managementziele wird von Töpfer und Mehdorn die Forderung aufgestellt, daß die TQM-Philosophie „gelebt" werden muß *[Töpfer, Mehdorn, 1992, S. 12]*.

Durch TQM wird der Rahmen zur qualitätsorientierten Unternehmensentwicklung vorgegeben. Für die Umsetzung innerhalb einer Organisation ist jedoch ein vernetztes System von Komponenten, Methoden und Instrumenten des Qualitätsmanagements und der Organisationsentwicklung erforderlich. Qualitätsmanagementsysteme (QM-Systeme) auf der Grundlage der Normenreihe DIN EN ISO 9000 ff. und Qualitätstechniken (s. Kap. 7) bilden die instrumentale Basis für die Umsetzung des umfassenden Qualitätsmanagements *[DIN, 1994]*. Durch die Entwicklung von betriebsspezifischen QM-Systemen soll die Erfüllung der Qualitätsforderung in jedem Prozeßschritt und in allen Bereichen der Organisation gewährleistet werden. QM-Systeme beziehen sich auf das Erreichen der Zielgröße

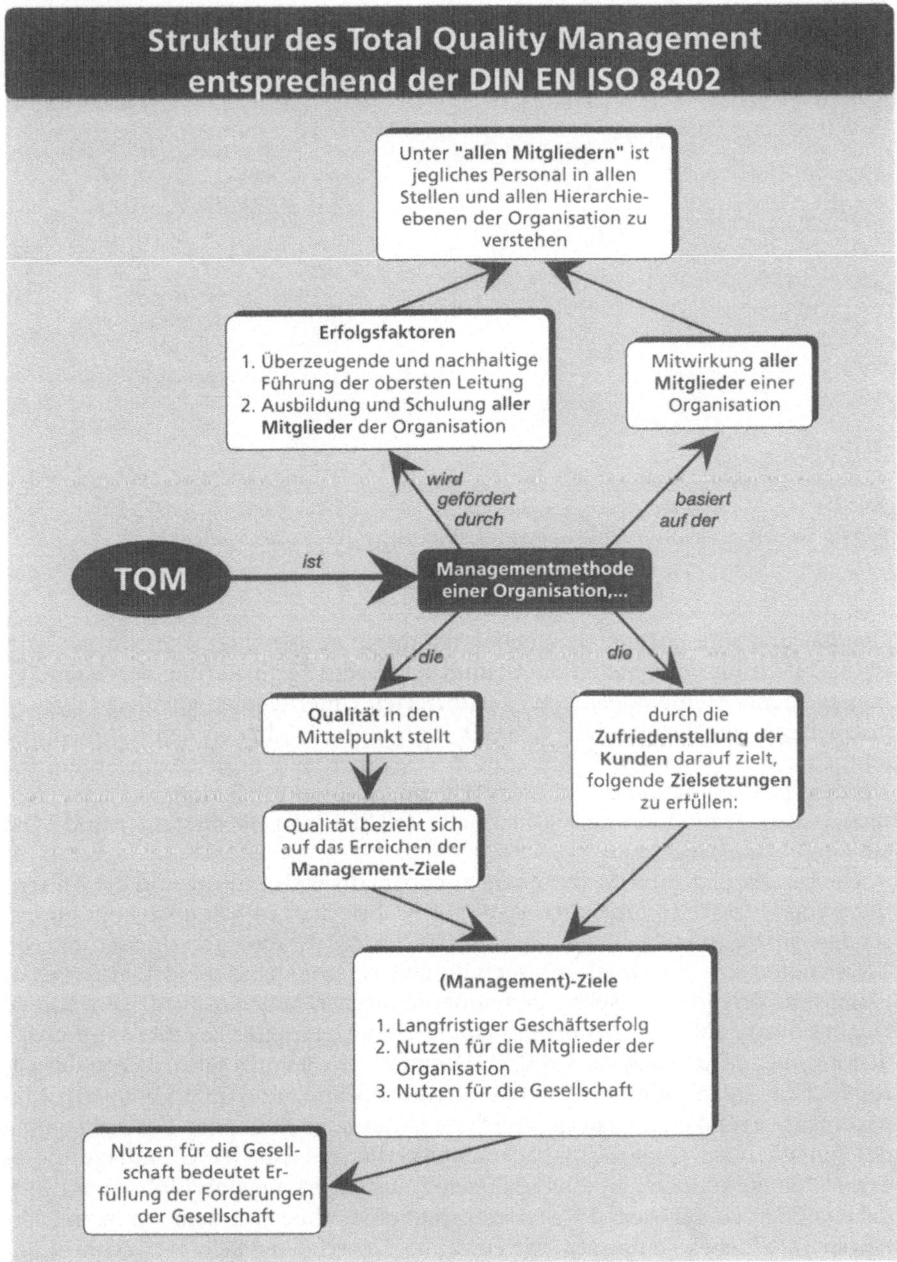

Bild 4.3 Beziehungsdiagramm für TQM

QM-System	TQM
Was?	*Was?*
➪ Organisationsstruktur, Verantwortlichkeiten, Verfahren, Prozesse und die erforderlichen Mittel für die Verwirklichung des Qualitätsmanagements	➪ Führungsmethode einer Organisation ... für langfristigen Geschäftserfolg ➪ *nach EFQM:* ...strukturierter Ansatz für die Führung eines Unternehmens, um Bestleistungen zu erzielen.
Wozu?	*Wozu?*
➪ Erreichen aller Qualitätsziele	➪ Erreichen aller Management- bzw. Unternehmensziele

Bild 4.4 QM-System und TQM in der Gegenüberstellung *[Herrmann, Walter, 1995, S. 923].*

Qualität und sind auch ausschließlich daraufhin ausgerichtet. Die Normen DIN EN ISO 9001 bis 9003 bilden die Grundlage für die Zertifizierung der Qualitätsmanagementsysteme, welche den zertifizierten Unternehmen Qualitätsfähigkeit bescheinigt. Die Normen DIN EN ISO 9000 und 9004 bilden den Rahmen und können als Leitfäden zur Umsetzung der Normenreihe angesehen werden. Die Normen beschreiben Mindestanforderungen an die Realisierung des unternehmensweiten Qualitätsdenkens. Die Inhalte und Ziele von QM-Systemen und TQM sind in Bild 4.4 dargestellt.

Die Umsetzung von QM-Systemen auf normativer Grundlage und die Anwendung von Qualitätstechniken (s. Kap. 7) gewährleisten jedoch noch kein umfassendes Qualitätsmanagement. Zur Bewertung des Grades der Umsetzung von TQM sollten sich die Organisationen an den verschiedenen Modellen der Qualitätspreise orientieren. Neben dem amerikanischen Malcolm Baldrige National Quality Award (MBNQA) und dem japanischen Deming-Prize gibt es in Europa den European Quality Award (EQA). Der EQA wird einmal jährlich von der europäischen Organisation für Qualität, der European Foundation for Quality Management (EFQM), an das erfolgreichste Unternehmen bei der Verwirklichung des umfassenden Qualitätsmanagements verliehen. Auf der Grundlage dieses TQM-Modells können Unternehmen eine Selbstbewertung durchführen und sich dabei an den vorgegebenen Kriterien orientieren, ohne sich dem Teilnahmeverfahren unterziehen zu müssen. Die einzelnen Kriterien der Selbstbewertung können der offiziellen Broschüre der EFQM mit den Richtlinien für Unternehmen entnommen werden *[EFQM, 1996]*.

Das Modell dient europäischen Unternehmen als Richtschnur zur Beurteilung des Fortschritts auf dem Weg zur Verwirklichung einer TQM-Kultur und hat folgende inhaltliche Schwerpunkte:

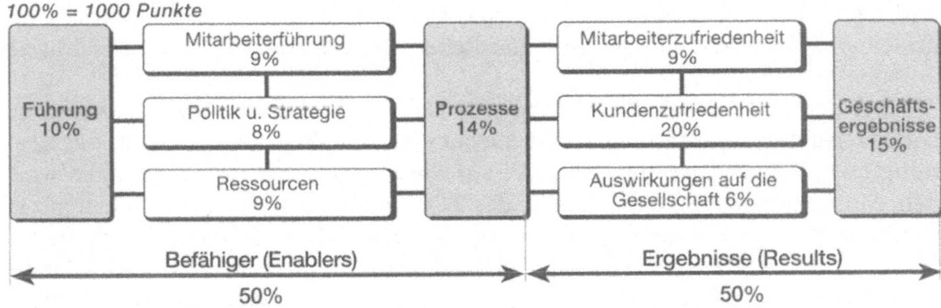

Bild 4.5 Bewertungskriterien des European Quality Award

> „Kundenzufriedenheit, Mitarbeiterzufriedenheit und positive gesellschaftliche Verantwortung werden durch ein Managementkonzept erzielt, welches durch eine spezifische Politik und Strategie, eine geeignete Mitarbeiterorientierung sowie das Management der Ressourcen und Prozesse zu herausragenden Geschäftsprozessen führt" *[EFQM, 1996]*.

Die Selbstbewertung wird auf der Grundlage eines Punktesystems durchgeführt, das in zwei Bereiche unterschieden wird. Bei den Befähiger-Kriterien wird bewertet, wie das Unternehmen bezüglich der inhaltlichen Kriterien vorgeht. Bei den Ergebnis-Kriterien wird in den Vordergrund gestellt, welche Erfolge das Unternehmen erzielt hat. Unternehmen, die ein Interesse an der Teilnahme des Vergabeverfahrens zum EQA (Bild 4.5) haben, können sich offiziell bei der EFQM mit Hauptsitz in Brüssel bewerben und das Auswahlverfahren durchlaufen *[EFQM, 1996]*.

4.2.2 Total Quality Management – Ökologische Ausrichtung

TQM stellt die Erreichung der Managementziele in den Mittelpunkt aller Aktivitäten, bindet dadurch den zufriedenen und überzeugten Kunden langfristig an das Unternehmen und bezieht für den dauerhaften Geschäftserfolg konsequent alle Mitglieder der Organisation ein. Über den betrieblichen Erfolg hinaus soll bei dieser Vorgehensweise ein Nutzen für die Gesellschaft erzielt werden *[DIN, 1994]*. Bei einer erweiterten Betrachtungsweise von Unternehmenszielen über die betriebswirtschaftlichen hinaus wird mit TQM eine Plattform beschrieben, mit deren Hilfe die Umsetzung weiterer Ziele möglich wird (z.B. die Entwicklung einer umweltschutzorientierten Wirtschaftsweise).

TQM ist aufgrund seines umfassenden Charakters ein Führungsmodell mit großen Chancen und Potentialen. Es spiegelt die Entwicklung des Qualitätsbegriffs wider und ist damit ein Schmelztiegel der verschiedenen Qualitätssichtweisen, z.B. nach Garvin u.a. die anwenderbezogene, produktbezogene oder prozeßbezogene Sicht *[Kamiske, Brauer nach Garvin, 1993, S. 128]*.

Die Grundprinzipien dieses Modells, Dezentralisierung, Selbststeuerung, Personal- und Organisationsentwicklung, Entwicklung von Sach-, Fach- und Sozialkompetenz sowie die Prozeßorientierung unter Zuhilfenahme von Methoden und Techniken zur Kommunikation und zur Stabilisierung von Prozessen sind dieselben Prinzipien, die zur wirtschaftlichen Organisation des Umweltschutzes notwendig sind.

Über den Systemansatz (z.B. Umweltmanagementsystem) hinaus können die Qualitätssichtweisen der führenden Denker der Qualitätswissenschaft, z.B. Deming oder Taguchi, uneingeschränkt auf die Umweltthematik übertragen werden. Mit dem ganzheitlichen Ansatz des TQM steht ein Konzept zur Verfügung, das den hohen Anforderungen des Prinzips des „Nachhaltigen Wirtschaftens" (Sustainable Development) gerecht werden kann, denn es beinhaltet auch eine Erweiterung des Führungsmodells und die Einbeziehung neuer Ansätze zu einem umfassenden Managementsystem (s. Kap. 3). In diesem Sinn kann TQM über Unternehmensgrenzen hinaus als gesellschaftsorientiertes und damit zukunftsweisendes Konzept verstanden und weiterentwickelt werden *[VDI, 1994]*.

Mit den Begriffen Qualität und Ökologie stehen zwei Themenkomplexe im Brennpunkt, die in steigendem Maß im Zusammenhang diskutiert werden. So ist neben der betriebs- und volkswirtschaftlichen Ebene auch eine soziokulturelle Relevanz erkennbar. Qualität, früher in Deutschland eher als selbstverständliche Komponente der industriellen Produktion betrachtet, hat sich zu einem weitreichenden Erfolgsfaktor entwickelt. Der Anstoß zu dieser Entwicklung ist auf die zunehmende Globalisierung der Märkte und den Erfolg von Qualitäts- und Unternehmensphilosophien in Japan zurückzuführen *[Kamiske, Malorny, 1992; Bläsing, 1992; Zink, Schildknecht, 1992]*.

Mit dem TQM ist somit ein Führungsmodell entstanden, das diese ganzheitliche und strategische Qualitätsbetrachtung in den Mittelpunkt unternehmerischer Aufgabenfelder stellt (Bild 4.6). Ausgelöst durch einen tiefgreifenden Wertewandel in der Gesellschaft (z.B. im Übergang vom quantitativen zum qualitativen Wachstum) gewinnt auch der Begriff Ökologie weiter an Bedeutung. Steigendes Umweltbewußtsein innerhalb der Bevölkerung, zunehmende gesetzliche Auflagen und die Einsicht vieler Unternehmen in die Notwendigkeit einer weitreichenden ökologieorientierten Ausrichtung der Industrie (z.B. Wintermodell) sind die Grundlage zur Entwicklung umweltschutzorientierter Managementkonzeptionen *[Winter, 1993]*.

Sowohl Qualitätsmanagement als auch betrieblicher Umweltschutz haben die Organisationsformen in den Unternehmen geprägt und verlangen nach Fachleuten für spezifische Aufgaben *[Stark, 1994, S. 978]*. Während die Organisation des Qualitätsmanagements auf die Erfüllung der Kundenwünsche ausgerichtet ist, orientiert sich die des betrieblichen Umweltschutzes an der Erfüllung gesetzlicher Forderungen, der Umsetzung des Beauftragtenwesens und der Vermeidung von sowie dem kontrollierten Umgang mit unerwünschten Nebenprodukten. Dies bedeutet, daß das Qualitätsmanagement überwiegend an den Produkten ausgerichtet ist und der betriebliche Umweltschutz vorwiegend an den Prozessen und Anlagen. Um die Synergien zwischen beiden Themengebieten im Sinne eines umfassenden Managementansatzes zu nutzen, bietet das TQM-Führungsmodell aufgrund seines ganzheitlichen Charakters einen zukunftsweisenden Ansatz.

Im Kern des TQM geht es um den Qualitätsbegriff. Mit Hilfe neuartiger oder weiterentwickelter Denkweisen (z.B. Simultaneous Engineering, Reengineering) und Qualitätstechniken (z.B. Quality Function Deployment) werden Kunden-

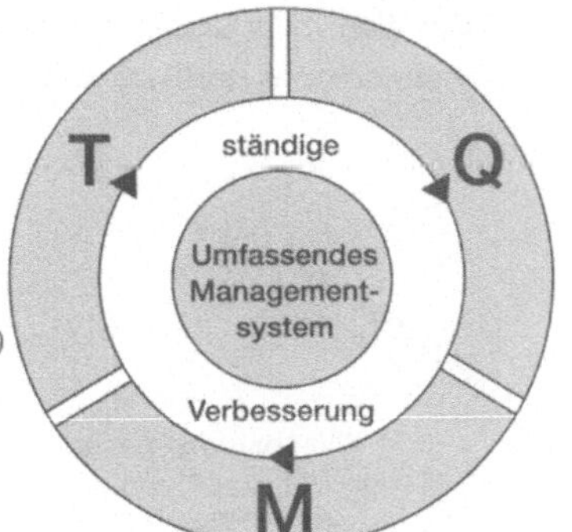

Bild 4.6 TQM-Kreis

wünsche nach innovativen Produkten einschließlich Dienstleistungen in kurzer Zeit und unter Einbeziehung aller Mitarbeiter in höchster Qualität auf den Markt gebracht. Eine Betrachtung darüber, was unter Qualität letztlich zu verstehen ist, orientiert sich an den unterschiedlichen Bezugsobjekten (z.B. konkrete Produkte oder Dienstleistung) und Konkretisierungsgraden (z.B. Produktqualität, Baugruppenqualität, Teilequalität). Die Inhalte des Qualitätsbegriffs und die zugrundeliegenden Dimensionen werden durch die jeweiligen gesellschaftlichen Umfeldbedingungen beeinflußt (Bild 4.7) *[Kamiske, Malorny, 1994, S. 3]*.

Im Zentrum aller Qualitätssichtweisen stehen immer der Wertschöpfungsprozeß bzw. die Prozesse zur Zielerreichung (s. Abschn. 4.1.1). Die verschiedenen Ausrichtungen der folgenden Qualitätsauffassungen sind nicht als Gegensätze aufzufassen. Sie stellen vielmehr sich ergänzende Ausprägungen des umfassenden Qualitätsdenkens in den Vordergrund und werden erweitert durch den Ansatz, daß Qualität durch die Anwendung von Technik in der Verbindung mit der entsprechenden Geisteshaltung entsteht *[Kamiske, Brauer, 1993, S. 73]*.

Qualitätssichtweisen und deren Relevanz für den Umweltschutz
Die im folgenden beschriebenen Sichtweisen zur Ausprägung der Qualität bilden die Grundlage einer ganzheitlichen Auffassung. In diesen Ansichten werden Merkmale lokalisiert, die für den Umweltschutz in gleicher Weise von Bedeutung sind. Bevor dem Qualitäts- oder dem Umweltmanagement unterstützende Systeme (z.B. Umweltmanagementsystem nach DIN ISO 14001 oder EMAS (Environmental Management Auditing Scheme bzw. Verordnung (EWG) Nr. 1836/93) und methodische Hilfsmittel (z.B. Ökobilanz) oder gesetzliche Forderungen (z.B. Bundesimmissionsschutzgesetz) zugewiesen und diese diskutiert werden, wird

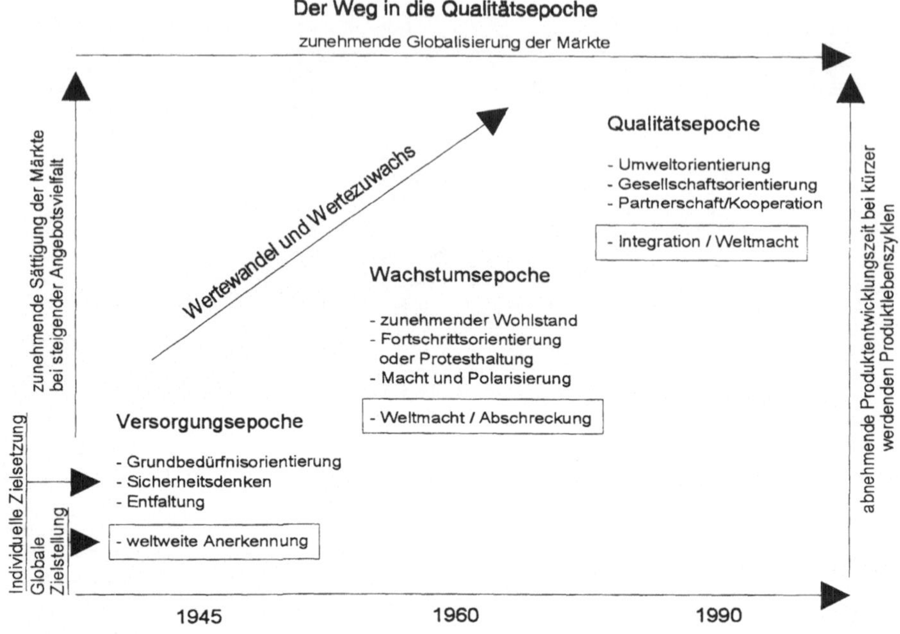

Bild 4.7 Entwicklungsstufen zur Qualitätsepoche

zunächst die umweltorientierte Dimension innerhalb des Qualitätsbegriffs beleuchtet.

Aus *Demings* Sicht *[Kamiske, Brauer, 1992, S. 21]* steht der Prozeß im Mittelpunkt. Er entwickelte in einem 14-Punkte-Programm Managementprinzipien in Verbindung mit einer Top-Down-Vorgehensweise und beschreibt Veränderungsprozesse unter der Verantwortung der Leitung. Deming tritt für die kontinuierliche Qualitätsförderung ein und ist somit Vorreiter für das Prinzip der ständigen Verbesserung. Dieses Prinzip hat nicht nur im betrieblichen Umweltschutz den gleichen Stellenwert wie im Qualitätsmanagement, sondern wird sowohl in der Norm DIN ISO 14001 als auch im EMAS erwähnt.

Juran [1988] verbindet ein umfassendes Qualitätsverständnis mit der Notwendigkeit, das Top Management für die Qualität zu gewinnen. *Crosby [Kamiske, Brauer, 1992, S. 21]* entwickelte die Null-Fehler-Philosophie und forderte die Entwicklung einer qualitätsorientierten Unternehmenskultur, welche durch die von *Kamiske* beschriebene Haltung zur Qualität erreicht wird. Diese Philosophie entspricht der Zielvorstellung, durch Maßnahmen des betrieblichen Umweltschutzes in der Produktion jegliche Art von Nebenprodukten und damit Emissionen zu vermeiden. Dies trägt nicht nur dazu bei, daß auf Prozessen nachgeschaltete End-of-Pipe-Technologien weitestgehend verzichtet werden kann, sondern hat auch zur Folge, daß Betriebsmittelkosten und Investitionen in diese Technologien gesenkt werden können (s. Kap. 7).

Feigenbaum [Kamiske, Brauer, 1992, S. 23] entwickelte das Total Quality Control System (TQC) und das Simultaneous Engineering nach dem Grundprinzip des ganzheitlichen, gleichzeitigen und parallelen Handelns zur Bearbeitung von komplexen Aufgaben. Feigenbaum stellt den Kunden in den Mittelpunkt der unternehmerischen Tätigkeiten und beschreibt eine dynamische Vorgehensweise, um die sich verändernden Kundenwünsche zu erfüllen.

Ishikawa [Karabatsos, 1989] entwickelte das Company-Wide-Quality-Control-System, ein mitarbeiterorientiertes Konzept zur Einbindung der Mitarbeiter in die unternehmensweite Qualitätsarbeit. Diesem Konzept entsprechend systematisiert er praxisorientierte Werkzeuge und Methoden zur prozeßnahen Problemlösung. Ishikawa ist Wegbereiter des Prinzips der (Internen-)Kunden-Lieferanten-Beziehung.

Taguchi [Kamiske, Brauer, 1992, S. 27] beurteilt Qualität aus einer gesamtwirtschaftlich-gesellschaftsbezogenen Sicht und bringt damit ein sehr weitreichendes Qualitätsverständnis zum Ausdruck. Aus dieser Sichtweise bedeutet jede Abweichung von einem definierten Sollwert einen Verlust für die Gesellschaft. Hier gelingt der Brückenschlag zur aktuellen internationalen Definition des umfassenden Qualitätsmanagements. In Anmerkung 4 dieser Definition (DIN EN ISO 8402) wird der „Nutzen für die Gesellschaft" herausgestellt und die Bedeutung der gesellschaftlichen Forderungen an ein Unternehmen hervorgehoben *[DIN, 1992a]*. Diese gesellschaftlichen Forderungen werden im betrieblichen Umweltschutz u.a. umfassend in Form von Gesetzen aufgestellt. Den Forderungen gerecht zu werden, bedeutet, die qualitäts- und umweltrelevanten Managementziele umzusetzen und somit Ansprüchen des TQM-Führungsmodells nachzukommen.

Jede Auffassung von Qualität spiegelt somit die Rahmenbedingungen und die gesellschaftlichen Umfeldbedingungen wider (Bild 4.7). Auf dem Weg zur ökologieorientierten Gesellschaft bedeutet dies bei der Übertragung der Inhalte des umfassenden Qualitätsbegriffs auf den betrieblichen Umweltschutz die Notwendigkeit der Entwicklung eines umweltschutzorientierten TQM-Führungsmodells.

Die zukunftsweisenden Qualitätsvorstellungen stellen die Erfüllung der Kundenwünsche in den Vordergrund. Neben der Ausrichtung an den Ergebnissen der Wertschöpfung, dem Produkt oder der Dienstleistung erfolgt auch eine Orientierung am Leistungserstellungsprozeß selbst und an der Umweltverträglichkeit der Produkte und Prozesse. Die Qualitäts- und Ökologieorientierung trägt zunehmend zur Sicherung von Wettbewerbsvorteilen bei und ist nur mit der Einbindung aller Mitarbeiter möglich.

Dies führt zu der Aussage: Qualität = Technik + Geisteshaltung *[Kamiske, Brauer, 1993]*. In gleicher Weise gilt diese Aussage für den Umweltschutz: Umweltschutz = Technik + Geisteshaltung. In diesem Sinne stellt TQM die Verbesserung der Technik und die Personalentwicklung gleichwertig nebeneinander. Die Mitarbeiter zu qualifizieren, angemessene technische Mittel bereitzustellen sowie Methoden zur Problemlösung einzubeziehen, ist der Weg zu beherrschten und robusten Prozessen und damit der Weg zur „Null-Fehler-Philosophie" von Crosby.

Diese Ansicht beinhaltet die Überwindung der Dominanz von reinen „Techniksystemen", wie sie in den Ideen der menschenleeren, vollautomatischen Fabrik, gesteuert durch künstliche Intelligenz, zum Ausdruck kommt *[Zink, 1989, S. 24]*. Zink verdeutlicht die Zusammenhänge zwischen dem sozialen System, in dessen Mittelpunkt das Zusammenwirken der Menschen steht, und dem technologischen System (Unternehmen als soziotechnisches System, s. hierzu auch Abschn. 4.1.1), indem er die Synergieeffekte und die Bedeutung bei der Überwindung von Partiallösungen herausstellt. In diesem Sinn beinhaltet TQM die Überwindung von Partiallösungen, setzt auf die Zusammenarbeit aller Mitglieder einer Organisation und bildet damit die Grundlage eines Systems zur Wettbewerbs- und Zukunftssicherung *[VDI, 1994]*.

Analogien zwischen Qualitäts- und Umweltmanagementsystemen
Aus der Qualitätswissenschaft ist bekannt, daß die einem Prozeß nachgeschalteten Kontrollen unmittelbar vor der Nahtstelle zum Kunden am meisten kosten. Auch die Umweltschutzmaßnahmen verursachen am Ende der Prozeßkette durch End-of-pipe-Technologien oder durch Sanierungsmaßnahmen bei der Beseitigung bereits entstandener unerwünschter Nebenprodukte die höchsten Kosten *[Hopfenbeck, 1990, S. 22; Groll, 1994, S. 49]*. Qualitätsmanagement und Umweltschutz sind dann am wirtschaftlichsten und am effektivsten, wenn am Anfang eines Prozesses die Vermeidung von Verschwendung jeder Art steht (s. Kap. 7).

Auf den ersten Blick werden durch Qualitätsmanagement und betrieblichen Umweltschutz unterschiedliche Ziele verfolgt. Im Mittelpunkt der Qualitätssichtweise steht der zufriedene und begeisterte Kunde, der möglichst als externer Partner an das Unternehmen „gebunden" werden soll. Für diesen Kunden darf es keine echten Alternativen zum ausgewählten Unternehmen und Produkt geben *[Bläsing, 1990, S. 79]*. Das gegenwärtig vorherrschende Ziel des Umweltschutzes dagegen beschränkt sich vorwiegend auf die Einhaltung aller Vorgaben und gesetzlichen Regelungen zum Schutz der Umwelt und der Gesellschaft.

Bei einer Erweiterung des Kundenbegriffs sind die unterschiedlichen Zielrichtungen im Zusammenhang zu sehen, denn gesetzliche Auflagen und entwickeltes Umweltbewußtsein sollten als Kundenwünsche (Einzelkunde, Staat und Gesellschaft) interpretiert und der Qualitätsbegriff im Sinn der ständigen Verbesserung um die ökologische Dimension erweitert werden *[Kamiske, Malorny, 1992]*. Umweltschutz wird nicht in den Qualitätsbegriff hineininterpretiert und neu kreiert, sondern, wenn von Qualität gesprochen wird, ist damit auch die Qualität des Umweltschutzes gemeint. Aus dieser Sichtweise heraus lassen sich Qualitäts- und Umweltmanagement nicht mehr trennen.

Grundprinzipen von TQM sind die Dezentralisierung von Organisationseinheiten (s. hierzu auch Abschn. 4.1.3), Prozeß- und Mitarbeiterorientierung, die Steigerung der Eigenverantwortung der Mitarbeiter sowie die Erhöhung der Flexibilität *[Doppler, Lauterburg, 1994, S. 43]*. Dabei ist die Organisation derart zu entwickeln, daß die Mitarbeiter in die Lage versetzt werden, auf die sich verändernden Rahmenbedingungen (z.B. Umsetzung von Forderungen) selbständig und lösungsorientiert zu reagieren. Ziel ist nicht die Erreichung eines Zustandes, sondern vielmehr die Stabilisierung und Verbesserung von Prozessen (hinsichtlich des betrieblichen Umweltschutzes z.B. die Vermeidung von Emissionen oder die Verringerung des Ressourceneinsatzes), die zu umweltverträglichen und fehlerfreien Produkten und Dienstleistungen führen *[Runge, 1992, S. 645]*.

Daher ist es auch nicht sinnvoll, für die Beschreibung der ökologischen Dimension des TQM neue Begriffe, wie z.B. „Total Environmental Management, TEM", zu definieren oder die Qualitätstechniken (s. Kap. 7) umzubenennen, wenn die Zielrichtung (stabile, sichere, qualitätsfähige, umweltgerechte und wirtschaftliche Prozesse) die gleiche ist *[Westkämper, 1994; Groll, 1994]*.

Die Betriebsorganisation des Umweltschutzes und deren Entwicklung
Die Organisation des betrieblichen Umweltschutzes orientiert sich noch vorwiegend an gesetzlichen Auflagen und an der Organisation und Installation der End-of-Pipe-Techniken. Diese Auflagen ergeben sich zwar aus verschiedenen Richtungen der Rechtsprechung, haben aber alle als Gegenstand die Organisationsverpflichtung zur Entwickung betrieblicher Umweltschutzstrukturen *[Rack, 1994]*, wie z.B.:

- Öffentlich-rechtlicheTeilregelungen(z.B. Bundesimmissionsschutzgesetz (BImSchG)),
- Strafrechtliche Vorgaben (z.B. Organhaftung nach §14 Strafgesetzbuch) und
- Umwelthaftungsrechtliche Vorgaben (z.B. §1 und §6 des Umwelthaftungsgesetzes).

Mantz [1994] hebt die Bedeutung der Betriebsorganisation und die damit verbundene Rechtssicherheit der Organisation hervor und sieht die Ursache für Stör- und Zwischenfälle vorwiegend in der unzureichenden Betriebsorganisation. *Groll [1994]* sieht deutliche Parallelen zwischen der mangelhaften Betriebsorganisation des Umweltschutzes und dem Versagen der Organisation bei Stör- und Zwischenfällen sowie beim Auftreten von Fehlern, die ebenfalls auf mangelhafte organisatorische Strukturen zurückzuführen sind. Kamiske unterstreicht diese Aussage und stellt heraus, daß für ca. 80% der verursachten Fehler in einem Betrieb die Führung und die Organisationsstruktur verantwortlich ist.

Im Vordergund steht demnach für beide Bereiche (Qualitäts- und Umweltmanagement) die Entwicklung von flexiblen Organisationseinheiten mit klar definierten Aufgaben und Zuständigkeiten, die Formulierung von Zielen und die präzise Beschreibung von Prozessen (s. oben).

Organisatorischer Ansatz
Um den hohen fachlichen Anforderungen, die an die Organisation eines wirtschaftlichen Umweltmanagements gestellt werden, gerecht zu werden, wird die Entwicklung einer Serviceabteilung vorgeschlagen. Mit dem vorhandenen Fach- und Methodenwissen werden die Linienverantwortlichen bei der Verbesserung und Stabilisierung der Prozesse unterstützt. Gemeinsam können die Qualitäts- und Umweltfachleute sowohl konzeptionelle Problemlösungen erarbeiten als auch deren Umsetzung fördern und dadurch zur Verwirklichung qualitäts- und umweltorientierter Unternehmensstrategien beitragen *[Groll, 1994]*. In diesem Zusammenhang ist auch die Entwicklung von Systemen zu sehen, die zu einem umfassenden Managementsystem weiterentwickelt werden. Neben dem Qualitäts-, Umwelt- und Arbeitssicherheitsmanagement werden hiernach Bereiche wie Daten-, Informationssicherheit, Werkschutz, Finanzen und Sozialaspekte einbezogen *[Stark, 1994, S. 979; Butterbrodt, 1995]*.

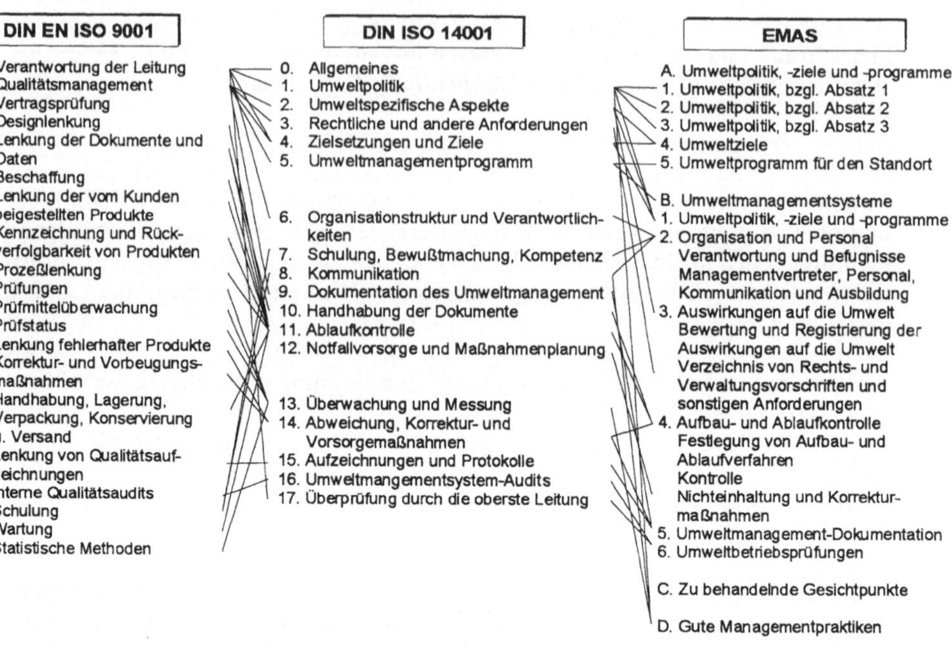

Bild 4.8 Referenzliste von DIN EN ISO 9001, DIN ISO 14001 und EMAS

Unterstützende Systeme und Techniken
Im Qualitätsbereich wird dies mit Qualitätsmanagementsystemen auf der Grundlage der DIN EN ISO 9000 ff. realisiert. Eine vergleichbare Entwicklung vollzieht sich für den Umweltschutz. Neben den gesetzlich geforderten Organisationsverpflichtungen, z.B. nach §52 BImSchG, werden Strukturierungsmodelle entwickelt, normiert und unternehmensintern umgesetzt. Im Vordergrund stehen dabei das EMAS und die internationale Norm DIN ISO 14001 sowie verschiedene Darlegungsmodelle und Normen(-entwürfe) für Umweltmanagementsysteme (DGQ-Schrift 100-21, auf der Grundlage der DIN EN ISO 9001, Deutsche Vornorm DIN 33291, BS 7750) und Umweltmanagementtechniken (s. Kap. 7).

Deming [1986] beschreibt in seinem an Shewart angelehnten Zyklus die generelle Vorgehensweise bei einer aufgaben- und prozeßorientierten Problemlösung. Diese Vorgehensweise ist nicht nur für qualitätsrelevante Fragen anzuwenden, sondern kann auf alle Managementbereiche übertragen werden. In den jeweiligen Phasen Planen, Durchführen, Prüfen und Verbessern werden Techniken zur Analyse, Problemlösung und Prozeßstabilisierung eingesetzt (Bild 4.9). Qualitätstechniken (s. Kap. 7) kommen zur Anwendung und werden durch Umweltmanagementtechniken ergänzt *[Butterbrodt u.a., 1995; Kamiske u.a., 1995]*.

Hallay und Pfriem [1994] untermauern diese Sichtweise und heben hervor, daß Umweltmanagement und der erforderliche Technikeneinsatz zu dessen Realisierung im Zusammenhang mit bestehenden Informations- und Kommunikationssystemen gesehen werden müssen (s. Kap. 6). Die bestehenden Ansätze, Systeme

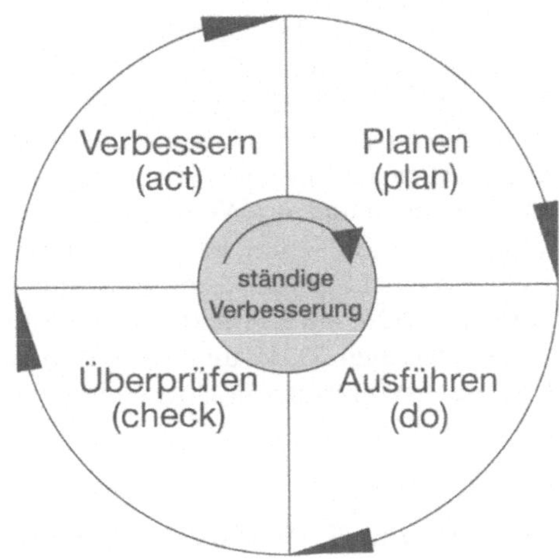

Bild 4.9 Deming-Zyklus

und Methoden werden in diesem Sinn weiterentwickelt, den erforderlichen Bedingungen angepaßt und in das Führungssystem der Unternehmen eingebunden.

Trotz aller Analogien zwischen dem Qualitätsmanagement und dem betrieblichen Umweltschutz, die sich aus den umfassenden Qualitätssichtweisen ergeben, erfordern umweltspezifische Aufgaben auch spezifische Lösungen. Diese jedoch können unabhängig von der Frage geklärt werden, wie umfassend die Zusammenhänge zwischen beiden Bereichen sind.

Im Sinne der ständigen Verbesserung, der Null-Fehler-Philosophie, der dezentralisierten, selbstlernenden Organisation und der Partizipation der Mitarbeiter wird die Umweltthematik zunehmend systematisiert, versachlicht und somit als ökologische Dimension von TQM verstanden und im Rahmen des TQM-Führungsmodells beschrieben.

Durch die aufgeschlossene Sichtweise des TQM wird die Verantwortung der Unternehmen über die Unternehmensgrenzen hinausgehen und auf unternehmensexterne Belange ausgedehnt. Ziel ist es dabei, mit Ressourcen sparsam und sinnvoll umzugehen. Ein Ziel, das ins Bild der Entwicklung der Kreislaufwirtschaft paßt, ein Grundprinzip der zukunftsorientierten Unternehmensführung und ein Prinzip, das TQM widerspiegelt.

Aus der Sicht der ökologischen Dimension des TQM wird der Kundenbegriff auf die Bedürfnisse der Gesellschaft ausgedehnt. Der Einzelne steht als Kunde des gewünschten Produkts genauso im Mittelpunkt wie die Gesellschaft als Kunde der unerwünschten Nebenprodukte. Die Gesellschaft und damit verbunden zukünftige Generationen entscheiden ebenso wie der einzelne Kunde als Käufer über die Zukunft der Unternehmen, hier ergibt sich der Brückenschlag zum Prinzip des „Nachhaltigen Wirtschaftens“.

Dieses Prinzip basiert darauf, daß die Bedürfnisse der Gegenwart befriedigt werden, ohne zu riskieren, daß künftige Generationen ihre Bedürfnisse nicht befriedigen können. In jedem Fall wird der gesamte Lebenszyklus zum Gegenstand der unternehmerischen Verantwortung. Diese Verantwortung endet nicht mehr in der unternehmensinternen Versandabteilung, an den Werkstoren oder den Filteranlagen, an den Schornsteinen des Unternehmens. Die zunehmenden Kosten für die Entsorgung, steigende Abgaben und die Verknappung der Ressourcen lassen dies aus wirtschaftlichen Gründen und aus Wettbewerbsgründen nicht mehr zu.

Das Prinzip der ständigen Verbesserung wird zum Prinzip der ständigen Verbesserung der Umweltverträglichkeit der Produkte und Produktionsprozesse und damit im Kernpunkt des TQM ein Element der Zukunftssicherung. Dabei ist der gemeinsame Nenner zwischen TQM und dem Prinzip des „Nachhaltigen Wirtschaftens" die Überlebensfähigkeit von Unternehmen in der zukunftsorientierten Industriegesellschaft.

4.2.3 Projektmanagement für die Einführung von Umweltmanagementsystemen

Im Gegensatz zu Prozessen sind Projekte einmalig oder erstmalig durchzuführende Vorhaben, die eine zeitliche Befristung sowie in der Regel eine besondere Komplexität und eine interdisziplinäre Aufgabenstellung haben. Projektmanagement bedeutet, alle Teilaufgaben und Einflußgrößen, die Kontrolle des Projektfortschritts ('Meilensteine') und die Form der dabei erwarteten Ergebnisse bereits in der Planungsphase (Vorphase) detailliert zu definieren, zu terminieren und abzustimmen.

Wesentliche Merkmale eines erfolgreichen Projektmanagements sind die eindeutige Festlegung des Projektauftrags mit seinen Leistungsmerkmalen, die Ernennung eines geeigneten Projektleiters, das rechtzeitige Bereitstellen von Ressourcen und methodischen Hilfen sowie die Berufung eines Teams, das in der Lage ist, das Projekt in seiner Komplexität über organisatorische Grenzen hinaus zu verstehen und zu beherrschen. Vertrauensvolle und konstruktive Zusammenarbeit im Team sind wichtige Faktoren *[Litke, 1993, S. 24]*.

Methodenorientierte Schwerpunkte (Leistungsaspekte) sind Projektorganisation (in Arbeitsphasen), Netzplantechnik, Qualitätsmanagement und Dokumentation. Verhaltensorientierte Schwerpunkte und Führungsaspekte sind Gruppenarbeit, die Anwendung von Kommunikations- und Kreativitätstechniken, Führungstechniken, Moderation, Motivations- und Konfliktlösungsfähigkeiten. Der Projektablauf erfolgt im wesentlichen in den Phasen:

- Vorstudien zur Projektdefinition, Zielbeschreibung und Ideenformulierung
- Planung zur Strukturierung, Detaillierung und Ausführung
- Realisierung und Umsetzung, gegebenenfalls einschließlich Beschaffung, Prototyp-Herstellung und Schulung
- Inbetriebnahme oder Implementierung einschließlich Test, Anwenderqualifizierung und Übergabe an den Kunden.

Die Umsetzung von Managementsystemen wird als komplexes Problem definiert, somit auch die betriebliche Entwicklung von Qualitäts- und Umweltmanagementsystemen. Bevor jedoch die Inhalte dieser beiden Themenbereiche fester Bestandteil des betrieblichen Alltags geworden sind, ist eine besondere organisatorische Vorgehensweise zur Unterstützung des Entwicklungsprozesses anzuwenden. Zur detaillierten Beschreibung der dazu erforderlichen Schritte sind insbesondere Fragen der Organisation und Koordination der Umsetzung zu erörtern. Hierzu sind die oben aufgeführten system- und produktneutralen Prinzipien des Projektmanagements geeignet. Die spezifische Anwendung dieser Prinzipien bei der Entwicklung eines Umweltmanagementsystems wird demnach von zwei Betrachtungsebenen aus gesehen.

Auf der Ebene der Systemgestaltung wird der Einführungsprozeß im eigentlichen Sinne gesehen. Dabei stehen das zu entwickelnde System und dessen Umfeld im Vordergrund *[Daenzer, 1977, S. 8]*. Bei der Umsetzung eines Umweltmanagementsystems (UMS) wird der Rahmen für die Systemgestaltung durch die Verfahren nach DIN ISO 14001 und EMAS festgelegt.

Auf der Ebene des Projektmanagements stehen die Fragen der Organisation und Koordination des Einführungsprozesses im Mittelpunkt. Durch die Anwendung des Projektmanagements soll die Sicherstellung der vereinbarten System- und Projektziele im Rahmen der personellen, technischen, terminlichen und finanziellen Vorgaben gewährleistet werden. Hierzu gehören u.a. die Wahl einer geeigneten Projektorganisationsstruktur, die Festlegung von Aufgaben, Kompetenzen und Verantwortlichkeiten der am Projekt beteiligten Personen sowie die Vorbereitung und Durchsetzung getroffener Entscheidungen. Auf der Ebene der Systemgestaltung bzw. der Prozeßorganisation und auf der Ebene des Projektmanagements werden bewährte Methoden, Techniken, Verfahren und Hilfsmittel eingesetzt (s. Kap. 5 bis 7).

In Bild 4.10 wird ein modulares Konzept zur Einführung von Umweltmanagementsystemen gezeigt. Eingebettet in Grundprinzipien des TQM werden beide Systemebenen (Projektmanagement und Prozeßmanagement) zur Entwicklung nebeneinander dargestellt (s. Kap. 4.7). Eine weitergehende Beschreibung des Projektmanagements zur Einführung von UMS wird in Kap. 5 vorgenommen.

4.2.4 Prozeßmanagement

Prozeßdefinition

Ein Prozeß ist eine logisch aufeinander folgende Serie von Handlungen oder Tätigkeiten mit einer meßbaren Eingabe (Input), einer meßbaren Be- oder Verarbeitung (Wertschöpfung) und einer meßbaren Ausgabe (Output) in einer sich wiederholenden Folge. Der Prozeß wird begrenzt durch die erste und letzte Tätigkeit einer Wertschöpfungskette. Am Ende des Prozesses steht ein Produkt oder eine Dienstleistung für einen externen oder unternehmensinternen Kunden (d.h. den nächsten Arbeitsschritt).

Funktion und Ziel des Prozeßmanagements

Prozeßmanagement ist eine Methode zur Vereinfachung und Verbesserung von Unternehmensabläufen. Die DIN EN ISO 8402 definiert Prozeß als „Satz von in Wechselbeziehungen stehenden Mitteln und Tätigkeiten, die Eingaben in Ergebnisse umgestalten" und zählt zu den Mitteln Personal, Anlagen, Einrichtungen,

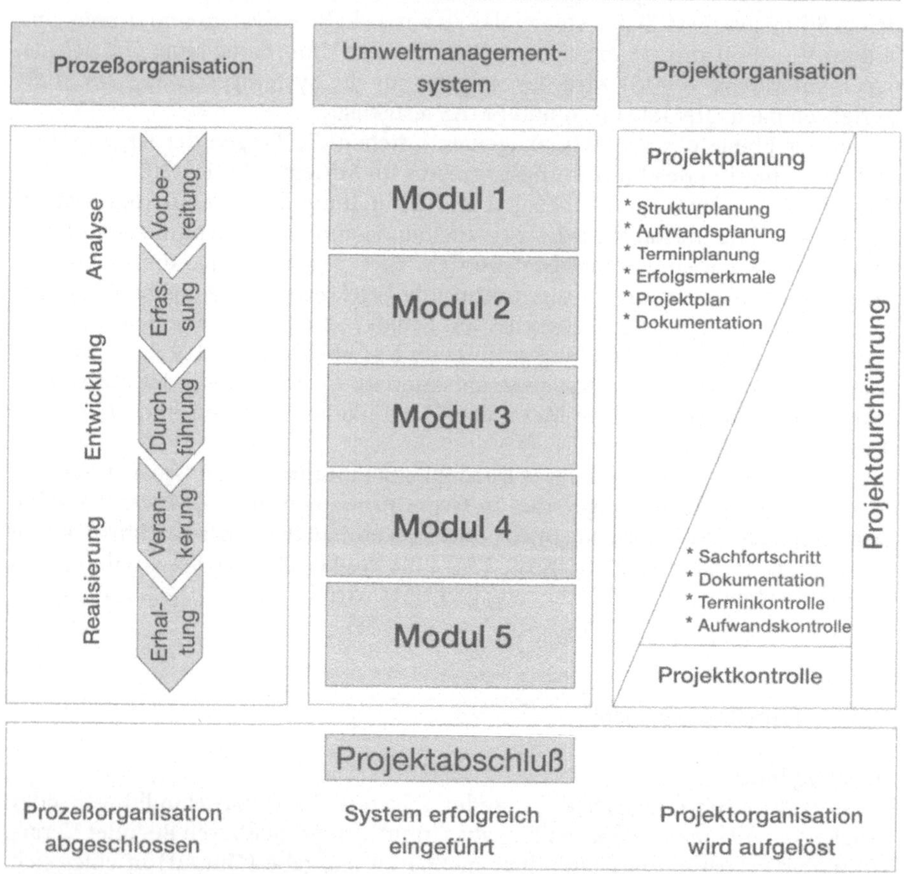

Bild 4.10 Modulares Konzept zur Einführung von Umweltmanagementsystemen auf der Grundlage des Projektmanagements *[Butterbrodt, 1995, S. 13]*

Techniken und Methoden *[DIN, 1994b, S. 8]*. Prozeßorientiertes Denken bedeutet:

- Die Aufgabe des Prozesses ist klar und eindeutig zu beschreiben. Mit der Aufgabe wird eine kurze, präzise Aussage über den Zweck des Prozesses bezeichnet.
- Der betrachtete Prozeß ist in Teilprozesse zu zerlegen. Diese sind zu erfassen, zu strukturieren und transparent darzustellen.

- Hierarchische Darstellung und organisatorische Abbildung des Prozesses.
- Ablaufdarstellung (Flußdiagramm) des Prozesses mit den Input- und Output-Beziehungen und Hinweise über Verantwortung, Mitbeteiligung und Information.

Die für den Prozeß entscheidenden Erfolgsfaktoren sind zu erarbeiten. Erfolgsfaktoren sind Bedingungen, Voraussetzungen und Strukturen, die für die erfolgreiche Erfüllung der Aufgabe unbedingt erforderlich sind und bei Nichtvorhandensein die Auftragserfüllung gefährden.

Festlegung der Verantwortlichkeiten:
- Da sich ein Prozeß funktionsübergreifend über die gesamte Organisation erstrecken kann, ist die Verantwortung klar zu definieren und bekanntzumachen. Das gilt insbesondere für die Nahtstellen.
- Kontrollpunkte und Kennzahlen für die Erkennung von Zielerreichung und Zielabweichung sind zu etablieren.
- Der Prozeß ist zu steuern und permanent zu verbessern.

Das Ziel des Prozeßmanagements ist eine kundenorientierte und wirtschaftliche Leistungserbringung. Die Forderungen der Kunden zu kennen, zu verstehen und mit ihnen abzustimmen, ist hierfür Voraussetzung. Meßbare Prozeßverbesserungen werden anhand von Kennziffern nachgewiesen. Prozeßmanagement trägt wesentlich zur Realisierung von TQM und zur Kundenorientierung im Unternehmen bei. Die Situation des Umfeldes und der verstärkte Wettbewerb setzen flexible, anpassungsfähige und effiziente Abläufe voraus. So gehen verstärktes Kosten- und Qualitätsmanagement sowie eine verschärfte Produktsituation mit steigender Kundenerwartung einher. Das Bestreben der Lieferanten ist es, Kunden langfristig durch vertrauensbildende Maßnahmen zu binden und zu begeistern.

Prozeßverbesserung

Verbesserungen werden auf zwei Wegen erreicht:
- Innovation und Reengineering bzw. Reorganisation: Wenn die Zweckmäßigkeit von Strukturen und Abläufen zur Erfüllung einer Prozeßaufgabe nicht mehr gegeben ist, sind vollkommen neue Prozeßabläufe zu entwickeln und zu implementieren. Die neuen Strukturen und Abläufe bewirken in den meisten Fällen erhebliche Steigerungen der Leistung.
- Ständige Verbesserung (aus dem japanischen Kaizen abgeleitet): Aus der regelmäßigen Überprüfung und Erhöhung der Anforderungen an die Prozesse werden Maßnahmen zur permanenten Prozeßverbesserung abgeleitet. Die Leistungssteigerung erfolgt in kleinen Schritten und in Zusammenarbeit mit den jeweils Betroffenen.

Die betriebliche Umsetzung der Prinzipien des Prozeßmanagements wird ausführlicher im Zusammenhang mit der Anwendung von Umweltmanagementtechniken auf Prozeßebene in Kap. 7 beschrieben.

4.3 Weitere aktuelle Managementkonzepte im Überblick

Anforderungen an Unternehmen unterliegen derzeit einer starken Ausweitung und Dynamik (s. Kap. 2). Für die Führung von Unternehmen haben sich daraus u.a. eine Reihe von Managementkonzepten entwickelt. Im Rahmen dieser Konzepte werden die Schwerpunkte auf die betrieblichen Führungsaufgaben und die unterschiedlichen Sichtweisen des Managements gelegt. Die überwiegende Anzahl der angesprochenen Managementkonzepte zielt auf die Gestaltung und Lenkung eines fortschrittlichen und damit lernfähigen Unternehmens ab. Aus der Vielzahl von Managementansätzen und -konzepten werden im folgenden diejenigen vorgestellt, die derzeit auf die in Kap. 2 angerissenen Anforderungen praxisrelevante Lösungsansätze anbieten. Als zentrales Konzept wird in Abschn. 4.2.1 Total Quality Management tiefergehend beschrieben. Daneben wird kurz auf Projekt- und Prozeßmanagement eingegangen. Im Rahmen dieses Abschn. soll ein Überblick über verschiedene weitere Managementkonzepte gegeben werden.

4.3.1 Lean Management

Der Begriff „Lean" bedeutet übertragen in den deutschen Sprachgebrauch so viel wie fit, athletisch oder leistungsstark. Dem Lean Managementkonzept liegt ebenso wie z.B. dem TQM ein systematisches und evolutionäres Managementverständnis zugrunde. Dabei soll die Komplexität der Unternehmenssteuerung so weit wie möglich reduziert und die Transparenz der betrieblichen Abläufe und Zusammenhänge erhöht werden. Im Mittelpunkt dieser sog. „Abschlankung" oder Vereinfachung stehen die durch das Management beeinflußbaren Faktoren der Organisation (s. Abschn. 4.1). Mit dieser Vorgehensweise sollen Kosten gesenkt, die betrieblichen Abläufe beschleunigt und die Qualität der Erzeugnisse gesteigert werden. Im Lean Management steht die Optimierung der im System Unternehmen ablaufenden Prozesse im Vordergrund. Diese Prozesse werden auch als Geschäftsprozesse bezeichnet. Geschäftsprozesse sind alle betrieblichen Aktivitäten, die einen meßbaren Input, eine meßbare Wertschöpfung und einen meßbaren Output haben. Hierbei soll unter den Aspekten Qualität, Zeit und Kosten gleichzeitig eine Verbesserung erzielt werden. Schwierigkeiten bei der Umsetzung von Lean Management ergeben sich u.a. auf der Grundlage von unkoordinierten Schnittstellen zwischen Bereichen und Stellen im Unternehmen und sog. Bereichsegoismen. In der betrieblichen Praxis erfolgt die Umsetzung des Lean Management durch die konsequente Ausrichtung an den Geschäftsprozessen, wobei Abteilungsdenken und -management überwunden werden. Neben einer dafür erforderlichen Organisationsform bzgl. der Unternehmensstrukturierung ist der Einsatz von Instrumenten zur Prozeßplanung und -steuerung erforderlich. Lean Management wird durch sechs Grundstrategien charakterisiert:

- kundenorientierte, schlanke Fertigung,
- Unternehmensqualität in allen Bereichen,
- schnelle, sichere Entwicklung und Einführung neuer Produkte,
- Kunden gewinnen und erhalten,

- Wachstums- und Eroberungsfähigkeit,
- Unternehmen in die Gesellschaft harmonisch einbinden.

Diese Grundstrategien beinhalten weitere Konzepte:
Kundenorientierte Fertigung – Just in Time
Der Grundgedanke dieses Konzepts ist der kontinuierliche Materialfluß. Alle Aktivitäten werden darauf ausgerichtet, eine optimale Kundenorientierung zu erreichen. Die wichtigen Vorteile dieses Konzepts sind:

- geringe Lagerhaltung und Lagerhaltungskosten,
- geringes Umlaufvermögen,
- geringerer Verwaltungaufwand,
- kurze Durchlaufzeiten und somit optimierte Auslieferungsbedingungen.

Durch diese Vorgehensweise wird die Reaktion auf Marktveränderungen erhöht und die Nähe zum Kunden untermauert. Die wichtigste Bedingung zur Erreichung dieses Ziels ist jedoch insgesamt die Fertigung und Weitergabe von fehlerfreien Teilen. Die Voraussetzungen zur Realisierung einer Just in Time Produktion sind somit:

- die Reduzierung der Maschinenausfälle,
- die Reduzierung der Nacharbeit, der Arbeitsfehler und der Ausschußteile,
- die Reduzierung der Rüstzeiten und
- die Reduzierung der Transportzeiten.

Schnelle Produktentwicklung – Simultaneous Engineering
Bei der integrierten Produktentwicklung, dem Simultaneous Engineering, steht die Entwicklungszeit für Produkte und Dienstleistungen als entscheidender Wettbewerbsfaktor im Mittelpunkt. Hintergrund dieser Strategie ist die Annahme, daß die besten Marktpreise von demjenigen Unternehmen zu erzielen sind, welches zuerst mit einem neuen Produkt auf dem Markt ist. Somit bestehen die größten Chancen für die System- oder Marktführerschaft. Im Mittelpunkt dieser Vorgehensweise steht die parallele Aufgabenerledigung im Gegensatz zur sequentiellen Aufgabenbearbeitung. Neben dem Verkürzen und Vermeiden von Entwicklungszeiten und der Trennung der Aufgaben in Haupt- und Nebentätigkeiten und begleitende Tätigkeiten ist die Kooperationsoffenheit und die Heranführung aller beteiligen Mitarbeiter zu einer Leistungsgemeinschaft wichtig.

4.3.2 Time-based Management

Das Konzept des Time-based Managements stellt die Zeit als Hauptwettbewerbsfaktor der Managementaktivitäten heraus. Dieses Managementkonzept ist eine Reaktion auf die starke internationale Dynamisierung des Wettbewerbs. Die Wandlungsfähigkeit des eigenen Unternehmens im Hinblick auf die Veränderungen im Unternehmensumfeld ist zentraler Gegenstand des Time-based Managements. Wettbewerbsvorteile werden durch die innerbetriebliche Beschleunigung der Entscheidungs- und Aufgabenerfüllungsprozesse erreicht. Die Ressource Zeit soll effizient genutzt werden, um sowohl die Produktionskosten als auch die Servicequalität zu erhöhen. Die bedeutenden Einzelziele von Time-based Management sind:

- Beschleunigung der Markteinführung eines Produktes von der Entwicklung an,
- Verkürzung der Auftragsbearbeitungszeit,
- Verkürzung der Durchlaufzeit,
- schnelle Reaktion auf Kundenwünsche und -beschwerden.

Wettbewerbsvorteile sollen durch intensive Kundenbindung erreicht werden. Hierbei sind die Nähe zum Kunden und die schnelle Reaktion auf dessen Wünsche entscheidende Faktoren.

Voraussetzung dafür, auf Kundenwünsche schnell zu reagieren, ist eine Erhöhung der Arbeitsproduktivität. Bewußter Umgang mit Zeit, Verbesserung der internen Zusammenarbeit, Einsatz modernster Technik, Einbeziehung aller Mitarbeiter und Methodeneinsatz, um nur einiges zu nennen, sind hierzu notwendig. Darüber hinaus müssen durch die Leitung innovationsfreundliche Bedingungen geschaffen werden, die aktivitätenorientiert und auf den Kunden ausgerichtet sind.

4.3.3 Bewegliches Management

Durch den starken Wandel des Unternehmensumfelds und die Zunahme von nicht vorhersehbaren Entwicklungen gewinnen diejenigen Managementansätze an Bedeutung, die für ein Unternehmen ein großes Potential an Anpassungsfähigkeit und Flexibilität beinhalten. Hierzu gehören Ansätze wie Projektorganisation oder objektorientierte Organisationsformen (s. auch Abschn. 4.1.3). Unternehmen, die nach diesen Kriterien ausgerichtet sind, zeichnen sich durch hohe Flexibilität und Anpassungsfähigkeit bei plötzlich veränderten Umfeldbedingungen aus. Die Flexibilität wird vorwiegend durch projektartige Aufgabenabwicklung erreicht. Für jedes Vorhaben wird eine Projektgruppe gebildet, die sich nach erreichten Ergebnissen wieder auflöst. Hierbei werden selbst dauernde Aufgaben nach prozeßkonformen Arbeitsformen organisiert. Umgesetzt wird diese Form der Organisation durch selbsttragende und selbststeuernde Gruppen. Aufgabe des Managements ist die Koordination und Moderation der Gruppen. Der Leiter wird zum Dienstleister der Mitarbeiter.

4.3.4 Business Reengineering

Business Reengineering beinhaltet die Veränderung bzw. Neugestaltung von Organisationsstrukturen mit dem Ziel, unternehmensinterne und -externe Anforderungen zu berücksichtigen. Bei dieser Vorgehensweise werden Prozesse, ganze Unternehmen oder wesentliche Teile davon fundamental verändert. Das erzielte Ergebnis sind meßbare Größen wie Kosten, Qualität und Zeit. Die folgenden vier Begriffe sind elementar für das Business Reengineering:

- Verbesserungen von erheblichen Größenordnungen,
- betroffen sind die bedeutenden Unternehmensprozesse,
- die durchzuführenden Maßnahmen sind radikal und
- fundamental.

Zur Einleitung von Business Reengineering-Maßnahmen wird zunächst eine grundlegende (fundamentale) Analyse der Aufbau- und Ablauforganisation durchgeführt. Radikal bedeutet in diesem Zusammenhang eine umfassende Betrachtung aller Geschäftsprozesse und deren komplette Neugestaltung, falls diese auf veralteten Strukturen beruhen. Von Verbesserungen im Bereich von erheblichen Größenordnungen wird dann gesprochen, wenn es sich nicht um irgendwelche geringfügigen Angelegenheiten, sondern um echte Leistungssprünge nach oben handelt. Unternehmens- oder Geschäftsprozesse werden als Prozesse definiert, die für den Kunden ein Ergebnis von hohem Wert erzeugen. Der Prozeßansatz ist die Basis für übergreifende und wertschöpfungsorientierte Gesamtoptimierung der Organisation. Von herausragender Bedeutung für die Anwendung von Business Reengineering ist die Informationstechnologie (s. Kap. 6).

4.4 Zusammenfassung

Die Internationalisierung der Märkte unterliegt derzeit einer großen Dynamik. Daneben steht eine Verschiebung von klassischen Absatzmärkten in Europa, Nordamerika und Japan hin zu neuen Produktions- und Absatzgebieten im Großraum Südostasien. Neben diesen ökonomischen Bedingungen kommen in Deutschland und in Europa zunehmend ökologische Fragestellungen auf den Plan. Aus beiden Feldern ergeben sich Anforderungen (s. Kap. 2) an Unternehmen, die an Bedeutung ständig zunehmen und selbst einer starken Veränderung unterliegen. Bisher wurde auf diese veränderten Bedingungen vorwiegend mit technologisch-orientierten Lösungen reagiert. Daneben steht heute immer mehr die Ausrichtung an organisatorischen Lösungen. Ausgehend von den Grundlagen der Organisationslehre sind für die Bewältigung der anstehenden Aufgaben neue Organisationskonzepte gefragt, mit denen die anstehenden Aufgaben bewältigt werden können. Im Mittelpunkt steht dabei das TQM. TQM beinhaltet eine Plattform zur Organisation des betrieblichen Umweltschutzes in verschiedenen Bereichen. Qualitäts- und Umweltmanagementsysteme können betriebsintern gemeinsam realisiert werden. Qualitätstechniken können in Abstimmung mit Umweltmanagementtechniken eingesetzt werden, um Verbesserungen im Sinne des Qualitätsmanagements und des Umweltschutzes zu erzielen. Mit den Methoden des Projekt- und Prozeßmanagements werden bei gleichzeitigen Prozeßverbesserungen die oben aufgeführten Managementkonzepte unternehmensintern umgesetzt. Mit Hilfe der weiteren angeführten Konzepte können die in Aussicht gestellten Verbesserungen dann am günstigsten erreicht werden, wenn diese zweckmäßig aufeinander abgestimmt angewendet werden.

Kapitel 2: Anforderungen an Unternehmen

Ökologische, ökonomische, technologische,
rechtlich-politische und sozio-kulturelle Umwelten des Unternehmens
Anforderungen der Umwelt an das Unternehmen

Kapitel 3: Umweltorientierte Unternehmensführung

Gesamtkonzeption einer umweltorientierten Unternehmensführung:
Informationsgrundlagen
Unternehmenspolitik und -leitbild
Unternehmensziele
Unternehmensstrategie

Kapitel 4: Von traditionellen Unternehmenskonzepten zu modernen Managementkonzepten

Traditionelle Unternehmenskonzepte
Moderne Managementkonzepte
Aktuelle Managementkonzepte im Überblick

Kapitel 5: Umweltorientierte Organisationsgestaltung

Rechtliche Grundlagen der betrieblichen Umweltschutzorganisation
Organisation des betrieblichen Umweltschutzes
Anforderungen durch Umweltmanagementnormen
Umweltorientiertes Personalmanagement
Einführung von Umweltmanagementsystemen
Praxisbeispiel: Umweltorientiertes Weiterbildungssystem

Kapitel 6: Zielorientierte Informationsflußgestaltung

Grundlagen und Definitionen
Informationen im Unternehmen
Informationssysteme zur Managementunterstützung
Datenbanken als Informationsspeicher
Umweltbezogene Informationen

Kapitel 7: Techniken für das Umweltmanagement

Die ständige Verbesserung
Der Technikbegriff in Zusammenhang mit betrieblichem Umweltschutz
Umweltschutzmaßnahmen aus dem Blickwinkel der Wertschöpfung
Der Technikeinsatz in der betrieblichen Praxis
Der Einsatz von Techniken im Umweltmanagement
Einordnung der Techniken nach Aufgaben

Kapitel 8: Die Ermittlung umweltrelevanter Kosten

Grundlagen
Umweltrelevante Kosten
Methodik zur Ermittlung der umweltrelevanten Kosten
Anwendungshinweise

5 Umweltorientierte Organisationsgestaltung

Der betriebliche Umweltschutz ist ein Stoff- und ein Energieproblem, deren Lösung primär durch die Implementierung von additiven und integrierten Umweltschutztechnologien erfolgt. Die zum Teil sehr erfolgreichen technologischen Umweltschutzmaßnahmen sollten jedoch nicht vergessen machen, daß es Menschen sind, die diese Technologien erfinden, einführen, benutzen und weiterentwickeln, und daß schon allein durch ein angepaßtes Verhalten viele Umweltbelastungen vermieden werden können. Diese Erkenntnis ist nicht neu und findet ihren Ausdruck in Sätzen wie: „Ein Unternehmen verhält sich dann umweltgerecht, wenn sich die Menschen in ihm ökologisch verantwortungsbewußt verhalten" *[Bartscher, 1993, S.311-313]*. Die logische Schlußfolgerung für eine umweltorientierte Unternehmensführung heißt, das „umweltorientierte Verhalten" der Mitarbeiter zu stärken, denn nur aus diesem resultieren auch Handlungen, die den betrieblichen Umweltschutz im Sinne einer kontinuierlichen Verbesserung vorantreiben.

Umweltorientiertes Verhalten ist kein monokausales Phänomen, sondern das Produkt einer Reihe von Einflußfaktoren. So sind i.allg. die Leistungen der Mitarbeiter von folgenden Faktoren bestimmt:

- Individuelle Leistungsfähigkeit („Können"),
- Individuelle Leistungsbereitschaft („Wollen") und
- Überindividuelle Situation, d.h. Organisationsstruktur und -kultur („Dürfen").

Diese grundlegenden Aspekte der Personalwirtschaft können zur Verstärkung bzw. zum Aufbau eines umweltorientierten Verhaltens verwendet werden. Dies wurde in Bild 5.1 zusammenfassend dargestellt.

Die betriebliche Organisation muß sich im Zuge der ständig an Bedeutung gewinnenden umweltrelevanten Rahmenbedingungen so gestalten, daß sie die derzeitigen Umweltschutzanforderungen nachvollziehbar erfüllen, sich flexibel den Änderungen der Rahmenbedingungen anpassen und darüber hinaus einen offensiven Umweltschutz betreiben kann. Aus Bild 5.1 geht hervor, daß dies nur dann möglich ist, wenn alle Mitarbeiter in ihrem Tätigkeitsbereich in die Lage versetzt werden, sich ökologieorientiert zu verhalten. Bei betrieblichen Maßnahmen zur umweltorientierten Organisationsgestaltung müssen folgende Dimensionen berücksichtigt werden:

1. *personelle* Dimension (Fach-, Methoden- und Sozialkompetenzen der Mitarbeiter),
2. *institutionelle* Dimension:
   - kulturelle Ebene (Unternehmenskultur, Berufsethos u.a.),
   - prozedurale Ebene (Ablauforganisation, Informations- und Kommunikationssystem u.a.),
   - strukturelle Ebene (Aufbauorganisation, Personalpolitik u.a.).

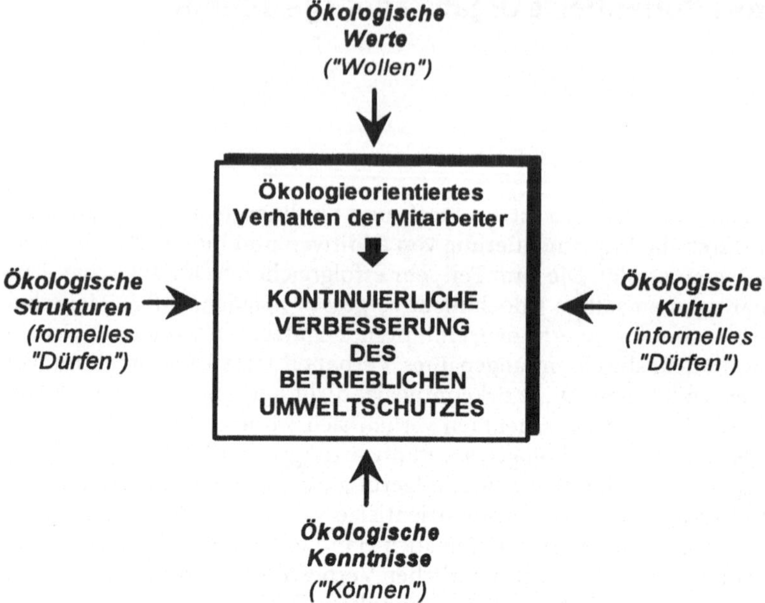

Bild 5.1 Faktoren umweltorientierten Verhaltens in Unternehmen

Im Rahmen dieses Kapitels werden Aspekte der personellen und institutionellen Dimensionen einer umweltorientierten Organisationsgestaltung beleuchtet. Dabei kann und soll kein abschließender Überblick zu dieser Thematik gegeben werden. Vielmehr werden einige aufgrund ihrer Aktualität als besonders wichtig erkannte Aspekte detaillierter analysiert und dargestellt als andere. So bildet ein erster Schwerpunkt dieses Kapitels die Darstellung der bestehenden rechtlichen Organisationspflichten des betrieblichen Umweltschutzes. Diese Analyse wird deshalb so ausführlich durchgeführt, weil hierzu viele Unklarheiten bestehen und den Führungskräften hierdurch die Notwendigkeit einer effektiven und effizienten Aufbau- und Ablauforganisation im Umweltschutzbereich anschaulich vor Augen geführt werden soll. Die darauf folgenden Abschnitte befassen sich exemplarisch mit der derzeitigen Organisation und Aufgabenverteilung des Umweltschutzes und den durch das EMAS und die Normen-Reihe DIN ISO 14001 aufgestellten Anforderungen an das Personal. Vor diesem Hintergrund werden die Grundstrukturen eines umweltorientierten Personalmanagements entwickelt, wobei potentielle Maßnahmen und entstehende Vorteile diskutiert werden. Im Anschluß daran werden mitarbeiterbezogene Aspekte der einzelnen Phasen des Aufbaus, der Implementierung und der Aufrechterhaltung eines betrieblichen Umweltmanagementsystems diskutiert und Wege zu deren Berücksichtigung aufgezeigt. Abschließend wird ein Beispiel aus der Praxis vorgestellt, in dem ein zielgruppenorientiertes Weiterbildungssystem erläutert wird.

5.1 Rechtliche Grundlagen der betrieblichen Umweltschutzorganisation

Eine effiziente Betriebsorganisation muß in der Lage sein, alle Aufgaben konform zum bestehenden Umweltrecht durchzuführen und Umweltschäden der betrieblichen Tätigkeit auf ein Minimum zu reduzieren. Aus diesem Grund sind eine Reihe von

- öffentlich-rechtlichen,
- strafrechtlichen und
- umwelthaftungsrechtlichen

Regelungen erlassen worden, die direkten Einfluß auf die Gestaltung der betrieblichen Organisation und das Verhalten der Organisationsmitglieder nehmen.

Beim Aufbau von Umweltmanagementsystemen stellen die rechtlichen Bedingungen die zu erfüllenden Mindestanforderungen dar. Im folgenden werden daher die rechtlichen Grundlagen und Konsequenzen bei Mängeln der Betriebsorganisation vorgestellt.

5.1.1 Grundlagen des deutschen Umweltrechts

Deutsche Unternehmen sehen sich einer Fülle von Gesetzen, Verordnungen, Verwaltungsvorschriften und technischen Regelwerken gegenüber, wovon viele einen umweltbezogenen Charakter haben.

Für die Diskussion der umweltrechtlichen Rahmenbedingungen ist es notwendig, deren „Normhierarchie" zu verstehen, so wie sie in Bild 5.2 dargestellt ist:

Gesetze leiten sich direkt oder indirekt vom Grundgesetz ab und werden bei Bedarf durch Verordnungen sowie durch Verwaltungsvorschriften weiter kon-

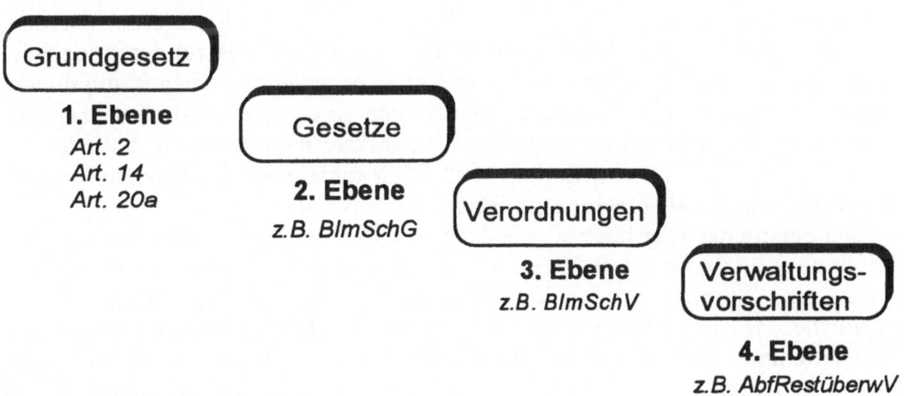

Bild 5.2 Juristische Normhierarchie

kretisiert. Das Grundgesetz kannte bislang keine besondere Verfassungsnorm, die den Umweltschutz ausdrücklich in der Verfassung verankerte. Die Umweltverschmutzung stellte gesetzlich eine Gefährdung des Rechts auf Leben und körperliche Unversehrtheit (Art. 2 Abs. 2 GG) sowie des Rechts auf Eigentum (Art. 14 GG) dar und erfordert daher staatliche Eingriffe. Es gab bis vor kurzem jedoch kein verfassungsrechtlich verankertes Recht auf eine gesunde Umwelt. Bei der letzten Änderung des Grundgesetzes am 30.8.1994 wurde der Umweltschutz in Art. 20a als Staatsziel in das Grundgesetz aufgenommen:

> Art. 20a des Grundgesetzes:
> Der Staat schützt auch in Verantwortung für die zukünftigen Generationen die natürlichen Lebensgrundlagen im Rahmen der verfassungsgemäßen Ordnung durch die Gesetzgebung und nach Maßgabe von Gesetz und Recht durch die vollziehende Gewalt und die Rechtsprechung.

Der Beginn der Umweltgesetzgebung in Deutschland wird auf Anfang der 70er Jahre datiert und beruht seitdem auf folgenden drei umweltpolitischen Prinzipien *[Storm, 1991, S.18-20]*:

- Vorsorgeprinzip,
- Verursacherprinzip,
- Kooperationsprinzip.

Das Vorsorgeprinzip ist das materielle Leitbild der Umweltpolitik. D.h. durch die Festlegung von Grenzwerten werden die Bedingungen für Bau und Betrieb von Anlagen nach Stand der Technik zum Schutze der Umwelt geregelt.

Nach dem Verursacherprinzip werden demjenigen die Kosten zugerechnet, der die Entstehung der Kosten verursacht hat.

Das Kooperationsprinzip bezieht sich auf die Zusammenarbeit zwischen Staat und Gesellschaft im Bereich des Umweltschutzes. Dies bedeutet, daß die Mitwirkung der Öffentlichkeit im allgemeinen und der Betroffenen im speziellen bei umweltbedeutsamen Entscheidungen (z.B. durch §9 UVPG) ermöglicht werden muß.

Der Gesetzgeber hat bis jetzt noch kein „Umweltschutzgesetzbuch“ erstellt, in dem alle Umweltschutzgesetze in logischem Zusammenhang aufgeführt werden. Statt eines solchen geschlossenen Gesetzeskonstrukts gibt es auf der einen Seite vier unterschiedlich ausgestaltete Gesetzesblöcke zu den Bereichen Immissionen, Abfälle, Wasser und Boden, neben denen noch eine Vielzahl von Gesetzen existieren, die teilweise umweltrechtlichen Charakter haben. Grund dafür ist der Aufbau umweltschützender Rechtsvorschriften auf teilweise bestehenden, gewerberechtlichen und allgemeinen, polizeirechtlichen Vorschriften.

Seit Beginn der 70er Jahre wurde das Umweltrecht in einer selbst für Experten kaum noch überschaubaren Weise ausgebaut, ergänzt und novelliert *[Beckmann, 1989, S. 25]*. Um den Umfang des deutschen Umweltrechts schematisch zu verdeutlichen, wird in Bild 5.3 eine Übersicht der einschlägigen Umweltgesetze mit den jeweiligen Zuständigkeiten dargestellt. (Als Gesetzessammlung zum Umweltrecht s. *Beck-Texte: Umwelt-Recht, Wichtige Gesetze und Verordnungen zum Schutze der Umwelt, 9. Aufl., München, 1995.*)

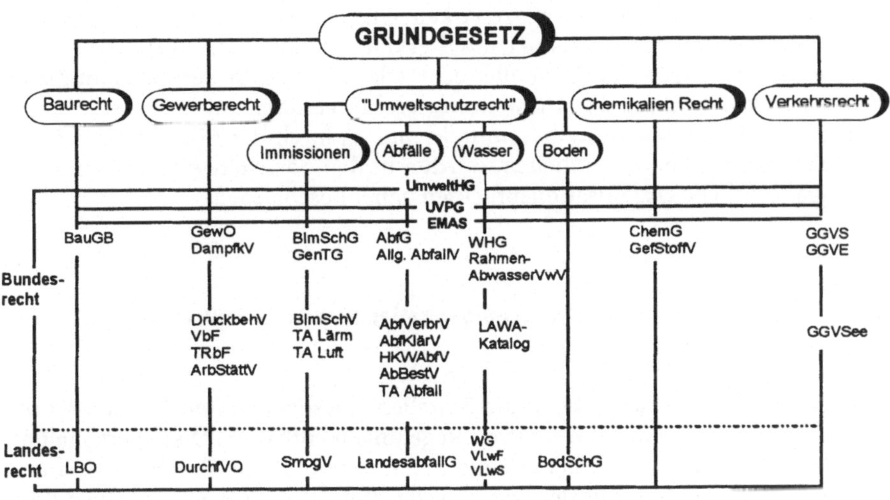

Bild 5.3 Überblick der umweltrechtlichen Rahmenbedingungen des betrieblichen Umweltschutzes nach *[Fiedler, 1992, S.62]*

Die umweltrechtlichen Regelungen lassen sich am besten nach ihren instrumentellen Eigenschaften unterscheiden *[Schmidt, 1992, S.8ff.]*:

- *Planungsinstrumente*
  - durch Fachplanung (z.B. zum Schutze der Natur und Landschaft in §§ 5-7 und § 13ff. des BNatSchG; zur Luftreinhaltung § 44, § 47 und § 49 BImSchG; durch Planfeststellung für Abfallentsorgungsanlagen entsprechend §§ 7ff. AbfG)
  - durch raumbezogene Gesamtplanung (z.B. durch §§ 2 und 3 ROG)
- *ordnungsrechtliche Instrumente*
  - Anmelde- und Anzeigepflichten, Auskunftspflichten, Sicherungspflichten (z.B. durch das UIG; § 5 BImSchG)
  - gesetzliche Verbote mit Erlaubnis- und Genehmigungsvorbehalt (z.B. durch das ChemG und die GefStoffV)
- *abgabenrechtliche Instrumente* (z.B. durch § 7a WHG)
- *informale Instrumente* (z.B. UIG; EG-UmweltAuditV)

Um auf diesen staatlichen und instrumentellen Einfluß angemessen reagieren zu können, muß ein Unternehmen eine betriebliche Umweltschutzorganisation aufbauen und erhalten. Dies hat auch der Gesetzgeber erkannt und durch die Schaffung neuer, spezifisch organisatorischer rechtlicher Regelungen darauf reagiert. Die Kenntnis und Umsetzung der rechtlichen Anforderungen an die umweltschutzrelevante Betriebsorganisation dient erstens der Unternehmenssicherung und ist dadurch eine „Muß-Aufgabe" des Managements. Zweitens kann ohne eine rechtskonforme und damit -sichere Aufbau- und Ablauforganisation für alle umweltrelevanten Unternehmensprozesse kein Umweltmanagementsystem funktionieren und zertifiziert bzw. keine Umwelterklärung nach EMAS validiert werden. Es können an dieser Stelle nicht alle rechtsrelevanten Anforderungen an die betriebliche Organisation des Umweltschutzes aufgeführt und erläutert werden. Um jedoch einen Eindruck zu vermitteln und dadurch die Aufgaben des Personalmanagements zu verdeutlichen, werden in den nächsten Abschnitten einige wichtige rechtliche Organisationspflichten näher beschrieben.

5.1.2 Die gesetzliche Beauftragtenorganisation für den Umweltschutz

Die Forderung des Gesetzgebers zum Bestellen von sogenannten „Umweltschutzbeauftragten" ist in einer Vielzahl von Regelungen enthalten. Diese personalpolitischen Vorgaben von staatlicher Seite zielen darauf ab, im Betrieb Spezialisten einzusetzen, die erstens aus der komplexen Gesetzesmaterie der einzelnen Regelungsbereiche konkrete Anforderungen für die einzelnen Betriebsfunktionen ableiten können und zweitens den kontinuierlichen Verbesserungsprozeß des betrieblichen Umweltschutzes fördern sollen.

Die gesetzlichen Auflagen zur Bestellung von Beauftragten für definierte umweltschutzrelevante Teilbereiche (Luft, Wasser, Abfall u.a.) basieren auf folgenden grundlegenden Erkenntnissen:

1. Es bestehen Vollzugsdefizite hinsichtlich des ordnungsrechtlichen Eingreifens der Behörden.
2. Betriebsinterne Umweltschutzbeauftragte fördern gezielt die Eigenverantwortung der Unternehmen.
3. Ein offensiver Umweltschutz, der über die gesetzlichen Anforderungen hinausgeht und zukünftige Potentiale erschließt, kann nur durch betriebsinternes Problembewußtsein gefördert werden.

Aus diesem Grund wurde in verschiedenen Gesetzestexten die Bestellung von Betriebsbeauftragten für Teilbereiche des Umweltschutzes festgeschrieben. Dabei ist jedoch hervorzuheben, daß der Gesetzgeber die Bestellung von sogenannten Umweltschutzbeauftragten nur bei einem Teil der Unternehmen zwingend vorschreibt. Es müssen bspw. nur die Betreiber einer nach dem BImSchG genehmigungspflichtigen Anlage auch einen Immissionsschutzbeauftragten bestellen. In Bild 5.4 sind die wichtigsten Beauftragten mit den jeweiligen gesetzlichen Grundlagen aufgeführt.

Die grundsätzlichen Aufgabenstellungen der Umweltschutzbeauftragten lassen sich in folgenden vier Punkten zusammenfassen:

1. Überwachung,
2. Hinwirken auf umweltgerechte Lösungen,
3. Aufklärung,
4. Berichtspflichten.

Bezeichnung	rechtliche Grundlage
Immissionsschutzbeauftragter	§ 53-58 BImSchG
Störfallbeauftragter	§ 1ff. 5. BImSchV
Gefahrgutbeauftragter	§ 11 GefStoffV
Gewässerschutzbeauftragter	§ 19 Absatz 3 WHG
Sicherheitsbeauftragter	§§ 719, 720 RVO

Bild 5.4 Gesetzliche Beauftragte im Umweltschutzbereich

Um diese Aufgaben erfüllen zu können, müssen die Umweltschutzbeauftragten eine Reihe von Anforderungen erfüllen *[Pohle, 1991, S. 615 ff.]* (s. hierzu auch *[Johann, 1988]*):

Allgemeine Anforderungen

1. Grundkenntnisse über Einsichten in die Probleme des Umweltschutzes,
2. Einsicht in ökologisch-ökonomisch orientierte Probleme,
3. Kenntnisse über biologische Kreisläufe sowie über Auswirkungen technischer Prozesse auf Biotope,
4. Kenntnisse über Entstehung und Wirkungsbedingungen von Immissionen auf Mensch und Umwelt.

Spezielle Anforderungen

1. Überblick über einschlägige Gesetze, Rechtsvorschriften und Kommentare zum Immissionsschutz und zur Emissionsminderung sowie Interpretation dieser Bestimmungen,
2. Kenntnisse einschlägiger Prognosen und Meßvorschriften zum Umweltschutz nach DIN, VDI, TA Luft, über die Durchführung von Messungen und über die Interpretation der Meßergebnisse,
3. Erfahrungen mit den Einsatzmöglichkeiten von Verfahren zur Verminderung, Beseitigung und Verhütung schädlicher Umwelteinflüsse, und zwar für die Bereiche Luft, Wasser, Abfall, Altlasten und Lärm,
4. Fähigkeit, einfache Probleme des Umweltschutzes selbständig zu analysieren und entsprechende Abhilfe- oder Minderungsmaßnahmen zu entwickeln,
5. Einblick in die Durchführung einfacher Maßnahmen des Umweltschutzes, in Kostenanalysen und Fähigkeit zur Beurteilung dieser Maßnahmen sowohl in technischer und wirtschaftlicher als auch ökologischer Sicht,
6. Erfahrung, betriebsspezifische Umweltprobleme pädagogisch aufzuarbeiten und Betriebsangehörige über Umweltwirkungen aufzuklären und zu informieren,
7. Kenntnisse, um bei Investitionsentscheidungen, Planungen und Genehmigungsverfahren mitwirken zu können, um eine Genehmigungsfähigkeit von vornherein sicherzustellen,
8. Fachkenntnisse zur konsequenten Umsetzung des Prinzips des medienübergreifenden Umweltschutzes als integraler Bestandteil aller betrieblichen Entscheidungen.

Der Gesetzgeber hat Wert darauf gelegt, alle Aspekte des Umweltschutzbeauftragtenwesens rechtlich soweit wie möglich zu konkretisieren. So sind analoge Vorschriften über

- die Bestellung,
- die Qualifikation,
- die Aufgaben,
- die Rechte sowie
- die organisatorische Stellung

von Betriebsbeauftragten im Umweltschutz in den unterschiedlichen Umweltgesetzen enthalten. An dieser Stelle soll am Beispiel des Immissionsschutzbeauftragten der Umfang der gesetzlichen Pflichten und Rechte verdeutlicht werden (s. Bild 5.5).

Auf den ersten Blick erscheinen die gesetzlich vorgeschriebenen Umweltschutzbeauftragten ein sinnvolles Instrument zur betriebsinternen Förderung des betrieblichen Umweltschutzes zu sein. Bei einer differenzierten Analyse des Beauftragtenwesens wird jedoch deutlich, daß

- Umweltschutzbeauftragte nur für eine begrenzte Anzahl von Unternehmen vorgeschrieben sind,
- die Gefahr besteht, daß die Umweltschutzbeauftragten eine „Alibifunktion" übernehmen, da sie alleine
  - nicht in der Lage sind, die betrieblichen Umweltproblematiken in ihrer Ganzheitlichkeit zu erkennen und
  - nicht über die notwendigen Mittel verfügen, die Unternehmensleitung zu einem offensiven Umweltschutz zu bewegen,
- Umweltschutzbeauftragte in den Ruf geraten können, der „verlängerte Arm" der Behörden zu sein, was die Erfüllung ihrer betriebsinternen Aufgaben behindert,
- es zu Interessenkonflikten bei der Erfüllung der Stabsstellenfunktion des Umweltschutzbeauftragten kommen kann, da dieser i.d.R. auch Linienfunktion inne hat und
- die Qualifikationen der Umweltbeauftragten ggf. nicht ausreichend sind, um auf die betrieblichen Schlüsselfunktionen, wie z.B. die F&E, im Sinne eines offensiven Umweltschutzes einzuwirken.

Um diesen Problemen entgegenzuwirken, wurde eine Reihe gesetzlicher Regelungen erlassen, die einen Einfluß auf den Aufbau und Erhalt der betrieblichen Umweltschutzorganisation haben.

5.1.3 Die Verantwortung der obersten Leitung nach §52a BImSchG

Durch die Bestellung der gesetzlich vorgeschriebenen Umweltschutzbeauftragten und die Einhaltung der damit verbundenen, geltenden Regelungen besteht die Gefahr, daß die Geschäftsführung sich von der Verantwortung für den Umwelt-

§ 53	Abs. 1 legt fest, wann ein Betriebsbeauftragter für Immissionsschutz bestellt werden muß. Abs. 2 räumt der zuständigen Behörde ein, jederzeit die Bestellung des Beauftragten anzuordnen, auch wenn dies nach Abs. 1 nicht notwendig ist.
§ 54	Abs. 1 präzisiert die Aufgaben des Beauftragten. Dabei handelt es sich erstens um Beratungspflichten des Betreibers bei allen immissionsrelevanten Themen. Zweitens soll er die Entwicklung und Einführung von umweltfreundlichen Verfahren und Erzeugnissen fördern. Drittens soll er die Einhaltung aller immissionsschutzrechtlichen Maßnahmen überwachen. Und viertens soll er die Betriebsangehörigen über die schädlichen Umweltwirkungen der Anlage aufklären. In Abs. 2 wird festgelegt, daß der Beauftragte dem Betreiber jährlich einen Bericht zu übergeben hat.
§ 55	Abs. 1 regelt die Art der Bestellung des Beauftragten durch den Betreiber. Abs. 2 definiert die Voraussetzungen für die Person des Beauftragten. Abs. 3 fordert vom Betreiber die Möglichkeit zur Zusammenarbeit der unterschiedlichen Umweltbeauftragten untereinander und mit den Beauftragten der Arbeitssicherheit. Abs. 4 verlangt von dem Betreiber, den Immissionsschutzbeauftragten bei der Erfüllung seiner Aufgaben zu unterstützen und ihm die notwendigen Mittel dafür zur Verfügung zu stellen.
§ 56	In Abs. 1 und 2 sind festgelegt, daß der Betreiber vor Entscheidungen über die Einführung von Verfahren und Erzeugnissen sowie vor Investitionsentscheidungen die Stellungnahme des Immissionsschutzbeauftragten rechtzeitig einzuholen hat.
§ 57	Dieser Paragraph räumt dem Immissionsschutzbeauftragten ein unmittelbares Vortragsrecht bei der Geschäftsleitung bzw. beim Betriebsleiter ein. Dieses Vortragsrecht muß durch innerbetriebliche Organisationsmaßnahmen festgeschrieben werden.
§ 58	In Abs. 1 und 2 ist ein Benachteiligungsverbot und der Kündigungsschutz des Immissionsschutzbeauftragten festgelegt.

Bild 5.5 Gesetzliche Regelungen des BImSchG für den Betriebsbeauftragten für Immissionsschutz

schutz entlastet fühlt. Dies wurde bei der letzten Novellierung des BImSchG vom 27.6.94 in §52a dementsprechend verändert.

Nach diesem Paragraphen müssen die Gesellschaften, die in der 4. BImSchV (*Verordnung über genehmigungsbedürftige Anlagen*) aufgeführte Anlagen betreiben, bei mehrköpfigen Vorständen und Geschäftsführungen sowie bei mehreren vertretungsberechtigten Gesellschaftern ein für den Umweltschutz verantwortliches Mitglied des vertretungsberechtigten Organs benennen. Entsprechend § 52a Absatz 2 muß die gegenüber der Behörde namentlich zu nennende Person auf die ordnungsgemäße Durchführung umweltrelevanter Vorgaben achten. Dabei kann die zuständige Behörde die Offenlegung der organisatorischen Regelungen zur Einhaltung der umweltrelevanten Anforderungen verlangen. Um den

Umweltschutzbeauftragten der Unternehmensleitung (auch als „Umweltbevollmächtigter" bezeichnet) nicht wiederum zu einer Alibifunktion der Unternehmensleitung zu machen, wurde vorsorglich klargestellt, daß die Gesamtverantwortung aller Organisationsmitglieder oder Gesellschafter für den Umweltschutz hiervon unberührt bleibt.

Mit dieser juristischen Vorgabe wird vom Gesetzgeber ganz deutlich die Verantwortung der obersten Leitung für eine funktionsfähige Aufbau- und Ablauforganisation des betrieblichen Umweltschutzes im Falle der Betreiber von genehmigungsbedürftigen Anlagen hervorgehoben. Viele Anlagen sind jedoch nicht genehmigungsbedürftig, und es stellt sich daher die Frage, ob dessen Betreiber von der Organisationspflicht des betrieblichen Umweltschutzes befreit sind. Naturgemäß ist dem nicht so, denn die zivilrechtlichen und strafrechtlichen Folgen einer mangelhaften Umweltschutzorganisation können, wie im folgenden Abschn. kurz dargestellt, sowohl für das Unternehmen an sich als auch für direkt und indirekt beteiligte Personen schwerwiegend sein *[Rack, 1994, S. 40 ff.]*.

5.1.4 Zivilrechtliche und strafrechtliche Vorgaben zur Betriebsorganisation

Der Tatbestand für ein zivilrechtliches Organisationsverschulden ergibt sich aus der Haftung des Unternehmens bei Schädigung eines Dritten (z.B. durch umweltschädliche Emissionen). Die Rechtsgrundlage hierfür ist in § 31 BGB (*Haftung eines Vereins für seine Organe*) in Verbindung mit § 823 BGB (*Schadensersatzpflicht*) und § 831 BGB (*Haftung für den Verrichtungsgehilfen*) zu finden *[Hadding, 1988, S. 290-302]*. Aus diesen Gesetzen leiten sich für die Führungskräfte direkt konkrete

- Auswahlpflichten,
- Anweisungspflichten,
- Überwachungspflichten und
- Eingriffspflichten

gegenüber ihren Mitarbeitern ab. Es können dem sogenannten Verrichtungsgehilfen (im Sinne von Mitarbeiter) nur teilweise die Verkehrssicherungspflichten delegiert werden *[Schäfer, 1986, S. 747 ff.]*. Eine völlige Haftungsbefreiung der leitenden Angestellten durch Aufgabendelegation ist somit nicht möglich. Nach § 831 BGB kann sich daher der Geschäftsherr im Schadensfall nur dann entlasten, wenn er den Nachweis der sorgfältigen Auswahl, Anweisung und Überwachung der Mitarbeiter erbringen kann.

Aus den Aufsichtspflichten entsprechend § 831 BGB folgt, daß das Unternehmen eine funktionierende Organisation haben muß. Wird diese Pflicht verletzt, d.h. sind die Organisationsstrukturen nicht nachvollziehbar, so haftet das Unternehmen automatisch aus eigenem Verschulden (s. Bild 5.6), ohne daß ein weiterer Entlastungsbeweis möglich ist. Zusätzlich zu der Aufsichtspflicht besteht laut § 831 BGB eine Leitungspflicht der Mitarbeiter für bestimmte Aufgaben. Dieser Pflicht muß z.B. durch spezielle Anweisungen für Notfälle Rechnung getragen werden (s. hierzu z.B. *[Adams, 1991]*).

In Bild 5.6 werden die zivilrechtlichen Haftungsmöglichkeiten durch das Organisationsverschulden zusammenfassend dargestellt.

Als konkretes Beispiel für diesen Sachverhalt kann der Umgang der Mitarbeiter mit Gefahrstoffen dienen. In § 20 der GefStoffV wird der Arbeitgeber explizit dazu aufgefordert, arbeits- und stoffbezogene Betriebsanweisungen zu erstellen. Hierin ist auf die beim Umgang mit Gefahrstoffen verbundenen Gefahren für Mensch und Umwelt hinzuweisen, sowie die erforderlichen Schutzmaßnahmen und Verhaltensregeln sind festzulegen. Zudem hat eine arbeitsplatzbezogene Unterweisung der Mitarbeiter mindestens einmal pro Jahr zu erfolgen, wobei Inhalt und Zeitpunkt der Unterweisung schriftlich festzuhalten sind und vom Unterwiesenen unterschrieben werden müssen.

Für ein F&E-Labor in der chemischen Industrie bedeutet das z.B., daß die Laboranten von dem direkt zuständigen Führungspersonal hinsichtlich des Umgangs mit Gefahrstoffen unterwiesen werden müssen. Für den Leiter des Labors, der diese Unterweisung nicht selbst durchführt, heißt es ferner, daß er seine Mitarbeiter mit Personalverantwortung eindeutig auf diese Unterweisungspflicht aufmerksam machen muß und die Durchführung zu kontrollieren hat.

Seit dem 1.1.1991 wurden die sich aus dem BGB ergebenden Haftungsansprüche für eine Reihe von besonders umweltgefährdenden Anlagen durch das Umwelthaftungsgesetz (UmweltHG) erheblich verschärft. Nach § 1 UmweltHG haftet der Betreiber einer im Anhang 1 des Gesetzes genannten Anlage dem Geschädigten, wenn von dieser Anlage eine Umweltauswirkung ausgeht und dadurch jemand getötet, sein Körper und seine Gesundheit verletzt oder eine Sache beschädigt wird. Als Haftungshöchstgrenze ist in § 15 für Personen- und Sachschäden jeweils eine Summe von 160 Mio. DM vorgesehen.

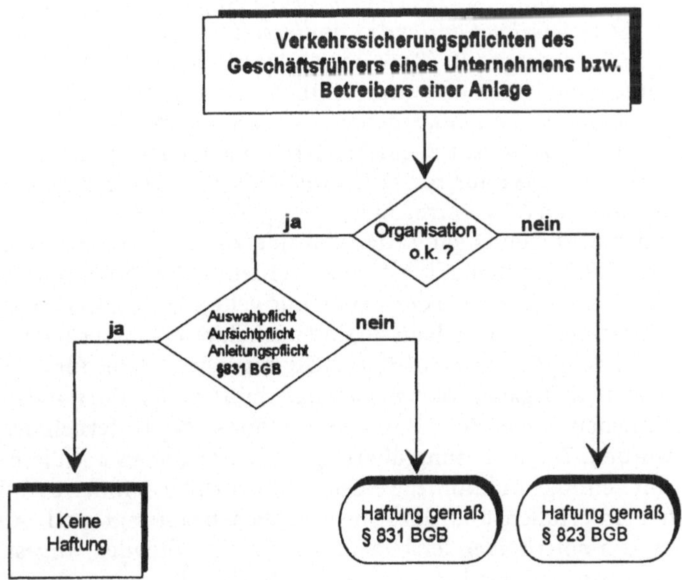

Bild 5.6 Zivilrechtliches Organisationsverschulden

Der entscheidend neue Punkt dieses Haftungsanspruchs ist die in § 6 festgelegte sogenannte Ursachenvermutung, die über die bis dahin übliche Rechtsprechung weit hinausgeht. Für die Erhebung eines Haftungsanspruchs reicht es hierin aus, daß die betroffene Anlage geeignet ist, den Schaden zu verursachen. In diesem Falle ist vom Betreiber nachzuweisen, daß er nicht der Verursacher des Schadens ist (man spricht dabei von der sogenannten „Beweislastenumkehr"). Entsprechend § 6 Abs. 2 kann der Betreiber der Anlage dies, indem er den Nachweis erbringt, daß seine Anlage zu dem entsprechenden Zeitpunkt im Normalbetrieb gearbeitet hat. Gelingt ihm dies, so ist es am Geschädigten, den Nachweis für die Kausalität zwischen der Anlage und dem Schaden zu erbringen, was i.d.R. sehr schwierig ist.

Angesichts dieser Rechtslage sollte der Anlagenbetreiber ein erhebliches Interesse daran haben, zu jedem Zeitpunkt den Normalbetrieb seiner Anlage nachweisen zu können. Es ist daher zwingend notwendig, die betriebliche Organisation auf die nachweisliche Erfüllung aller Betriebspflichten auszurichten. Dafür müssen die Mitarbeiter jedoch erstens Kenntnis über die anlagenspezifischen umweltrechtlichen Belange besitzen und nachweislich in die Lage versetzt worden sein, diese auch zu erfüllen. Es reicht dafür nicht immer aus, schriftliche Verfahrens- und Arbeitsanweisungen zu erstellen, in denen u.a. die zum Nachweis des Normalbetriebs notwendigen Dokumentationspflichten (z.B. Schichtprotokoll) festgeschrieben werden. In vielen Fällen müssen die Mitarbeiter zusätzlich geschult werden, um Gefahren eigenständig erkennen und die notwendigen Maßnahmen ergreifen zu können.

Mängel bei der betrieblichen Umweltschutzorganisation können nicht nur zivilrechtliche, sondern auch strafrechtliche Folgen haben. Das Strafgesetzbuch enthält eine ganze Reihe von unmittelbaren Umweltdelikten, wie bspw. § 324 (*Gewässerverunreinigung*), § 324a (*Bodenverunreinigung*), § 325 (*Luftverunreinigung*) oder § 326 (*Umweltgefährdende Abfallbeseitigung*) (s. zu der Thematik umweltbezogenen Strafrechts z.B. *[Sack, 1995]*). Der Beweis, daß der Staat Umweltdelikte in zunehmendem Maße strafrechtlich verfolgt, läßt sich auch an dem starken Anstieg der bekanntgewordenen und damit verfolgten Anzahl von Umweltdelikten erbringen. So ist z.B. ein Anstieg von 15% allein zwischen den Jahren 1992 und 1993 von 25.882 auf 29.732 Umweltdelikte zu verzeichnen, wobei eine Aufklärungsquote von 66,4% erreicht wurde *[UBA, 1995a, S. 4]*.

Um die strafrechtliche Organisationshaftung zu verstehen, ist es im Vorfeld notwendig, die Rechtssystematik hierzu zu verdeutlichen. So können juristische Personen und Unternehmen bei der Verletzung geltenden Strafrechts nicht direkt strafrechtlich verfolgt werden, denn sie sind nach deutschem Recht deliktunfähig. Durch § 14 (*Handeln für einen anderen*) StGB tragen jedoch die für die juristische Person handelnden Organe, wie z.B. Geschäftsführer oder Vorstandsmitglieder, die strafrechtlichen Folgen für Straftaten, die durch die Unternehmenstätigkeit begangen wurden. Diese Haftung überträgt sich sinngemäß auf die Betriebsangehörigen mit Leitungsfunktion, die eigenverantwortlich definierte Aufgaben des Betriebsinhabers erfüllen und dazu ausdrücklich beauftragt sind. Aus diesem Grund ist es von entscheidender Bedeutung für alle leitenden Angestellten, die unter die sogenannte „Organhaftung" des § 14 StGB fallen, eine möglichst effektive Betriebsorganisation aufzubauen und zu erhalten, die an der Verhinderung von Umweltstraftaten interessiert ist. Dabei ist es wichtig, sich zu verdeutlichen, daß in § 13 Absatz 1 StGB das Nichthandeln dem aktiven Tun gleichgesetzt ist (sogenanntes „Unterlassungsdelikt"). In diesem Sinne müssen der Betreiber einer Gefahrenquelle und der Produzent eines potentiell umweltgefährdenden Produkts alles unternehmen, um im Sinne der Verkehrssicherungspflichten diese Gefahrenquelle optimal zu beherrschen. Sofern dies nicht erfolgt, trifft die strafrechtliche Verantwortung die vom Unternehmen mit dieser Aufgabe beauftragten natürlichen Personen, wie z.B. Gesellschafter, Geschäftsführer, Vorstände und Werksleiter.

Als spektakulärer Fall für die strafrechtliche Verfolgung eines Umweltdelikts gilt das sogenannte „Lederspray-Urteil" vom 6. Juli 1990 (s. hierzu *[Dahnz, 1994]*).

Eine Mainzer Firma produzierte und vertrieb seit Jahren Ledersprays. Aus bis heute ungeklärten Gründen traten seit Ende 1980 bei Benutzern des Sprays Übelkeit, Brechreiz, akute Atemnot, Fieber und Lungenödeme auf. Als sich bei der Herstellerfirma die Beschwerden häuften, trat die Geschäftsleitung (vier Geschäftsführer aus den Bereichen Absatzwesen, Chemie, Technik und Verwaltung) zu einer Sondersitzung zusammen, um über Gegenmaßnahmen zu beraten. Dieses Gremium beschloß, keine Rückrufaktion zu starten, sondern lediglich auf den neuen Spraydosen Warnhinweise anzubringen. In der Folge kam es zu weiteren schweren Gesundheitsschäden bei Benutzern des Sprays. Dieser Sachverhalt wurde vom Bundesgerichtshof als vorsätzliche und rechtswidrige Körperverletzung durch die Geschäftsführer betrachtet. Daher wurden alle Mitglieder der Geschäftsführung zu Freiheits- und Geldstrafen verurteilt.

Dieser Fall war besonders spektakulär, da hier zum ersten Mal alle Mitglieder der Geschäftsführung, unabhängig von ihrem jeweiligen Ressort, zur Rechenschaft gezogen wurden. Dieses Urteil hatte Signalwirkung, da es dem leitenden Management die direkte Haftung der obersten Leitung bei Umweltdelikten wirkungsvoll vor Augen führte.

In den vorangegangenen Abschnitten wurden stichpunktartig umwelt-, zivil- und strafrechtliche Anforderungen an die betriebliche Organisation und damit an das Personal dargestellt. Der Gesetzgeber überläßt es den Unternehmen, sich in einem bestimmten Rahmen selbst zu organisieren, jedoch ergibt sich aus den oben genannten rechtlichen Bestimmungen die Pflicht zur Einführung, Aufrechterhaltung und ständigen Anpassung der Aufbau- und Ablauforganisation an die Erfordernisse des betrieblichen Umweltschutzes. Es gilt daher allein schon aus Gründen der langfristigen Unternehmenssicherung, die betriebliche Organisation umweltorientiert zu gestalten. Hierbei muß neben der Einführung formaler Dokumentations- und Organisationspflichten ein konsequentes Personalmanagement die langfristige Erfüllung der umweltrelevanten Anforderungen ermöglichen.

Der maßgebliche Grund, der zur Aufstellung dieser rechtlichen Rahmenbedingungen geführt hat, ist die Verstärkung des sogenannten „Verursacherprinzips". Diese Orientierung spiegelt sich nicht nur in den gesetzlichen Umweltschutzanforderungen, sondern auch im normativen Bereich wider. So wurden im Zuge des Erfolgs der DIN EN ISO 9000er Reihe Anfang der 90er Jahre analoge Konzepte für den betrieblichen Umweltschutz entwickelt, die in einer Reihe von nationalen und internationalen Normen zum betrieblichen Umweltmanagement konkretisiert wurden. Sie enthalten eine Reihe von Anforderungen an die Organisation und das Personal, die teilweise das gesetzliche Anforderungsprofil wiederholen und auch darüber hinausgehen. Der Grundtenor ist auch hier wiederum die Förderung der betrieblichen Eigenverantwortung für den betrieblichen Umweltschutz durch die umweltorientierte Gestaltung der Organisation. Im folgenden Abschn. werden die normativen Anforderungen aufgeführt und exemplarisch konkretisiert, die schwerpunktmäßig mitarbeiterbezogen und weniger organisatorischer Natur sind. Vielfach wird von den Unternehmen der Einfluß von mitarbeiterorientierten Maßnahmen bei der Vorbereitung, Implementierung und Aufrechterhaltung von Umweltmanagementsystemen unterschätzt. Hier ist häufig die Ursache für die auftretenden Probleme beim Aufbau und bei der Funktionsfähigkeit von betrieblichen Umweltmanagementsystemen zu suchen. Aus diesem Grunde werden in vielen Abschnitten dieses Kapitels vorrangig personalbezogene Aspekte der umweltorientierten Organisationsgestaltung betrachtet und weniger die formalen aufbau- und ablauforganisatorischen Gesichtspunkte.

5.2 Organisation des betrieblichen Umweltschutzes

Die Organisation des betrieblichen Umweltschutzes hat sowohl eine horizontale als auch eine vertikale Dimension. Die horizontalen Gestaltungsmöglichkeiten werden in der Literatur mit den Begriffen „Zentralisation" und „Dezentralisation" beschrieben (s. z.B. *[Frese, 1988, Staehle, 1994]*). Hierbei gibt es zwischen der Zuordnung aller Umweltschutzaufgaben zu einer einzigen Organisationseinheit (Stelle oder Abteilung) einerseits und der gleichmäßigen Verteilung auf alle Organisationseinheiten einer Ebene andererseits ein Kontinuum horizontaler Differenzierungsmöglichkeiten. Während die horizontale Dimension die Zuordnung von Aufgaben auf die Organisationseinheiten einer gleichen hierarchischen Ebene beinhaltet, so umfaßt die vertikale die Abtretung von Kompetenzen an nachgeordnete Stellen. Durch diese vertikale Differenzierung wird so der jeweilige Kompetenzspielraum bzw. die Entscheidungsautonomie der jeweiligen Organisationseinheiten festgelegt.

In den folgenden Abschnitten werden die historische Entwicklung der betrieblichen Umweltschutzorganisation und der derzeitige Ist-Zustand exemplarisch dargestellt. Für eine ausführliche und wissenschaftlich orientierte Analyse der Organisation des betrieblichen Umweltschutzes sei auf die Literatur verwiesen, z.B. *[Matzel, 1994, Frese, 1992, S. 2433-2451]*.

5.2.1 Betrieblicher Umweltschutz in der Praxis

Die historische Entwicklung betrieblicher Umweltschutzorganisationen wurde bis heute durch die Gesetzgebung bestimmt und läßt sich grob in drei Phasen einteilen *[Middelhoff, 1994]*. In einer ersten Phase stand die Arbeitssicherheit bzw. die Arbeitshygiene, also der Schutz der Mitarbeiter vor Unfällen und gesundheitlichen Schäden, im Mittelpunkt. In der zweiten Phase, in den 50er und 60er Jahren, entstanden die ersten Umweltschutzabteilungen im eigentlichen Sinne. Dabei lag der Tätigkeitsbereich primär auf der Produktion, wobei nach und nach auch produktbezogene Umwelteigenschaften untersucht wurden. In der dritten Phase in den 70er und 80er Jahren wurden schließlich die Funktionen von Sicherheit und Umweltschutz in einigen Branchen zusammengefaßt und ausgebaut. Die Bereiche der Bearbeitung von Genehmigungsverfahren und der Erfüllung der Berichtspflichten an die Behörden, die schon seit den 70er Jahren eine wichtige Aufgabe für die Umweltschutzabteilungen darstellten, mußten weiter ausgebaut werden. Gleichzeitig wurde das Tätigkeitsspektrum auch auf andere Bereiche, wie z.B. Forschung und Entwicklung sowie Unternehmenskommunikation, ausgedehnt, um dem Querschnittscharakter des betrieblichen Umweltschutzes gerecht zu werden.

Der betriebliche Umweltschutz wird in Zukunft eine noch breitere horizontale und vertikale Verankerung erfahren, um auf die umweltrelevanten Anforderungen flexibel reagieren zu können. Kriterien für einen solchen zukunftsweisenden, „proaktiven" Umweltschutz enthält z.B. die Bewertungsmatrix des Hamburger Umwelt Instituts (HUI) (s. hierzu *[Krogh, Palaß, 1996]*). Dabei wurden folgende Bewertungskategorien verwendet, die schon einen qualitativen Eindruck vom Anforderungsprofil eines proaktiven Umweltschutzes vermitteln:

- Umweltpolitik und -ziele,
- Weltweite Standards,
- Internes Management,
- Produkte,
- Prozesse,
- Informationspolitik,
- Abfallmanagement,
- Störfallverhütung,
- Altlastensanierung,
- Externes Engagement.

Die o.g. umweltrelevanten Aspekte müssen im Prinzip schon allein aufgrund juristischer Regelungen von allen Unternehmen bei ihren Tätigkeiten berücksichtigt werden, die Zielstrebigkeit und der Umfang der betrieblichen Bemühungen variieren jedoch stark von einem Unternehmen zum anderen. Die Faktoren, die zur unternehmensspezifischen Organisationsgestaltung und damit zur unterschiedlichen Befähigung führen, die o.g. Kriterien zu erfüllen, sind z.B.:

- Produktionsverfahren und Produkte des Unternehmens mit ihrem tatsächlichen umweltschädigenden Potential und den dafür vorgesehenen gesetzlichen Regelungen,
- interne und externe Risikoeinschätzung der unternehmerischen Tätigkeit,
- externe Beurteilung der Umweltleistungen des Unternehmens durch Kunden, Aktionäre, Medien und die interessierte Öffentlichkeit,
- branchenspezifische Verpflichtungen,
- unternehmensinterne Vorgaben zum Umweltschutz und die Bereitstellung der dafür notwendigen Mittel u.a.

Prinzipiell ist bei größeren Unternehmen der organisatorische Aufbau des Umweltschutzes durch die Existenz von Stabsstellen und Linienfunktionen gekennzeichnet. Bei kleineren und mittleren Unternehmen beschränkt man sich häufig auf die gesetzlich vorgeschriebenen Umweltschutzbeauftragten, die zwar in der Linie tätig sind, jedoch als Beauftragte entsprechend den gesetzlichen Vorschriften direkt der Geschäftsführung bzw. der Werksleitung unterstehen. Mit dieser Organisationsform können sowohl die zentralen als auch die dezentralen Aufgaben wahrgenom-

	Aufgaben der Umweltschutzabteilungen
Konzern-ebene	• Koordination der gesamten Umweltschutzaktivitäten • Durchführung von Audits • Beratung der Divisionen und Werke • Information und Dokumentation • Schulung der Mitarbeiter • Öffentlichkeitsarbeit • Verbandsarbeit • Behördenkontakte
Divisions-ebene	• Produktsicherheit • Koordination, Beratung und Kontrolle der direkt unterstellten Werke und Betriebe
Werks-ebene	• Mitarbeit bei Investitionen und Projekten • Vor-Ort-Kontrollen in den Betrieben • Durchführung von Analysen • Entsorgung von Abwasser und Abfällen • Notfallbewältigung • Information und Dokumentation • Schulung der Mitarbeiter • Behördenkontakte

Bild 5.7 Aufgaben der Umweltschutzabteilungen auf den unterschiedlichen Ebenen eines größeren Unternehmens *[Middelhoff, 1994]*

men werden. In Bild 5.7 sind die typischen Aufgaben der Umweltschutzabteilungen auf den unterschiedlichen Ebenen des Unternehmens zusammengefaßt.

Die Umweltschutzabteilung auf Konzernebene ist häufig eine typische Stabsstelle, die übergeordnete Aufgaben wahrnimmt und Dienstleistungen für die gesamte betriebliche Umweltschutzorganisation erbringt. Neben diesen zentralen existieren auch Umweltschutzstellen mit Liniencharakter, die operative Aufgaben, wie z.B. Überwachung der Emissionen, durchführen.

5.2.2 Organisation des Umweltschutzes in großen Unternehmen

Große Unternehmen haben allein schon aufgrund der rechtlichen Anforderungen und der Forderung nach organisatorischer Transparenz einen relativ großen Organisationsaufwand im betrieblichen Umweltschutz im Vergleich zu kleinen und mittleren Unternehmen. Im Falle der Chemiebranche sind der Aufwand und der angestrebte Organisationsgrad am höchsten. So sind z.B. rund 1% der gesamten Belegschaft der Hoechst AG unmittelbar im Umweltschutz tätig *[Hoechst, 1995]*. Viele dieser Mitarbeiter sind gesetzlich nicht vorgeschrieben, haben jedoch direkt mit dem betrieblichen Umweltschutz zu tun, so z.B.:

- Mitarbeiter der Rechtsabteilung,
- Mitarbeiter für die betriebsinterne Kommunikation,
- Mitarbeiter beratender Stabsfunktionen und
- Mitarbeiter zur Planung, Steuerung und Kontrolle der Umweltschutzaktivitäten u.a.

Bei diesen Mitarbeitern handelt es sich in der Regel um Angestellte, wodurch sich bei einem jährlichen Durchschnittslohn von 73120.– DM *[VCI, 1995, S. 60]* entsprechend hohe Personalkosten ergeben.

Die grundlegende Funktionsweise und das zu erfüllende Aufgabenspektrum von Umweltschutzorganisationen in großen Unternehmen werden am Beispiel der Umweltschutzorganisation der Bayer AG exemplarisch dargestellt.

Wie bereits erwähnt, sind die Unternehmen der chemischen Industrie u.a. aufgrund des §52a BImSchG gezwungen, eine Organisation für den Umweltschutz aufzubauen. Ihre primäre Aufgabe ist es, die Einhaltung der einschlägigen Umweltgesetze zu gewährleisten. Diese Aufgabe stellt die Grundlage für den Aufbau von Umweltmanagementsystemen in der chemischen Industrie dar.

Die gesamte Organisation des Umweltschutzes der Bayer AG ist schematisch in Bild 5.8 dargestellt.

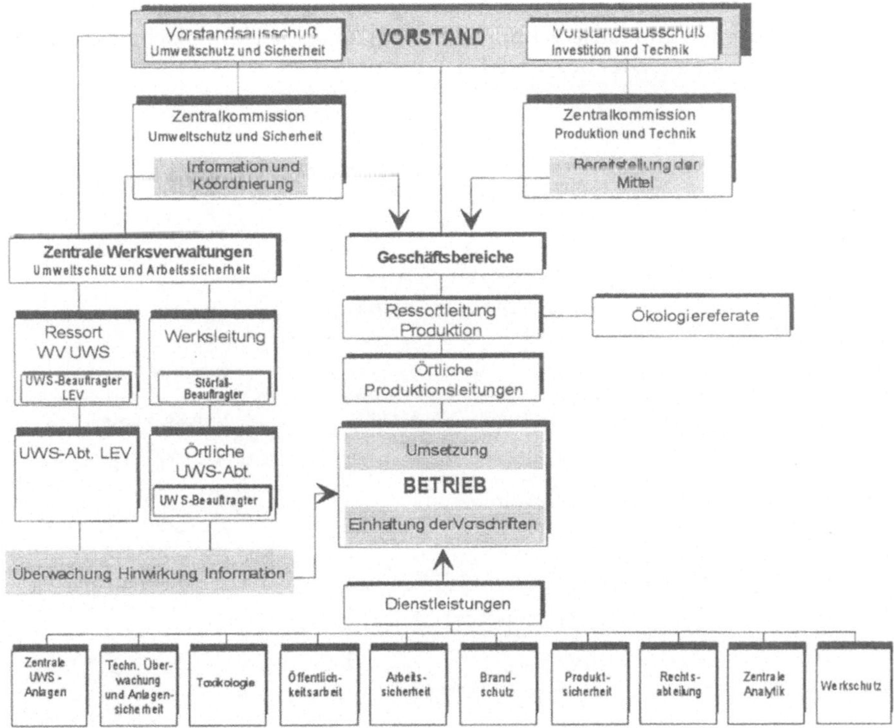

Bild 5.8 Organisation des Umweltschutzes der Bayer AG nach *[Bayer, 1995, S.19]*

Auf *Unternehmensebene* wird die Koordination aller Umweltschutzbelange durch die ständigen Vorstandsausschüsse *Umweltschutz und Sicherheit* sowie *Investition und Technik* übernommen. Die Zentralkommission *Umweltschutz und Sicherheit*, die von einem Vorstandsmitglied geleitet wird, fungiert als das zentrale Informationsgremium zu umwelt- und sicherheitsrelevanten Fragestellungen. Die werksübergreifende Koordination der Umweltschutzaktivitäten wird vom *Zentralbereich Werksverwaltung* übernommen.

Auf der *Werksebene* übernehmen die Werksleiter gleichzeitig die Funktion des Störfallbeauftragten. Ihnen berichten die Leiter der jeweiligen Umweltschutzabteilungen. Diese nehmen die Funktion von gesetzlich vorgeschriebenen und freiwillig bestellten Umweltschutzbeauftragten wahr und sind die Betreiber der zentralen Umweltschutzanlagen (z.B. Abwasser- und Abluftreinigungsanlagen).

Auf der *Betriebsebene* ist die Betriebsleitung für die Einhaltung der Gesetze und Verordnungen verantwortlich. Die Umweltschutz-Abteilung des Werkes überwacht das Emissions-/Immissionsverhalten der Betriebe, stellt die analytischen Dienstleistungen zur Verfügung und berät die Betriebsleitung. Zur Erfüllung ihrer rechtlich vorgeschriebenen Aufgaben nimmt die Betriebsleitung eine ganze Reihe weiterer zentraler Dienstleistungen in Anspruch.

Um die standortspezifische Aufgabenverteilung der Umweltschutzabteilungen zu verdeutlichen, wurde das Beispiel des Standorts Dormagen der Bayer AG schematisch dargestellt (s. Bild 5.9).

Für den Aufbau und die Aufrechterhaltung eines Umweltmanagementsystems in der chemischen Industrie kommt der betrieblichen Umweltschutzabteilung eine Schlüsselrolle zu. Dies begründet sich dadurch, daß:

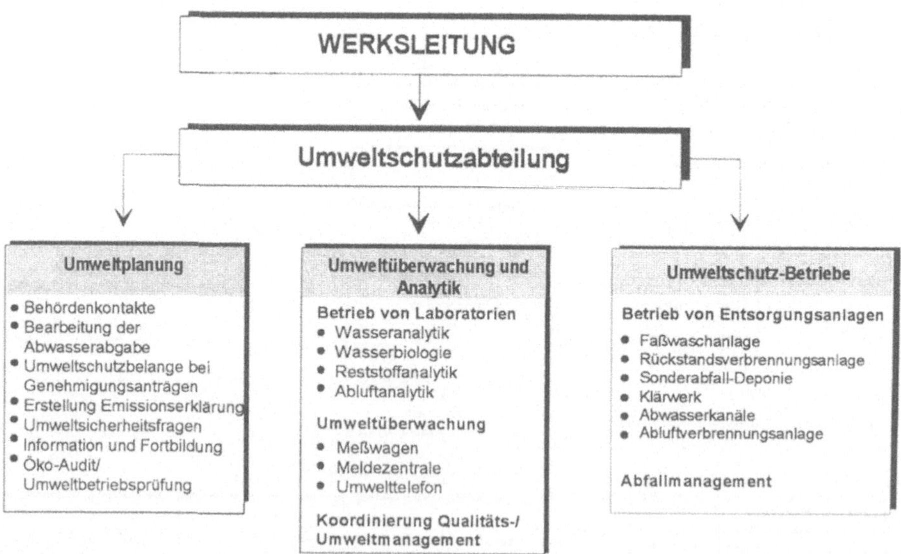

Bild 5.9 Aufgabenverteilung innerhalb der Abteilung für Umweltschutz am Standort Dormagen der Bayer AG nach *[Bayer, 1995, S.20]*

- das Aufgabenfeld der Umweltschutzabteilungen alle gesetzlich umweltrelevanten Bereiche umfaßt,
- die Einhaltung quantitativer Umweltdaten die notwendige Voraussetzung für eine Zertifizierung des Umweltmanagementsystems ist,
- sie mit der Ermittlung quantitativer Umweltdaten betreut ist.

Dieser Schlüsselposition wurde am Standort Dormagen Rechnung getragen, so daß die dortige Umweltschutzabteilung die zentrale Organisationseinheit für die Implementierung und die Überwachung des standortspezifischen Umweltmanagementsystems ist.

5.2.3 Organisation des Umweltschutzes in mittelständischen Unternehmen

Der betriebliche Umweltschutz bei kleinen und mittleren Unternehmen ist sehr viel weniger formalisiert und strukturiert als in dem o.g. Beispiel, wobei dies historisch und auch durch die immer noch weit verbreitete Vorstellung bedingt ist, daß der Umweltschutz nur ein notwendiges Übel sei. Häufig beschränkt sich diese Organisation auf die Bildung einer zentralen Stelle für Umweltschutz oder nur auf den Aufbau des gesetzlichen Beauftragtenwesens. Die zentrale Organisationseinheit bzw. die Beauftragten sind für alle Fragen des Umweltschutzes zuständig und unterstehen in dieser Funktion meistens direkt der Geschäftsleitung. Die Zuordnung von umweltrelevanten Aufgaben und den jeweiligen Kompetenzen ist kaum dokumentiert und formalisiert. Diese für kleinere Unternehmen typischen informellen Organisationsstrukturen haben zwar den Vorteil, daß sie bei einem guten Unternehmensklima schnelle Reaktionsmöglichkeiten zulassen, aber sie sind nicht transparent und allein schon vom juristischen Standpunkt aus nicht akzeptabel.

Im Rahmen der zunehmenden Einführung von Umweltmanagementsystemen auch bei kleinen und mittleren Unternehmen wird sich dieser Zustand verbessern lassen. Um die Implementierung von Umweltmanagementsystemen im Mittelstand zu fördern, existieren entsprechend der im EMAS aufgeführten Forderung nationale Förderprogramme. Zudem werden von öffentlicher Seite und durch Industrieverbände Leitfäden und Informationsbroschüren veröffentlicht, die gezielt Unternehmen bestimmter Branchen zum Aufbau von Umweltmanagementsystemen animieren sollen. Solche Leitfäden sind z.B.:

- Schianetz, K.: Umweltmanagement in der Textilindustrie, Sächsisches Staatsministerium für Umwelt und Landesentwicklung (Hrsg.), Dresden, 1994.
- Umweltorientierte Unternehmensführung in kleinen und mittleren Unternehmen und in Handwerksbetrieben, Umweltministerium Baden-Württemberg (Hrsg.), 1994.
- Umweltmanagementsystem - Ein Modellhandbuch, Landesanstalt für Umweltschutz Baden-Württemberg und Umweltministerium Baden-Württemberg (Hrsg.), 1994.
- Der Umweltkompaß für die Wirtschaft, Landesanstalt für Umweltschutz Baden-Württemberg (Hrsg.), Karlsruhe 1994.

- Der Weg zur Zertifizierung nach der EG-Öko-Audit-Verordnung, Landesanstalt für Umweltschutz Baden-Württemberg (Hrsg.), Karlsruhe 1994.
- Die umweltbewußte Brauerei, Bayerisches Staatsministerium für Landesentwicklung und Umweltfragen, 1994.

5.3 Anforderungen an die Organisation und das Personal durch Umweltmanagementnormen

Unter Umweltmanagement wird derjenige Teil des Managements verstanden, der unter der Zielsetzung des integrierten Umweltschutzes, entsprechend den grundlegenden Funktionen des Managements (*Ziele setzen, planen, entscheiden, realisieren und kontrollieren*), die unternehmerische Umweltpolitik festlegt und implementiert (s. hierzu Kap. 3 und 8). Dieser funktionalen Definition wird eine institutionale beigestellt, die unter dem speziellen Begriff des *Umweltmanagementsystems* jenen Teil des gesamten Managementsystems charakterisiert, der die Organisationsstruktur, Zuständigkeiten, Verhaltensweisen, Verfahren, Abläufe und Ressourcen für die Festlegung und Durchführung der Umweltpolitik umfaßt (s. hierzu Kap. 3 und 5).

Die Grundidee von betrieblichen Umweltmanagementsystemen (Bild 5.10) besteht darin, Unternehmen zu einem „proaktiven" und damit selbstbestimmten Handeln bei umweltrelevanten Prozessen zu führen. Dabei können analog zu Qualitätsmanagementsystemen folgende grundlegende Strukturelemente als notwendige Voraussetzung aufgestellt werden:

1. Bekenntnis der obersten Leitung zur Umweltverantwortung des Unternehmens,
2. Aufstellen einer expliziten Umweltpolitik, welche die Leitlinien des Umweltmanagements unternehmensspezifisch definiert,
3. Festlegen von quantifizierbaren Zielen im Umweltbereich nach einer umfassenden Bestandsaufnahme der umweltrelevanten Situation des Unternehmens,
4. Definieren eines Umweltprogramms, bestehend aus Maßnahmen, Mitteln und Fristen zur Zielerreichung,
5. Durchführen periodischer Umweltaudits zur systematischen Überprüfung der Zielerreichung und der Funktionsweise des bestehenden Umweltmanagementsystems sowie
6. Aufstellen und Durchführen von Korrekturmaßnahmen und Anpassen des Umweltmanagementsystems.

Auf eine weiterführende Darstellung der normativen Konzeption von Umweltmanagementsystemen wird hier verzichtet, da diese bereits an anderer Stelle ausführlich besprochen wurde, z.B. bei *[Dyllick, 1995, S. 299-339]*.

Im folgenden stehen vor allem personalrelevante Aspekte im Vordergrund, wobei die in den Normen konkret aufgeführten Anforderungen dargestellt werden sollen. Dafür werden das EMAS und der Entwurf der DIN ISO 14001 näher betrachtet.

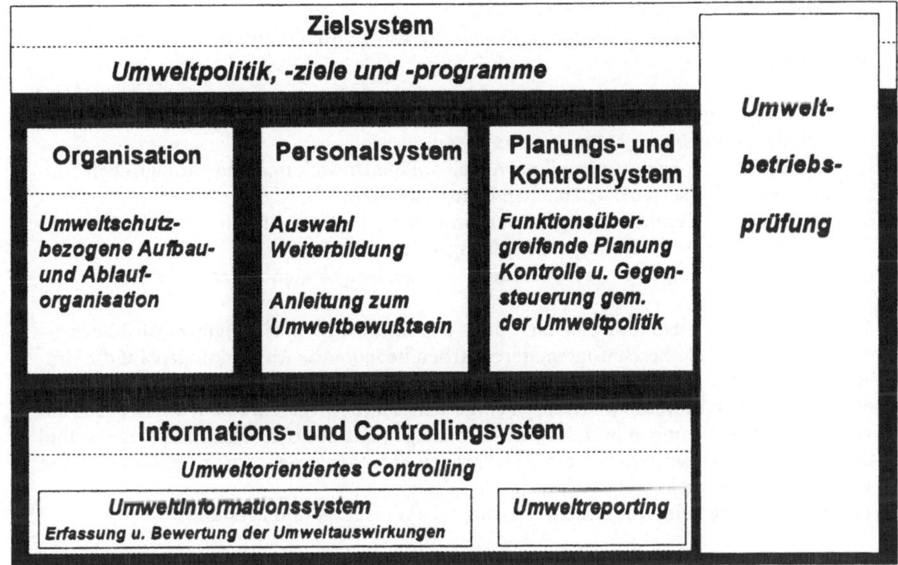

Bild 5.10 Elemente des Umweltmanagementsystems nach *[Wagner, Janzen, 1994, S.575]*

5.3.1 Anforderungen des EMAS

Die Mindestanforderung an Unternehmen, die ein Umweltmanagementsystem im Sinne des EMAS aufbauen wollen, ist entsprechend Artikel 2 und Anhang I A. 3. der Verordnung die Einhaltung der einschlägigen Umweltvorschriften. Dazu gehören primär die schon erwähnten Organisationspflichten, die sich aus den umweltrechtlichen, aber auch den jeweiligen zivil- und strafrechtlichen Regelungen ergeben.

Eine erfolgreiche Umsetzung der Umweltpolitik und -ziele ist nicht nur abhängig von der Effizienz der technischen Einrichtungen und Verfahren, sondern in entscheidendem Maße von der Effektivität der Organisation. Dem daraus resultierenden hohen Stellenwert der Anforderungen an die Mitarbeiter für den Aufbau und die Funktionsfähigkeit von Umweltmanagementsystemen wird in Anhang I des EMAS Rechnung getragen. Folgende Anforderungen müssen durch das Umweltmanagementsystem gewährleistet werden:

„*Verantwortung und Befugnisse*
Definition und Beschreibung von Verantwortung, Befugnissen und Beziehungen zwischen den Beschäftigten in Schlüsselfunktionen, die die Arbeitsprozesse mit Auswirkungen auf die Umwelt leiten, durchführen und überwachen.

Managementvertreter
Bestellung eines Managementvertreters mit Befugnissen und Verantwortung für die Anwendung und Aufrechterhaltung des Managementsystems.

Personal, Kommunikation und Ausbildung
Vorkehrungen, die gewährleisten, daß sich die Beschäftigten auf allen Ebenen bewußt sind über

a) die Bedeutung der Einhaltung der Umweltpolitik und -ziele sowie der Anforderungen nach dem festgelegten Managementsystem;
b) die möglichen Auswirkungen ihrer Arbeit auf die Umwelt und den ökologischen Nutzen eines verbesserten betrieblichen Umweltschutzes;
c) ihre Rolle und Verantwortung bei der Einhaltung der Umweltpolitik und der Umweltziele sowie der Anforderungen des Managementsystems;
d) die möglichen Folgen eines Abweichens von den festgelegten Arbeitsabläufen.

Ermittlung von Ausbildungsbedarf und Durchführung einschlägiger Ausbildungsmaßnahmen für alle Beschäftigten, deren Arbeit bedeutende Auswirkungen auf die Umwelt haben kann.
Vom Unternehmen werden Verfahren eingerichtet und fortgeschrieben, um in bezug auf die Umweltauswirkungen und das Umweltmanagement des Unternehmens (interne und externe) Mitteilungen von betroffenen Parteien entgegenzunehmen, zu dokumentieren und zu beantworten."
(Anhang I, B. Umweltmanagementsysteme, 2. Organisation und Personal)

Ein weiterer Hinweis auf mitarbeiterbezogene Maßnahmen enthält Punkt D. des Anhangs I:

„1. Bei den Arbeitnehmern wird auf allen Ebenen das Verantwortungsbewußtsein für die Umwelt gefördert."
(Anhang I, D. Gute Managementpraktiken)

Diese Auszüge aus der Verordnung betonen vor allem die Notwendigkeit einer Verhaltensänderung der Mitarbeiter im Sinne eines „proaktiven" Umweltschutzes. Dabei soll sichergestellt werden, daß die Mitarbeiter detailliert über die Politik, Ziele und Strukturen des Umweltmanagementsystems informiert werden. Auf dieser Wissensbasis sollen dann arbeitsplatzbezogene Informations- und Schulungsmaßnahmen zu Themen des Umweltschutzes durchgeführt werden, die sicherstellen, daß die Mitarbeiter in die Lage versetzt werden, ihre umweltrelevanten Tätigkeiten konform zur Umweltpolitik und den Umweltzielen auszuführen. Dies beinhaltet nachdrücklich die Durchführung gesetzlich vorgeschriebener Schulungen und arbeitsplatzbezogener Unterweisungen, was mit der abstrakten Formulierung „Durchführung einschlägiger Ausbildungsmaßnahmen" in der Verordnung gemeint ist.

Ein Kritikpunkt am Text der Verordnung ist das Fehlen von konkreten Hinweisen zur Mitwirkung der Mitarbeiter beim Aufbau und der Aufrechterhaltung von Umweltmanagementsystemen im Unternehmen. Erfahrungen aus der Praxis zeigen, daß im Rahmen des Aufbaus von Umweltmanagementsystemen die notwendig gewordenen Anpassungen der Arbeitsabläufe und die eindeutige Zuordnung der Verantwortlichkeiten ohne konkrete Beteiligung der Mitarbeiter zu passivem und teilweise auch aktivem Widerstand der Belegschaft führen. Es entsteht durch den Text der Verordnung der fatale Eindruck, daß die betroffenen Mitarbeiter zwar ausreichend informiert und geschult werden müssen, um den Anforderungen des Umweltmanagementsystems zu entsprechen, eigene Vorstellungen jedoch nicht einbringen sollen. So wäre z.B. unter Punkt D. *Gute Managementpraktiken* im Anhang I der Verordnung ein Hinweis auf die Mitwirkung der Mitarbeiter sinnvoll gewesen. Maßnahmen könnten z.B. die Erweiterung des betrieblichen Vorschlagswesens um ökologische Fragestellungen oder die Bildung von Umweltzirkeln sein.

5.3.2 Anforderungen der DIN ISO 14001

Die Norm DIN ISO 14001 unterscheidet sich in ihrer Struktur vom EMAS, denn sie besteht aus einer Reihe normativer Anforderungen, die in einem informativen Anhang spezifisch erläutert werden.

In der *Norm* selbst werden folgende konkret mitarbeiterorientierte Anforderungen gestellt:

„*4.3.2 Schulung, Bewußtseinsbildung und Kompetenz*
Die Organisation ermittelt den Schulungsbedarf. Es wird sichergestellt, daß alle Beschäftigten, deren Tätigkeit einen bedeutenden Einfluß auf die Umwelt haben kann, eine entsprechende Schulung erhalten.
Die Organisation führt Verfahren ein und erhält diese aufrecht, um ihren Beschäftigten oder Mitgliedern in allen wichtigen Funktionen und Ebenen folgende Faktoren bewußt zu machen:

a) Die Bedeutung der Übereinstimmung mit der Umweltpolitik, mit den Anforderungen des Umweltmanagementsystems und der Einhaltung der zugehörigen Verfahren;
b) die Bedeutung der tatsächlichen oder potentiellen Einwirkungen ihrer Tätigkeit auf die Umwelt und die umweltspezifischen Vorteile aufgrund besseren persönlichen Einsatzes;
c) ihre Aufgabe und Verantwortlichkeiten bei der Übereinstimmung mit der Umweltpolitik und mit den Umweltverfahren sowie mit den Anforderungen des Umweltmanagementsystems einschließlich Notfallvorsorge und -maßnahmenplanung und
d) die möglichen Folgen eines Abweichens von den festgelegten Betriebsabläufen

Beschäftigte mit Aufgaben, welche bedeutende Umwelteinwirkungen haben können, müssen die erforderliche Fachkompetenz aufgrund ihrer Ausbildung, der entsprechenden Schulung und Erfahrung vorweisen.

4.3.3 Kommunikation
Die Organisation führt Verfahren ein und erhält diese aufrecht für:

a) die interne Kommunikation zwischen den verschiedenen Ebenen und Funktionen der Organisation; und
b) ...“

Im informativen Anhang der Norm werden diese Aspekte weiter konkretisiert:

„*A. 4.2.4 Umweltmanagementprogramme*
... Das Programm sollte beschreiben, wie die Ziele der Organisation erreicht werden können, einschließlich Zeitpläne und Personal, das für die Umsetzung der Umweltpolitik der Organisation zuständig ist. ...

A. 4.3.1 Organisationsstruktur und Zuständigkeiten
Die erfolgreiche Einführung eines Umweltmanagementsystems erfordert das Engagement aller Beschäftigten. Daher sollten umweltbezogene Verantwortlichkeiten nicht auf die Umweltbeauftragten beschränkt bleiben, sondern auch andere Bereiche der Organisation einschließen wie die Betriebsleitung oder Stabsfunktionen außerhalb des Umweltschutzes. ...

A. 4.3.2 Schulung; Bewußtseinsbildung und Kompetenz
Die Organisation sollte Verfahren zur Ermittlung des Schulungsbedarfes einrichten und aufrechterhalten. Sie sollte weiterhin dafür Sorge tragen, daß die im Auftrag der Organisation tätigen Arbeitnehmer nachweisen können, daß ihre Mitarbeiter die erforderliche Ausbildung haben.

Die oberste Leitung sollte den Grad an Erfahrung, Kompetenz und Schulung feststellen, der notwendig ist, um die Befähigung des Personals sicherzustellen, insbesondere jenes, das spezielle Managementfunktionen ausübt."

Außer den vielen inhaltlichen Parallelen zwischen den beiden Normentexten gibt es eine Reihe von Unterschieden. So wird z.B. in der Norm DIN ISO 14001 unter 4.3.2 die Notwendigkeit betont, aufbau- und ablauforganisatorische Strukturen für die Notfallvorsorge und -maßnahmenplanung aufzubauen. Dieser Aspekt wird zwar im Anhang I, *B. Umweltmanagementsysteme* des EMAS unter *3. Auswirkungen auf die Umwelt* behandelt, wird hierin jedoch nicht explizit mit der Organisation und den Mitarbeitern verknüpft. Desweiteren wird in der DIN ISO 14001 darauf hingewiesen, daß die Mitarbeiter die notwendige Fachkompetenz für die Ausführung ihrer Tätigkeit besitzen müssen, ein Begriff, der so nicht im EMAS vorkommt. Auch im informativen Anhang sind Unterschiede zum EMAS zu verzeichnen. So wird die Begriffsdefinition des „Umweltmanagementprogramms" in der DIN ISO 14001 unter A. 4.2.4 im Vergleich zum EMAS um das Element der Personalbedarfsplanung erweitert. Zudem enthält der Anhang der DIN ISO 14001 unter A. 4.3.1 den im EMAS fehlenden Hinweis auf die Notwendigkeit des Engagements der Mitarbeiter bei der Einführung des Umweltmanagementsystems. Weitere Unterschiede ergeben sich durch die Aussagen zu Weiterbildungsmaßnahmen im Rahmen des Umweltmanagementsystems. Diese sind in der DIN ISO 14001 unter A. 4.3.2 viel konkreter artikuliert als im EMAS. Es wird erstens ein Nachweis der für die Tätigkeit erforderlichen Ausbildung verlangt, und zweitens muß die oberste Leitung nachweislich überprüfen, ob die tatsächliche Fähigkeit des Personals zur Durchführung der Tätigkeiten gewährleistet ist.

Zusammenfassend läßt sich sagen, daß verglichen mit dem EMAS die DIN ISO 14001 zwar viele andere Punkten weniger anspruchsvoll schildert *[Dyllick, Hummel, 1995, S.* 24-28*]*, es jedoch bei Fragen des Personalmanagements genau umgekehrt ist. Die Normentexte selbst vermitteln jedoch nur einen geringfügigen Eindruck der tatsächlichen Anforderungen an das Personalmanagement bei der Vorbereitung, der Implementierung und der Aufrechterhaltung eines betrieblichen Umweltmanagementsystems. Aus diesem Grund werden in den folgenden Abschnitten Maßnahmen und Probleme eines angepaßten Personalmanagements aufgezeigt, durch die die einzelnen Phasen des Aufbaus, der Implementierung und der Aufrechterhaltung von Umweltmanagementsystemen begleitet werden sollten.

5.4 Umweltorientiertes Personalmanagement

Die Aufgaben des betrieblichen Personalmanagements lassen sich entsprechend der Standardliteratur wie folgt zusammenfassen (s. hierzu z.B. *[Scholz, 1989, Bisani, 1995, Steinbuch, 1995, Hentze, 1991]*):

- Personalbedarfsermittlung,
- Personalbeschaffung,
- Personalentwicklung, Personalerhaltung und Leistungsstimulation,
- Personaleinsatz,
- Personalfreisetzung,
- Personalinformationsmanagement.

Im Rahmen einer umweltorientierten Organisationsgestaltung wäre es fatal, die umweltbezogenen Personalmaßnahmen einzig und allein auf die Personalentwicklung in Form von Schulungen zu beschränken. Vielmehr sind bei allen o.g. Aspekten des Personalmanagements Umweltschutzkriterien zu berücksichtigen. Nur durch diese systematische Integration des Umweltschutzes in das Personalmanagement können langfristig die umweltrelevanten Leistungen des Unternehmens kontinuierlich verbessert werden und die Einführung sowie die Aufrechterhaltung von Umweltmanagementsystemen effektiver und effizienter gestaltet werden.

In den nächsten Abschnitten werden einige der o.g. Aufgaben des Personalmanagements in Hinblick auf eine Integration von Umweltschutzkriterien besprochen.

5.4.1 Personalbedarfsermittlung

Im Rahmen der Personalbedarfsermittlung wird einerseits der quantitative und andererseits der qualitative Personalbedarf festgestellt *[Hentze, 1991, S. 174 ff.]*. Für die Thematik des Umweltschutzes ist vor allen Dingen die qualitative Bedarfsermittlung wichtig. Sie umfaßt zum einen die Erfassung der Qualifikationen, die notwendig sind, um die gewünschte Tätigkeit durchzuführen, und zum anderen die Bestimmung der Ist-Qualifikation der Mitarbeiter. Der Begriff Qualifikation wird hierbei synonym für Eignung oder Befähigung verwendet. Das Auffinden einer qualitativen Unterdeckung sollte entweder durch Weiterbildungsmaßnahmen oder Personalfreisetzungen beseitigt werden, um die Erfüllung der durchzuführenden Tätigkeiten zu gewährleisten.

Aus Sicht eines umweltorientierten Personalmanagements sind bei der qualitativen Bedarfsermittlung umweltbezogene Kriterien unbedingt zu berücksichtigen. Die Erkenntnisse, die hierbei gewonnen werden, sind eine wichtige Informationsquelle sowohl für das Personalmanagement selbst als auch für andere Aufgaben des Umweltmanagements. So können diese Daten z.B. genutzt werden, um zielgruppengerechte Weiterbildungsmaßnahmen zu planen und durchzuführen, sie können in die Personalbewertung einfließen und in das Anforderungsprofil der Personalbeschaffung integriert werden.

Bei der Ermittlung des qualitativen Personalbedarfs kann man die umweltschutzrelevanten Qualifikationen in zwei Klassen unterteilen. Die eine umfaßt eher die fachlichen Qualifikationen, die zur Ausführung der operativen Arbeit notwendig sind. An dieser Stelle soll auf die Darstellung der rechtlichen Rahmenbedingungen verwiesen werden, in der die Bedeutung der Befähigung der Mitarbeiter, umweltrelevante Aufgaben zu erfüllen, ausführlich behandelt wurde.

Eine zweite Klasse von umweltschutzrelevanten Qualifikationen umfaßt eher die individuellen Persönlichkeitsmerkmale, wie z.B. Teamgeist, Führungsverhalten oder ethische Orientierung. Solche Schlüsselqualifikationen, die Ausdruck der Fähigkeit der Mitarbeiter zum interdisziplinären Denken und Lernen sein sollen, wurden z.B. für die Mitarbeiter im Umweltschutzbereich aufgestellt *[Meffert, Kirchgeorg, 1993, S. 319-320]*.

5.4.2 Personalbeschaffung

Der Personalbeschaffungsprozeß ist aus Sicht des Unternehmens auf die Gewinnung der bedarfsgerechten Anzahl potentiell für die Erfüllung definierter Aufgaben geeigneter Mitarbeiter ausgerichtet. Es liegt im Interesse des Unternehmens, bei seiner Personalbeschaffung umweltschutzrelevante Gesichtspunkte kontinuierlich zu berücksichtigen, da der betriebliche Umweltschutz eine Querschnittsfunktion ist und daher alle Mitarbeiter von den sich daraus ergebenden Aufgaben früher oder später betroffen sein werden. Plant das Unternehmen zudem den Aufbau eines Umweltmanagementsystems oder besteht ein solches schon, so ergibt sich eine solche Einbeziehung von selbst.

Im Rahmen der Personalbeschaffung lassen sich folgende aufeinander folgende Phasen identifizieren (s. hierzu z.B. *[Hentze, 1991]*):

- Personalwerbung
- Personalauswahl

Aus den Erkenntnissen der Personalbedarfsanalyse sollte ein Anforderungsprofil für die vakante Stelle erarbeitet werden, in das auch umweltschutzbezogene Aspekte integriert werden müssen. Die derzeitigen Stellenbeschreibungen haben häufig keine Hinweise auf die umweltschutzbezogenen Aufgabenmerkmale. Durch eine wie oben beschriebene Erweiterung des Anforderungsprofils um ökologische Aspekte kann dieser Mißstand behoben werden. Auf dieser Basis kann in der Phase der Personalwerbung auf umweltschutzbezogene Anforderungen verwiesen werden, wodurch die ökologische Orientierung des Unternehmens für den Bewerber sichtbar wird. Nachweislich gewinnt ein Unternehmen dabei am Arbeitsmarkt entscheidend an Attraktivität, wenn seine Umweltaktivitäten glaubhaft erscheinen *[Gege, Hirsch, 1992, S. 97-105]*.

Die Personalauswahl basiert auf den Ergebnissen der Personalbeurteilung der potentiellen Kandidaten, die aus einer gemischten Beurteilung der Leistung und der Persönlichkeit resultieren (s. hierzu z.B. *[Domsch, Gerpott, 1992, S. 1631-1641]*. Wie im vorangehenden Abschnitt beschrieben, sind bei der Personalbeurteilung im Rahmen eines Personalauswahlverfahrens neben den fachlichen umweltrelevanten Qualifikationen, die zur Ausführung der jeweiligen Tätigkeit benötigt werden, auch die persönlichen Merkmale zu erfassen, die eine flexible Anpassung des Mitarbeiters an neue umweltrelevante Anforderungen zu gewährleisten scheinen. Eine beispielhafte Auflistung von Indikatoren und Verfahren zur Integration von umweltschutzbezogenen Aspekten bei der Personalbeschaffung ist in Bild 5.11 aufgeführt.

AUSWAHLKRITERIEN	INDIKATOREN	VERFAHREN
Fachwissen • natrwissenschaftlich • technisch • betriebswirtschaftlich • volkswirtschaftlich • sozialwirtschaftlich • juristisch • philosophisch **Persönlichkeitsmerkmale** • Überzeugungen • Werte • Gefühle	• Ausbildungszeugnisse • berufliche Laufbahn • Praktika • Engagement • Erwartungen • Neigungen, Tendenzen • Zukunftsperspektiven	• Lebenslaufanalyse • Fähigkeitstests • Assessment-Center • biographischer Fragebogen • Interview • Persönlichkeitstests

Bild 5.11 Indikatoren und Verfahren zur umweltschutzorientierten Personalbeschaffung nach [Reimer, Sandholzer 1992, S.523]

Personalbeurteilungen spielen jedoch nicht nur im Rahmen des Personalauswahlverfahrens eine zentrale Rolle, sondern sind die Grundlage einer Reihe weiterer Aufgaben des Personalmanagements, wie z.B. *[Hentze, 1991, S. 258]*:

- Gehalts- und Lohndifferenzierung,
- Beratung der Mitarbeiter,
- Maßnahmen der betrieblichen Weiterbildung,
- Überprüfung des Personalauswahlverfahrens,
- Förderung der Kommunikationsbeziehungen und
- Befriedigung von Informationsbedürfnissen.

Findet keine Integration von umweltschutzbezogenen Bewertungsaspekten im Rahmen der periodisch vorgenommenen Personalbeurteilungen statt, so ist z.B. keine angepaßte betriebliche Weiterbildung in bezug auf den Umweltschutz möglich. Das Personalwesen sollte aus diesem Grund umweltschutzbezogene Bewertungskriterien definieren und entsprechend dem jeweiligen Anforderungsprofil der Mitarbeiter diese in die Personalbeurteilung integrieren. Schwierigkeiten bestehen hierbei vor allen Dingen bei den Persönlichkeitsmerkmalen, deren Beurteilung sich schlecht standardisieren und objektiv gestalten läßt. Daher sind vor allen Dingen die fachlichen umweltbezogenen Qualifikationen bei der Personalbeurteilung primär zu betrachten.

5.4.3 Personalentwicklung

In den Bereichen Personalentwicklung, Personalerhaltung und Leistungsstimulation, die eng miteinander verbunden sind, liegen die Hauptaufgaben eines effektiven umweltorientierten Personalmanagements.

Die primären Aufgaben der ökologischen Personalentwicklung können unter folgenden zwei Punkten zusammengefaßt werden *[Antes, 1991, S. 148-154]*:

1. Mitarbeiter zu ökologisch verträglichem Handeln durch Aus- und Weiterbildung befähigen,
2. Bereitschaft fördern, diese Kompetenz auch einzusetzen.

Die Basis für die Gestaltung der umweltbezogenen Aus- und Weiterbildungsprogramme ist, wie in den vorangehenden Abschnitten aufgeführt, die Kenntnis der Personalabteilung über die derzeit und zukünftig benötigten umweltbezogenen Qualifikationen der Mitarbeiter und über den derzeitigen Erfüllungsgrad. Die Mittel des Personalwesens sind hierfür eine Integration umweltschutzbezogener Kriterien bei den Personalbedarfs- und den Personalbeurteilungsverfahren. Darüber hinaus können systematische Ermittlungen des Weiterbildungsbedarfs und dessen Befriedigung, wie in 5.6 dargestellt, durchgeführt werden. Für eine ausführlichere, exemplarische Darstellung der Aus- und Weiterbildungsmaßnahmen wird auf den o.g. Abschn. verwiesen und im folgenden schwerpunktmäßig auf den zweiten Punkt eingegangen werden.

Grundsätzlich besteht bei einer ökologischen Neuorientierung eines Unternehmens ein potentielles Akzeptanzproblem bei den Mitarbeitern, welches aus der Befürchtung resultiert, daß die Übernahme ökologischer Verantwortung mit zusätzlicher Arbeitsbelastung und straf- wie zivilrechtlichen Risiken verbunden ist. Aus diesem Grunde verbleiben vom Umweltschutz nur indirekt betroffene Mitarbeiter lieber in einer passiven Einstellung. Dies ist im Rahmen eines konsequenten betrieblichen Umweltmanagements nicht wünschenswert, und es ist Aufgabe des Personalmanagements, in Zusammenarbeit mit den Führungskräften adäquate Mittel einzusetzen, um die Mitarbeiter zu aktiv Mitwirkenden im betrieblichen Umweltschutz zu machen *[Steinle u.a., 1994, S. 429]*.

Für eine umweltorientierte Motivation der Mitarbeiter gibt es verschiedene Ansatzpunkte, aus denen zielgruppen- und situationsspezifische Anreizprogramme erarbeitet werden können. In Bild 5.12 sind Grundlagen für eine umweltorientierte Anreizgestaltung aufgeführt.

Der systematische Einsatz von Anreizen, sich ökologisch zu verhalten, wird langfristig die Unternehmenskultur positiv verändern, wenn die Unternehmensführung den Stellenwert des Umweltschutzes betont und die Zuteilung von monetären und nichtmonetären Anerkennungen tatsächlich mit einem umweltorientierten Verhalten der betroffenen Mitarbeitern einhergeht.

5.4.4 Entwicklungschancen eines umweltorientierten Personalmanagements

Die Bereitschaft des betrieblichen Personalwesens, sich mit der Integration von umweltschutzbezogenen Kriterien zu befassen, ist nur dann gegeben, wenn die

materielle Anreize	• Spezifische Ausgestaltung des **Bonussystems**, so daß ökologische Minderzielerfüllung nicht durch ökonomische Übererfüllung kompensiert werden kann • **Betriebliches Vorschlagswesen** (Anbindung an Umweltzirkel) in Verbindung mit einem höheren Prämiensatz für umweltverbessernde Vorschläge • Verknüpfung von **Beförderung,Karriereplanung** und **Gehaltsfindung** mit der (Über-) Erfüllung umweltschutzbezogener Ziele	**Ansprache materieller Bedürfnisse**
immaterielle Anreize	• **Information** über stoffbezogene Gefahren • Bereitstellung **umweltbezogener Kennzahlen** für den jeweiligen Arbeitsbereich	**Ansprache von Sicherheitsbedürfnissen**
immaterielle Anreize	• Lernstatt, **Umweltzirkel**, Umweltprojektteams u.a. • **solidaritätsfördernde Umwelt(lehr)veranstaltungen**, Seminare, Bildungsausflüge mit Umweltbezug • Vorgesetzte fungieren als **„Umweltschutz-Vorbild"**	**Ansprache von sozialen Kontaktbedürfnissen**
immaterielle Anreize	• **Aufstiegsrelevanz** umweltorientierten Verhaltens deutlich machen • **Auszeichnung** von besonders umweltorientierten Mitarbeitern • Frühzeitige **Einbeziehung** der Mitarbeiter bei der Planung von Umweltschutzmaßnahmen • Förderung der **Eigenkontrolle**	**Ansprache von Anerkennungs bedürfnisse**

Bild 5.12 Innerbetriebliche umweltorientierte Anreizgestaltung nach *[Steinle u.a., 1994, S.424]*

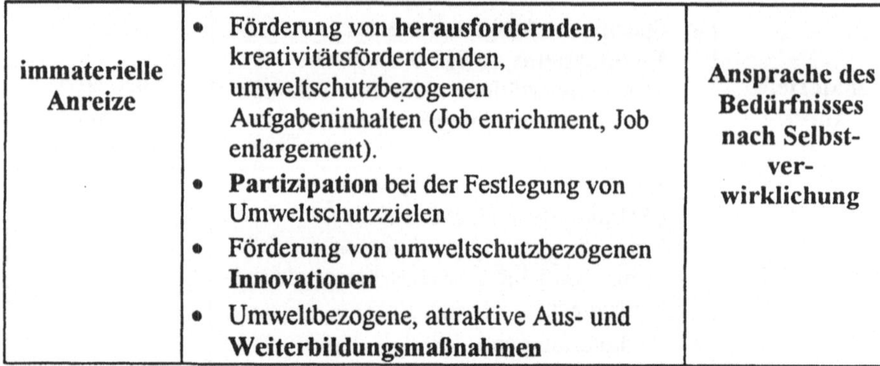

immaterielle Anreize	• Förderung von **herausfordernden,** kreativitätsförderdernden, umweltschutzbezogenen Aufgabeninhalten (Job enrichment, Job enlargement). • **Partizipation** bei der Festlegung von Umweltschutzzielen • Förderung von umweltschutzbezogenen **Innovationen** • Umweltbezogene, attraktive Aus- und **Weiterbildungsmaßnahmen**	**Ansprache des Bedürfnisses nach Selbst-ver-wirklichung**

Bild 5.12 Innerbetriebliche umweltorientierte Anreizgestaltung nach *[Steinle u.a., 1994, S.424]* – Fortsetzung

Verantwortlichen die daraus entstehenden Vorteile und Entwicklungspotentiale erkennen. Hierfür bedarf es einerseits der Überzeugung der obersten Führung, daß im Rahmen eines zukunftsorientierten Umweltschutzes Umweltschutzkriterien auch tatsächlich in allen innerbetrieblichen Abläufen berücksichtigt werden müssen. Andererseits bedarf es der Auflistung der aus einem umweltorientierten Personalmanagement direkt und indirekt entstehenden Vorteile, die dann dem dafür entstehenden Aufwand gegenübergestellt werden können. Um einen Eindruck hierzu zu vermitteln, sind in Bild 5.13 einige beispielhafte Argumente für ein umweltorientiertes Personalmanagement aufgeführt.

Der Aufwand für die Maßnahmen eines umweltorientierten Personalmanagements ist nicht zu unterschätzen. So bedarf das betriebliche Personalwesen erst einmal genauer Informationen, welche umweltbezogenen Probleme, Aufgabenstellungen und Anforderungen vorliegen und wie deren zukünftige Entwicklung einzuschätzen ist. Zweitens müssen die bestehenden Instrumente und Maßnahmen des Personalmanagements um ökologische Kriterien erweitert werden sowie die Nachprüfbarkeit der Anforderungserfüllung gewährleistet sein. Drittens sind spezielle Budgets für die Durchführung der umweltorientierten Anreizsysteme und Weiterbildungen zu schaffen.

Die Erfüllung der notwendigen Aufgaben eines umweltorientierten Personalmanagements und deren finanzielle Absicherung kann nicht durch das Personalwesen alleine gewährleistet werden. Hier bedarf es erstens der Zusammenarbeit mit allen betrieblichen Teilbereichen, um die notwendige Wissensbasis zu beschaffen, und zweitens der Zuteilung der notwendigen Finanzmittel durch die zuständigen betrieblichen Gremien. Es ist hierbei von Interesse für das umweltorientierte Personalmanagement, Strukturen aufzubauen, durch die der Erfolg der umweltbezogenen Personalmaßnahmen meßbar wird. Dies ist notwendig, um langfristig die Zuteilung der für die Aufgaben des umweltorientierten Personalmanagements notwendigen betrieblichen Ressourcen zu sichern.

• Rechtssicherheit durch klare Zuweisung der umweltbezogenen Aufgaben.
• Sicherstellung der Befähigung der Mitarbeiter, umweltbezogene Aufgaben zu erfüllen.
• Verminderung der Risikobereitschaft und damit höhere Arbeitssicherheit, weniger Arbeitsunfälle und dadurch Einsparung von Kosten.
• Einsparungen durch ein verbessertes betriebliches Vorschlagswesen.
• Geringere Fluktuation, höhere Arbeitszufriedenheit.
• Bessere Positionierung auf dem Arbeitsmarkt durch ein besseres Umweltimage.
• Steigerung der internen als auch der externen Glaubwürdigkeit.
• Verminderung bzw. Vermeidung von innerbetrieblichen Widerständen beim Aufbau, der Implementierung sowie der Aufrechterhaltung eines Umweltmanagementsystems.
• Förderung des Denkens in Zusammenhängen bei den Mitarbeitern und damit Erzeugung einer höheren Anpassungsbereitschaft an veränderte Aufgaben.

Bild 5.13 Exemplarische Argumente für ein umweltorientiertes Personalmanagement

5.5 Mitarbeiterbezogene Aspekte bei der Einführung von Umweltmanagementsystemen

Will ein Unternehmen ein Umweltmanagementsystem einführen, so können dabei folgende drei chronologische Phasen unterschieden werden:

1. Vorbereitung,
2. Implementierung und
3. Aufrechterhaltung.

Die Vorbereitung, die Implementierung und die Aufrechterhaltung eines betrieblichen Umweltmanagements sind mit bereichsübergreifenden Aufgaben und Maßnahmen verbunden. Für die Durchführung dieser Aufgaben sind daher besondere organisatorische Vorkehrungen zu treffen, um deren Erfüllung im vorgegebenen Zeitrahmen, mit einem angemessenen Aufwand und in der gewünschten Qualität zu gewährleisten. Hierfür bietet sich für alle drei Stufen die Vorgehensweise des Projektmanagements an. In den einzelnen Projektphasen werden in Abhängigkeit von der jeweiligen Situation und den auftretenden Problemen eine Reihe personeller Anforderungen sowohl an die betroffenen Mitarbeiter als auch an das bearbeitende Projektteam gestellt. In den folgenden Abschnitten werden einige dieser Aspekte phasenspezifisch konkretisiert.

Es ist Aufgabe eines umweltorientierten Personalmanagements, Einfluß auf die personelle Gestaltung der Projektorganisation zu nehmen, um die in den folgenden Abschnitten beschriebenen Anforderungen zu erfüllen. Das Resultat der Einbeziehung mitarbeiterorientierter Aspekte bei der Vorbereitung, der Implementierung und der Aufrechterhaltung des betrieblichen Umweltmanagements ist eine umweltorientierte Gestaltung der betrieblichen Organisation, die über die gesetzlichen und normativen Anforderungen hinaus in Richtung eines „proaktiven" Umweltschutzes geht.

5.5.1 Projektmanagement zur Vorbereitung und Implementierung eines Umweltmanagementsystems

Aufbau und Implementierung eines betrieblichen Umweltmanagementsystems sind aufgrund ihrer Einmaligkeit und zeitlichen Begrenztheit am besten im Rahmen eines Projektmanagements zu planen und durchzuführen. Die Thematik des Projektmanagements wurde schon in Kap. 5 behandelt, so daß hier nur die funktionalen, institutionellen, personellen und instrumentellen Dimensionen zusammenfassend aufgeführt werden (s. Bild 5.14).

Die Gründe, die immer wieder zum Mißerfolg beim Aufbau und der Implementierung von Umweltmanagementsystemen führen, lassen sich aus den in Bild 5.14 aufgeführten Faktoren ableiten. Dabei handelt es sich z.B. um mangelnde Unterstützung der obersten Führung, unzureichende Ressourcenzuteilung, Personalmangel u.a. An dieser Stelle werden nur die personellen Faktoren stichpunktartig besprochen, die für die erfolgreiche Umsetzung von Umweltmanagementsystemen notwendig erscheinen.

Die wichtigste Aufgabe des Projektteams besteht im Prinzip darin, die Mitarbeiter vom Sinn und Zweck eines Umweltmanagements zu überzeugen. Daß es sich dabei um ein essentielles Problem handelt, wird deutlich, wenn man sich das im Rahmen des Projekts zu erfüllende Aufgabenspektrum vor Augen führt. Ohne die aktive Beteiligung der Mitarbeiter hat das Projektteam keine Chance auf Erfolg und das entstandene Umweltmanagementsystem keine Bestandsgrundlage.

Auf den ersten Blick erscheint es ausreichend, die Mitarbeiter über die Ziele des Projekts ausführlich zu informieren sowie ihnen anhand von Beispielen die individuellen und unternehmensweiten Vorteile zu erläutern. Dies ist eine Aufgabe, die im Prinzip ein externer Berater übernehmen könnte. Hierbei ist jedoch zu bedenken, daß für die Mitarbeiter die Glaubwürdigkeit des Beraters gegeben sein muß. So werden die Argumente des Beraters nicht ernst genommen, wenn dieser fachlich als inkompetent von den Mitarbeitern empfunden wird. Es ist daher sorgfältig vorzubereiten, welche Informationen in Verbindung mit welchen Personen für die betroffenen Mitarbeiter überzeugend sind. Man wird bei diesen Überlegungen schnell zu dem Schluß kommen, daß zur Wahrung der Glaubwürdigkeit und zur Vorantreibung des Projekts eine breite Personengruppe daran beteiligt werden muß.

In diesem Zusammenhang kann das Promotoren-Modell angewandt werden, um die zu beteiligenden Personengruppen besser für die einzelnen Aufgaben des Projektmanagements zu identifizieren und zu kategorisieren (s. hierzu z.B. *[Krei-*

DIMENSION	AKTIVITÄTEN, BESCHREIBUNG
Funktionell	• **Ingangsetzen**: – Projektauftrag vereinbaren (inkl. Ziele, Budget, Termine u.a.) – Projektleiter bestimmen – Projektorganisation festlegen (Einbettung in die Hierarchie, innere Projektorganisation) – Projektgruppe und Entscheidungsgremium personell bestimmen – Projektstruktur und sich daraus ergebende Aufgaben ableiten – Projekttätigkeiten planen (Termine, Kosten, Personaleinsatz) – Informations- und Dokumentationswesen organisieren für Auftraggeber, Betroffene und Beteiligte – Ressourcen freimachen • **Inganghalten**: – Aufgaben, Tätigkeiten, Zuständigkeiten ad hoc disponieren – detaillierter planen – Projektkontrolle und -steuerung (Termine, Inhalte, Kosten überwachen, Korrekturmaßnahmen planen und einleiten) – Koordination und Führung nach innen – Koordination und Berichterstattung nach außen bzw. oben – Konfliktklärung – Entscheidungsvorbereitung und -herbeiführung • **Abschließen**: – Abnahme, Übergabe organisieren – evtl. Nachbessern – Dokumentation vervollständigen und Übergeben – Abrechnung – projektmanagementtechnische Verbesserungspotentiale identifizieren
DIMENSION	AKTIVITÄTEN, BESCHREIBUNG
Institutionell	• Wahl des geeigneten Organisationsmodells • Einbindung der Projektorganisation in die bestehende Hierarchie • Kompetenzen des Projektleiters • Definition der benötigten Entscheidungs-, Beratungs- und Unterstützungsinstanzen sowie ihre institutionelle und personelle Zusammensetzung
Personell	• Anforderungs- und Eignungsprofile (wissens- und führungsbezogen) der Projektleiter, Entscheidungsträger, Team-Mitglieder • psychologische Aspekte
Instrumentell	• Methoden, Techniken und Verfahren, die bei den einzelnen Phasen des Projekts eingesetzt werden, z.B. bei der Strukturierung (Projektstrukturplan), der Planung und Überwachung (Netzplantechnik, Balkendiagramm, Zeit-, Kosten-, Fortschrittsdiagramme) usw.

Bild 5.14 Dimensionen des Projektmanagements nach *[Haberfellner u.a., 1994, S.240]*

kebaum, 1992, S. 109 ff.]). So bedarf es bspw. für die Erfassung der Ist-Situation der Ablauforganisation der

- *Fachpromotoren*, die über Fach-, Methoden- und Sozialkompetenz verfügen, um die Ablauforganisationen zu erfassen,
- *Machtpromotoren*, die über die notwendigen Machtbasen verfügen (s. hierzu *[Neuberger, 1995]*), um die Erfassung der Ablauforganisation durchzusetzen, und
- *Prozeßpromotoren*, die die Verbindung zwischen Fach- und Machtpromotoren herstellen.

Diese Überlegungen müssen sich in den organisatorischen und personellen Strukturen des Projektmanagements wiederfinden (s. Bild 5.15).

Die betroffenen Organisationseinheiten des Unternehmens müssen bei der Vorbereitung und Implementierung eines Umweltmanagementsystems in die Aufbau- und Ablauforganisation des Projektmanagements integriert werden. Es ist notwendig, Führungskräfte aller betrieblichen Funktionen in das Koordinationsgremium der Projektorganisation als Machtpromotoren einzubeziehen. In der Praxis hat es sich bewährt, folgende Unternehmensbereiche am Koordinationsgremium zu beteiligen *[Schiantez, 1994, S.6 ff.]*:

- Einkauf, Beschaffung,
- Produktion,
- Vertrieb,
- Rechnungswesen,
- Umweltschutz,
- Qualitätssicherung.
- Logistik,
- Entwicklung,
- Controlling,
- Personalwesen,
- Arbeitsschutz,

Dieses Gremium muß regelmäßig zusammentreten, um die Ergebnisse des Projektfortschritts zu diskutieren und die erforderlichen Maßnahmen zu veranlas-

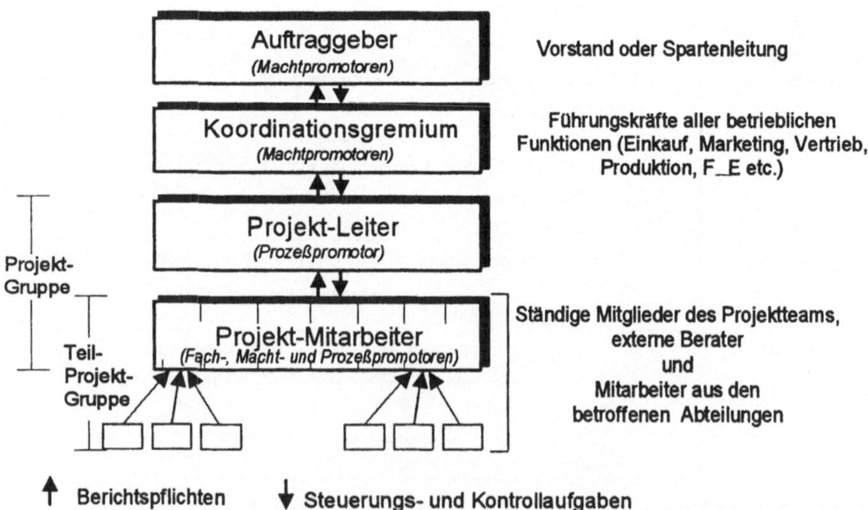

Bild 5.15 Projektorganisation zur Vorbereitung und Implementierung eines Umweltmanagementsystems

sen. Durch diese organisatorische Einheit wird neben der Kontrollfunktion vor allem sichergestellt, daß die betroffenen betrieblichen Funktionen Kenntnis über die sie betreffenden Ergebnisse sowie die anstehenden Ereignisse und Aufgaben erhalten. Dadurch können die jeweiligen Führungskräfte einerseits Bedenken äußern und Stellungnahmen abgeben und andererseits aktiv bei der Gestaltung zukünftiger Maßnahmen mitwirken. Durch die zunehmende Identifikation der Führungskräfte mit den Projektzielen werden diese immer aktiver die Rolle der Machtpromotoren übernehmen und bei den betroffenen betrieblichen Funktionen auf die Unterstützung des Projekts drängen.

Auf der organisatorischen Ebene der Projekt- und Teilprojektgruppen werden die betrieblichen Funktionen häufig in der Rolle der Fachpromotoren in die Projektorganisation integriert. Ohne eine solche Beteiligung können die anstehenden Aufgaben, wie z.B. die Ermittlung der umweltrelevanten Aufbau- und Ablauforganisation und der umweltrelevanten Auswirkungen der betrieblichen Tätigkeiten, nicht gelöst werden. Wie kompetent und geeignet die beteiligten Fachpromotoren sind, hängt in entscheidendem Maße von den personalbezogenen Entscheidungen der Macht- und Prozeßpromotoren ab. So sind durch den Projektleiter erstens die potentiellen Machtpromotoren über die Ziele und Anforderungen der anstehenden Aufgaben zu informieren und zweitens vor Ort erste Gespräche mit potentiellen Fachpromotoren zu führen. Durch diese Vorbereitung werden geeignete Fachpromotoren ausgewählt und in die Lage versetzt, aktiv an der Bearbeitung der Aufgaben mitzuwirken.

Dem Projektleiter fällt die Rolle des Bindeglieds zwischen dem Koordinationsgremium und den Projektgruppen zu. Seine fachliche, methodische und vor allem soziale Kompetenz bestimmt maßgeblich den Stellenwert des Projekts im Unternehmen. Er muß daher neben den sonstigen Anforderungen, wie z.B. Durchsetzungsfähigkeit oder organisatorisches Geschick, in der Lage sein, die umweltbezogenen Probleme zu verstehen und die jeweiligen abteilungsspezifischen Sichtweisen nachzuvollziehen. Zudem darf der Projektleiter kein „Neuling" und kein externer Berater sein, denn zur Erfüllung seiner Vermittlungs- und Koordinationsaufgaben muß er, basierend auf den Ergebnissen seiner bisherigen Laufbahn, über eine betriebsinterne Glaubwürdigkeit sowohl bei den Fach- als auch bei den Machtpromotoren verfügen.

Bei der Planung des Projektmanagements muß genügend Zeit zur Verfügung stehen, um die hier nur ansatzweise angesprochenen personellen Aspekte berücksichtigen zu können. Dabei sollten in Zusammenarbeit mit der Personalabteilung die Anforderungsprofile für den Projektleiter und die ständigen Projektmitglieder festgelegt werden. Auf dieser Basis können dann Kandidaten gezielt angesprochen und in einem betriebsinternen Personalauswahlverfahren ausgewählt werden. Ein Grund für einen solchen Aufwand ist in der Dauer des Projekts zu sehen. Es kann bspw. in größeren Unternehmen von einer Projektdauer von 2–3 Jahren und bei kleineren Unternehmen von ungefähr 1 Jahr ausgegangen werden, wobei dies von der jeweiligen Branche und vor allen Dingen von den zur Verfügung gestellten Personalressourcen abhängt. Ein weiterer Grund besteht darin, daß durch den Vorbereitungsaufwand der betriebsinterne Stellenwert des Projekts aufgezeigt wird, der durch weitere Anreize, wie z.B. Gehaltszulagen, verstärkt werden sollte.

5.5.2 Strukturelle und personelle Veränderungen durch Umweltmanagementsysteme

Die Vorbereitung, Implementierung und Aufrechterhaltung eines Umweltmanagementsystems stellt i.d.R. einen tiefgreifenden Eingriff in die bestehende betriebliche formelle und informelle Organisation dar. Das Unternehmen muß dabei häufig von der bisherigen Vorgehensweise, die mehr durch eine Segregation, also von einer Abtrennung bzw. Isolierung, als durch eine Integration des Umweltschutzes gekennzeichnet war, abrücken. Es ist sinnvoll, im Vorfeld dieses Eingriffs die Systemvariablen der betrieblichen Organisation (Bild 5.16) zu analysieren und deren Veränderungsbedarf und -umfang zu konkretisieren.

Die betriebliche Organisation kann modellhaft als ein komplexes System von Menschen und Sachen betrachtet werden, das mittels einer bestimmten Struktur bestimmte Aufgaben auszuführen versucht, um das Überleben des Unternehmens zu gewährleiten. Entsprechend dieser Vorstellung lassen sich die charakteristischen Größen einer Organisation mit Hilfe der folgenden voneinander abhängigen Variablengruppen darstellen:

1. Task (Ziele, Aufgaben)
2. People, Actors (Organisationsmitglieder, Menschen)
3. Technology (Technologie, Sachmittel)
4. Structure (Kommunikationsstruktur, Hierarchiestruktur, Rollenstruktur)

Diese Konzeption der Systemvariablen findet sich in den gesetzlichen und normativen Anforderungen an den betrieblichen Umweltschutz wieder.

In den folgenden Abschnitten steht vor allen Dingen die Systemvariable „Mensch“ im Mittelpunkt. Es werden dabei mitarbeiterbezogene Aspekte aufge-

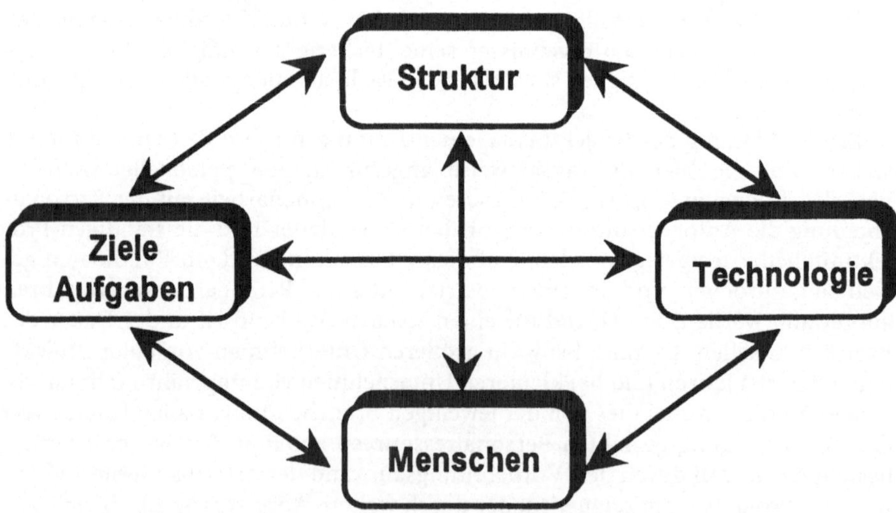

Bild 5.16 Systemvariablen einer Organisation nach Leavitt *[Leavitt, 1965, S.1144-1170]*

zeigt, die zu kurz- und langfristigen Problemen sowohl beim Aufbau als auch bei der Aufrechterhaltung von Umweltmanagementsystemen führen. Diese Probleme lassen sich durch ein angepaßtes Personalmanagement beheben, wenn sie frühzeitig erkannt und ernst genommen werden.

5.5.3 Vorbereitungsphase

Als Vorbereitungsphase wird hier der zeitliche Abschnitt definiert, der zwischen dem offiziellen Auftrag der obersten Leitung zur Einführung eines betrieblichen Umweltmanagementsystems und dem Beginn der Implementierung des Systems liegt. Vereinfacht kann man sagen, daß entsprechend dem EMAS folgende Aktivitäten in dieser Phase stattfinden:

1. Aufbau des Projektmanagements zur Einführung des betrieblichen Umweltmanagementsystems,
2. Formulierung der Umweltpolitik,
3. Durchführung der Umweltprüfung.

Die personellen Aspekte beim Aufbau eines angepaßten Projektmanagements wurden bereits im vorangegangenen Abschn. besprochen, so daß im folgenden nur auf die letzteren zwei Punkte eingegangen werden soll.

Die Formulierung der *Umweltpolitik* ist, entgegen der landläufigen Vorstellung, keine exklusive Aufgabe der obersten Leitung, sondern der Führungskräfte aller Unternehmensbereiche. Dies ergibt sich aus den schwerpunktmäßig strategischen Aufgabenstellungen der obersten Führung, durch die sie häufig den Kontakt zu den ökologischen Problemstellungen der operativen Ebene verliert. Eine breite Beteiligung von Führungskräften der einzelnen Unternehmensbereiche kann solche Schwierigkeiten verhindern helfen. So werden einerseits die langfristige Umsetzbarkeit und damit verbundene Glaubwürdigkeit der Umweltpolitik garantiert. Andererseits besteht dann von Anfang an ein Konsens zwischen der strategischen und operativen Ebene des Unternehmens über die Grundlagen des Umweltmanagements.

Sinnvollerweise kann die Festlegung der Umweltpolitik im Rahmens eines Workshops durchgeführt werden. In dieser Atmosphäre können umweltpolitische Problembereiche zwischen den unterschiedlichen Unternehmensebenen diskutiert werden. Ein solcher Workshop bedarf aus folgenden Gründen einer umfangreichen Vorbereitung:

- Es besteht ein Klärungsbedarf hinsichtlich der unternehmensweiten Verbindlichkeit der Umweltpolitik.
- Es besteht häufig kein einheitlicher Wissensstand hinsichtlich der Umweltmanagementthematik.
- Die Sichtweisen der Repräsentanten der jeweiligen Unternehmensbereiche sind unterschiedlich (verwendete Begriffe sind häufig nicht einheitlich bzw. eindeutig definiert), so daß es zu langwierigen Grundsatzdiskussionen kommen kann.

Ein Teil dieser Probleme kann durch einen geeigneten Moderator des Workshops vermieden werden, durch welchen die zu klärenden Aspekte konkret angesprochen werden. Andererseits muß der Projektleiter im Vorfeld Gespräche mit den Teilnehmern des Workshops führen, um gesammelte Erkenntnisse in die Vorbereitungen des Workshops einfließen zu lassen. Der Workshop sollte mit einer kurzen Präsentation zum gesamten Projekt beginnen, um den Anwesenden die Ziele und Vorgehensweise bei der Einführung des Umweltmanagementsystems zu verdeutlichen. Die im Konsens festgelegte Umweltpolitik ist durch Kommunikationsmaßnahmen unternehmensintern und -extern zu verbreiten. Der Workshop sollte jedoch auch der Vorbereitung des Projektablaufs und der definitiven Bildung der Projektorganisation dienen. Hierzu ist es sinnvoll, die am Workshop beteiligten Mitarbeiter zur Teilnahme an dem oben erwähnten Koordinationsgremium zu gewinnen.

Der nächste Schritt bei der Vorbereitungsphase stellt laut EMAS die sogenannte *Umweltprüfung* dar. Prinzipiell umfaßt diese folgende drei Gesichtspunkte:

1. Erfassung der Umweltauswirkungen der Betriebsaktivitäten,
2. Erfassung und Überprüfung der Einhaltung aller umweltrechtlichen Anforderungen an den Standort bzw. das Unternehmen,
3. Erfassung der vorhandenen Umweltorganisation.

In der DIN ISO 14001 ist eine erste Umweltprüfung nicht zwingend erforderlich. Es ergibt sich jedoch aus der normativ vorgeschriebenen Kenntnis der betrieblichen Umweltauswirkungen und der umweltschutzrelevanten Aufbau- und Ablauforganisation eine analoge Handlungsweise.

Im Unternehmen liegen die für die Umweltprüfung notwendigen Daten i.d.R. nicht vollständig und vor allen Dingen nicht systematisch geordnet vor. Die Aufgabe der Informationssammlung und -auswertung ist daher sehr zeit- und personalaufwendig. In dieser Phase können schon durch passive oder aktive Widerstände der betreffenden Abteilungen Schwierigkeiten auftreten. Die Gründe hierfür sind z.B.:

- Aufdeckung von Unzulänglichkeiten bei der Ausführung klar zugeordneter Umweltschutzaufgaben,
- mangelhafte Einhaltung der Umwelt- und Sicherheitsvorschriften,
- Veränderung des gewohnten Ist-Zustandes,
- Zuordnung neuer Aufgaben zusätzlich zu den bisherigen,
- Erstellung bzw. Anpassung von Verfahrens- und Arbeitsanweisungen,
- zusätzliche Umweltschutzinvestitionen u.a.

Der Widerstand der Mitarbeiter kann zum Scheitern der Umweltprüfung führen, daher muß besonders dieser Schritt vom Projektleiter mit größter Sorgfalt vorbereitet werden. Es sind in Abhängigkeit von der Unternehmensgröße ein oder mehrere spezielle Auditteams zu bilden. Die Umweltprüfung des jeweiligen Unternehmensbereichs unter Einbeziehung von Fachpromotoren und durch die vor Ort tätigen Mitarbeiter muß genau geplant werden. Den Auditteams sind eine Reihe im Vorfeld erarbeiteter und standardisierter Instrumente zur Verfügung zu stellen. Dabei handelt es sich z.B. um Checklisten, Interviewleitfäden, Informationsbeschaffungspläne und Ablaufdiagramme. Ganz besonders wichtig für die Vorbereitung der Umweltprüfung ist die Information aller Mitarbeiter darüber, daß es sich bei der Umweltprüfung um eine Maßnahme zur Verbesserung des Umweltschutzes handelt und nicht um eine Überprüfung mit darauffolgender Schuldzuweisung. Diese durchzuführende Informationsmaßnahme sollte günstigerweise in Form einer Einführungsveranstaltung und durch schriftliche Mitteilungen an die betreffenden Abteilungen erfolgen. Desweiteren muß der Betriebsrat bei der Planung miteinbezogen bzw. ausführlich über die Vorgehensweise der Umweltprüfung informiert werden.

Die Datenerhebung erfolgt anschließend durch Sichtung der Dokumente, Befragungen und Betriebsbegehungen. Dabei müssen die betreffenden Teilbereiche der untersuchten Organisation vorher über Zeitpunkt und Dauer der Datenerhebungsaktivitäten informiert werden. Es sind Berichte zu erstellen, in denen die gewonnenen Ergebnisse dokumentiert werden. Diese sind den betreffenden Abteilungen schnellstmöglich mit der Bitte um Stellungnahme zur Verfügung zu stellen. Im Anschluß daran sind abschließende Gespräche zu führen, in denen einerseits die Ergebnisse der Umweltprüfung im Konsens festgehalten werden und andererseits die Implementierungsphase vorbereitet wird. Durch ein solches Vorgehen werden sich einerseits viele Mißstände von selbst aufklären, und andererseits wird hiermit wiederholt demonstriert, daß „mit offenen Karten gespielt wird".

5.5.4 Implementierungsphase

Als Implementierungsphase wird hier der Zeitraum definiert, in dem:

1. ein erstes Umweltprogramm aufgestellt und
2. die Aufbau- und Ablauforganisation den Erfordernissen des Umweltmanagementsystems angepaßt werden.

Beim Aufstellen des Umweltprogramms gilt es, für alle Betriebsbereiche Umweltziele, die einem kontinuierlichen Verbesserungsprozeß dienen, schriftlich zu fixieren. Dafür müssen die einzelnen Betriebsbereiche die zu erreichenden Ziele so weit wie möglich quantifizieren, Maßnahmen ausarbeiten und Umsetzungsfristen festlegen. Für das Aufstellen eines Umweltprogramms ist es essentiell, daß die Vorbereitungsphase von angepaßten Informationsmaßnahmen flankiert wird und mit der notwendigen Offenheit die Ergebnisse der Umweltprüfung besprochen werden. Im Prinzip müßten sich die betreffenden Mitarbeiter nach den Ergebnissen der Umweltprüfung im klaren darüber sein, welche umweltrelevanten Sachverhältnisse es vorrangig zu verbessern gilt. Leider ist dem häufig nicht so bzw. schrecken die Verantwortlichen zurück, wenn es darum geht, zeitlich fixierte Leistungsvereinbarungen konkret festzuschreiben.

Aus diesem Grund ist es für diese Aufgabe sinnvoll, eine Reihe von Projektgruppen zu bilden. Ein erster Schwerpunkt der Tätigkeit dieser Projektgruppen kann ggf. die Ermittlung von Einsparungspotentialen durch Umweltschutzmaßnahmen sein. Dies hat den Vorteil, daß zur Überzeugung betriebsinterner Skeptiker ökonomische Argumente für einen offensiven Umweltschutz im Rahmen des Umweltmanagementsystems genutzt werden (s. hierzu Kap. 9).

Der nächste problematische Schritt der Implementierungsphase ist die Anpassung der Aufbau- und Ablauforganisation an die Erfordernisse des Umweltmanagementsystems (s. hierzu auch Kap. 5).

Die *Aufbauorganisation* definiert sich aus der Verknüpfung der organisatorischen Grundelemente *Stelle*, *Instanz* und *Abteilung*. Aufgabe der Aufbauorganisation ist es, ausgehend von der gegebenen Gesamtaufgabe des Betriebs eine Aufspaltung in so viele Teilaufgaben vorzunehmen, daß die Kombination von Teilaufgaben eine Bildung sinnvoller Stellen ermöglicht. Das Ergebnis ist ein Stellenplan, in dem die Teilaufgaben den einzelnen Stellen durch eine Stellenbeschreibung zugeordnet werden. Dabei muß gewährleistet sein, daß der Stelleninhaber mit der zur Erfüllung seiner Aufgabe notwendigen Kompetenz und Verantwortung ausgestattet ist. Dies hat ein Beziehungsgefüge zwischen den einzelnen Stelleninhabern zur Folge, in dem vor allem die Weisungsbefugnisse und Kommunikationswege festgelegt sind. Unter *Ablauforganisation* versteht man dagegen die Gestaltung und Verkettung der einzelnen Arbeitsprozesse. Die Ablauforganisation wird i.d.R. nach den Arbeitsinhalten und der aufbauorganisatorischen Zuordnung strukturiert. Sie wird in Verfahrensanweisungen und Arbeitsanweisungen dokumentiert.

Die festgelegte und dokumentierte Aufbau- und Ablauforganisation bilden die *formelle* Organisationsstruktur des Unternehmens. Neben ihr entwickelt sich in der Praxis bewußt oder unbewußt eine *informelle* Organisation, die nicht mit der formellen Organisation übereinstimmen muß, die personen- sowie situationsspezifisch ist und damit zeitlichen Änderungen unterliegt.

Auf der Basis der Erkenntnisse der Umweltprüfung ist das Ausmaß der notwendigen organisatorischen Anpassungen i.d.R. abschätzbar. Hinsichtlich der Aufbauorganisation sind hier Verantwortlichkeiten und Befugnisse von Mitarbeitern in Schlüsselpositionen, die umweltrelevante Arbeitsprozesse und Tätigkeiten leiten, durchführen und überwachen, festzulegen. Im Rahmen dieser Maßnahme müssen die betreffenden Mitarbeiter über die rechtlichen Rahmenbedingungen eingehend aufgeklärt werden. Die Erweiterungen der Verantwortlichkeiten und Befugnisse im Rahmen des Umweltmanagementsystems müssen außerdem in den jeweiligen Stellenbeschreibungen festgeschrieben werden.

Die Anpassung der untrennbar mit der Aufbauorganisation verknüpften Ablauforganisation kann sehr aufwendig sein. Hierin müssen die betreffenden Betriebsbereiche die Erstellung von Verfahrens- und Arbeitsanweisungen größtenteils selbst leisten. Diese Aufgabe wird häufig ungern übernommen, denn es bestehen Befürchtungen, daß

- nur durch umfangreiche Schulungsmaßnahmen die Fachkompetenz zur Durchführung umweltrelevanter Aufgaben nachweislich besteht,
- diese Anweisungen als Haftungsgrundlage gegen die betreffenden Mitarbeiter dienen könnten,
- diese neben denen des Qualitätsmanagements und des Arbeitsschutzes keine Beachtung finden und
- sie bei Änderung der inner- und außerbetrieblichen Rahmenbedingungen einen zu großen Anpassungsaufwand erfordern.

Es können jedoch keine umweltschutzrelevanten Aufgaben durch Verfahrens- oder Arbeitsanweisungen ohne das Vorhandensein der entsprechenden Fachkenntnis des Mitarbeiters übertragen werden. Theoretisch könnte man durch eine angepaßte Personalauswahl dieses Problem lösen. Meistens werden die umweltrelevanten Aufgaben jedoch von bereits eingestellten Mitarbeitern durchgeführt, deren Freisetzung nicht in Frage kommt. Aus diesem Grund sind hier zur Vermittlung der notwendigen Fachkompetenz Weiterbildungsmaßnahmen durchzuführen. Der Schulungsbedarf ist entsprechend kontinuierlich zu ermitteln und das betriebliche Bildungswesen ggf. durch externe Ausbilder zu gestalten. Auf die haftungsrechtlichen Befürchtungen der Mitarbeiter sollte im Rahmen dieser Schulungen besonders eingegangen werden.

Auf der operativen Ebene, für das Erstellen der Arbeitsanweisungen und ggf. der Verfahrensanweisungen, gilt es zu überprüfen, inwieweit sich die Aufgabenbeschreibungen für Qualität, (Arbeits-)Sicherheit und Umweltschutz in einer Dokumentation vereinen lassen.

Ein Großteil der Anpassungen der Aufbau- und Ablauforganisation sollte von den betreffenden Betriebsbereichen im Rahmen von Teilprojektgruppen selbst durchgeführt werden, wobei ständige Mitglieder der Projektorganisation beratende Tätigkeiten übernehmen. Dies ergibt sich erstens aus deren Kenntnis der tatsächlich ablaufenden Prozesse, und zweitens fördert es die Selbstorganisation und damit die Identifikation der Mitarbeiter mit den übernommenen Aufgaben. Werden die Vorbereitungs- und die Implementierungsphase mit den notwendigen flankierenden Informations- und Unterstützungsmaßnahmen durchgeführt, so verbessert sich die langfristige Funktionsfähigkeit des Umweltmanagementsystems.

5.5.5 Phase der Aufrechterhaltung

Nachdem die „erste Euphorie" des Aufbaus und ggf. der Zertifizierung des betrieblichen Umweltmanagementsystems bzw. der Validierung der Umwelterklärung nach dem EMAS verflogen ist, besteht die Gefahr, daß diesem im „Tagesgeschäft" nur noch eine untergeordnete Bedeutung zuerkannt wird. Es ist daher nicht verwunderlich, daß in der DIN ISO 14001 immer wieder darauf hingewiesen wird, daß die jeweiligen Strukturen des Umweltmanagementsystems nicht nur erstellt, sondern vor allem aufrechterhalten werden müssen.

Eine in den normativen Vorschriften festgelegte Maßnahme der Aufrechterhaltung des Umweltmanagementsystems ist die Durchführung periodischer Umwelt-Audits bzw. Umweltbetriebsprüfungen. So sind die Umweltbetriebsprüfungen entsprechend dem Anhang II des EMAS und den einschlägigen Normentwürfen zu gestalten. Allgemein kann man sagen, daß solche periodischen Prüfungen schwerpunktmäßig folgende Aufgaben umfassen:

1. Bewerten des bestehenden Umweltmanagementsystems,
2. Feststellen, inwieweit das Umweltmanagement geeignet ist, die vorgesehene Umweltpolitik zuverlässig umzusetzen, und
3. Feststellen, inwieweit das Unternehmen die im Rahmen seiner Umweltpolitik formulierten Ziele (einschließlich aller einschlägigen Umweltvorschriften) erfüllt.

Hierbei gilt es nicht nur zu überprüfen, ob die Aufbau- und Ablauforganisation adäquat beschrieben sind, sondern ob sie auch so „funktionieren", wie sie beschrieben sind. Hier sind also ganz eindeutig auch Beurteilungen des Personals durchzuführen, so wie sie schon bei der Diskussion des umweltorientierten Personalmanagements besprochen worden sind (s. hierzu Abschn. 5.4). An dieser Stelle soll nicht weiter auf die Durchführung von Audits eingegangen werden, sondern auf die aus den Auditergebnissen abgeleiteten, mitarbeiterorientierten Korrekturmaßnahmen.

Wenn ein Umweltmanagementsystem nicht „gelebt" wird, kann man dies empirisch auf folgende Ursachen zurückführen:

1. Die Mitarbeiter haben keine Kenntnis über die von ihnen durchzuführenden Aufgaben und über die ihnen zugeteilten Verantwortlichkeiten,
2. die Mitarbeiter haben davon zwar Kenntnis, wollen aber aus eigenem Antrieb nicht die im Managementsystem festgelegten Aufgaben und Verantwortlichkeiten übernehmen,
3. die Mitarbeiter haben Kenntnis von ihren Aufgaben und ihren Verantwortlichkeiten und sind auch bereit, diesen Pflichten nachzugehen, sind aufgrund mangelnder Qualifikation dazu jedoch nicht in der Lage,
4. die Mitarbeiter haben Kenntnis von ihren Aufgaben und ihren Verantwortlichkeiten und sind auch bereit, diesen Pflichten nachzugehen, können aber aus Gründen der tatsächlich bestehenden betrieblichen Organisation, aufgrund der Blockade durch Kollegen oder durch mangelnde Unterstützung der Führungskräfte dies nicht tun.

Auf der Basis der Auditergebnisse sollte bestimmt werden, ob das Umweltmanagementsystem gelebt wird, und wenn nicht, welche Ursachen dies hat. Die betroffenen Abteilungen und Mitarbeiter sind von dem Ergebnis des Audits zu informieren und sollten Gelegenheit zur Stellungnahme bekommen. Es ist dann Aufgabe des Auditteams, in seinem Bericht erste Vorschläge für die zu ergreifenden Korrekturmaßnahmen zu machen.

Viele der resultierenden Korrekturmaßnahmen wurden schon im Rahmen des umweltorientierten Personalmanagements erörtert, so z.B. der Aufbau von angepaßten Anreizsystemen oder die zielgruppengerechte Aus- und Weiterbildung, die exemplarisch im folgenden Abschn. genauer betrachtet wird. Werden in dem Unternehmen Belange des Umweltschutzes ernst genommen, so wird es nur in seltenen Fällen dazu kommen, daß man die Korrekturmaßnahmen gegen den Willen der Betroffenen durchsetzen muß. Dieser Widerstand wird in noch geringerem Umfang zu befürchten sein, wenn man die Betroffenen an der Erarbeitung der Korrekturmaßnahmen teilhaben läßt. Nur bei schwer lösbaren Problemen wird man auch Personalfreisetzung oder Versetzungen der betroffenen Mitarbeiter in Erwägung ziehen müssen.

5.6 Praxisbeispiel: Umweltorientiertes Weiterbildungssystem

Für die Aufrechterhaltung eines Umweltmanagementsystems müssen die Mitarbeiter befähigt werden, komplexe umwelt- und sicherheitsrelevante Anforderungen zu erkennen und ihnen gerecht zu werden. Die besondere Dynamik dieser Anforderungen ist durch folgende drei Aspekte bedingt *[Antes, 1991, S. 148-154]*:

1. *Erhöhung der Komplexität*
   Umweltverträglichkeit ersetzt keine traditionellen Kriterien, sondern stellt ein zusätzliches Kriterium dar. Die Zahl der Variablen erhöht sich und damit die Komplexität von Entscheidungsprozessen und Arbeitsabläufen. Umweltverträglichkeit als komplexes Phänomen erfordert neue Informationskategorien sowie bereichsübergreifendes Arbeiten.
2. *Zeitliche Instabilität des Wissensstandes*
   Die Mitarbeiter müssen begreifen, daß das ökologische Wissen in der Zukunft ständig erweitert, überholt oder widerlegt wird.
3. *Spezifizität betrieblicher Umweltschutzaufgabenstellungen*
   Die Mitarbeiter müssen für ihre spezifischen und unterschiedlichen Umweltschutzaufgabenstellungen sensibilisiert und vorbereitet werden.

Es müssen daher Weiterbildungskonzepte entwickelt werden, die folgende Aufgaben haben:

- Weiterbildungsbedarf erkennen und abdecken,
- standardisierte und flexible Vorgehensweise zur Ermittlung angepaßter Schulungsinhalte entwickeln,
- Zielgruppenorientierung,
- Fähigkeit zur interdisziplinären Zusammenarbeit der Mitarbeiter stärken,
- die Fach-, Sozial-, Methodenkompetenz sowie die Motivation der Mitarbeiter durch ganzheitlich-integrative Aus- und Weiterbildungskonzepte fördern (s. Bild 5.17).

Als *Fachkompetenz* werden beruflich-spezifische Qualifikationen, Fertigkeiten und Kenntnisse bezeichnet.

Als *Sozialkompetenz* werden die Qualifikationen, Fertigkeiten und Kenntnisse bezeichnet, die befähigen, eine Situation wahrzunehmen sowie diagnostizieren zu können und sein Verhalten entsprechend darauf auszurichten.

Als *Methodenkompetenz* werden die Qualifikationen, Kenntnisse und Fertigkeiten bezeichnet, die befähigen, Probleme zu lösen und Entscheidungen zu treffen.

Verfügt ein Individuum über ein notwendiges Maß an Fachkompetenz, Sozialkompetenz und Methodenkompetenz, so ist es fähig, eine bestimmte Handlung durchzuführen. Es verfügt somit über Handlungskompetenz. Hat es darüber hinaus ein Motiv, dieses Verhalten zu zeigen, so kommt es zur tatsächlichen Handlung. Dabei ist die Motivation, eine Handlung vorzunehmen, als ein aktives, zielgerichtetes Steuern des Verhaltens zu sehen *[Graumann, 1974, S. 1]*.

Das Vorhandensein von Handlungskompetenzen und Motivation bei den Mitarbeitern kann im Rahmen eines ganzheitlichen betrieblichen Weiterbildungs-

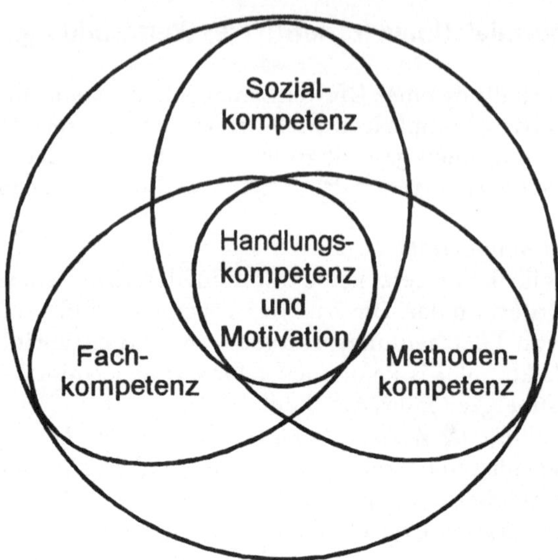

Bild 5.17 Ganzheitlich-integratives Aus- und Weiterbildungskonzept nach *[Butsch u.a., 1991, S.41]*

konzepts gefördert werden, wodurch ein höheres Maß an Flexibilität, Effizienz und Kreativität der geschulten Mitarbeiter erreicht wird. Umweltschutz-Schulungsmaßnahmen sind nicht nur als Erfüllung der arbeits-, zivil- und strafrechtlichen Pflichten anzusehen, sondern als eine zentrale Maßnahme, um die kontinuierliche Verbesserung des betrieblichen Umweltschutzes überhaupt zu ermöglichen. Hierzu ist eine systematische Vorgehensweise notwendig, wobei der jeweilige Schulungsbedarf in einem ersten Schritt erkannt und konkretisiert werden muß, um in einem nächsten Schritt sowohl die fachlichen Inhalte der Schulungsmaßnahme als auch deren zielgruppengerechte Vermittlung zu planen und durchzuführen. Dieses Aufgabenspektrum ist Teil des umweltorientierten Personalmanagements. Ein solches Weiterbildungssystem, dessen Grundstrukturen im nächsten Abschn. genauer beschrieben werden, wurde im Rahmen einer Studie für die Automobilindustrie entwickelt.

5.6.1 Grundstrukturen eines exemplarischen Weiterbildungssystems

In Bild 5.18 ist der chronologische Ablauf der einzelnen Phasen des Weiterbildungssystems von der Identifikation des Schulungsbedarfs bis zur Rückkopplung nach der Durchführung der Schulung graphisch dargestellt.

Der Unternehmensteil, für den dieses Weiterbildungssystem ursprünglich entwickelt worden war, hatte eine eigene Umweltschutzabteilung, die einen Teil der notwendigen Umweltschutzschulungen selbst durchführen sollte. Aus diesem Grunde sollten die Mitarbeiter der Umweltschutzabteilungen alle Phasen in Bild 5.18 selbständig durchführen. Um sicherzustellen, daß die wichtigen Aspekte in den einzelnen Phasen beachtet wurden, und zur nachvollziehbaren Dokumentation, wurden phasenspezifische Checklisten erarbeitet.

In kleineren und mittleren Unternehmen wird es dagegen eher so sein, daß externe Fachleute die Schulungen übernehmen. Dies bedeutet nicht, daß in diesem Fall ein Weiterbildungssystem überflüssig ist, denn ohne die eigenständige, systematische Ermittlung des Schulungsbedarfs und der Überprüfung der Wirksamkeit der Schulungsmaßnahme ist keine angepaßte umweltbezogene Weiterbildung zu realisieren.

In den folgenden Abschnitten sind die Phasen des Weiterbildungssystems aus Bild 5.18 genauer beschrieben:

Schulungsbedarf identifizieren

Der Schulungsbedarf ist betriebsintern und nur in Ausnahmefällen betriebsextern zu identifizieren. Eine erste Möglichkeit ist, daß die Abteilung selber den Schulungsbedarf meldet. Ein zweite Möglichkeit besteht darin, daß die betroffene Abteilung auf den Schulungsbedarf entweder von anderen Abteilungen (z.B. Umweltschutz, Personal) oder durch externe Stellen (z.B. Behörden, Überwachungsvereine) aufmerksam gemacht wird.

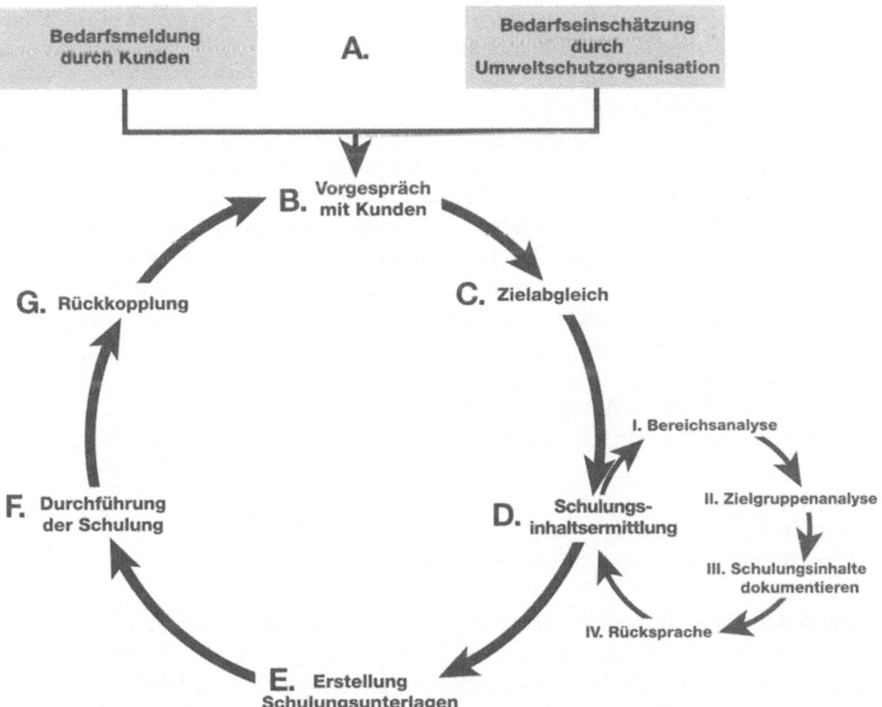

Bild 5.18 Phasen des Weiterbildungssystems zur Erstellung und Durchführung einer Umweltschutz-Schulungsmaßnahme

Vorgespräche mit Kunden
Als „Kunde" wird derjenige bezeichnet, der die Schulung in Auftrag gibt. Dabei kann es sich z.B. um einen Abteilungsleiter handeln, der seine Mitarbeiter schulen lassen möchte. Das Vorgespräch hat folgende Funktionen:
- ggf. Kunden von Schulungsnotwendigkeit überzeugen,
- Darstellung des Schulungskonzepts,
- Klärung der Schulungsschwerpunkte,
- Absprechen des weiteren Vorgehens,
- Einschätzungen des Kunden dokumentieren.

Zielabgleich
Die Phase „Zielabgleich" dient als eine Art Filter. Sie soll sicherstellen, daß nicht mit der aufwendigen Schulungsinhaltsermittlung begonnen wird, wenn noch weiterer Abstimmungsbedarf besteht. Der Zielabgleich hat folgende Funktionen:
- Vergleichen der Schulungsziele aus Sicht der Umweltschutzabteilung und des Kunden,
- weiteren Diskussionsbedarf erkennen und abdecken,
- Schätzung des Schulungsaufwandes, Absprache mit dem Kunden.

In dieser Phase wird der monetäre und personelle Aufwand zur Erstellung und Durchführung der Schulung festgelegt und mit dem Kunden in Form eines Angebots für eine Leistungsvereinbarung abgesprochen.

Ermittlung des Schulungsinhalts
Diese Phase ist die aufwendigste und wichtigste des ganzen Ablaufs. Sie besteht aus mehreren Unterphasen, wobei über deren Durchlaufen Wahlmöglichkeiten bestehen. Grundsätzlich gibt es jedoch zwei Möglichkeiten: Entweder werden die Schulungsinhalte empirisch festgelegt, z.B. aufgrund präziser Vorgaben (Gesetze, Normen u.a.), oder sie werden durch die Analyse des betrieblichen Bereichs sowie der Zielgruppe ermittelt. Im zweiten Fall unterteilt sich die Ermittlung in die zwei Unterphasen *Bereichsanalyse* und *Zielgruppenanalyse*. Die Bereichsanalyse hat folgende Funktionen:
- Identifikation und Untersuchung der relevanten rechtlichen, stofflichen, technischen und baulichen Rahmenbedingungen,
- Identifikation und Untersuchung der relevanten Abläufe.

Die Zielgruppenanalyse hat ihrerseits folgende Funktionen:
- Beschreibung der Zielgruppe,
- Einschätzung von Motivation und Fachkenntnis.

Anhand der Erkenntnisse der Schulungsinhaltsermittlung werden die Defizite für den betrieblichen Bereich und die Zielgruppe identifiziert und dokumentiert. Daraus werden dann die Schulungsschwerpunkte abgeleitet und dokumentiert.

Die letzte Phase dient für die Rücksprache mit dem Kunden, falls die Resultate der Analysen zu schwerwiegenden Veränderungen des vereinbarten Schulungsaufwands und -ziels führen.

Erstellung der Schulungsunterlagen
Aufgrund der ermittelten bzw. festgelegten Schulungsschwerpunkte werden die Schulungsunterlagen zusammengestellt. Die Schulungsunterlagen werden entweder aus schon vorhandenen Materialien der Schulungsmodule ausgewählt (s. hierzu Bild 5.20), oder es werden entsprechende Unterlagen neu erarbeitet.

Durchführung der Schulung
Die Erkenntnisse bei der Durchführung der Schulung sind in einem Protokoll zu dokumentieren. Die Teilnehmer sind namentlich festzuhalten.

Rückkopplung
Die Rückkopplung hat folgende Funktionen:
- Auswertung eines Kritikbogens,
- Abschlußgespräch mit Kunden.

5.6.2 Bereichsanalyse

Die Bereichsanalyse ist eine Unterphase der Schulungsinhaltsermittlung, in der Informationen zu dem betroffenen betrieblichen Bereich erfaßt und ausgewertet werden. Die für die Erstellung der Schulungsunterlagen notwendigen Informationen zu den bereichsbedingten Rahmenbedingungen (z.B. baulich-technischer Zustand, Ablauforganisation, betriebsinterne Anforderungen) konnen durch Checklisten und Interviews ermittelt werden. Die dabei resultierenden Daten sollten hinsichtlich ihrer Schulungsrelevanz qualitativ bewertet werden. Dies ist notwendig, denn es bestehen starke Wechselwirkungen zwischen dem Verhalten der Zielgruppe und den bereichsspezifischen Rahmenbedingungen. Diese Wechselwirkungen lassen sich am besten an einem Beispiel darstellen.

- In einem betrachteten betrieblichen Teilbereich werden Güter mittels Gabelstapler verladen. Die Bodenbeschichtung wird dabei durch unsachgemäßes Hantieren beschädigt

⇨ der baulich-technische Mangel ist das Resultat des Verhaltens

- aufgrund der offensichtlichen Beschädigung des Bodens halten es die Mitarbeiter nicht mehr für nötig, besonders achtsam bei den Verladevorgängen zu sein

⇨ der baulich-technische Mangel bestimmt das Verhalten der Zielgruppe

- die Beschädigung des Bodens erfordert aufgrund des nun bestehenden besonderen Gefahrenpotentials eigentlich ein erhöhtes Maß an Achtsamkeit

⇨ der baulich-technische Mangel stellt besondere Anforderungen an das Verhalten

Dieses Beispiel zeigt alle drei Arten von möglichen Wechselwirkungen, die zwischen Verhalten und bereichsspezifischen Rahmenbedingungen möglich sind. Bei der Schulung der Zielgruppe ermöglicht die Kenntnis solcher Zusammenhänge eine gezieltere Einflußnahme auf das Verhalten durch Vermittlung situationsangepaßter Fachkenntnisse.

5.6.3 Zielgruppenanalyse

Die Bewertung der Zielgruppe wird mittels zweier Kriterien durchgeführt:

1. Motivation
2. Fachkenntnis

„Motivation" ist hier als *Einstellung und Engagement der Zielgruppe in Hinblick auf den betrieblichen Umweltschutz* definiert. Als angestrebte Motivation soll eine Identifikation der Zielsetzung des Unternehmens mit den persönlichen Wünschen der Mitarbeiter herbeigeführt werden. Die „Fachkenntnis" betrifft dagegen *das fachliche Wissen der Zielgruppe bezüglich des Schulungsthemas.*

Es erscheint sinnvoll, diese beiden Aspekte als Beurteilungskriterien zu verwenden, denn das *Leistungsverhalten* ist erstens durch ein Motiv und zweitens durch die Möglichkeit geprägt, dieses Motiv umzusetzen *[Rosenstiel, 1980, S. 34–37]*. Dieses *Umsetzungspotential* setzt sich zusammen aus Fähigkeit und Fertigkeit. Vereinfacht läßt sich sagen:

Leistungsverhalten = Motivation x Umsetzungspotential
(wobei Umsetzungspotential = Fähigkeit + Fertigkeit)

Diese simple Form verdeutlicht die gleichzeitige Wirkung von Motivation, Fähigkeit und Fertigkeit auf das Leistungsverhalten. Das im Rahmen der Zielgruppenanalyse verwendete Kriterium „Fachkenntnis" erfaßt zwar nicht alle Aspekte des *Umsetzungspotentials*, reicht in diesem Kontext aber aus, um die Zielgruppen entsprechend den Grundlagen der Betriebspsychologie zu charakterisieren.

Ein erster Versuch, die Bewertungskriterien Motivation und Fachkenntnis einzusetzen, besteht in der Entwicklung einer einfachen Matrix (s. Bild 5.19), in der die Zielgruppe eingeordnet werden kann. Die Zuordnung der Zielgruppe zu einem der vier Schulungstypen führt dann automatisch zur Auswahl angepaßter Schulungsmodule. Z.B. ist eine Gruppe vom Typ III („Die Überzeugten") hauptsächlich in bezug auf die Fachkenntnisse zu schulen. Dagegen ist die Schulung einer Gruppe des Typs I („Die Desinteressierten") auf Motivation *und* Fachkenntnis auszurichten. Das Erreichen des Typs IV („Die Umweltprofis") wird als Schulungsziel angestrebt.

Nachdem die Schulungsschwerpunkte anhand der Erkenntnisse der Bereichs- und Zielgruppenanalyse ermittelt worden sind, sind im nächsten Schritt anhand der gewonnenen Erkenntnisse die Schulungsunterlagen auszuwählen bzw. zu erstellen. Die Auswahl bzw. das Erstellen der Schulungsunterlagen sowie deren Klassifikation muß möglichst effektiv und nachvollziehbar gestaltet werden. Um dies zu realisieren, wurde die Konzeption der Schulungsmodule entwickelt, die im folgenden Abschn. näher erläutert wird.

5.6.4 Schulungsmodule

Anhand der erkannten Schulungsschwerpunkte durch die Schulungsinhaltsermittlung werden angepaßte Schulungsmodule und Bausteine ermittelt, aus denen dann die Schulungsunterlagen ausgewählt (bzw. erstellt) werden. Es müssen

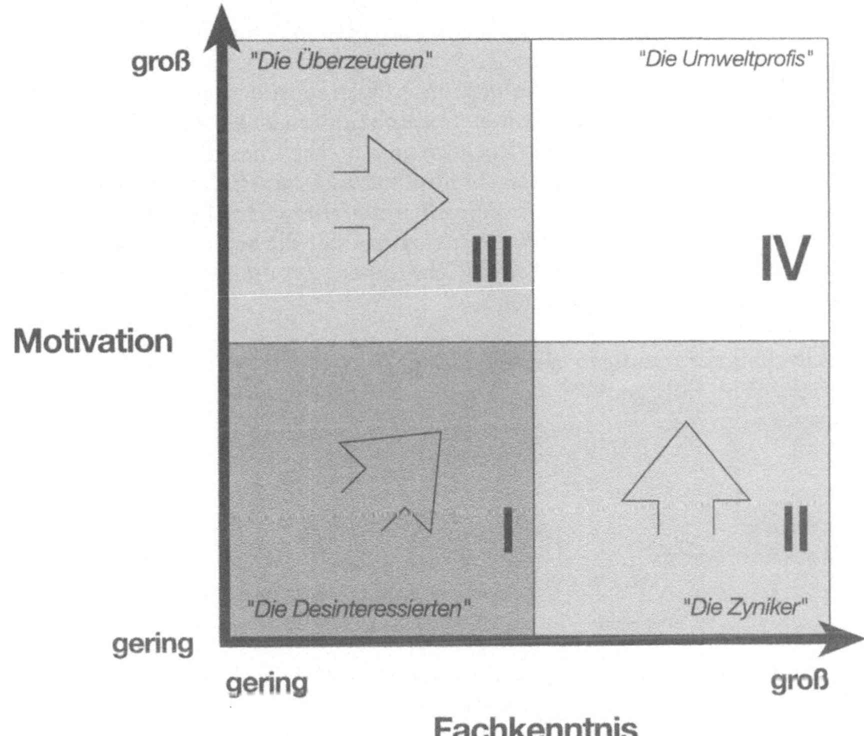

Bild 5.19 Matrix zur Zielgruppenklassifikation

nicht alle Bausteine eines Moduls ausgewählt werden. Die Bezeichnung und Charakterisierung der einzelnen Bausteine ist empirisch festgelegt worden und kann ggf. den Bedürfnissen angepaßt und erweitert werden. In Bild 5.20 ist die Einteilung der Schulungsmodule graphisch dargestellt.

Die Schulungsmodule sind eingeteilt in Rahmen-, Motivations-, Fachschulungs- und Multiplikatorenschulungsmodule. Sie enthalten fixe und variable Schulungsbausteine, welche in einem Leitfaden genauer charakterisiert werden müssen. Die einzelnen Begriffe zur Einteilung der Schulungsbausteine werden im folgenden näher erläutert:

Schulungsmodul:	Schulungseinheit, die um einen Schulungsschwerpunkt (z.B. Motivation) aufgebaut ist.
Rahmenmodule:	fester Bestandteil eines jeden Schulungsprogramms.
Baustein:	ist eine Untereinheit eines Schulungsmoduls, welches durch seinen Inhalt (z.B. Selbsteinschätzung) charakterisiert ist.
Fixe Bausteine:	müssen nicht an die Zielgruppe angepaßt werden (z.B. Umweltschutzproblematik im Werk XY).
Variable Bausteine:	können entsprechend den Bedürfnissen der Zielgruppe angepaßt werden (z.B. Umweltschutzanforderungen für den betrieblichen Bereich).

Die einzelnen Bausteine mit den in ihnen enthaltenen Schulungsunterlagen werden mit dem in Bild 5.20 angegebenen Schlüssel numeriert. Eine solche Numerierung hat den Vorteil, daß alle Schulungsunterlagen zentral erfaßt werden können.

Für die Zielgruppe der sogenannten Multiplikatoren ist ein zusätzliches Modul vorgesehen, da sie eine besondere Position im Unternehmen und im Rahmen von Schulungsmaßnahmen einnehmen. Multiplikatoren haben die Aufgabe, das ihnen vermittelte Wissen in ihrem Bereich weiterzureichen. Für Umweltschutzschulungen sind z.B. die Gefahrgutbeauftragten oder die Sicherheitsbeauftragten die zu erreichenden Multiplikatoren-Zielgruppen. An die Multiplikatoren werden folgende Anforderungen gestellt:

- Bereitschaft zur ständigen Weiterbildung
- Akzeptanz im Kollegenkreis
- Engagement

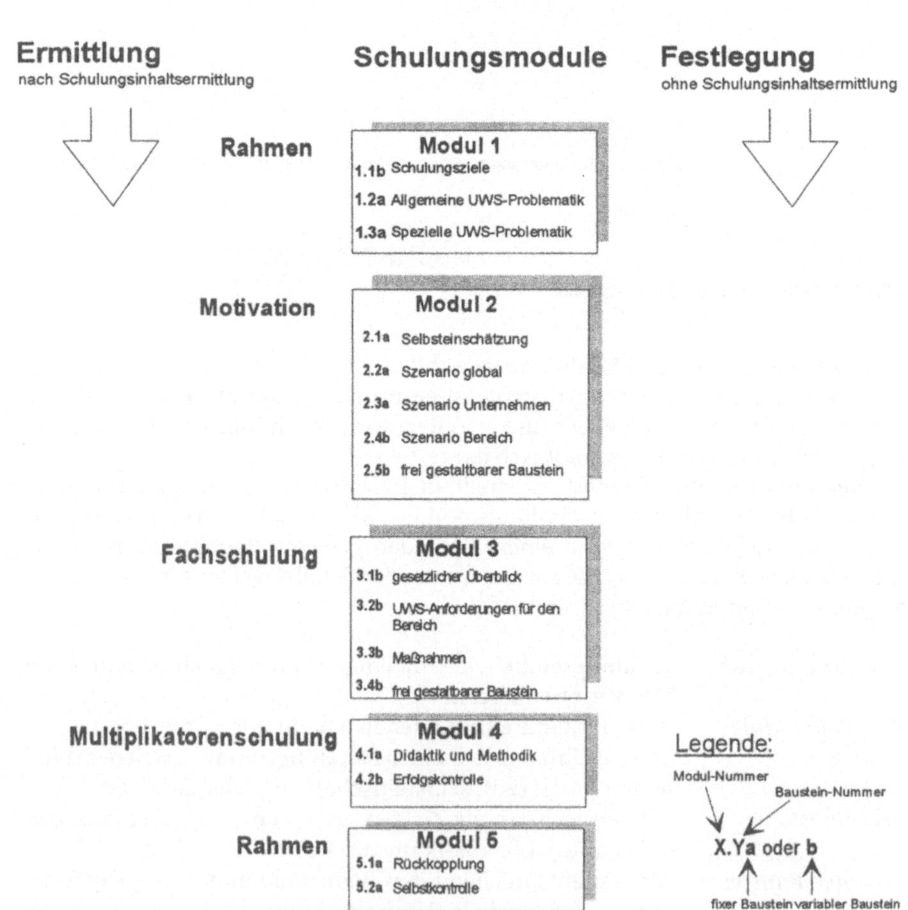

Bild 5.20 Schulungsmodule und Bausteine der Umweltschutzschulungen

- Geistige Flexibilität
- Pädagogisches Geschick

Die Schulung von Multiplikatoren hat in erster Linie fachliche Inhalte, jedoch müssen dieser Zielgruppe auch das Instrumentarium und die Motivation vermittelt werden, um dieses Wissen weitergeben zu können. Für diese zusätzlichen Schulungsinhalte (bspw. Techniken zur Selbsteinschätzung des betrieblichen Bereichs) ist das Modul 4 vorgesehen.

Das hier dargestellte Instrumentarium zur Vorbereitung und Durchführung von Umweltschutzschulungen ist im Vergleich zu den derzeit in der betrieblichen Praxis verwendeten Weiterbildungskonzepten sehr aufwendig und mit Investitionen verbunden. Jedoch führt eine zielgruppenorientierte Schulung der Mitarbeiter bei kontinuierlichem Einsatz des Konzepts durch weniger Arbeitsunfälle, Störfälle und Umweltschutzkosten sowie durch eine höhere Mitarbeiterzufriedenheit, ein besseres Image und eine größere Rechtssicherheit zu langfristigen Kostensenkungen aus Sicht des gesamten Unternehmens.

5.7 Zusammenfassung

In den vorangegangenen Abschnitten wurden sehr unterschiedliche mitarbeiterbezogene Aspekte in Zusammenhang mit dem betrieblichen Umweltschutz betrachtet. Diese reichten von der Erörterung der zivil- und strafrechtlichen Folgen einer mangelhaften Organisation und Ausbildung der Mitarbeiter über die Darstellung grundlegender Strukturen eines umweltorientierten Personalmanagements bis zur Präsentation eines exemplarischen Weiterbildungssystems. Es konnte dabei die Notwendigkeit der Berücksichtigung mitarbeiterorientierter Aspekte im Sinne einer umweltorientierten Organisationsgestaltung veranschaulicht werden, ohne die Umweltmanagementsysteme nur unter großem Aufwand und mit kurzfristigem Erfolg aufgebaut, implementiert und aufrechterhalten werden können.

Vor allen Dingen die langfristige Aufrechterhaltung und die damit einhergehende kontinuierliche Verbesserung des betrieblichen Umweltschutzes lassen sich nur durch eine umweltorientierte Organisationsgestaltung realisieren, die sowohl den Bedürfnissen der Mitarbeiter als auch den internen und externen umweltorientierten Anforderungen gerecht wird. Die dabei auf längere Sicht entstehenden Vorteile, die sich auch monetär quantifizieren lassen, werden den anfänglichen Aufwand für die umweltorientierte Organisationsgestaltung überwiegen. Dabei ist der Nutzen, der hieraus gezogen werden kann, keineswegs nur auf den betrieblichen Umweltschutz beschränkt.

5.8 Abkürzungen

AbfG	Abfallgesetz
AbfVerbrG	Abfallverbringungsgesetz
Allg. AbfallV	allgemeine Abfallverordnungen
ArbStättV	Arbeitsstätten Verordnung
BauGB	Baugesetzbuch
BImSchG	Bundes-Immissionsschutzgesetz
BImSchV	Verordnung zur Durchführung des Bundes-Immissionschutzgesetzes
BNatSchG	Bundesnaturschutzgesetz
BodSchG	Bodenschutzgesetz
ChemG	Chemikaliengesetz
DruckbehV	Druckbehälterverordnung
GefStoffV	Gefahrstoffverordnung
GenTG	Gentechnikgesetz
GewO	Gewerbeordnung
GG	Grundgesetz
GGVE	Gefahrgutverordnung Eisenbahn
GGVS	Gefahrgutverordnung Straße
GGVSee	Gefahrgutverordnung See
HKWV	Halogenkohlenwasserstoff Verordnung (2. BImSchV)
KrW-/ AbfG	Kreislaufwirtschafts- und Abfallgesetz
LandesabfallG	Landesabfallgesetz
ROG	Raumordnungsgesetz
SmogV	Smog Verordnung
TA Abfall	Technische Anleitung Abfall
TA Lärm	Technische Anleitung Lärm
TA Luft	Technische Anleitung Luft
TRbF	Technische Regeln für brennbare Flüssigkeiten
TRGS	Technische Regeln für Gefahrstoffe
UmweltHG	Umwelthaftungsgesetz
UVPG	Gesetz über die Umweltverträglichkeitsprüfung
UVV	Unfallverhütungsvorschrift
UWS	Umweltschutz
VbF	Verordnung über brennbare Flüssigkeiten
WG	Wassergesetz
WGK	Wassergefährdungsklasse
WHG	Wasserhaushaltsgesetz

Kapitel 2: Anforderungen an Unternehmen

Ökologische, ökonomische, technologische, rechtlich-politische und sozio-kulturelle Umwelten des Unternehmens
Anforderungen der Umwelt an das Unternehmen

Kapitel 3: Umweltorientierte Unternehmensführung

Gesamtkonzeption einer umweltorientierten Unternehmensführung:
Informationsgrundlagen
Unternehmenspolitik und -leitbild
Unternehmensziele
Unternehmensstrategie

Kapitel 4: Von traditionellen Unternehmenskonzepten zu modernen Managementkonzepten

Traditionelle Unternehmenskonzepte
Moderne Managementkonzepte
Aktuelle Managementkonzepte im Überblick

Kapitel 5: Umweltorientierte Organisationsgestaltung

Rechtliche Grundlagen der betrieblichen Umweltschutzorganisation
Organisation des betrieblichen Umweltschutzes
Anforderungen durch Umweltmanagementnormen
Umweltorientiertes Personalmanagement
Einführung von Umweltmanagementsystemen
Praxisbeispiel: Umweltorientiertes Weiterbildungssystem

Kapitel 6: Zielorientierte Informationsflußgestaltung

Grundlagen und Definitionen
Informationen im Unternehmen
Informationssysteme zur Managementunterstützung
Datenbanken als Informationsspeicher
Umweltbezogene Informationen

Kapitel 7: Techniken für das Umweltmanagement

Die ständige Verbesserung
Der Technikbegriff in Zusammenhang mit betrieblichem Umweltschutz
Umweltschutzmaßnahmen aus dem Blickwinkel der Wertschöpfung
Der Technikeinsatz in der betrieblichen Praxis
Der Einsatz von Techniken im Umweltmanagement
Einordnung der Techniken nach Aufgaben

Kapitel 8: Die Ermittlung umweltrelevanter Kosten

Grundlagen
Umweltrelevante Kosten
Methodik zur Ermittlung der umweltrelevanten Kosten
Anwendungshinweise

6 Zielorientierte Informationsflußgestaltung

Die Gewinnung und Bereitstellung von Informationen als Grundlage und Quelle unternehmerischen Erfolgs wird zunehmend als eine der wichtigen Managementaufgaben erkannt. Die erfolgreiche Gestaltung des Informationsflusses und damit verbunden die Ausbildung einer Informationskultur im Unternehmen trägt erheblich zu dessen Leistungsfähigkeit bei. Dazu notwendig ist die Erhebung von inner- und außerbetrieblichen Daten, ihre Verdichtung und Bewertung sowie die Speicherung und Verwaltung der gewonnenen Informationen. Viele dieser Aufgaben können durch den Einsatz von modernen informationsverarbeitenden Systemen rationeller gestaltet werden. Voraussetzung für die effektive Nutzung EDV-technischer Hilfsmittel ist die vorhergehende Strukturierung der Informationen. Die rechnergestützte Bearbeitung unstrukturierter Abläufe mit unklaren Verantwortungsbereichen ist zum Scheitern verurteilt.

Beim Aufbau von modernen Managementsystemen, sei es zur Bearbeitung von Qualitäts-, Umweltschutz- oder Arbeitsschutzaufgaben, liegt oft ein Schwerpunkt der betrieblichen Umstrukturierungsmaßnahmen auf der Einrichtung und Verbesserung der Kommunikation zwischen den Mitarbeitern abteilungsintern und abteilungsübergreifend. Die dazu notwendigen Informationen müssen bereitgestellt, verwaltet und dokumentiert werden. Der sichere Zugriff auf die betrieblichen Informationen ist nicht nur zur Führung eines Unternehmens notwendig. Auch zum Nachweis der Einhaltung aller gesetzlichen Vorschriften und der Wahrnehmung der unternehmerischen Sorgfaltspflicht gewinnt die Informationsverfügbarkeit immer mehr an Bedeutung.

Dieses Kapitel behandelt das *Informationsmanagement* im Unternehmen, es gibt Hinweise zur Aufnahme von Daten und deren Verdichtung zu Informationen. Die aktuellen Entwicklungen und Möglichkeiten von *Informationssystemen* werden beschrieben, aber auch Gefahren und typische Fehler bei unsachgemäßer Anwendung. Dabei wird in den einzelnen Abschnitten zunächst unabhängig von Hard- und Software auf die grundsätzliche Informationsstruktur eingegangen. Wichtige Fragen dazu sind: Wo entstehen Informationen? Wo werden sie benötigt? Wie werden sie weitergeleitet? Im Anschluß werden die Möglichkeiten und Grenzen des Computereinsatzes im Informationsmanagement diskutiert. Am Schluß des Kapitels wird als Beispiel ein Umweltinformationssystem für die Anwendung im betrieblichen Umweltschutz vorgestellt.

6.1 Grundlagen und Definitionen

Die Situation vieler Unternehmen ist heute durch steigenden Druck des Marktes aufgrund wachsender Konkurrenz bei stagnierenden Absätzen und eine zunehmende staatliche und normative Regelungsdichte gekennzeichnet, beispielsweise durch die Umweltgesetzgebung, CE-Kennzeichnungspflicht, genormte Umwelt- und Qualitätsmanagementsysteme, s. Kap. 2 und 5. Um sich in diesem Problemkreis aus wirtschaftlichen Zwängen und ordnungsrechtlichen Konsequenzen möglichst sicher bewegen und sachgerechte unternehmerische Entscheidungen treffen zu können, ist es für die Verantwortlichen unerläßlich, ausreichend informiert zu sein.

> „Nach moderner Auffassung spielen für das wirtschaftlich operierende Unternehmen Daten als Ressource eine gleichrangig zentrale Rolle wie Personal, Maschinen, Rohstoffe und Finanzmittel. Wer Information beherrscht und geschickt nutzt, der sollte die Produktivität seines Personal- und Kapitaleinsatzes deutlich steigern, rascher, angemessener und mit mehr Selbstvertrauen auf äußerliche Einflüsse reagieren, das Tagesgeschäft wirkungsvoller führen und Entscheidungen mit mehr Sicherheit treffen können" *[Lockemann, 1993, S. 715].*

Mit Hilfe von Techniken zur *Informationsverarbeitung*, sei es auf dem Papier oder im Rechner, wird in den Unternehmen versucht, die Flut von Betriebsdaten zu kanalisieren. Ergebnisse dieser unternehmensinternen Informationsverarbeitung sind im idealen Fall Leitgrößen, beispielsweise in der Form aussagefähiger Kennziffern, die die Tätigkeiten des Unternehmens unter verschiedenen wirtschaftlichen Gesichtspunkten oder auch im Hinblick auf den Umweltschutz beschreiben.

Informationen basieren auf Daten, die im und außerhalb des Unternehmens gewonnen und aufgezeichnet werden. Im Prozeß der Informationsgewinnung und -verarbeitung werden die Daten ausgewertet und bewertet und die in ihnen enthaltenen Aussagen aufgedeckt. Ziel ist es, Entscheidungen im Unternehmen auf die Basis fundierter Informationen stellen zu können. Zwischen Daten und Informationen trennt Lockemann wie folgt:

> „Zwischen Daten und Informationen wird offensichtlich ein deutlicher Unterschied gemacht. Daten sind Mittel zum Zweck der Informationserlangung und -verarbeitung (und Informationen ihrerseits Mittel zum Zweck der Unternehmensführung)" *[Lockemann, 1993, S. 715].*

Das einzelne Datum ist der kleinste Baustein in der Informationshierarchie. Erst durch die Verknüpfung mit anderen Daten und durch die Gewichtung im Unternehmensgesamtzusammenhang werden Informationen erzeugt, auf deren Basis Entscheidungen gefällt werden können. Ein Beispiel für ein solches Datum ist ein einzelner Meßwert, wie der Durchmesser einer produzierten Welle. Der Meßwert an sich hat nur geringe Aussagekraft, erst durch den Vergleich mit den Konstruktionstoleranzen wird ersichtlich, ob die Welle ein Gutteil oder Ausschuß ist. Wird die zeitliche Abfolge der Wellenabmessungen einer Produktionsmaschine aufgelistet, so können Aussagen über die Veränderungen dieser Maschine gewonnen werden, und das rechtzeitige Gegensteuern vor dem Verlassen der Fertigungstoleranz ist möglich. Die Verbindung der Daten aller Produktionsanlagen mit den zugehörigen betriebswirtschaftlichen Informationen an der Spitze der Informationshierarchie unterstützt schließlich langfristige strategische Führungsaufgaben der Geschäftsleitung.

Die rechentechnische Realisierung zur Verdichtung und Bereitstellung der Informationen wird als *Informationssystem* bezeichnet. Schönsleben definiert ein Informationssystem als ein

> „System, gebildet durch Sammlungen von zusammengehörenden Informationen in strukturierter Form und Kommunikation, d.h. Zusammenwirken, Interaktion und Vermitteln der Informationen des Systems zu definierten Zwecken, innerhalb des Systems und nach außen" *[Schönsleben, 1994, S. 2]*.

Systeme, die bestimmte Teilgebiete bearbeiten, können Qualitäts- oder Umweltinformationssystem heißen. Der Leistungsumfang der verschiedenen realisierten Informationssysteme variiert erheblich, er reicht vom einfachen betriebswirtschaftlichen Dispositionssystem bis zum komplexen Managementinformationssystem.

Eine durchgängige Informationsverarbeitung, die die Fertigung unterstützt und steuert, ist die Grundidee des CIM-Konzeptes. CIM (Computer Integrated Manufacturing) bezeichnet die rechnerintegrierte Produktion mit EDV-Einsatz in allen mit der Produktion zusammenhängenden Bereichen. Die klassischen betrieblichen Teilaufgaben werden dabei durch die CIM-Module unterstützt:

- CAD: Computer Aided Design, rechnerunterstützte Konstruktion zur Erstellung und Verwaltung von Konstruktionszeichnungen.
- CAP: Computer Aided Planing, rechnerunterstützte Arbeitsplanung zur Erstellung von Arbeitsplänen, Auswahl der Arbeitsmittel und Festlegung der Arbeitsfolgen.
- CAM: Computer Aided Manufacturing, rechnerunterstützte Fertigung zur Steuerung und Überwachung der Fertigungseinrichtungen im Produktionsprozeß.
- CAQ: Computer Aided Quality (Assurance), rechnerunterstützte Planung und Durchführung der Aufgaben im Qualitätsmanagement.
- PPS: Produktionsplanung und -steuerung, rechnerunterstützte organisatorische Planung, Steuerung und Überwachung der Produktionsabläufe.
- BDE: Betriebsdatenerfassung, Datenaufnahme und Informationserfassung im gesamten Unternehmen.

Die Betriebsdatenerfassung ist dabei eher Fundament von CIM als ein eigenständiger Baustein und wird daher vielfach in der Literatur nicht als direkter Bestandteil von CIM angesehen. Eine durchgängig rechnergestützte Fertigung konnte allerdings bisher in keinem Unternehmen realisiert werden. In Teilbereichen, wie beispielsweise der Kopplung von Konstruktionsdaten und CNC-gesteuerten (Computerized Numerical Control) Werkzeugmaschinen, sind erfolgreiche Hard- und Softwarelösungen verwirklicht worden. Die oben aufgeführten EDV-Bausteine sind in ihren Aufgabengebieten nicht strikt getrennt. Teilweise ist eine Überlappung zur Gestaltung von Schnittstellen sinnvoll, wie bei den verschiedenen Bausteinen des CIM-Konzepts. In einigen Fällen werden Rechenwerkzeuge, die gleiche Aufgaben bearbeiten, unter verschiedenen Hauptbegriffen geführt. Eine eindeutige Trennung zwischen einem CAQ-System und einem Qualitätsinformationssystem gibt es nicht.

Diese „klassischen" EDV-Konzepte zur Unterstützung der Unternehmensfunktionen wurden in der letzten Zeit durch moderne Softwarewerkzeuge ergänzt. Fuzzy Logik oder Fuzzy Control, Neuronale Netze und künstliche Intelligenz versprechen Abhilfe bei Problemen, die von der bisherigen Software nur unzureichend gelöst werden konnten. Grundsätzlich gilt, ein Computer und das in seinem Prozessor ablaufende Programm sind nicht intelligent in dem Sinne, wie Intelligenz einem Menschen zugebilligt werden kann. Ihre „Intelligenz" ist von anderer Art. Die besonderen Stärken der menschlichen Intelligenz, wie das Wiedererkennen komplexer Muster in einer Vielzahl ähnlicher, sind die größten Schwachstellen von Computern. Während wir keine Schwierigkeiten haben, ein Gesicht in der Menge zu finden oder gesprochene Worte trotz Hintergrundgeräuschen zu verstehen, ist ein heutiger Computer mit diesen Aufgaben hoffnungslos überfordert. Die Stärken von Rechnern liegen in der schnellen und fehlerarmen Berechnung von Zahlenwerten nach vorher festgelegten Algorithmen. Tabellenkalkulationen, statistische Auswertungen und die genaue Speicherung riesiger Datenmengen sind die angemessenen Aufgaben für Computer.

Die Frage, ob diese Einschränkungen prinzipieller Natur sind oder nur für die heutige EDV gültig, kann niemand beantworten. Die modernen Soft- und Hardwarekonzepte sind der Versuch, in Richtung intelligenter Maschinen vorzustoßen. Ein neuronales Netz bildet, allerdings stark vereinfacht, menschliche Neuronen nach, die Verbindungen zu Tausenden anderer Neuronen aufbauen und sich je nach den an sie gestellten Anforderungen verändern können. Fuzzy Logik weitet die bisher starren ja/nein-Entscheidungen auf und läßt „ein bißchen" und „vielleicht" zu. Erfolgreich eingesetzt wird Fuzzy Logik zur Verhinderung verwackelter Videobilder. Simulationssoftware bildet reale Systeme, wie einen Produktionsprozeß oder die Warteschlange an einem Bankschalter, als Modell im Computer nach. Am Modell können dann Veränderungen durchgeführt und ihre Auswirkungen berechnet werden.

6.2 Informationen im Unternehmen

Neben der Zusammenführung der verschiedenen Materialien und Energien im Fertigungsprozeß zur Erzeugung von verkaufsfähigen Produkten muß auch der Informationsfluß, der die Produktionsprozesse umhüllt, beherrscht werden. Die Organisation und Ausbildung dieses Informationsflusses erstreckt sich von der Aufnahme aller notwendigen Daten über deren Verdichtung zu Informationen bis zur Speicherung zu Dokumentationszwecken. Die erste Schwierigkeit liegt bereits in der Festsetzung der notwendigen Daten. Aus der Vielzahl der möglichen erfaßbaren Daten im Unternehmen müssen die ausgewählt werden, die sinnvoll zu entscheidungsunterstützenden Informationen aufbereitet werden können. Aber nicht nur der interne Informationsbedarf muß berücksichtigt werden, auch außerhalb des Unternehmens finden sich Interessenten, wie beispielsweise Genehmigungsbehörden, Wirtschaftsprüfer oder auch Kunden.

Neben den im Unternehmen aufzunehmenden Daten ist es notwendig, auch externe Informationsquellen zu beobachten und zu nutzen. Zur Produktion marktfähiger Produkte müssen beispielsweise die aktuellen Normen und gesetzlichen Bestimmungen beachtet werden, die zudem noch international stark unterschiedlich sein können. Die Gesamtheit der Daten aus Unternehmen und Umfeld wird zu einem Informationsgerüst verknüpft, das die Produktionsprozesse begleitet und unterstützt. Die Organisation und Pflege dieses Informationsgerüstes wird als *Datenmanagement* bezeichnet, das nach Loos die Datenmodellierung und die Unterstützung des laufenden Betriebs eines Informationssystems umfaßt *[Loos, 1992, S. 15]*. Die Aufgabe der Datenmodellierung ist die Abbildung der realen Betriebsdaten in rechentechnisch bearbeitbare Strukturen, die folgende Anforderungen erfüllen müssen:

- Die komplexen Strukturen verknüpfter Fertigungssysteme müssen genauso abbildbar sein wie die einfacher einzelner Arbeitsplätze.
- Alle Bestandteile des realen Fertigungssystems, wie Materialien, Energien, Informationen und Produktionseinrichtungen müssen ihre Repräsentation im Datenmodell finden. Ihre wichtigsten Eigenschaften und ihr Betriebsverhalten müssen beschreibar sein.
- Neben räumlichen Anordnungen und geometrischen Strukturen muß auch die zeitliche Abfolge der Produktionsprozesse berücksichtigt werden.

Um diese Forderungen zu erfüllen, wurden verschiedene Datenmodelle entwickelt und in Informationssysteme integriert, s. auch Abschn. 6.3.2. Neben diesen speziellen Datenmodellen gibt es noch grundlegende, die prinzipiell für die Modellierung aller Arten von Daten geeignet sind. Das gebräuchlichste, auf dem auch viele der spezielleren basieren, ist das *Entity-Relationship-Modell* nach Chen *[Chen, 1976]*.

Die Bausteine des Entity-Relationship-Modells sind Entitäten (Dinge der realen Welt), Relationen (Beziehungen zwischen den Entitäten) und Attribute (Werte der Eigenschaften der Entitäten). Der Vorteil des Entity-Relationship-Modells ist seine einfache, übersichtliche und leicht verständliche grafische Darstellbarkeit. Bild 6.1 zeigt das Beispiel eines Entity-Relationship-Modells zur Unterteilung eines Projekts (z.B. einer komplexen Fertigungsanlage) in einzelne Fertigungsprozesse, die wiederum aus Prozeßschritten zusammengesetzt sind. Das abgebildete Entity-Relationship-Modell wird zur Untergliederung von Span- und Faserplattenproduktionsanlagen verwendet, s. Abschn. 6.5.3. Ein Projekt ist die gesamte Anlage, die Prozesse sind beispielsweise die Herstellung der Holzfasern oder die Pressung der Platten und die Prozeßschritte die Maschine zur Holzzerspanung oder die Vorpresse zur ersten Verdichtung der mit Leim vermischten Späne.

Die einfach umrandeten Rechtecke in Bild 6.1 repräsentieren Entitäten, also Elemente des realen Produktionssystems, in diesem Fall die Projekte, Prozesse und Prozeßschritte. Die doppelt umrandeten Rechtecke stellen Entitäten dar, die von anderen abhängig sind. Das heißt, eine Entität Projekt/Prozeß (ProjPr), in dem die Nummer des Projekts (ProjNr) mit der des Prozesses (PrNr) verknüpft wird, existiert nur, wenn der Prozeß auch zu dem Projekt gehört. Für diese Verknüpfung zwischen Projekt und Prozeß wurde eine abhängige Entität gewählt und nicht eine einfache Relation, um die Prozesse unabhängig von ihrem Ursprungsprojekt anderen Projekten zuordnen zu können.

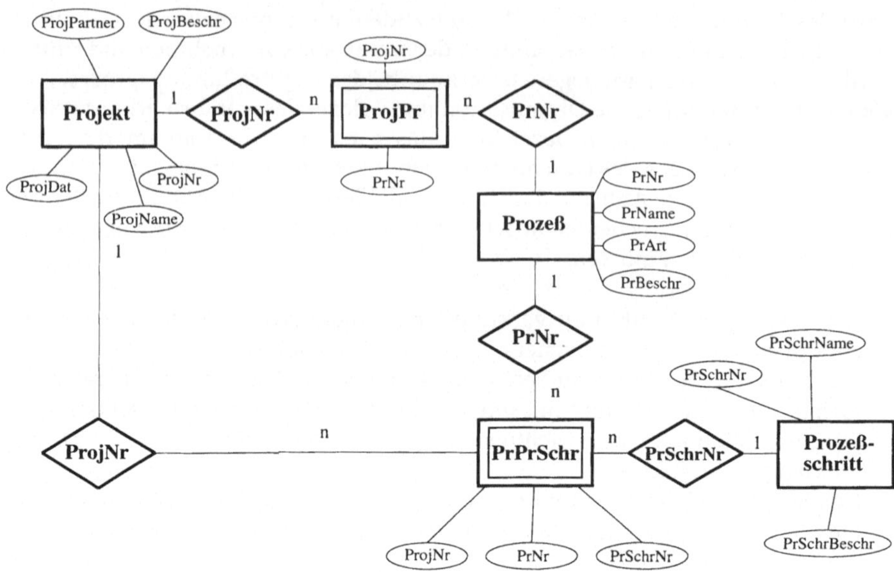

Bild 6.1 Entity-Relationship-Modell

Die Relationen zwischen den Entitäten werden durch Geraden versinnbildlicht. Die Bezeichnungen an diesen Geraden (1 oder n) geben an, ob es sich um eine 1:1 oder 1:n Beziehung handelt. Einem Projekt ist beispielsweise genau eine Projektnummer (ProjNr) zugeordnet, während einer Projektnummer mehrere Projekt/ Prozeß-Kombinationen zugehörig sein können. Die Ellipsen sind die Attribute der Entitäten; ein Projekt wird demnach charakterisiert durch sein Projektdatum (ProjDat), seinen Projektnamen (ProjName), seine Projektnummer (ProjNr), seine Projektpartner (ProjPartner) und seine Projektbeschreibung (ProjBeschr).

Mit dieser grafischen Beschreibungssprache ist es möglich, die Struktur komplexer Produktionssysteme zu modellieren und danach beispielsweise in eine Datenbank zu übertragen. Viele moderne Datenbanksysteme nutzen zur Verknüpfung ihrer Daten Entity-Relationship-Modelle. Um allerdings den Material- und Energiefluß in einem Produktionssystem abzubilden, sind Erweiterungen dieses Modells in Richtung Animation und Simulation notwendig. Die Datenmodelle tragen also nur einen Teil zur Gesamtaufgabe von Informationssytemen bei, die darin besteht, Daten an ihren Entstehungsorten aufzunehmen, sie zu Informationen zu verarbeiten und an den Stellen, die sie benötigen, zur Verfügung zu stellen.

Bei der Gestaltung des Informationsmanagements stehen sich die unstrukturierte Unternehmensrealität und die strukturierten, stark formalisierten Rechenwerkzeuge gegenüber. Diese Kluft gilt es zu überbrücken, wenn der Computer zum echten Hilfsmittel bei der Befriedigung des Informationsbedarfs werden soll. Nicht alle Kommunikations- und Informationswege lassen sich in Rechnerprogramme integrieren. Die Auswahl, welche der Aufgaben der EDV übertragen werden sollen, muß mit besonderer Sorgfalt getroffen werden. Wie weit können die realen Strukturen angepaßt werden, ohne ihre Funktionsfähigkeit zu verlieren? Wie können die Rechnerstrukturen verändert werden, um die Unternehmensdaten besser aufnehmen zu können? Welche zwischenmenschliche Kommunikation muß erhalten und gefördert werden? Diese Fragen können nur für jedes Unternehmen einzeln beantwortet werden. In Abstimmung mit den EDV-Experten muß die Geschäftsleitung entscheiden, was möglich und sinnvoll ist.

6.2.1 Quellen und Senken von Informationen

Die Informationen im Unternehmen sind hierarchisch angeordnet; aus vielen einzelnen Daten auf der operativen Ebene werden wenige hoch aggregierte Informationen für die Geschäftsleitung gewonnen. Bild 6.2 verdeutlicht diese Informationsverdichtung. Die Orte, an denen Daten und Informationen entstehen, werden als *Informationsquellen* bezeichnet.

Neben dieser ersten Informationshierarchie (viele Daten werden zu wenigen Informationen aggregiert) existiert noch eine zweite, nach der die Informationen verteilt werden. Die Orte, an denen Informationen benötigt werden, heißen *Informationssenken.* Der gesamte Informationsbestand des Unternehmens ist sinnvollerweise nur auf der strategischen Unternehmensebene für die Geschäftsleitung verfügbar. Auf der operativen Ebene muß dieser Gesamtbestand arbeitsplatzbezogen eingeschränkt werden. Durch die Umkehrung der Mengenverhältnisse dieser beiden Informationshierachien ergeben sich die folgenden Probleme, die im Zuge der Organisation des Informationsflusses gelöst werden müssen:

- Die Geschäftsleitung hat Zugriff auf die gesamte Informationsmenge des Unternehmens, benötigt aber nur wenige hoch aggregierte und damit aussagekräftige Informationen.

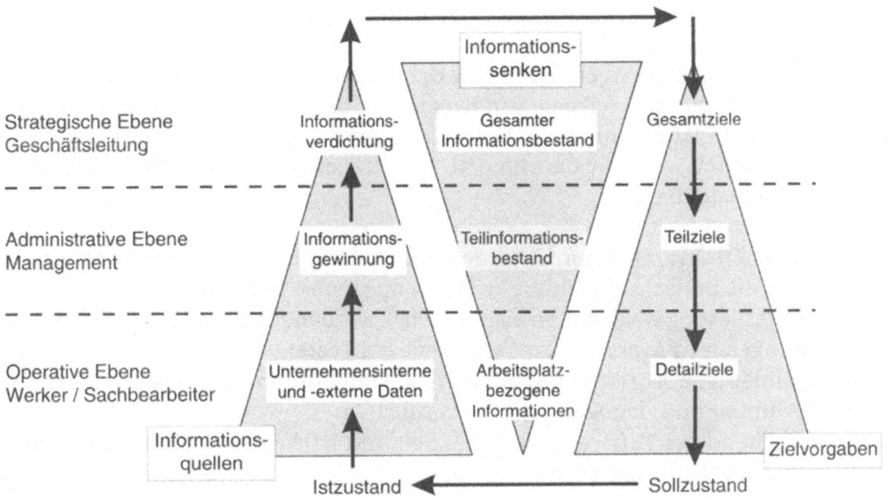

Bild 6.2 Quellen und Senken im Informationsregelkreis

- Für die Verdichtung und Bewertung der Daten sind Verfahren und Bewertungsmaßstäbe notwendig, die eine angemessene Berücksichtigung jedes einzelnen Datums sicherstellen.
- Auf der administrativen und operativen Ebene muß arbeitsplatzbezogen ein angemessenes Informationsvolumen verfügbar sein.
- Die Geschäftsleitung gibt auf der Basis ihrer Informationen strategische Ziele vor, die für die operative Ebene als Detailziele ausformuliert werden. Durch den Vergleich dieser Sollvorgaben mit den realen Unternehmensergebnissen muß der Informationsregelkreis geschlossen werden.

Die Auswahl der richtigen Informationsmenge allein reicht für die Gestaltung des Informationsflusses nicht aus. Um den Informationspool des Unternehmens möglichst flexibel nutzen zu können, muß eine Betrachtung unter verschiedenen Sichtweisen ermöglicht werden. Je nach Position und Aufgabenstellung innerhalb des Betriebs werden gleiche Informationen unterschiedlich interpretiert. So wird eine Qualitätsverbesserung der Produkte von der Qualitätsabteilung sicher positiv beurteilt, während bei der betriebswirtschaftlichen Betrachtung die Aufwendungen für diese Verbesserung als Kosten zu Buche schlagen. Mittel- bis langfristig kann aufgrund der Qualitätsverbesserung eine Erhöhung der Einnahmen erwartet werden, diese kann zum Zeitpunkt der Kostenentstehung jedoch selten quantifiziert und daher nicht gebucht werden.

6.2.2 Informationsregelkreise, Soll-Ist-Vergleich

Das Prinzip des Regelkreises aus der Regelungstechnik eignet sich zur Verdeutlichung des Informationsflusses im Unternehmen und seiner Aufgaben. Ein Regelkreis ist ein System, dessen Ausgangsgröße einen vorgegebenen Wert mit einer bestimmten Toleranz erzeugen soll. Durch äußere und innere Einflüsse schwankt die Ausgangsgröße; durch einen Vergleich der Ist- mit der Soll-Ausgangsgröße wird eine Steuergröße errechnet, um die der Regler verstellt werden muß, um den Sollzustand wieder zu erreichen. Ein Beispiel dafür ist der Thermostat einer Heizung, das Ventil ist geschlossen, wenn die Temperatur über der Solltemperatur liegt und geöffnet, wenn sie darunter ist. Übertragen auf den betrieblichen Informationsfluß bedeutet das:

- Die Geschäftsleitung muß Unternehmensziele vorgeben, die konkret genug sind, um die Betriebsergebnisse an ihnen messen zu können.
- Auf Basis dieser globalen langfristigen Ziele werden für die einzelnen Bereiche, Abteilungen und Arbeitsplätze Detailziele erarbeitet.
- In regelmäßigen Abständen wird der Istzustand durch beispielsweise Reviews überprüft und mit den Sollvorgaben verglichen.
- Entsprechend der Differenz zwischen Soll und Ist werden Maßnahmen ergriffen, um diese Differenz zu verringern.
- Kann der Sollzustand mittel- bis langfristig nicht erreicht werden, müssen die Ziele auf ihre Realisierbarkeit hin überprüft werden.

Dieser Regelkreis kann, auf das Beispiel einer Werkzeugmaschine, die eine Welle mit einer festgelegten Toleranz produziert, übertragen und wie folgt gestaltet werden. Bei der Konstruktion der Welle werden die Abmessungen und die Toleranzbreite vorgegeben. In der Arbeitsvorbereitung wird für die Produktion eine geeignete Werkzeugmaschine ausgewählt. Verlassen die Werkstücke den vorgegebenen Maßbereich, so wird die Maschine nachgestellt, um den möglicherweise zugrundeliegenden Werkzeugverschleiß auszugleichen. Kann die Toleranz nicht erreicht werden, wird überprüft, ob die Produktion mit den vorhandenen Fertigungseinrichtungen überhaupt möglich ist. Ist die Werkzeugmaschine nicht geeignet, wird eine andere ausgewählt. Eine weitere Möglichkeit ist die Vergröberung der Toleranz, wenn dies die Funktionsfähigkeit am späteren Einsatzort der Welle nicht gefährdet. Diese allgemeine Zielvorgabe kann auch auf den betrieblichen Umweltschutz übertragen werden. Die Vorgabe von Umweltzielen durch die Formulierung einer Umweltpolitik für ein Unternehmen ist beispielsweise Voraussetzung für die Zertifizierung eines Umweltmanagementsystems nach EMAS, s. auch Kap. 3.

6.2.3 Informationshierarchien und Informationsbedarf

Das Informationsproblem, mit dem viele Unternehmen kämpfen, hat seine Ursachen weniger in den Schwierigkeiten bei der Beschaffung der notwendigen Daten als in deren Auswahl und der Gewinnung der enthaltenen Informationen. Einerseits ist niemand in der Lage, die Gesamtheit der Einzeldaten eines Unternehmens zu beobachten und daraus Schlüsse zu ziehen, andererseits geht bei jeder Form der Datenverdichtung ein Teil der Informationen verloren. Der Einsatz von Rechnern erleichtert zwar die Aggregation von Daten, da dieser Vorgang für den Benutzer aber nicht transparent abläuft, bemerkt er den Verlust kaum. Darüber hinaus sind nur wenige Bediener von informationsverdichtenden Systemen fähig zu beurteilen, ob die gezogenen Schlüsse prinzipiell richtig sind.

Besonders deutlich wird das am Beispiel der rechnergestützten Erstellung von Qualitätsregelkarten. Dabei werden die Fertigungsdaten statistisch ausgewertet und in ein Diagramm eingetragen, das den Trend, also die zeitliche Veränderung der Daten visualisiert. Die Erfahrung der Autoren hat gezeigt, daß die meisten der CAQ-Systeme, die eine solche Regelkartenfunktion enthalten, bei der statistischen Auswertung eine Gaußsche Normalverteilung der Fertigungsdaten voraussetzen. Sind diese aber nicht normalverteilt, wie es bei vielen realen Fertigungseinrichtungen (z.B. bei einer technisch bedingten einseitig begrenzten Toleranz) der Fall ist, stimmen die vom Rechner bereitgestellten Informationen nicht. Eine gesunde Skepsis und die zumindest stichprobenartige Überprüfung der Rechenergebnisse ist sicher sinnvoll.

Aufgrund dieser Schwierigkeiten lassen sich die Forderungen bei der Gestaltung der Bottom-Up-Informationshierarchie, also der Verdichtung der Betriebsdaten zu Informationen, wie folgt zusammenfassen:

- Das Ausgangsdatenmaterial muß für zumindest eine begrenzte Zeit vollständig verfügbar sein, um im Zweifelsfall darauf zurückgreifen zu können.

- Die Algorithmen, nach denen die Datenverdichtung erfolgt, müssen dem Benutzer in ihren Grundzügen bekannt und vollständig dokumentiert sein.
- Überall, wo durch die Verdichtung Information verlorengeht, muß dieser Verlust protokolliert werden.
- In regelmäßigen Abständen muß die Funktionsfähigkeit der Aggregation der Daten durch Beispielrechnungen überprüft werden.

Die Datenverdichtung erfolgt in den meisten Fällen durch die Berechnung von Kennziffern, wie beispielsweise Kosten pro produzierter Einheit. In Abschn. 6.5.3 wird dies am Beispiel von Umweltkennziffern verdeutlicht. Die Möglichkeiten der Kennzahlenberechnung sind allerdings auf Informationsbestände, die sich quantitativ durch Zahlen ausdrücken lassen, beschränkt. Bei eher qualitativen Informationen, wie beispielsweise dem Ansehen des Unternehmens beim Kunden oder in der Öffentlichkeit, ist eine Kennziffernberechnung nur indirekt möglich. Daraus resultiert ein Übergewicht an „harten" Informationen, die „weichen" fließen in geringerem Maße in Unternehmensentscheidungen ein.

Die Gestaltung der Bottom-Up-Informationshierarchie umfaßt nur die Hälfte des Informationsflusses, die arbeitsplatzbezogene Verteilung der Informationen erfolgt in der Top-Down-Informationshierarchie. In vielen Unternehmen liegt ein Mengenproblem vor. Die Geschäftsleitung hat durch ihre Zugangsrechte Zugriff auf den Informationsgesamtbestand, benötigt aber nur wenige aussagekräftige Leitinformationen. Die Sachbearbeiter und Werker haben nur eingeschränkte Zugangsrechte, benötigen aber zumindest alle für ihren Arbeitsbereich vorhandenen Informationen. Hinzu kommt, daß viele als Rechnerprogramm realisierte Informationssysteme zwar die Verdichtung der Daten unterstützen, aber deren Verteilung nur sehr eingeschränkt. Die Gründe dafür liegen in den Stärken von Computern, die eher geeignet sind, umfangreiche statistische Berechnungen durchzuführen, als Informationen unter Vernunftgesichtspunkten zu verteilen.

6.3 Informationssysteme zur Managementunterstützung

In den 70er Jahren erlebten die Informationssysteme in der Forschung ihre größte Beachtung. Die rasanten Fortschritte der Rechnertechnologie ließen die Erwartung zu, daß mit dem konsequenten Einsatz der EDV ein Informationssystem zu realisieren sei, das jedem Benutzer alle für seine Arbeit benötigten Daten in einer angemessenen Zeit zur Verfügung stellt *[Kirsch, Klein, 1977, S. 20, Seitschek, 1973, S. 276]*. Die Forschungs- und Softwareprojekte, die sich mit der Informationsbeschaffung für die planenden Ebenen im Unternehmen beschäftigten, wurden mit dem Titel „MIS" für *Managementinformationssysteme* belegt.

Die technische Realisierung solcher Vorhaben erwies sich in den darauffolgenden Jahren und mit dem Aufkommen erster kommerzieller Software für diese Anwendungen als wesentlich schwieriger als zunächst angenommen. Auf der einen Seite waren die technischen Möglichkeiten der Informationsverarbeitung überschätzt worden, zum anderen war die Komplexität der Aufgabe nicht zu überblicken gewesen *[Kirsch, Klein, 1977, S. 10; Martin, 1985, S. 77; Dehio, Kieser, 1983, S. 372]*.

Die weiterführenden Arbeiten auf diesem Gebiet beschäftigten sich ab ca. 1977 vor allem mit der Bearbeitung von unstrukturierten Problemen, wie sie bei der bedarfsgerechten Analyse von Unternehmensdaten vorherrschen. Diese Systeme nutzen die modernen Hilfsmittel des Softwareengineerings und der Informationsverarbeitung, um zu Entscheidungsunterstützungssystemen (EUS, im englischsprachigen Raum DSS für Decision Support Systems) für das Management zu gelangen *[Dehio, Kieser, 1983, S. 372; Österle, 1981, S. 12–16]*. Unstrukturierte Probleme liegen immer dann vor, wenn keine eindeutigen Algorithmen angegeben werden können, die sicher zur Problemlösung führen. Strategische Unternehmensentscheidungen, wie beispielsweise der Beschluß, in ein neues Marktsegment vorzustoßen, werden vielfach auf einer unvollständigen und zudem nicht quantifizierbaren Datenbasis gefällt; sie sind damit unstrukturiert. Die vollständig rechnergestützte Ausgestaltung der innerbetrieblichen Informationsflüsse, Informationskanäle und der Verarbeitungs- und Distributionsmethoden ist nach wie vor nur in Teilbereichen realisiert.

Auch Informationssysteme für den Bereich der Fertigung unterscheiden die beiden ebenenübergreifenden, gerichteten Informationskanäle. Beispielsweise werden in Qualitätsinformationssystemen Qualitätsdaten auf dem Weg über den Bottom-Up-Informationskanal zunehmend verdichtet. Auf der Grundlage dieser Qualitätsübersichten entwickelt das Management vor dem Hintergrund der Qualitätspolitik und anderer langfristiger Zielsetzungen Qualitätsziele und -vorgaben, die über den Top-Down-Informationskanal die administrative und in der Folge auch die operative Ebene zum Handeln veranlassen.

Breiten Raum nehmen bisher Untersuchungen zu den Datenquellen und -senken in den einzelnen Bereichen im Unternehmen sowie zu den Datenwegen zwischen den Bereichen ein *[Klein, 1990, S. 8–10; Simon, 1992, S. 277–279; Scheer, 1991]*. Andere Arbeiten beschäftigen sich mit der Ausgestaltung der Informationssysteme und gehen dabei insbesondere auf die bedarfsgerechte Darstellung der angeforderten Informationen ein *[Martin, 1985, S. 34–37; Dehio, Kieser, 1983, S. 373]*.

6.3.1 Werkzeuge zur Informationsbeschaffung und -verarbeitung

Die Funktionsfähigkeit aller betrieblichen Informationssysteme ist in starkem Maße abhängig von der Qualität der Datengewinnung und -aufbereitung in den betrachteten Unternehmensbereichen. Viele Unternehmensdaten werden unabhängig von Managementinformationssystemen für planerische und strategische Tätigkeiten aufgenommen und ausgewertet. Beispiele für derartige, möglicherweise nutzbare Informationsbestände sind die:

- Betriebsdatenerfassung (BDE)
- Speicherprogrammierbare Steuerungen (SPS) sowie Prozeßleittechniken
- Produktionsplanungssysteme (PPS)
- Computer Integrated Manufacturing (CIM), Computer Aided Quality Assurance (CAQ), Computer Aided Manufacturing (CAM), Computer Aided Design (CAD)
- Qualitätsmanagementsysteme und Umweltmanagementsysteme
- Betriebswirtschaftliche Erfassungs- und Abrechnungssysteme

Diese Datenbestände sind häufig über unterschiedliche Datenbanken und Betriebssysteme verteilt und daher nicht ohne Nachbearbeitung verfügbar. Bei zu starker Aufsplitterung der Informationen kann eine geordnete Neuerfassung schneller und kostengünstiger sein als die Zusammenführung der Altbestände. In den meisten Fällen läßt sich jedoch ein kleinster gemeinsamer Nenner finden; so bieten fast alle Datenbanken die Möglichkeit, ihre Inhalte als ASCI-Text-Dateien zu exportieren und solche Nur-Text-Dateien auch wieder zu importieren.

Neben den bereits erfaßten und gespeicherten Informationen werden zur Entscheidungsfindung vielfach weitere, noch nicht rechentechnisch verfügbare Informationen benötigt. Um den Aufwand zur Erfassung dieser Datendefizite gering zu halten, ist eine sorgfältige Planung der zukünftigen Informationsstruktur im Unternehmen vor dem Einsatz eines Informationssystems nötig. Die Erfahrung aus Betriebsuntersuchungen der Autoren hat gezeigt, daß in den Unternehmen hauptsächlich die direkt mit finanziellen Aufwendungen verbundenen Informationen gespeichert werden. Beispielsweise ist in vielen Unternehmen die Abwassermenge quantifizierbar, da die Abgabe mit Kosten verbunden ist. Bei der kostenfreien Entsorgung der Abluft hingegen wird die Menge häufig nicht erfaßt.

Die wichtigste Quelle von Informationen im Unternehmen ist die Betriebsdatenerfassung (BDE), bei der es sich normalerweise nicht um ein einzelnes Softwareprodukt handelt, sondern hinter der sich ein Bündel von Hardware und Softwarewerkzeugen verbirgt.

> „Die Betriebsdatenerfassung nimmt durch die Bereitstellung von sogenannten Basis- und Grunddaten aus den einzelnen Unternehmensbereichen eine Schlüsselstellung ein und schafft so die Voraussetzung dafür, daß einmal erfaßte Daten durch Auswertungen nach verschiedenen Merkmalen allen beteiligten Bereichen, dazu zählen Unternehmensplanung, Rechnungswesen, Lohn- und Personalabteilung, Materialwirtschaft sowie die Produktionsplanung und -steuerung, zur Verfügung stehen" *[Kraemer, Wiechmann, 1991, S. 312]*.

Die Betriebsdatenerfassung ist also ein Sammelbegriff für Datenerfassungsvorgänge im Unternehmen. Ein fertiges BDE-System von der „Stange" ist ein unrealisierbarer Wunschtraum; in der Realität müssen immer Anpassungen verschiedener, möglichst geeigneter Hard- und Softwarehilfsmittel an die jeweilige Unternehmenssituation vorgenommen werden.

Die eigentliche Datenaufnahme kann dabei entweder automatisch oder manuell erfolgen. Die automatische Aufnahme erfordert einen Sensor, der den gewünschten Wert, einen zu überwachenden Prozeßparameter (beispielsweise die Temperatur in einem Reaktionsgefäß), mißt. Ein solcher Sensor liefert, von wenigen Ausnahmen abgesehen, ein kontinuierliches elektrisches Signal, das einer meßtechnischen Nachbearbeitung bedarf, um schließlich in der gewünschten Form als beispielsweise Prozeßtemperatur über der Zeit vorzuliegen. Den Vorteilen der automatischen Erfassung, wie Schnelligkeit, geringer Personalaufwand und geringe Gefahr von Eingabefehlern, steht als wesentlicher Nachteil die geringe Transparenz beim Zustandekommen der Daten gegenüber.

Die manuelle Datenaufnahme erfordert das Messen oder Ablesen des gewünschten Wertes durch einen Mitarbeiter, der den Wert danach in die BDE eingibt. Besonders bei vielen Meßpunkten ist dieser höhere Aufwand fehleranfällig und unrentabel. Werden bei vielen unterschiedlichen Meßgrößen nur jeweils wenige Meßwerte aufgenommen, ist der höhere Personalaufwand möglicherweise durch Einsparungen an Meßtechnik gerechtfertigt.

Die Qualität der BDE-Daten entscheidet über deren Verwendbarkeit und Akzeptanz. Ist z.B. der Sensor zur Messung der Prozeßtemperatur verstellt, führt das zu fehlerhaften Informationen in der BDE und schließlich zur fehlerhaften Entscheidung, ob eine Charge verwendbar oder Ausschuß ist. Neben dem Schaden durch den eigentlichen Fehler verlieren die BDE-Daten an Glaubwürdigkeit; es entstehen parallel zur „offiziellen" Informationsverarbeitung „inoffizielle" und damit nicht mehr kontrollierbare Informationskanäle (die Maschinenbediener kennen die Abweichung der Temperatur und beachten sie daher nicht). Die Datenqualität kann nach Kraemer und Wiechmann an den Kriterien Sicherheit, Vollständigkeit, Richtigkeit und Aktualität der Daten gemessen werden *[Kraemer, Wiechmann, 1991, S. 313-316]*. Die nächste Verarbeitungsstufe erzeugt aus den „Rohdaten" der BDE die Informationen, die die Basis für unternehmerische Entscheidungen sind.

6.3.2 Managementinformationssysteme

Die wesentlichen Schwierigkeiten bei der Programmierung, aber auch bei der Nutzung von Managementinformationssytemen resultieren aus der teilweise oder völlig unstrukturierten Natur der Probleme, die bearbeitet und gelöst werden müssen. Ein strukturiertes Entscheidungsproblem liegt dann vor, wenn eindeutige Regeln angegeben werden können, nach denen Entscheidungsprobleme gefunden, Handlungsalternativen gesucht und eine Alternative ausgewählt werden können *[Hoch, Schirra, 1993, S. 36]*. Im allgemeinen sind bei Managemententscheidungen diese Voraussetzungen nicht oder zumindest nur zum Teil gegeben; daher werden diese Entscheidungsprobleme als unstrukturiert, schlecht strukturiert oder teilweise unstrukturiert bezeichnet. Eine eindeutige, nachvollziehbare und damit berechenbare Struktur ist allerdings Voraussetzung für die vollständig rechnergestützte Bearbeitung einer Problemstellung. Aus diesen Gründen gibt es zur Zeit kein Managementinformationssystem, das in der Lage ist, menschliche Entscheidungsträger zu ersetzen (die ethischen Konsequenzen eines solchen Systems sollen hier unberücksichtigt bleiben).

Die vorhandenen EDV-Lösungen konzentrieren sich auf die entscheidungsgerechte Bearbeitung der verfügbaren Informationen. Entscheidungsgerecht bedeutet dabei, daß mit Kalkulations- (z.B. statistischen Auswertungen in Tabellenform) und Visualisierungstechniken (z.B. Linien- oder Balkendiagrammen) die vorhandenen Informationen so aufbereitet werden, daß aus ihnen Handlungsalternativen abgeleitet und ausgewählt werden können. Die eigentliche Entscheidung wird also nicht in den Rechner verlegt, sondern nur die Informationsgewinnung und -verarbeitung. Nach Hoch und Schirra sind Managementinformationssysteme nicht auf den Prozeß der Leistungserstellung (der Entscheidungsfindung also) selbst gerichtet, sondern eher auf dessen Steuerung und Kontrolle *[Hoch, Schirra, 1993, S. 39]*.

Managementinformationssysteme können ihre Basisdaten aus der klassischen betrieblichen Datenstruktur, wie beispielsweise einem PPS-System, den Daten der Arbeitsplanung und -vorbereitung oder dem betriebswirtschaftlichen Abrechnungs- und Buchungssystemen beziehen. Dazu müssen die entsprechenden Datenbestände für das Informationssystem verfügbar sein. Moderne Datenbankkonzepte, die Datenbestände für verschiedene Anwendungen und unterschiedliche Sichtweisen bereithalten, können bei dieser Anbindung sinnvolles Werkzeug sein. Unter diesem Gesichtspunkt erfordert die Pflege und Aktualisierung der betrieblichen Daten besondere Sorgfalt. Insellösungen, die nicht kommunikationsfähig sind und leicht zur Erzeugung von „Datenfriedhöfen" führen, sind weniger geeignet als offene dialogfähige Konzepte. Die ersten Datenbanksysteme hatten beispielsweise keine standardisierten Schnittstellen für das Einlesen oder die Ausgabe von Daten. Beim Einsatz von zwei oder mehr unterschiedlichen Systemen in einem Unternehmen waren die Datenbestände der einen Software von anderen Programmen nicht lesbar.

Die Techniken, mit denen Managementinformationssysteme arbeiten, sind zum Teil die klassischen Managementwerkzeuge (ABC-Analyse, Flow-Chart, Netzplan usw.), die für den Einsatz in Rechnerprogrammen aufbereitet wurden. Aber auch modernere Methoden der Informationsgewinnung und -verdichtung, wie beispielsweise Simulationstechniken, Neuronale Netze oder Fuzzy Logik, werden in zunehmendem Maße genutzt. Der eigentliche Vorteil des Rechnereinsatzes liegt nicht in der prinzipiell neuen Art der Informationsgewinnung, sondern in der Präzision der Berechnungen, dem sicheren Umgang mit großen Datenmengen und der schnellen Verarbeitungsgeschwindigkeit. Bei Problemen, die nicht grundsätzlich auch mit Papier und Bleistift, wenn auch vielleicht in unrealistischen Zeiträumen, gelöst werden können, wird auch die elektronische Datenverarbeitung versagen. Daraus ist zu folgern, daß vor dem Einsatz von rechnergestützten Managementinformationssystemen die Informationsstruktur und -kultur im Unternehmen überdacht und gegebenenfalls geordnet werden muß (Abschn. 3.1 und 3.2).

Im Zuge einer Neuordnung der Informationsstrukturen im Unternehmen müssen im wesentlichen die folgenden Fragestellungen bedacht werden:

- Welche Informationen werden benötigt? Viele Informationsquellen sind bereits vorgegeben, beispielsweise durch Produktprüfungen, die ein Kunde vorschreibt. Andere sind verdeckt und nicht ohne weiteres zu nutzen, beispielsweise „private" Aufzeichnungen der Mitarbeiter über die optimale Einstellung „ihrer" Maschine. Viele Informationen im Unternehmen werden gar nicht erfaßt, die meisten Informationsdefizite im Umweltschutz haben hier ihre Ursache. Beispielsweise ist die verbrauchergerechte Zuordnung der Material- und Energieverbräuche oft nicht vorgesehen. Energie- und materialintensive Anlagen können unentdeckt bleiben, s. auch Abschn. 8.3.
- Wie können die notwendigen Informationen gewonnen werden? Für die Aufnahme von Informationen sind unterschiedliche mechanische, elektronische und auch konzeptionelle Hilfsmittel entwickelt worden. Sinnvoll ist, die Informationen möglichst mit dem gleichen Medium aufzunehmen, das sie später auch weiterleiten und verarbeiten soll. Bei jeder Transformation, also bei-

spielsweise der Eingabe von handschriftlichen Notizen in eine Datenbank, werden zusätzliche Kosten verursacht und entstehen Fehler. Eine sinnvolle Alternative zu durchgehend rechnergestützter Datenerfassung und -verarbeitung kann der Einsatz vorgedruckter, maschinenlesbarer Formulare sein.
- Wer benötigt Informationen im Unternehmen? Jeder Mitarbeiter benötigt ein angemessenes Maß an Information, die besondere Schwierigkeit liegt dabei in der Festlegung der richtigen Informationsmenge. Unterinformierte Mitarbeiter können die Konsequenzen ihrer Handlungen oft nicht absehen und fühlen sich vom Betriebsgeschehen ausgeschlossen. Überinformierte „verirren" sich in der Datenmenge und können die für sie eigentlich wichtigen Informationen nicht herausfiltern.
- Wie können die Informationen gespeichert und verteilt werden? Bei der Auswahl von Übertragungs- und Speichermedien spielen besonders die benötigte Datenmenge, die gewünschte Übertragungsgeschwindigkeit, die vorgesehene Archivierungszeit und die Häufigkeit des Zugriffs auf die Datenbestände eine Rolle. Müssen Informationen über Jahrzehnte sicher, ohne Gefahr der Veränderung aufbewahrt werden, können Papier und Mikrofilm immer noch „moderne" Speichermedien sein.
- Wie läßt sich aus den aufgenommenen Daten der maximale Nutzen ziehen? Ein einzelner Emissionswert kann beispielsweise nicht Grundlage für die Beurteilung der Umweltfreundlichkeit einer Anlage sein. Aber auch das vollständige Emissionsspektrum (die Liste der Emissionen mit Angabe von Art und Menge) erlaubt eine solche Bewertung nicht ohne weiteres. Die Daten müssen gewichtet, verknüpft und verdichtet werden, um die enthaltenen Informationen über die Umweltbelastung zu gewinnen. Eine Bearbeitung der Daten mit statistischen Hilfsmitteln kann hilfreich sein. Zu beachten ist allerdings der Informationsverlust, der bei jeder Form der Datenverdichtung auftritt. Wenn möglich sollten Verfahren gewählt werden, die noch Rückschlüsse auf die ursprünglichen Daten erlauben.

Nach der Beantwortung dieser grundsätzlichen Fragestellungen müssen die Unternehmensdaten, die dem Informationssystem zugrunde liegen sollen, nach festen Regeln sortiert und in eine eindeutig definierte Datenstruktur eingepaßt werden. Solche Regelwerke und Strukturen werden nach Scheer als die „Architektur" von Informationssystemen bezeichnet *[Scheer, 1993, S. 83]*. Ein Beispiel für Aufbau und Architektur eines Informationssystems und die hierarchische Datenstruktur ist in Bild 6.3 abgebildet.

Ein weiteres Beispiel für eine Informationsarchitektur zur Unterstützung der durchgängigen Datenverfügbarkeit im Unternehmen ist CIMOSA (Offene System Architektur für CIM). Im Rahmen eines europäischen Forschungsverbunds haben sich Informationstechnologie-Anwender, -Herstellerfirmen und Forschungsinstitutionen zusammengeschlossen, um die Modellierung von Geschäftsprozessen und die Codierung von Prozeßinformationen zu ermöglichen.

> „CIMOSA ermöglicht eine durchgängige Beschreibung des Unternehmens auf der Basis der Unternehmensziele, der notwendigen Tätigkeiten, der erforderlichen bzw. verfügbaren Mittel (Informationen und Betriebsmittel) und der organisatorischen Aspekte des Unternehmens" [Kosanke, 1993, S. 115].

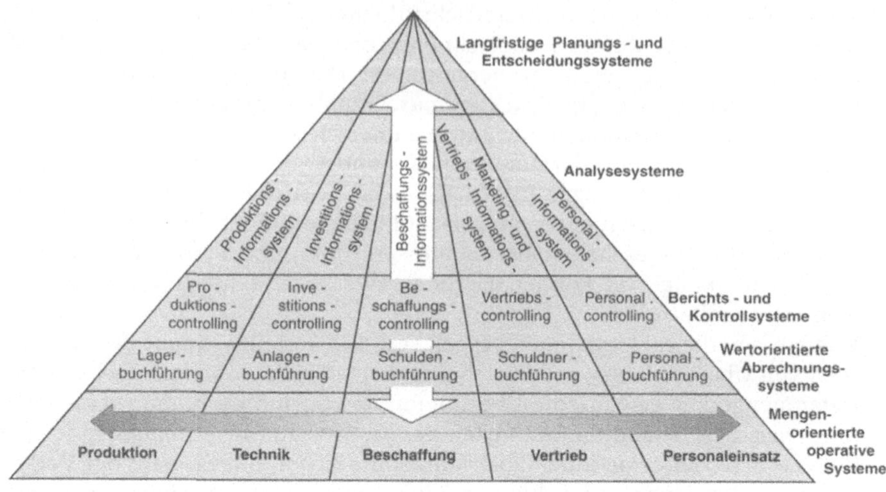

Bild 6.3 Integrierte Informationssysteme *[Scheer, 1993, S. 84]*

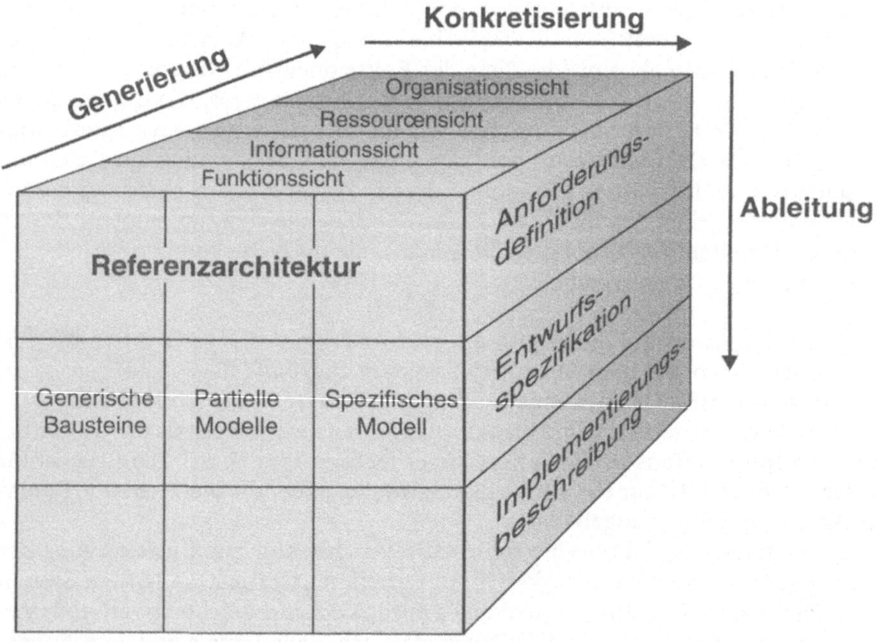

Bild 6.4 CIMOSA-Architektur *[Kosanke, 1993, S. 120]*

Weiteres Ziel des Konsortiums ist die Einwirkung auf die internationale Normungstätigkeit mit dem Ziel der Standardisierung der CIMOSA-Spezifikationen. Bild 6.4 zeigt das dreidimensionale Architekturkonzept (CIMOSA-Framework).

Die Referenzarchitektur ist dabei die modellhafte Abbildung der Informationsstruktur. Bei der Anpassung an das jeweilige Unternehmen erfährt sie eine zunehmende Konkretisierung; so werden aus allgemeingültigen „generischen" Bausteinen schließlich unternehmensspezifische Modelle. Die „Generierung" von verschiedenen Sichtweisen ermöglicht die Betrachtung der Informationen unter unterschiedlichen Blickwinkeln.

Ein Praxisbeispiel für Einführung und Einsatz eines Informationsmanagementsystems beschreibt Thaler *[Thaler, 1993, S. 392-408]*. Die informationstechnische Situation bei der Klöckner & Co AG war 1989 durch verteilte Datenverarbeitung auf Rechnern mittlerer Datentechnik (Workstations), einer daher schlechten Portierbarkeit (Übertragbarkeit auf andere Rechnerhardware) der Anwendungssoftware und somit ineffiziente Softwareentwicklung gekennzeichnet. Um diese Probleme zu beheben, wurden zwei Teilziele gesetzt, einerseits die Behebung der aktuellen DV-Probleme und andererseits die möglichst kurzfristige Erzielung von Wettbewerbsvorteilen durch

> „eine aktuelle und geeignete Informationsbasis und eine bessere Unterstützung der Geschäftstätigkeit durch Informationssysteme" *[Thaler, 1993, S. 394]*.

Durch den Einsatz des Informationssystems konnten im wesentlichen Nutzenpotentiale in drei Bereichen ausgeschöpft werden:

- Informationsvorsprung vor Mitbewerbern als Faktor für unternehmerischen Erfolg.
- Rationalisierung von Entscheidungsprozessen zur Berücksichtigung der steigenden Zahl von Entscheidungen und ihrer ebenfalls steigenden Komplexität.
- Rationalisierung der Geschäftstätigkeiten in Einkauf, Produktion und Vertrieb.

Neben organisatorischen Umstellungen, wie beispielsweise der Einführung eines Informationsmanagers für die jeweiligen Geschäftsbereiche, wurden besonders Veränderungen der Hard- und Softwarearchitektur vorgenommen *[Thaler, 1993, S. 403]*. Ein Kriterienkatalog für die Auswahl und Beschaffung von Hard- und Software wurde aufgestellt:

- Die wesentlichen Komponenten der Software werden möglichst aus einer Hand bezogen.
- Die verteilte Datenverarbeitung basiert über alle Rechnertypen auf derselben Softwarearchitektur.
- Die Portabilität der Anwendungssoftware zwischen den Rechnerhierarchien ist gewährleistet.

Durch dieses Maßnahmenbündel und den Einsatz einer neuen Softwarearchitektur konnten nach Thaler erhebliche Effizienzsteigerungen und eine höhere Akzeptanz und Zufriedenheit der Anwender erreicht werden *[Thaler, 1993, S. 404]*.

In Praxisbeispielen der Literatur, so auch im oben aufgeführten, konzentrieren sich die erfolgreichen Maßnahmen auf die sinnvolle Strukturierung und Straffung der EDV-Kultur im Unternehmen. Das Informationsmanagementsystem, das selbständig Entscheidungen auf der vorhandenen Datenbasis fällt, ist nicht zu finden und mit den vorhandenen datentechnischen Möglichkeiten auch nicht zu realisieren. Unternehmer, die sich dieser Einschränkung bewußt sind, können durch den angemessenen und überlegten Einsatz von Informationstechnik spürbare Vorteile erlangen.

6.4 Datenbanken als Informationsspeicher

Die Erhebung von Daten in einer Unternehmung und die Verdichtung und Bewertung dieser Daten erzeugen eine Informationsmenge, die sinnvoll verwaltet werden muß, um verfügbar zu sein. Für die Verwaltung der Informationen bieten sich *Datenbanken* (oft auch als *Datenbankverwaltungssysteme* „Database Management System DBMS" oder auch *Datenbanksystem* bezeichnet) als Softwarewerkzeuge zur Speicherung und Manipulation von elektronischen Informationen an. Die Aufgabe eines solchen Datenbankverwaltungssystems besteht nach Lockemann

> „darin, eine oder mehrere Datenbasen in einer Weise zu verwalten, die deren Qualität sichert und für einen koordinierten, von vielen Stellen aus möglichen Zugriff auf sie sorgt" *[Lockemann, 1993, S. 716].*

Datenbanken bilden die Grundlage für die meisten EDV-Anwendungen. Sie stellen Strukturen und Kapazitäten zur Verfügung, um Informationen geordnet abzulegen. Diese Ablage geschieht in Form von Tabellen, die später zum Wiederfinden der Informationen nach bestimmten Suchkriterien ausgelesen werden können. Vom geeigneten Aufbau und angemessener Pflege hängen Suchzeiten und -erfolge ab. Als Ziele, die beim Einsatz von Datenbanksystemen verfolgt werden, können nach Stegemann angeführt werden *[Stegemann, 1993, S. 4-5]*:

- Datenunabhängigkeit: Die Organisation und Speicherung der Daten wird von den Anwendungsprogrammen abgekoppelt. Vorteile sind die Möglichkeit der Nutzung der Daten für unterschiedliche Aufgaben und die vereinfachte, weil zentrale Datenpflege. Dem Benutzer werden darüber hinaus nur die jeweils für ihn relevanten Daten zur Verfügung gestellt.
- Datenintegrität: Die zentrale Datenhaltung vereinfacht die Sicherung der Konsistenz der Daten, also die Fehlerfreiheit und Vollständigkeit. Der Aufwand für Datensicherung und Datenschutz verringert sich ebenfalls.
- Vermeidung von Redundanz: Die Daten werden (im Idealfall) nur jeweils einmal gespeichert, dies kann durch eine geeignete Tabellenstruktur (die sogenannte Normalform) erreicht werden.
- Unterstützung der Datenmanipulation: Die Handhabung von Daten durch den Benutzer, also das Einfügen, Ändern oder Löschen wird vom Datenbanksystem möglichst einfach, transparent und effizient ermöglicht.
- Synchronisation des Mehrbenutzerbetriebs: Das Datenbanksystem ermöglicht den koordinierten Zugriff mehrerer Benutzer oder Anwendungen und stellt sicher, daß keine unterschiedlichen Versionen eines Datums zeitgleich existieren.

Man unterteilt Datenbanken im wesentlichen in relationale und objektorientierte, in Abhängigkeit von der Art der Repräsentation der Informationseinheiten. Neben diesen beiden Typen gibt es zur Datenverwaltung noch das hierarchische und das Netzwerkmodell, die aber eine untergeordnete Rolle spielen und daher hier nicht näher betrachtet werden. Die hauptsächlichen Merkmale und Unterschiede der relationalen und objektorientierten Datenbanktypen sind in den folgenden beiden Abschnitten erläutert.

6.4.1 Relationale Datenbanksysteme

Relationale Datenbanksysteme sind der ältere Datenbanktyp. Sie weisen einen hohen Entwicklungsstand und damit ein großes Maß an Betriebssicherheit auf. Die meisten zur Zeit realisierten Anwendungen basieren auf relationalen Datenbankstrukturen. Typische Anwendungsbeispiele sind die Verwaltung von personenbezogenen Informationen, wie die Kundenkonten einer Bank oder die Verwaltung von Gegenständen in einem Magazin, wie die Bücher einer Bibliothek und deren Verleih.

> „Im relationalen Datenmodell können Relationen unterschiedlicher Art, einschließlich hierarchischer und netzwerkartiger Struktur, beschrieben werden. Einziges Strukturelement dieses Datenmodells ist die Relation" *[Stegemann, 1993, S. 48]*.

Relationen stellen die Beziehungen zwischen den Daten einer Datenbank her. Sie werden durch Tabellen dargestellt, in denen die Daten abgelegt werden können. Jede Tabelle enthält in einer Spalte die Primärschlüssel, über die jede Zeile identifiziert werden kann. Die Verknüpfung der Tabellen erfolgt durch die Eintragung der Primärschlüssel einer Tabelle in eine andere als Fremdschlüssel. Bei umfangreichen Datensätzen, die stark zergliedert sind, kann die Struktur der Relationen schnell unübersichtlich werden.

Um den Überblick nicht zu verlieren und Datenredundanzen zu vermeiden, sollten die Relationen normalisiert, also beispielsweise in die erste Normalform überführt werden. Nach Stegemann befindet sich eine Relation in der ersten Normalform, wenn keines ihrer Attribute eine (untergeordnete) Relation darstellt *[Stegemann, 1993, S. 53]*. Als Attribute werden die Eigenschaften einer Relation, also beispielsweise die Spalten und Zeilen der Tabelle verstanden. In der ersten Normalform darf demnach keine Schachtelung (eine Tabelle im Feld einer anderen) vorliegen. Neben der ersten Normalform gibt es noch die zweite bis vierte, die jeweils zunehmende Forderungen an die Klarheit und Redundanzfreiheit der Relationenstruktur stellen.

Die Datenmanipulation erfolgt mit einer Datenbanksprache; weit verbreitet ist die genormte Datenbanksprache SQL (Structured Query Language). Die graphische Darstellung der Relationen kann durch das Entity-Relationship-Modell nach Chen erfolgen (s. auch Abschn. 6.2) *[Chen, 1976]*. Die Entitäten (Objekte) repräsentieren Elemente der realen Welt oder Vorstellungswelt, die in der Datenbank gespeichert werden sollen. Mit dem Entity-Relationship-Modell lassen sich die Verknüpfungen der Datenbankobjekte und damit die Relationen übersichtlich graphisch darstellen.

Den Vorteilen der weiten Verbreitung und Betriebssicherheit von relationalen Datenbanken stehen allerdings Nachteile gegenüber. Besonders die Abbildung komplizierter Strukturen der realen Welt ist mit großem Aufwand verbunden und zudem nur angenähert möglich. Die verschachtelte Struktur vieler Produktionssysteme bewirkt eine starke Zunahme der notwendigen Anzahl von Tabellen in der Datenbank und der Verweise zwischen diesen Tabellen. Die Folgen für den Benutzer sind eine geringe Performance (Arbeitsgeschwindigkeit) infolge langer Zugriffszeiten und ein großer Speicherplatzbedarf. Um eine realitätsnähere Datenstruktur zu ermöglichen, wurden objektorientierte Datenbanksysteme entwickelt.

6.4.2 Objektorientierte Datenbanksysteme

In konventionellen Datenbanken werden die Daten und die mit ihnen durchzuführenden Operationen getrennt behandelt. Beispielsweise werden eine Bilddatei und die Operation zum Anzeigen des Bildes im relationalen Datenmodell unabhängig voneinander bearbeitet und gespeichert. Stegemann definiert:

> „Beim objektorientierten Ansatz werden die Daten und Operationen nicht getrennt betrachtet, sondern zu einem Objekt zusammengefaßt. Objekte (auch Instanzen genannt) sind hierbei also Daten (auch Attribute oder properties genannt) zusammen mit den auf ihnen ausführbaren Operationen (auch Methoden genannt). Eine der grundlegenden Ideen des objektorientierten Ansatzes ist es ferner, Objekte in Klassen (Objekttypen) einzuteilen und diese in Form einer Hierarchie zu strukturieren“ *[Stegemann, 1993, S. 74]*.

Im objektorientierten Datenmodell können Bilddatei und Anzeigeoperation zu einem einzigen Objekt zusammengefaßt werden. Der wichtigste Vorteil dieser „Kapselung“ ist die Vereinfachung von Pflege und Ausbau der Datenbank. Durch die Kombination von Daten und Methoden werden die einzelnen Objekte voneinander unabhängig und können daher eingefügt, verändert oder entfernt werden, ohne andere Objekte überarbeiten zu müssen. Darüber hinaus ist es möglich, Objekte in Objektbibliotheken zu sammeln und wiederzuverwenden.

Die Kommunikation zwischen den Objekten erfolgt durch Nachrichten, die den Namen des empfangenden Objekts und der Methode enthalten, die dieses auf seine Daten anwenden soll. Diese Interaktion von Objekten geht über eine reine Datenbankfunktion hinaus, ist aber in vielen objektorientierten Datenbanken vorgesehen, um die Möglichkeiten der Manipulation der Objekte zu erweitern. Durch die Kapselung kann auf die Daten eines Objektes nur über seine Methoden zugegriffen werden; dieses „Verbergen der Information“ hat den Vorteil, daß nur das Objekt genau wissen muß, wie seine Daten zu behandeln sind. Zudem ist es möglich, den gleichen Methodennamen für die Methoden verschiedener Objekte zu verwenden. Diese „Überfrachtung“ in Kombination mit dem Verbergen der Informationen bewirkt, daß ein sendendes Objekt mit demselben Methodennamen bei verschiedenen empfangenden Objekten unterschiedliche, aber jeweils sinnvolle Aktionen hervorrufen kann, was ebenfalls zur Unabhängigkeit der einzelnen Objekte beiträgt.

Die hierarchische Struktur der Objektklassen ermöglicht die Weitergabe (Vererbung) von Objekteigenschaften auf untergeordnete Klassen; so könnte beispielsweise die Anzeigeoperation für Bilddateien von der Oberklasse „Impressionismus" auf die Unterklasse „Van Gogh" vererbt werden. Besonders nützlich ist das beim Aufbau von Stoffdatenbanken. Die einmal erstellte Grunddatenstruktur für die Abspeicherung von Stoffen und deren Eigenschaftsdaten läßt sich für verschiedene Stoffgruppen mit jeweils nur wenigen Veränderungen wiederverwenden. So ist es möglich, komplexe Systeme aus einfachen und übersichtlichen Modulen aufzubauen, deren hierarchische Anordnung die „natürliche" Struktur des Systems widerspiegelt. Ein Datenbanksystem, das diese Funktionalität bereitstellt und die oben aufgestellten Forderungen erfüllt, kann als objektorientiert bezeichnet werden.

Die Nachteile objektorientierter Datenbanken resultieren aus ihrer Komplexität und dem im Vergleich zu relationalen Datenbanken wenig fortgeschrittenen Entwicklungsstand. Die Mächtigkeit und Universalität der Objekte, ihre hierarchische Anordnung und die Möglichkeit der Vererbung ihrer Eigenschaften bedingen einen hohen Aufwand für das Datenbankmanagementsystem. Dies bewirkt eine Zunahme der Rechenzeiten und eine Erhöhung des Speicherplatzbedarfs. Bei komplexen Strukturen kann allerdings durch eine geschickte Anordnung der Objekte Such- und damit Rechenzeit gegenüber relationalen Modellen gespart werden. Aufgrund der jungen Entwicklungsgeschichte sind die Werkzeuge und Benutzerschnittstellen objektorientierter Datenbankmanagementsysteme weniger komfortabel und fehleranfälliger als die ausgereifterer Systeme.

Die bisherigen allgemeingültigen Aussagen zu Informationen im Unternehmen, deren Verwaltung und Verteilung sollen im folgenden Abschnitt am Beispiel des Managements von Umweltinformationen konkretisiert und weiter verdeutlicht werden.

6.5 Umweltbezogene Informationen

Der betriebliche Umweltschutz ist zu einem Aufgabengebiet in den Unternehmen herangewachsen, das einen beinahe gleichhohen Stellenwert einnimmt wie die klassischen Aufgabengebiete der Finanz-, Arbeits- und Personalwirtschaft. In Zukunft ist mit einer weiter wachsenden Bedeutung zu rechnen. Der Umweltschutz ist eine Querschnittsaufgabe im Unternehmen und daher stark mit anderen Aufgabengebieten verzahnt. Besonders deutlich wird das an seiner Verbindung zu Arbeitsschutz/Arbeitssicherheit und zum Qualitätsmanagement. Die arbeitsplatzbezogenen Immissionsbegrenzungen beispielsweise sind sowohl Arbeitsschutzmaßnahmen als auch unternehmensinterner Umweltschutz. In der chemischen Industrie sind Überschreitungen der festgelegten Emissionswerte meist auch mit Qualitätsproblemen der erzeugten Produkte verbunden.

Um aber Umweltschutz realisieren und wirksam einsetzen zu können, ist wie bei allen anderen Aufgaben, die Entscheidungen erfordern, eine fundierte Informationsgrundlage Voraussetzung. Diese Notwendigkeit schlägt sich in den Bemühungen von Unternehmen, aber auch Forschungseinrichtungen und Behörden nieder, Umweltinformationen zu sammeln und aufzubereiten. Zunächst geschah dies in Papierform; mit zunehmender Informationsmenge wurden Datenverarbeitungstechniken eingesetzt.

Wichtige Fragen bei der Beschaffung von Umweltinformationen sind: Welche Informationen werden benötigt und von wem? Wie können diese Informationen beschafft werden? Welche Informationen sind bereits vorhanden und welche müssen zukünftig zusätzlich erfaßt werden? Um eine Übersicht über Informationsbestände und -defizite zu erhalten, bietet sich eine Strukturierung der Umweltinformationen an, wie beispielsweise in Bild 6.5 gezeigt. Die Informationen werden nach ihrer Art (quantitativ oder qualitativ) und nach ihrem betrieblichen oder öffentlichen Charakter eingeordnet.

Die Entscheidungsschwierigkeiten bei der Umsetzung von betrieblichen Umweltschutzmaßnahmen resultieren nach Erfahrungen der Autoren im wesentlichen aus Informationsdefiziten einerseits und einer mangelnden Informationsaufbereitung andererseits. Die *Informationsdefizite* werden besonders deutlich beim Vergleich von Umweltbeanspruchungen, die gesetzlich limitiert und mit Kosten belegt sind, und Beanspruchungen, die kostenlos zu Lasten der Allgemeinheit genutzt werden dürfen. Viele Unternehmen entnehmen neben dem relativ teuren

Bild 6.5 Struktur von Umweltinformationen

Wasser aus öffentlichen Netzen auch solches aus privaten Quellen oder Brunnen. Die Menge dieser Privatentnahme kann häufig nicht beziffert werden, da sie beispielsweise aufgrund geringer oder pauschaler Kosten nicht in die betrieblichen Konten aufgenommen wird. Eine realistische Aussage über den Wasserverbrauch durch das Unternehmen, seine Anlagen oder Produkte ist damit nicht möglich.

Neben diesen Informationsdefiziten resultieren viele Fehlentscheidungen im Umweltschutz aus falschen Informationen aufgrund fehlender oder mangelhafter *Informationsaufbereitung*. Auf Grundlage der Emissionsspektren von zwei Anlagenalternativen kann nicht ohne weiteres entschieden werden, welche Variante die umweltverträglichere ist. Um zwei Produktionsvarianten wirklich miteinander vergleichen zu können, ist die umfassende Bewertung der Stoff- und Energiebilanzen notwendig. Eine derartige Bewertung schließt beispielsweise die Aggregation der Emissionswerte zu aussagekräftigen Kennziffern ein.

6.5.1 Quellen und Senken umweltbezogener Informationen

Nach der ersten groben Strukturierung der Umweltinformationen müssen die Informationsquellen und -senken identifiziert werden. Bild 6.6 zeigt typische Quellen und Senken von Umweltinformationen. Ein Teil der Informationsquellen liegt im Unternehmen, ein anderer Teil befindet sich außerhalb. Diese prinzipiellen Strukturhilfsmittel müssen an die Informationssituation des Unternehmens angepaßt und für das Unternehmen ausformuliert werden. Dies kann in den folgenden Teilaufgaben durchgeführt werden:

- Aus der Gesamtmenge der verfügbaren Umweltinformationen werden die für das jeweilige Unternehmen relevanten herausgefiltert, beispielsweise wird den Emissionen der aktuell gültige Grenzwert zugeordnet.

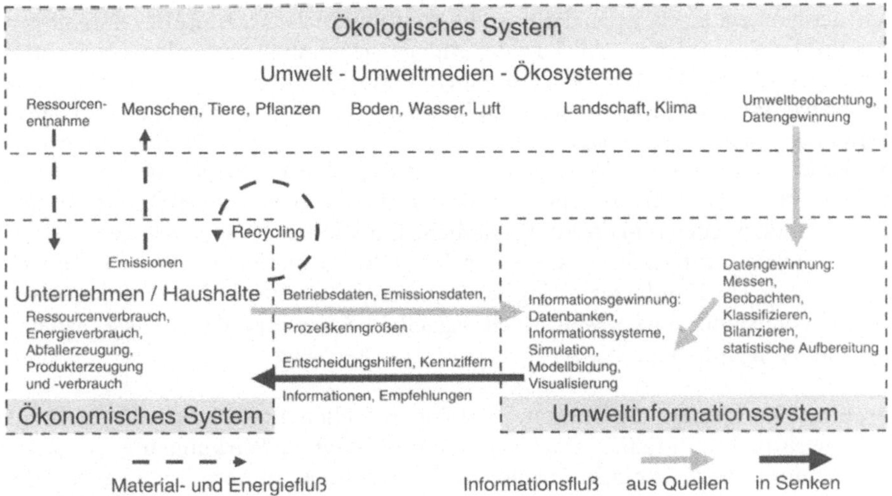

Bild 6.6 Quellen und Senken von Umweltinformationen

- Die vorhandenen Informationen werden den benötigten gegenübergestellt; für fehlende Informationen müssen Informationsquellen aufgeschlossen werden. Um den realen Gesamtwasserverbrauch für das oben genannte Beispiel zu bestimmen, muß die Entnahme aus dem firmeneigenen Brunnen mit einer Wasseruhr quantifiziert werden.
- Vor der Verteilung der Informationen wird der Informationsbedarf der einzelnen Positionen im Unternehmen ermittelt. Welcher Mitarbeiter braucht welche Informationen in welcher Verdichtungsstufe. Eine vollständige Emissionsliste einer Anlage ist beispielsweise für den Anlagenbediener angemessen, für die Geschäftsleitung jedoch zu detailliert.
- Die Umweltinformationen werden dokumentiert, um geordnet auf sie zugreifen und sie für den späteren Gebrauch archivieren zu können. Datenbankmanagementsysteme sind ein geeignetes Hilfsmittel, um die Informationsverfügbarkeit zu gewährleisten.

Auch bei den Umweltinformationen ist die Nutzung im Regelkreis sinnvoll. In der Verfahrenstechnik werden die gemessenen Emissionsspektren von Anlagen vielfach mehrmals genutzt. Einerseits dienen sie zum Nachweis der Einhaltung der Emissionsvorschriften und -auflagen, andererseits fließen sie in die Anlagensteuerung ein, da sie den Prozeßzustand sehr genau charakterisieren.

Die Nutzung der unternehmensinternen Informationsquellen fällt meist leichter als der Zugriff auf externe. Ein Teil der benötigten Informationen wird bereits im Unternehmen erfaßt und aufbereitet. Beispiele für solche Erfassungssysteme sind die betriebliche Kostenrechnung (s. auch Kap. 8), Betriebsdatenerfassung oder Qualitätsmanagement und -prüfung. Die vorhandenen Informationen können häufig unter Umweltgesichtspunkten weiter ausgewertet werden. Besonders die Auswertung der Kostenstellen für Energien und Abfallentsorgung liefert Hinweise auf Schwachstellen im Umweltschutz des Unternehmens. Auch die Neuerfassung von internen Informationen bereitet im allgemeinen weniger technische als finanzielle Schwierigkeiten. Ein Beispiel dafür ist die kontinuierliche Messung der Emissionen von Produktionsanlagen. Im Zuge der Anlagengenehmigung werden die wichtigsten Emissionen (CO_X, SO_X, NO_X) für einen Betriebspunkt gemessen; damit ist eine erste Bewertung möglich. Um aber ein Emissionsspektrum aufzustellen und damit umweltverträgliche Betriebspunkte einer Produktionsanlage zu finden, ist die kontinuierliche Messung der Emissionen notwendig. Sind für vergleichbare Anlagen gut dokumentierte Emissionsspektren als Forschungsergebnisse verfügbar, können diese genutzt werden und die kontinuierliche Emissionsmessung ergänzen.

Die meisten unternehmensexternen Umweltinformationsquellen finden sich in Behörden. Die Bundesregierung benötigt beispielsweise für ihre Planung Daten über den Zustand der Umwelt. Nach Seggelke beschreiben diese Zustandsdaten vor allem folgende Aspekte:

- „Einwirkungen auf die Umwelt, Emissionsursachen, Emissionsmengen, Abfall
- Umweltqualität (Medien, Ökosysteme), Immissionen, Wirkungen
- Ergebnisse und Erfolgskontrolle der Umweltmaßnahmen, Reduzierung der Emissionen, Vermeidung und Verwertung von Abfällen
- Umweltberichterstattung in Deutschland" *[Seggelke, 1994, S. 51]*

Um diese Informationen zu verwalten und beispielsweise für Unternehmen verfügbar zu machen, hat das Umweltbundesamt das Umweltplanungs- und Informationssystem (UMPLIS) aufgebaut. Dieses Informationssystem setzt sich aus den im Bild 6.7 aufgeführten Datenbeständen zusammen. Neben dem Umweltbundesamt informieren weitere Behörden, wie beispielsweise die Gewerbeaufsichtsämter, über die Genehmigung von Produktionsanlagen nach den Umweltgesetzen und über Grenz- und Richtwerte für Emissionen.

Zusätzlich zu diesen öffentlichen Informationsquellen gibt es eine Vielzahl von kommerziellen Systemen, die von Gefahrstoffdatenbanken über Abfallmanagementsysteme bis zur Software zur Unterstützung von Umweltbetriebsprüfungen (Öko-Audit) reichen. In der Fachliteratur, beispielsweise im Umweltmagazin, werden Neuentwicklungen angekündigt. Das Umweltmagazin-Sonderheft "EDV im Umweltschutz" bietet eine erste Übersicht *[Umweltmagazin, 1995]*.

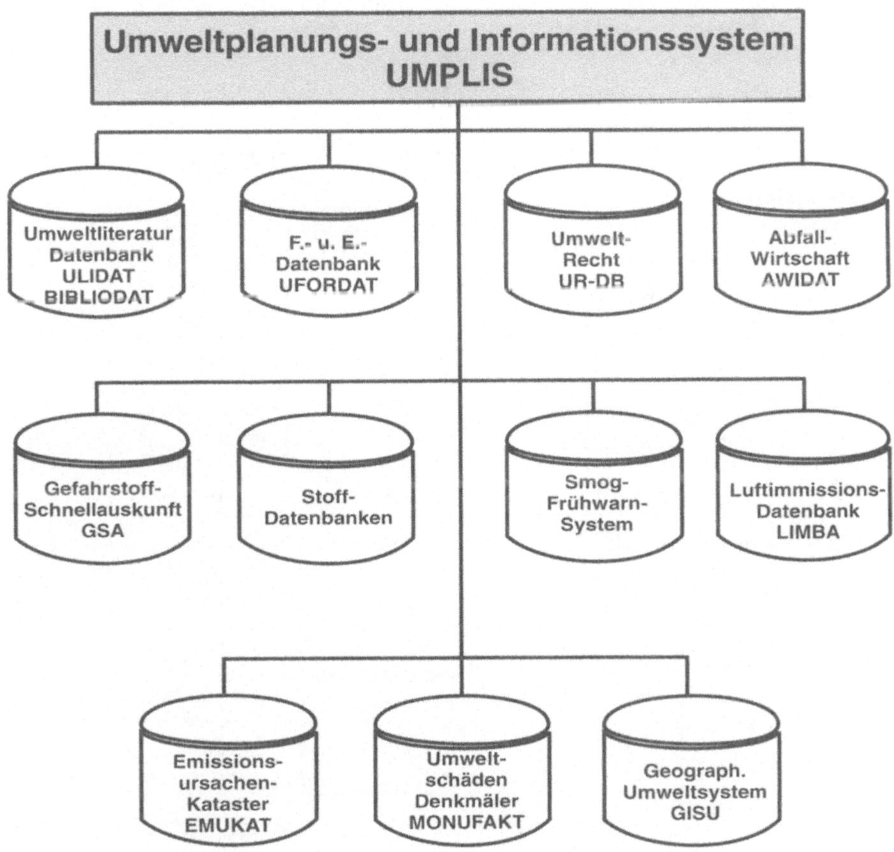

Bild 6.7 UMPLIS Datenbestände des Umweltbundesamtes nach *[Seggelke, 1994, S. 52]*

6.5.2 Unternehmensinterner und -externer Umweltinformationsfluß

Die Beschaffung der notwendigen Informationen für Planung und Steuerung der Umweltschutzmaßnahmen ist nur eine Teilaufgabe beim Management der Umweltinformationen. Ihre angemessene Weiterleitung und Verteilung, also die Gestaltung des Informationsflusses, bedarf ebenfalls sorgfältiger Planung. Dabei sind einerseits die Informationskanäle im Unternehmen zu gestalten, andererseits müssen auch die Wege und Verantwortlichkeiten für die Informationsweiterleitung in das und aus dem Unternehmen festgelegt werden. Besondere Beachtung verdient die Kommunikation mit den Behörden und der interessierten Öffentlichkeit. Bild 6.8 zeigt den schematisierten Informationsfluß zwischen den Komponenten eines Informationssystems im Unternehmen und die Verbindungen zum Unternehmensumfeld.

Sowohl bei der externen Informationsbeschaffung als auch bei der Weitergabe von unternehmensinternen Informationen nach außen müssen Sicherheitsvorkehrungen getroffen werden. Abzuwägen ist dabei jeweils der Nutzen einer möglichst uneingeschränkten Informationsweitergabe gegenüber dem damit verbundenen Risiko. Die Diskussion um die Sicherheit und Zuverlässigkeit moderner

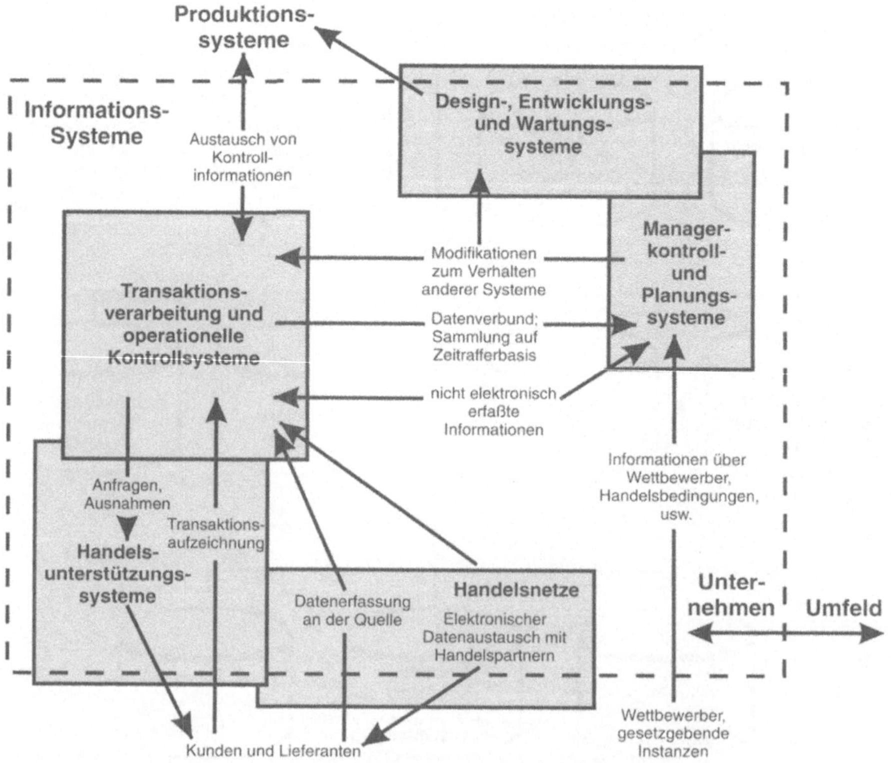

Bild 6.8 Informationsfluß in Informationssystemen nach *[Gunton, 1990, S. 132]*

Kommunikationsnetze hat die wichtigsten Risiken aufgezeigt. Bei jeder externen Informationsbeschaffung müssen Informationsquelle und -inhalt auf Verläßlichkeit überprüft werden. Ein Beispiel für die Gefahren bei der externen Informationsakquisition ist die Verbreitung von Computerviren und der durch sie angerichtete Schaden. Beim Anschluß der unternehmensinternen Informationsnetze an ein weltweites Netzwerk, wie beispielsweise das Internet, muß eine Absicherung gegen unbefugtes Eindringen in die internen Informationsbestände vorgesehen sein. Aber auch bei der Weitergabe von Informationen in Papierform muß die Wahrung des Firmen-Know-hows gewährleistet werden.

Die Gestaltung der unternehmensinternen Informationsdistribution unterliegt prinzipiell ähnlichen Einschränkungen. Auch im Unternehmen darf nicht jeder Mitarbeiter Zugang zu allen Informationen haben; die Personalakten müssen beispielsweise aufgrund der gesetzlichen Regelungen des Datenschutzes vertraulich behandelt werden. Um die unterschiedlichen Zugriffsbefugnisse für die Mitarbeiter zu regeln, bieten sich Informationshierarchien an, die die Daten gemäß ihrer Sicherheitsrelevanz abgestuft zur Verfügung stellen. Die meisten modernen Datenbankmanagementsysteme ermöglichen das Einrichten unterschiedlicher Benutzer mit verschiedenen Zugangsberechtigungen. Der schlimmste Fall des vollständigen Datenverlustes durch den Ausfall der Datenverarbeitung oder durch unbefugtes Löschen der Informationen kann durch regelmäßig erstellte Sicherheitskopien des kompletten Datenbestands verhindert werden. Das technische Versagen einer einzigen Festplatte, von deren Daten keine Kopie existiert, kann ein Unternehmen handlungsunfähig machen.

Der Informationsfluß von der strategischen Unternehmensebene zur operativen (Top-Down-Informationsfluß) und zurück (Bottom-Up-Informationsfluß) muß bei der Gestaltung der Informationshierarchien angemessen berücksichtigt werden. Die Schwierigkeiten beim Transport von Informationen über Unternehmensebenen resultieren im wesentlichen aus der Verdichtung der Daten beim Bottom-Up-Informationsfluß und aus der Ausformulierung der strategischen Vorgaben in konkrete Handlungsanleitungen beim Top-Down-Fluß. Die Verdichtung der Produktionsdaten, die beispielsweise vom Qualitätsmanagement gesammelt werden, zu entscheidungsunterstützenden Informationen ist Gegenstand einer Vielzahl von Forschungsprojekten und nur in Teilbereichen als Standardlösung verfügbar; ähnliches gilt für den Top-Down-Informationsfluß. Dieser Fluß von der strategischen zur operativen Ebene verlangt die Konkretisierung von Vorgaben, wie beispielsweise der Verringerung des Produktionsausschusses, in direkte operative Anweisungen für den Mitarbeiter, der die betreffende Produktionsanlage bedient.

Die Besonderheiten des Spezialfalls Umweltinformation ergeben sich aus der starken Sensibilisierung von Öffentlichkeit und Behörden. Die Schädigung des Firmenimages durch Umweltverschmutzungen, wie beispielsweise infolge von Chemieunfällen oder Ölverseuchungen nach Tankerunfällen, sind beträchtlich. Die Strafen für fahrlässiges Verschulden und die Kosten für die Beseitigung der Schäden erreichen inzwischen Ausmaße, die den finanziellen Ruin für ein Unternehmen bedeuten können. Um dem begegnen zu können, müssen die Mitarbeiter mit Informationen versorgt werden, die sie befähigen, möglichst präventiv kritische Situationen zu erkennen und abzuwenden und, falls das nicht mehr möglich ist, den eingetretenen Schaden zu begrenzen. Die Umgebung des Unternehmens kann im Schadensfall beeinträchtigt werden; um schnell und richtig reagieren zu können, müssen die Notfallpläne Maßnahmen zur Information und zum Schutz der Anwohner enthalten.

Eine Aufgabe des Unternehmers im Rahmen seiner Sorgfaltspflicht ist die organisatorische Festlegung von Maßnahmen zur Verhinderung von Umweltschäden durch seinen Betrieb, seine Anlagen und Produkte, s. auch Abschn. 5.1. Diese Sorgfaltspflicht erfordert auch die Kommunikation mit den Behörden, beispielsweise im Vorfeld der eigentlichen Produktion bei den Verhandlungen zur Genehmigung von Produktionsanlagen. Besonders sinnvoll ist die Diskussion von Maßnahmen zur Verhinderung von Umweltschäden und zur Begrenzung des Schadensausmaßes, da so die Wahrnehmung der Sorgfaltspflicht dokumentiert wird. Die Datenmenge, die zur Erfüllung dieser Aufgaben bewältigt werden muß, erfordert meist den Einsatz von Datenverarbeitungstechnik, beispielsweise in Form eines *Umweltinformationssystems.*

6.5.3 Umweltinformationssysteme

Alle unternehmerischen Planungs- und Entscheidungsprozesse benötigen als Basis fundierte Informationen zur Abschätzung der Konsequenzen und zum Vergleich der Planungsalternativen. Zur Unterstützung dieser Informationsbeschaffung, -aufbereitung und -weiterleitung wurden unterschiedlichste Informationssysteme entwickelt. In der Fertigungsplanung unterstützen beispielsweise PPS-Systeme die Organisations- und Auslastungsplanung der Fertigungsanlagen.

Ein Umweltinformationssystem stellt den Sonderfall eines Informationssystems für die Unterstützung des Umweltschutzes dar; es dient der rechnerunterstützten Erfassung, Speicherung und Auswertung von Informationen mit Bezug zum Umweltschutz *[Lehner, Glötzl, 1990, S. 40]*. Neben betrieblichen Umweltinformationssystemen, die unternehmensintern Umweltdaten aufbereiten, existiert eine Vielzahl von öffentlichen Systemen. Die Palette dieser öffentlichen Umweltinformationssysteme reicht von kommerziellen Gefahrstoffdatenbanken über behördliche Auskunftssysteme bis zu länder- und bundesweiten Überwachungssystemen, beispielsweise dem Umweltplanungs- und Informationssystem (UMPLIS) des Umweltbundesamtes *[Seggelke, 1993, S. 48]*. Zündel definiert:

> „In betrieblichen Umweltinformationssystemen werden wichtige Informationen, Daten und Fakten unter Umweltgesichtspunkten so aufbereitet, daß sie für die alltäglichen Entscheidungen des Unternehmens effektiv genutzt werden können" *[Zündel, 1992, S. 148]*.

Nach Haasis dienen

> „Umweltinformationssysteme der computerunterstützten Informationsbereitstellung zur Planung und zum Controlling eines aktiven Umweltmanagements auf betrieblicher und überbetrieblicher Ebene. Sie können sowohl die für die Überwachung zuständigen Behörden als auch die jeweils zuständigen Abteilungen der Betriebe bei ihrer Arbeit unterstützen" *[Haasis u.a., 1989, S. 46]*.

Ein einheitlicher, fest umrissener Rahmen für die Funktionalität von Umweltinformationssystemen existiert nicht. Je nach Anwendungsfall und in Abhängigkeit der Verantwortlichen für Aufbau und Pflege der Systeme unterscheiden sich die Leistungsmerkmale erheblich. Gemeinsames Merkmal von Umweltinformationssystemen, das sich in allen Definitionen wiederfindet, ist die rechnergestützte Verwaltung und Bewertung von Informationen mit Umweltbezug zur internen Entscheidungsunterstützung oder extern in der Zusammenarbeit mit den Behörden oder der interessierten Öffentlichkeit. Zur Erfüllung der oben umrissenen Aufgabengebiete wurden unterschiedliche Konzepte für Umweltinformationssysteme entwickelt.

Die Entwicklung von Umweltinformationssystemen sowohl auf öffentlich behördlicher Seite als auch auf Unternehmensseite steht am Anfang. Alle bisher realisierten Systeme stellen Insellösungen für spezielle, fest umrissene Aufgabenbereiche dar. Die Nachteile heutiger Umweltinformationssysteme faßt Knauer zusammen:

> „Umweltinformationssysteme können nur einzelne methodische Schritte beschleunigen und komfortabler machen. Umweltinformationssysteme sind in absehbarer Zeit nicht in der Lage, natürliche Ökosysteme nachzubilden. Umweltinformationssysteme schaffen keine neue Informationsstruktur“ *[Knauer, 1993, S. 132]*.

Die ersten beiden Aussagen können aus den Erfahrungen der Autoren unterstützt werden, die dritte nicht. Als Gegenbeispiel können die Verbreitung und der Einsatz von Gefahrstoffdatenbanken, wie von Binder-Kissel beschrieben, genannt werden *[Binder-Kissel, 1995]*. Hinweise aus solchen Stoffdatenbanken unterstützen den Umgang mit Chemikalien und dienen als Informationsquelle für beispielsweise Arbeitsschutz- oder Unfallverhütungsmaßnahmen.

Für die Beurteilung der Umweltwirkungen von Produktionsanlagen für Holzwerkstoffe (Span- und Faserplatten) wird zur Zeit am Institut für Qualitätssicherung der Universität Hannover im Rahmen eines Forschungsprojekts der Deutschen Forschungsgemeinschaft ein Umweltinformationssystem aufgebaut *[Redeker, Otto, 1993, Redeker, Otto, 1995]*. Basis des Forschungsprojekts sind die Daten realer und geplanter Produktionsanlagen. Unter Umweltgesichtspunkten sind Holzwerkstoffe generell positiv zu bewerten, da aus dünnem Rohholz, das nicht direkt verwendet werden kann, ein hochwertiges Produkt mit breitem Anwendungsspektrum, die Span- oder Faserplatte, hergestellt wird. Der Grundstoff Holz ist darüber hinaus ein natürlicher, nachwachsender Werkstoff, der bei entsprechender Bewirtschaftung dauerhaft zur Verfügung steht.

Diesen Umweltvorteilen stehen Nachteile gegenüber, die bei der angestrebten umweltfreundlichen Produktion möglichst minimiert werden sollen. Bei der Herstellung der Holzfaserplatten wird das Rohholz zunächst zerkleinert und anschließend getrocknet. Dabei entsteht beispielsweise auch Holzstaub, der bei Eichen- und Buchenholz im Verdacht steht, krebserzeugend zu sein, weshalb in Deutschland aus diesen Hölzern keine Span- oder Faserplatten hergestellt werden. Die Restfeuchte nach der Trocknung beträgt nur noch etwa 2–5%. Beim Trocknungsvorgang werden Holzinhaltsstoffe freigesetzt, die einerseits eine Geruchsbelästigung darstellen und andererseits durch ihre Toxizität die Umwelt schädigen. Für die Trocknung der Fasern und die Pressung der Platten wird thermische Energie benötigt, die durch eine mit Holzresten und Heizöl oder Erdgas befeuerte Verbrennung erzeugt wird. Besonders die Verbrennung der Holzreste erzeugt problematische Emissionen.

In Bild 6.9 ist der Aufbau des Umweltinformationssystems dargestellt. Basis ist eine Datenbank, in der die Strukturen der zu analysierenden Projekte, unterteilt in Prozesse und Prozeßschritte (entsprechend dem Entity-Relationship-Modell nach Bild 6.1), sowie die zugehörigen Materialien und Energien gespeichert werden. Die Projektstrukturen gibt der Benutzer ein, die Material- und Energiebilanzen werden vom Simulationstool berechnet. Auf der Basis von Stoff- und Energiebilanzen für Span- und Faserplattenproduktionsanlagen erfolgt im Analysemodul eine Bewertung des Ressourcenverbrauchs (Energie und Rohstoffe) und der Emissionen unter Umweltgesichtspunkten. Dieses Modul greift beispielsweise für die Bewertung der Prozeßemissionen auf Stoffdaten, wie Toxizitätswerte oder gesetzliche Grenzwerte, zurück. Um diese nicht alle manuell eingeben zu müssen, wurde die Gefahrstoffdatenbank des Niedersächsischen Landesverwaltungsamtes (GDK-Stoffdatenbank) an die Prozeßdatenbank angebunden. Aufgabe des Umweltinformationssystems ist es, einerseits möglichst günstige Prozeßzustände bei bereits bestehenden Anlagen zu ermitteln und andererseits Unterstützung bei der Planung von Neuanlagen zu bieten.

Unterstützt wird die Bilanzierung von Stoffen und Energien, die für den Produktionsprozeß benötigt werden, von einer Simulationssoftware auf der Basis von hierarchischen Petri-Netzen, die die Prozeßstrukturen abbilden. Petri-Netze sind eine graphische Modellierungssprache, die zusätzlich zur Abbildung einer Struktur (vergleichbar dem Entity-Relationship-Modell) auch das dynamische Verhalten dieser Struktur beschreiben können. Ein Petri-Netz ist ein gerichteter Graph, der aus drei ortsfesten Elementen und einem verschiebbaren Element be-

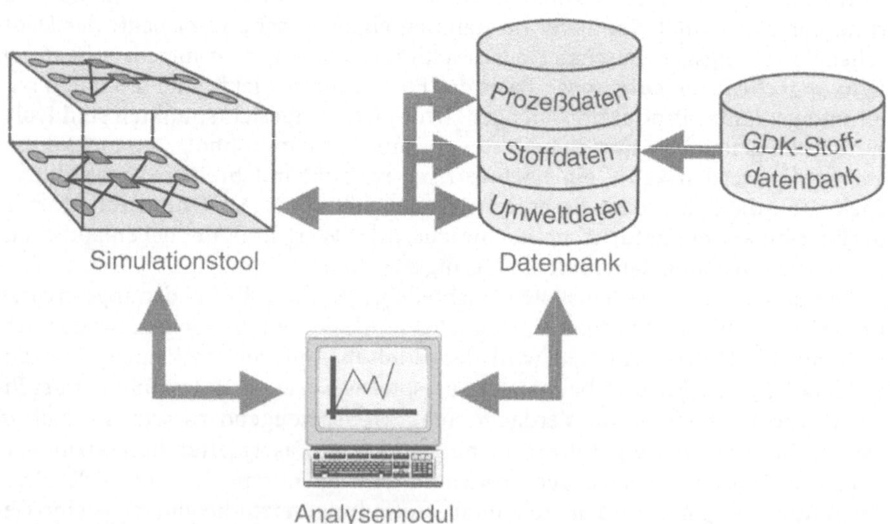

Bild 6.9 Bausteine des Umweltinformationssystems

steht. Die ortsfesten Elemente sind zwei Arten von Netzknoten und Pfeile (auch Kanten oder Konnektoren), die diese verbinden. Die Netzknoten werden in Stellen (auch Kanäle) und Transitionen (auch Instanzen) unterteilt. Diese ortsfesten Elemente legen die Ablaufstruktur des Netzes fest. Die dynamischen Abläufe werden durch die verschiebbaren Marken (auch Objekte), die entlang der Pfeile von den Stellen zu den Transitionen verschoben werden, abgebildet.

Eingesetzt werden Petri-Netze zur Beschreibung dynamischer Systeme, die eine feste Grundstruktur besitzen, wie beispielsweise Rechen- oder auch Produktionsanlagen. Die dynamischen Marken repräsentieren in dem hier beschriebenen Netz den Material- und Energiefluß einer Produktionsanlage. Sie werden bei ihrer Wanderung durch das Netz entsprechend der im Netz hinterlegten Rechenvorschriften verändert, so daß aus den Modelleingangsgrößen (Roh-, Hilfs-, Betriebsstoffe, Wasser und Energie) die Ausgangsgrößen (Produkte, Abwasser, Abfall, Abluft und Abenergie) berechnet werden. Bild 6.10 zeigt das schematisierte Netz für die Spanplattenproduktion.

Das Ergebnis der Simulationsläufe sind Stoff- und Energiebilanzen, die vom Detaillierungsgrad den Auslegungsrechnungen bei der Planung von Holzfaserproduktionsanlagen entsprechen. In Vergleichsrechnungen zwischen der Simulation und Anlagenplanern der Firma Bison Werke Bähre & Greten wurde die Übereinstimmung der simulierten Bilanzen mit den firmeneigenen Berechnungen festgestellt.

Die Simulationssoftware speichert ihre Bilanzergebnisse in Dateien mit definierter Struktur, die zur nachfolgenden Bewertung in eine objektorientierte Datenbank übertragen werden. Die Datenbank verfügt über eine Schnittstelle zum Auslesen der Simulationsdateien. Erste Versuche der Autoren mit einer relationalen Datenbank stießen an die Grenzen des relationalen Datenmodells, weshalb auf ein objektorientiertes übergegangen wurde. Die Datenbank berechnet aufbauend auf den Prozeßbilanzen Umweltkennziffern, die neben dem Ressourcen-

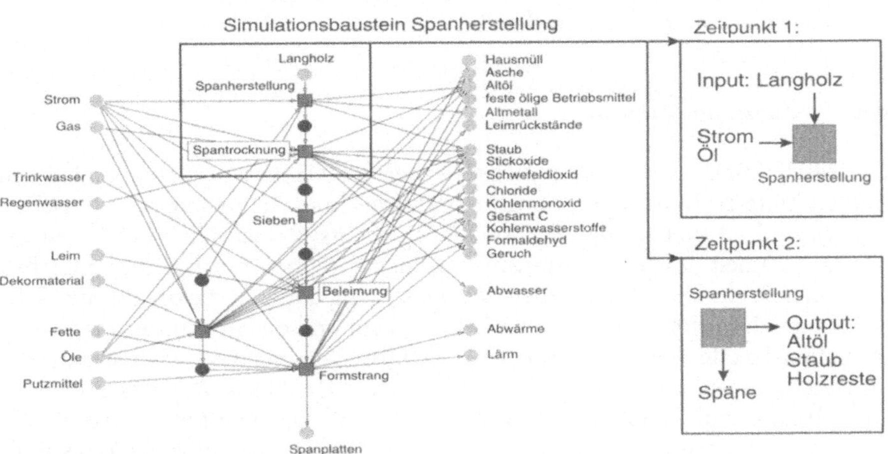

Bild 6.10 Petri-Netz Spanplattenherstellung

verbrauch auch die Toxizität der Emissionen und die Ausschöpfung von gesetzlichen Grenz- und Richtwerten berücksichtigen. Diese Kennziffern spiegeln die relativen Umweltbelastungen beim Betrieb der untersuchten Anlagen wider und ermöglichen damit eine Entscheidung, welche Anlagenvariante oder welcher Prozeßzustand umweltverträglicher ist.

Der Vergleich von Emissionen über Umweltmedien hinweg geschieht beispielsweise durch die Berechnung der Kennziffern „kritisches Volumen" und „Toxizitätsäquivalent". Das kritische Volumen ist definiert als die theoretisch vom Prozeßschritt abgegebene Emissionsmenge (z.B. Abluftmenge), die mit einem Schadstoff genau bis zu dessen Grenzwert belastet ist. Diese Volumina werden für jeden emittierten Schadstoff berechnet und für den Prozeßschritt aufsummiert. Das kritische Volumen für den Gesamtprozeß wird durch Addition der kritischen Volumina der Prozeßschritte gebildet. Es entspricht dem Emissionsvolumen, auf das die emittierten Stoffe theoretisch verdünnt werden müßten (diese Verdünnung ist nur rechnerisch, die Einhaltung von Emissionsgrenzen durch Verdünnung ist illegal), um genau ihren Grenzwert einzuhalten. In dieser Rechnung wird anders als in der Realität jedes Volumenelement nur von einem Stoff belastet.

Das Toxizitätsäquivalent eines Prozeßschritts drückt die Belastungswirkung der an die Umwelt abgegebenen Stoffe für Lebewesen aus. In die Berechnung fließt als wichtigste Größe der LD_{50}-Wert ein, der als die Giftdosis definiert ist, bei der 50% der Versuchstiere sterben. Dieser Wert liegt für viele, aber leider nicht alle Stoffe tabelliert vor. Aus dem LD_{50}-Wert wird je Stoff ein Ökotoxizitätsfaktor ermittelt, der mit der Stoffmenge gewichtet das Toxizitätsäquivalent ergibt. Die Äquivalente der Prozeßschritte werden für den Gesamtprozeß addiert und in der Datenbank gespeichert.

Nach der Erprobung mit Daten realer Produktionsanlagen arbeiten die Autoren derzeit an der Einbindung der Simulationssoftware in die betriebliche Praxis. Dabei soll neben der Anlagenkonzeption und -planung auch die Kundenberatung unterstützt werden. Besonders in Europa und den USA, aber auch in zunehmendem Maße in Südostasien ist die Umweltfreundlichkeit von Holzfaserproduktionsanlagen zu einem Wettbewerbsfaktor geworden.

6.6 Zusammenfassung

Die Beschaffung von unternehmensexternen und -internen Daten und deren Aufbereitung zu Informationen, die verläßliche Basis für strategische Entscheidungen sind, ist ein Grundpfeiler von Managementsystemen. Viele der Teilaufgaben im Rahmen des Informationsmanagements können mit Rechnerunterstützung effektiv durchgeführt werden. Voraussetzung dafür ist die organisatorische Festlegung der Informationsquellen und -senken und die Strukturierung der Informationskanäle. Ziel ist die möglichst effektive Nutzung des Informationspools im Unternehmen durch alle Teilbereiche, seien es Qualitäts-, Arbeitsschutz- und Umweltmanagement oder die klassischen Finanzmanagementfunktionen.

Bei der Informationsbeschaffung für „neue" Managementaufgaben ist es sinnvoll, aufbauend auf den bereits vorhandenen Informationsbeständen der BDE- oder PPS-Systeme, die zusätzlich benötigten Informationen zu erfassen. Dabei müssen die Schnittstellen zur Kommunikation zwischen den Datenbeständen mit besonderer Sorgfalt gestaltet werden, um isolierte „Dateninseln" zu vermeiden. Moderne Managementinformationssysteme leisten diese Integration und können einen Teil der Datenauswertung und Informationsbereitstellung übernehmen. Aufgrund ihrer eingeschränkten Fähigkeiten können sie menschliche Entscheidungsträger nicht ersetzen; ihre Aufgabe ist die Entscheidungsunterstützung und -vorbereitung. Bild 6.11 stellt schematisch die Datenbestände, Informationspools und Informationssysteme im Unternehmen und außerhalb gegenüber und deutet die Informationsflüsse an.

Nicht nur die Verdichtung der Daten zu entscheidungsunterstützenden Informationen in der Bottom-Up-Informationshierarchie, sondern auch die Umsetzung der Grundsatzentscheidungen in konkrete Arbeitsanweisungen und deren Verteilung Top-Down muß gestaltet werden. Die Auswahl der richtigen Informationsmenge, die eine Überforderung durch zuviel Informationen vermeidet und trotzdem den Mitarbeiter durch die ihm zur Verfügung gestellten Informationen in das Gesamtgeschehen des Unternehmens einbindet, ist dabei eine der schwierigsten Aufgaben.

Die Gestaltung des betrieblichen Umweltschutzes in Form eines Umweltmanagementsystems erzeugt, wie bei allen anderen Managementsystemen auch, einen hohen Informationsbedarf. Der größte Teil davon muß allerdings auch ohne Managementsystem für einen funktionierenden Umweltschutz im Unternehmen und eine rechtssichere Organisation erfaßt werden. Um die Informationsbeschaffung sinnvoll begrenzen und die Auswertung unterstützen zu können, bietet sich der Einsatz eines Umweltinformationssystems an.

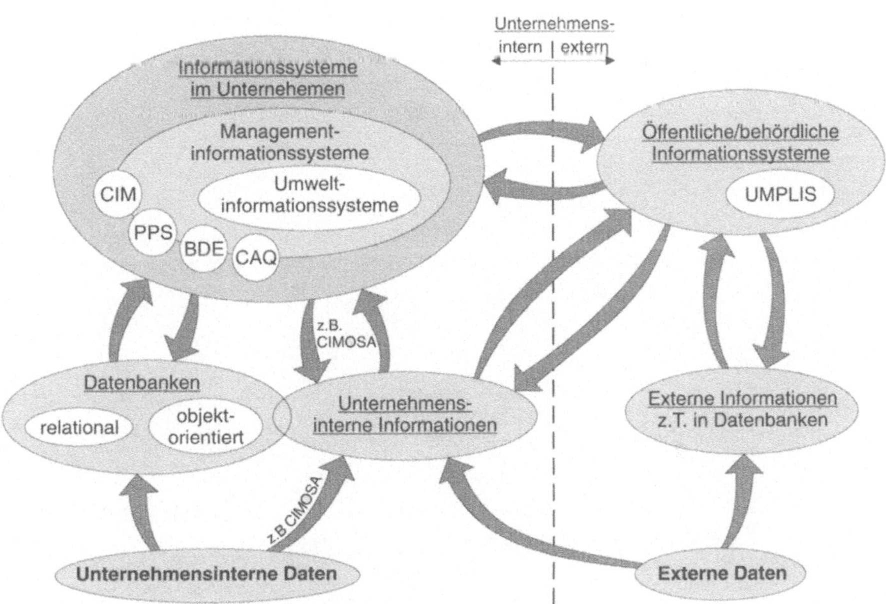

Bild 6.11 Daten, Informationen und Informationssysteme

Unterschieden wird in öffentliche/behördliche Umweltinformationssysteme, die allgemeine Umweltdaten auf Bundes- oder Länderebene verwalten, und betriebliche Umweltinformationssysteme, die unternehmensspezifische Informationen verarbeiten. Umweltinformationssysteme unterliegen derzeit einer ständigen Weiterentwicklung. Den Einschränkungen in ihrer bisherigen Leistungsfähigkeit stehen die oben aufgeführten Stärken und die erfolgreiche Verwendung in vielen Behörden und Unternehmen entgegen. Bei realistischen Erwartungen und angemessener Anpassung an das eigene Unternehmen sind Umweltinformationssysteme wertvolle Bausteine von Umweltmanagementsystemen.

Kapitel 2: Anforderungen an Unternehmen

Ökologische, ökonomische, technologische,
rechtlich-politische und sozio-kulturelle Umwelten des Unternehmens
Anforderungen der Umwelt an das Unternehmen

Kapitel 3: Umweltorientierte Unternehmensführung

Gesamtkonzeption einer umweltorientierten Unternehmensführung:
Informationsgrundlagen
Unternehmenspolitik und -leitbild
Unternehmensziele
Unternehmensstrategie

Kapitel 4: Von traditionellen Unternehmenskonzepten zu modernen Managementkonzepten

Traditionelle Unternehmenskonzepte
Moderne Managementkonzepte
Aktuelle Managementkonzepte im Überblick

Kapitel 5: Umweltorientierte Organisationsgestaltung

Rechtliche Grundlagen der betrieblichen Umweltschutzorganisation
Organisation des betrieblichen Umweltschutzes
Anforderungen durch Umweltmanagementnormen
Umweltorientiertes Personalmanagement
Einführung von Umweltmanagementsystemen
Praxisbeispiel: Umweltorientiertes Weiterbildungssystem

Kapitel 6: Zielorientierte Informationsflußgestaltung

Grundlagen und Definitionen
Informationen im Unternehmen
Informationssysteme zur Managementunterstützung
Datenbanken als Informationsspeicher
Umweltbezogene Informationen

Kapitel 7: Techniken für das Umweltmanagement

Die ständige Verbesserung
Der Technikbegriff in Zusammenhang mit betrieblichem Umweltschutz
Umweltschutzmaßnahmen aus dem Blickwinkel der Wertschöpfung
Der Technikeinsatz in der betrieblichen Praxis
Der Einsatz von Techniken im Umweltmanagement
Einordnung der Techniken nach Aufgaben

Kapitel 8: Die Ermittlung umweltrelevanter Kosten

Grundlagen
Umweltrelevante Kosten
Methodik zur Ermittlung der umweltrelevanten Kosten
Anwendungshinweise

7 Techniken für das Umweltmanagement

Zunehmend komplexere Aufgaben des Umweltmanagements (s. Kap. 2) machen es erforderlich, daß diese Aufgaben sorgfältig strukturiert und für die Problemlösung vorbereitet werden. Aufgaben des Umweltschutzes müssen zudem wirtschaftlich ausgeführt werden. Dies erfordert den Einsatz von methodischen Hilfsmitteln und die Unterstützung vorsorgender Maßnahmen, die Umwelteinwirkungen von vornherein vermeiden.

Methodische Hilfsmittel sind Techniken und Instrumente, die für verschiedene Einsatzbereiche des Umweltmanagements entwickelt wurden. Weitere Techniken kommen aus anderen Bereichen, wie z.B. dem Qualitätsmanagement, hinzu und fördern vor allem die wirtschaftliche Bearbeitung von verschiedenartigen Planungs-, Steuerungs- und Überwachungsaufgaben, die die Qualität von Produktionsprozessen, von Produkten und Dienstleistungen verbessern und sicherstellen sollen. Deren universelle Einsatzbarkeit macht sie zu geeigneten Methoden auch des Umweltmanagements. Grundlage ihres Einsatzes ist das Konzept der ständigen Verbesserung, welches vor allem die dynamische Entwicklung von Unternehmen unter den gegebenen Umfeldbedingungen auf wirtschaftliche Weise ermöglicht.

Das folgende Kapitel überträgt die Funktionsweisen der ständigen Verbesserung in Verbindung mit innovativen und umfangreichen Verbesserungen vom Qualitätsmanagement auf das Umweltmanagement. Dabei wird ein Bogen zu Projekt- und Prozeßmanagement geschlagen. Anschließend wird der Technikbegriff zum gemeinsamen Verständnis näher erläutert. Wirtschaftliche Einordnungen dienen als Argumentationshilfen für den Einsatz von Methoden mit vorsorgendem Charakter im Umweltmanagement.

Aus einer Vielzahl vorhandener Techniken müssen Unternehmen für ihre spezifischen Verhältnisse und Aufgaben wie Unternehmensgröße, Umfang einer Erfassung von Umwelteinwirkungen die geeigneten auswählen können. Daher werden die Techniken grundlegenden Aufgaben zugeordnet und in eine Auswahlmatrix eingeordnet. Weiterhin wird auf den Beitrag, den der Technikeinsatz bei der Umsetzung der Forderungen des EMAS leisten kann, eingegangen.

Beispielhaft werden „Ketten“, d.h. der aufeinanderfolgende Einsatz von Techniken, für die Produktion und die Produktentwicklung dargestellt. In einem weiteren Abschnitt werden die in der Matrix und den Ketten verwendeten Methoden kurz beschrieben.

7.1 Die ständige Verbesserung

Ein Ziel innerhalb des Total Quality Managements (TQM) ist es, die Prozesse in einem Unternehmen so effizient und effektiv wie möglich zu gestalten und die innerhalb dieser Prozesse eingesetzten Anlagen so gut wie möglich zu nutzen (Steigerung der Gesamtanlageneffektivität)(zu TQM s. Kap. 4). Effizient heißt dabei, daß dieses Ziel auf wirtschaftlichste, und effektiv, daß es auf wirksamste und nachhaltigste Art und Weise erreicht wird. Prozesse sind einerseits Produktionsprozesse, andererseits aber auch Arbeitsprozesse des Managements und in Bereichen wie Personal und Finanzen. Verschwendung, d.h. nicht der Erfüllung der Aufgabe eines Prozesses dienende Vorkommnisse, Tätigkeiten u.ä. (z.B. Ausschuß, Nacharbeit, Maschinenstillstand), soll so weit wie möglich vermieden werden.

7.1.1 Verbessserung im Rahmen von Prozeß- und Projektmanagement

Bei der Optimierung von Prozessen handelt es sich in den seltensten Fällen um einen einmaligen Vorgang. Hier kommen *Projekt- und Prozeßmanagement* (s. Abschn. 4.2.3, 4.2.4 und 5.6.3) zum Einsatz. Im Projektmanagement werden sprunghafte, große Verbesserungen durch sorgfältige Planungsprozesse in einer für diesen Zweck geschaffenen, nur bis zum Projektabschluß bestehenden Projektorganisation herbeigeführt. Ergebnis des Projektmanagements sind dabei häufig umfangreiche Veränderungen des Anlagenbestandes, der Organisationsstruktur oder Verfahrensumstellungen. Weiterhin soll beim Abschluß des Projektmanagements ein funktionierendes Prozeßmanagement eingerichtet sein. Die Veränderungen können aufgrund ihres Neuheitscharakters für ein Unternehmen oder einen Prozeß als Innovationen bezeichnet werden *[Frehr, 1994, S. 149]*. Projektmanagement ist je nach Größe des Projektes und Komplexität der Aufgabe mit entsprechendem zeitlichen, organisatorischen und finanziellen Aufwand verbunden. Am radikalsten wird dieser Ansatz mit dem Reengineering verfolgt, bei dem sämtliche Prozesse grundsätzlich in Frage gestellt werden, um zu neuen Lösungen zu kommen *[Hammer, Champy, 1994]*.

Im Prozeßmanagement erfolgt die Organisation des täglichen Umgangs mit Prozessen und Anlagen mit dem Ziel, Verschwendung zu verringern und die Effektivität zu erhöhen. Verbesserungen werden hier in den meisten Fällen in kleinen Schritten vollzogen. Sie werden während des laufenden Betriebs entwickelt und umgesetzt. Diese Verbesserungen werden unter dem Stichwort „ständige Verbesserung" verstanden. Gleichbedeutend sind Begriffe wie kontinuierliche Verbesserung und continuous improvement. Eine Gegenüberstellung von wichtigen Aspekten von Innovationen und ständiger Verbesserung im Bereich des betrieblichen Umweltschutzes zeigt Bild 7.1.

Das Prinzip der ständigen Verbesserung beruht auf der Idee des japanischen Kaizen, welches davon ausgeht, daß ein nicht mehr verbesserungsfähiger Endpunkt nicht existiert. Die ständige Verbesserung soll nicht aus langwieriger Planung heraus entstehen, sondern von den Mitarbeitern, die mit einem Prozeß und einer Anlage zu tun haben, aus ihrer täglichen Arbeit und ihrem Wissen um den Prozeß mit seinen Eigenheiten und eventuellen Schwachstellen vollzogen werden. Prozeßmanagement ist mit umfangreichen Qualifizierungs- und vertrauensbildenden Maßnahmen für die Mitarbeiter verbunden *[Kamiske, Füermann, 1995, S. 147 f.]*. Nicht die Auswirkungen von Schwachstellen (z.B. Ausschuß) sollen im

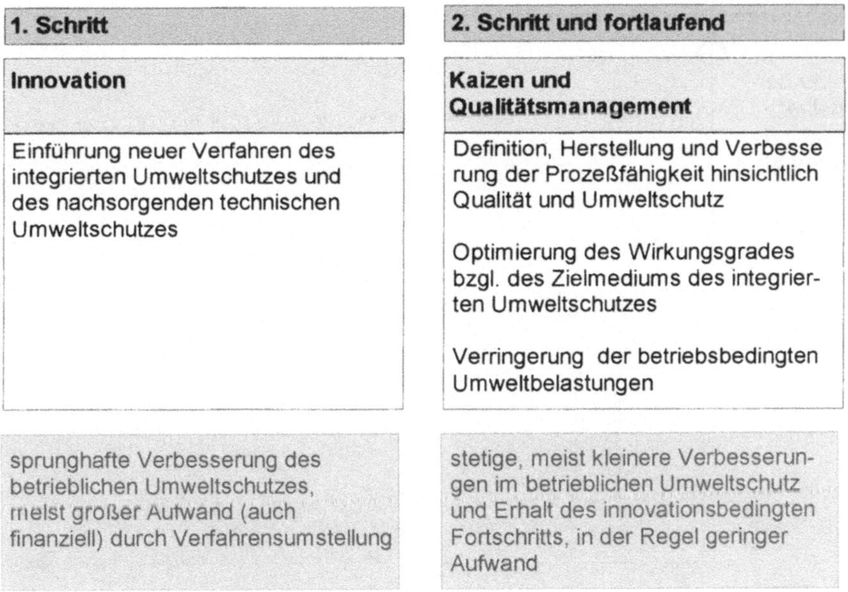

1. Schritt	2. Schritt und fortlaufend
Innovation	**Kaizen und Qualitätsmanagement**
Einführung neuer Verfahren des integrierten Umweltschutzes und des nachsorgenden technischen Umweltschutzes	Definition, Herstellung und Verbesse rung der Prozeßfähigkeit hinsichtlich Qualität und Umweltschutz Optimierung des Wirkungsgrades bzgl. des Zielmediums des integrierten Umweltschutzes Verringerung der betriebsbedingten Umweltbelastungen
sprunghafte Verbesserung des betrieblichen Umweltschutzes, meist großer Aufwand (auch finanziell) durch Verfahrensumstellung	stetige, meist kleinere Verbesserungen im betrieblichen Umweltschutz und Erhalt des innovationsbedingten Fortschritts, in der Regel geringer Aufwand

Bild 7.1 Innovative und ständige Verbesserung

Rahmen umfangreicher Kontrolltätigkeiten (nachsorgend) bekämpft werden, sondern die Ursachen vorsorgend und fortlaufend beseitigt werden.

Projekt- und Prozeßmanagement ergänzen einander. Ein einmal neu eingeführter oder radikal veränderter Prozeß muß in der täglichen Arbeit stabilisiert (Beherrschung eines Prozesses) und weiter verbessert werden. In der Sichtweise des japanischen Kaizen fallen Leistungsfähigkeit, Effektivität und Produktivität eines Prozesses, wenn er nicht ausreichend gepflegt wird, wieder ab. Für erneute Verbesserungen sind die Anstrengungen dann größer, als wenn durch tägliche Pflege und Bemühung um weitere kleine Verbesserungen die Leistungsfähigkeit auf dem einmal geschaffenen Niveau bleibt bzw. sogar gesteigert wird (Bild 7.2) *[Kamiske, Füermann, 1995, S. 144; Imai, 1992, S. 50 ff.]*. Daher schließt sich Prozeßmanagement unmittelbar an das Projektmanagement an und wird wiederum durch dieses abgelöst, um größere Anpassungen an den technischen und wissenschaftlichen Fortschritt vornehmen zu können.

Wesentlich für den Erfolg sowohl des Prozeß- als auch des Projektmanagements ist die Auswahl von Schlüsselprozessen, die für den Erfolg eines Unternehmens besondere Bedeutung haben und daher vorrangig bearbeitet werden müssen.

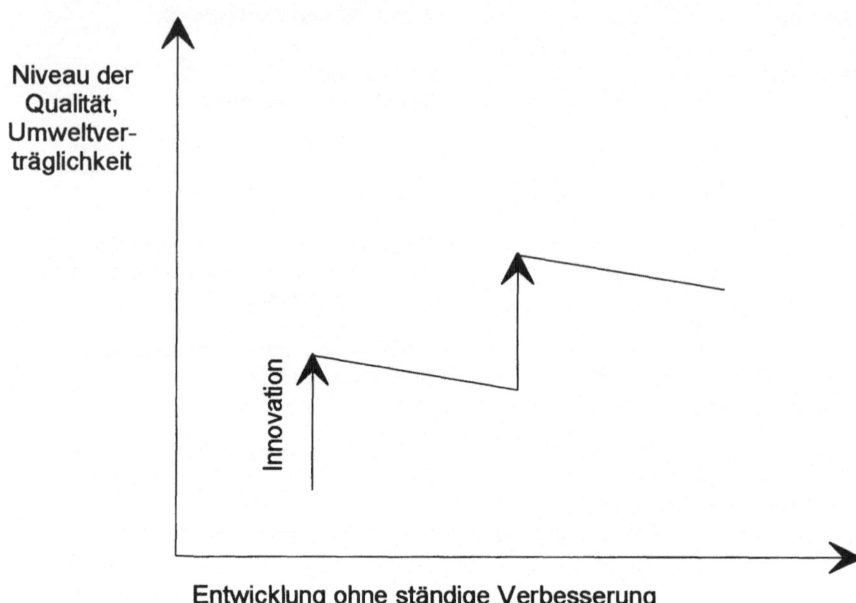

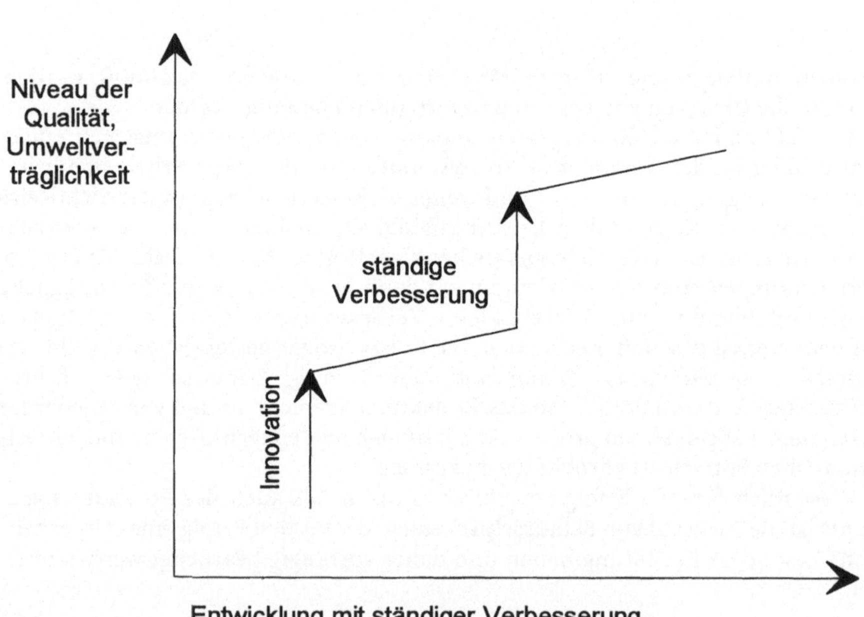

Bild 7.2 Entwicklung der Umweltverträglichkeit mit und ohne ständige Verbesserung

7.1.2 Felder der Verbesserung im betrieblichen Umweltschutz

Im betrieblichen Umweltschutz sind die Felder, in denen Verbesserungen angestrebt werden, Prozesse und Anlagen in „normalen“ Betriebsabläufen, Abläufe, in die Umweltschutzmaßnahmen bereits integriert sind (s. Abschn. 7.2), Einrichtungen und Prozesse des nachsorgenden technischen Umweltschutzes und der Abfallentsorgung (Bild 7.3). Auch hier sind, wie im Qualitätsmanagement, die Mitarbeiter diejenigen Fachleute, welche die Verbesserungsmöglichkeiten und -notwendigkeiten am besten erkennen können. Von ihnen sind daher die wirkungsvollsten Ideen und Maßnahmen zur Verbesserung der Umweltverträglichkeit von bestehenden Prozessen und Anlagen zu erwarten.

Im Mittelpunkt der ständigen Verbesserung steht also auch im Umweltmanagement die bewußte und intensive Einbeziehung der Mitarbeiter mit ihren Kenntnissen und Ideen zur Verbesserung der Unternehmensleistung und insbesondere der Umweltverträglichkeit von Prozessen. In die Planung prozeßintegrierter Maßnahmen sind sinnvollerweise die Mitarbeiter einzubeziehen, die mit den entsprechenden Prozessen arbeiten und die Wertschöpfung erbringen, um deren Fachkenntnisse auch für den betrieblichen Umweltschutz zu nutzen.

Weiterhin soll der Aufwand für Veränderungen vermindert werden. Die Notwendigkeit umfassender Veränderungen wird dann verringert, wenn durch die fortlaufende Minimierung von Verschwendung ein vergleichbarer Erfolg zu erzielen ist. Das Ergebnis ist bei vielen kleinen Schritten dasselbe wie bei einer einmaligen umfangreichen Maßnahme.

Im betrieblichen Umweltschutz sind vor allem Anlagen des technischen Umweltschutzes und hier insbesondere nachsorgende Einrichtungen, wie z.B. Abluftfilter oder Kläranlagen, sehr aufwendig. Ziel der ständigen Verbesserung muß es sein, zur Senkung dieser Aufwendungen beizutragen (s. Abschn. 7.3). Diese Aufwendungen tragen im wesentlichen nicht zur Wertschöpfung bei. Hierzu muß insbesondere ein prozeßintegrierter Ansatz verfolgt werden. Prozeßintegriert bedeutet, daß innerhalb der wertschöpfenden Prozesse Umweltschutzmaßnahmen eingesetzt werden, um den Ressourceneinsatz und Emissionen zu vermindern oder zu vermeiden.

Bei der Verringerung des Ressourceneinsatzes und der Emissionen ist darauf zu achten, daß sich nicht Verbesserungen bei Umwelteinwirkungen in einem Bereich zu Verschlechterungen in einem anderen Bereich auswirken (z.B. Abwasserklärung zuungunsten des entsorgungsbedürftigen Klärschlamms). Dies betrifft alle Bemühungen im betrieblichen Umweltschutz, nachsorgende Maßnahmen ebenso wie vorsorgende. Da die Bewertung von verschiedenartigen Umwelteinwirkungen noch nicht hinreichend objektiv gestaltet worden ist (s. Abschn. 7.6.5), liegt eine tatsächliche Verbesserung nur dann vor, wenn mindestens eine Umwelteinwirkung reduziert werden kann, ohne daß gleichzeitig eine andere verstärkt wird. Wenn im folgenden von Verbesserungen gesprochen wird, so ist ausschließlich dieser Fall einer tatsächlichen Verbesserung gemeint.

Das Prinzip der ständigen Verbesserung geht über bisherige Programme zur Steigerung der Motivation der Mitarbeiter (z.B. Job enrichment, Job enlargement, Verbesserungsvorschlagswesen u.a., s. Kap. 5) hinaus, bezieht diese aber in ein Gesamtkonzept mit ein und erweitert sie im Einzelfall. Die ständige Verbesserung

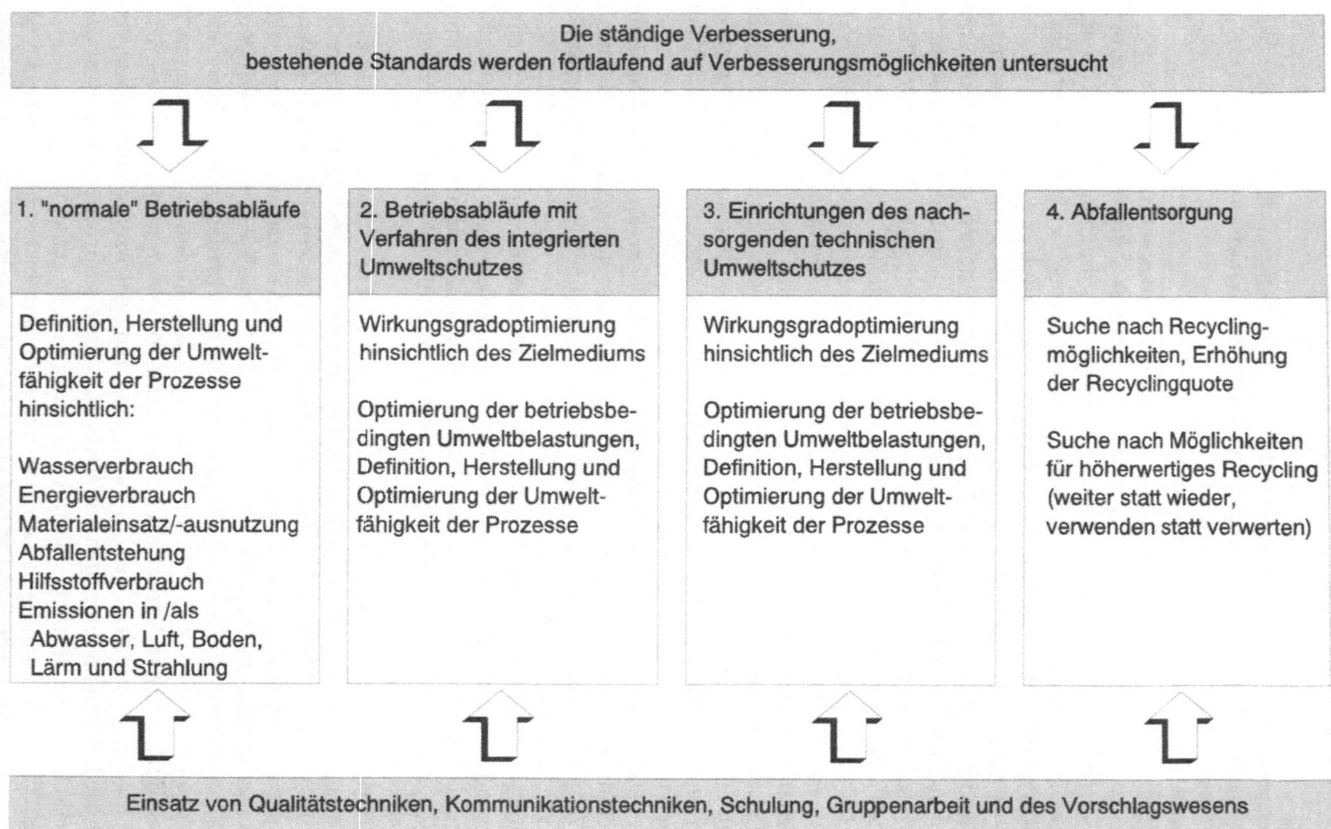

Bild 7.3 Bereiche im betrieblichen Umweltschutz, in denen die ständige Verbesserung ansetzt

selbst ist in die beschriebene Gesamtentwicklung und Organisationsstruktur des Unternehmens einzubinden sowie mit den übrigen Funktionen des Unternehmens (z.B. Personalentwicklung) zu koordinieren.

7.2 Der Technikbegriff in Zusammenhang mit betrieblichem Umweltschutz

Unter Technik wird die „Gesamtheit der Maßnahmen, Einrichtungen und Verfahren, die dazu dienen, naturwissenschaftliche Kenntnisse praktisch nutzbar zu machen", verstanden *[Duden Fremdwörterbuch]*. Mit der Definition für Qualitätstechniken nach DIN 55350, „Anwendung wissenschaftlicher und technischer Kenntnisse sowie von Führungstechniken für das Qualitätsmanagement. Anmerkung: Qualitätstechnik ist derjenige Teil der Technik, dessen Ziel die Erfüllung der Qualitätsforderung ist", wird der Begriff für das Qualitätsmanagement normiert *[DIN, 1992, S. 5]*. Es sind also zwei Ebenen zu unterscheiden, die der Vorgehensweise (prozedural, nicht-gegenständlich: z.B. Methoden) und die der Mittel (instrumental, gegenständlich: z.B. Werkzeuge, Anlagen, Instrumente). Organisations-, Analyse-, Synthese-, Problemlösungs-, Moderations- und Präsentationstechniken sind Beispiele für Zusammenfassungen von Techniken zur Vorgehensweise. Die meisten Qualitätstechniken wie Fehlermöglichkeits- und -einflußanalyse, Quality Function Deployment, die 7 Elementaren Werkzeuge der Qualitätssicherung (Q7) und die 7 Managementwerkzeuge (M7) gehören ebenfalls dazu. Der instrumentalen Ebene, also den Mitteln, sind z.B. Fertigungstechniken einschließlich der verwendeten Geräte, Anlagen und Maschinen zuzuordnen.

Der Begriff der Technik wird im betrieblichen Umweltschutz mit zweifacher Bedeutung verwendet. Es wird zwischen Umweltschutztechniken und Umweltmanagementtechniken unterschieden (Bild 7.4). Umweltschutztechniken sind im wesentlichen der instrumentalen Ebene zuzuordnen. Sie umfassen traditionelle Meß-, Planungs- und Entsorgungstechniken, umweltverträgliche Techniken (z.B. energie- und rohstoffsparende Produktionstechnologien; der Begriff umweltverträglich ist hierbei relativ zu verstehen) und Techniken zur Emissionskontrolle und zur Rehabilitation (Wiederherstellung) geschädigter Ökosysteme *[Förstner, 1992, S. 14]*. Diese Techniken werden entweder additiv, das heißt zusätzlich zur (wertsteigernden) Produktionstechnologie und in der Regel nachsorgend (end-of-pipe) oder integriert, d.h. in Produktionsprozessen oder Produkten als Bestandteil der Technologie, eingesetzt *[Förstner, 1992, S. 40]*. Durch integrierten Umweltschutz soll die Summe der durch einen Betrieb, einen Prozeß oder ein Produkt im Laufe seines Lebenszyklus erzeugten Umwelteinwirkungen minimiert werden (Bild 7.5) *[Fleischer, 1994, S. 8 f.]*. Integrierter Umweltschutz setzt an den Ursachen der Umwelteinwirkungen an. Damit wird das Ziel verfolgt, vorsorgend statt nachsorgend tätig zu werden; auf End-of-Pipe-Techniken soll weitestgehend verzichtet werden. Hiermit wird gleichzeitig ein Beitrag zur Kostenminimierung im betrieblichen Umweltschutz geleistet *[Strebel, 1991, S. 4 f.]*.

Umweltmanagementtechniken sind dagegen der prozeduralen Ebene zuzuordnen. Sie zeichnen sich wie die oben erwähnten weiteren Technikgruppen die-

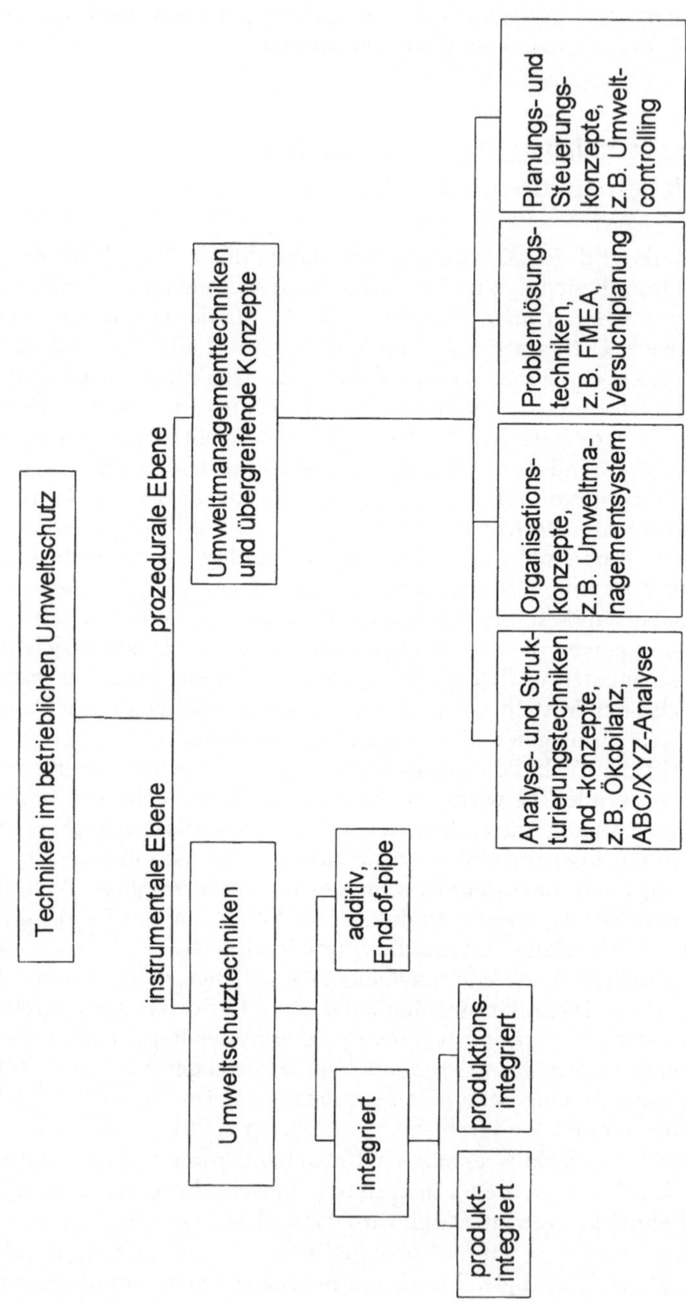

Bild 7.4 Einteilung von Techniken im betrieblichen Umweltschutz

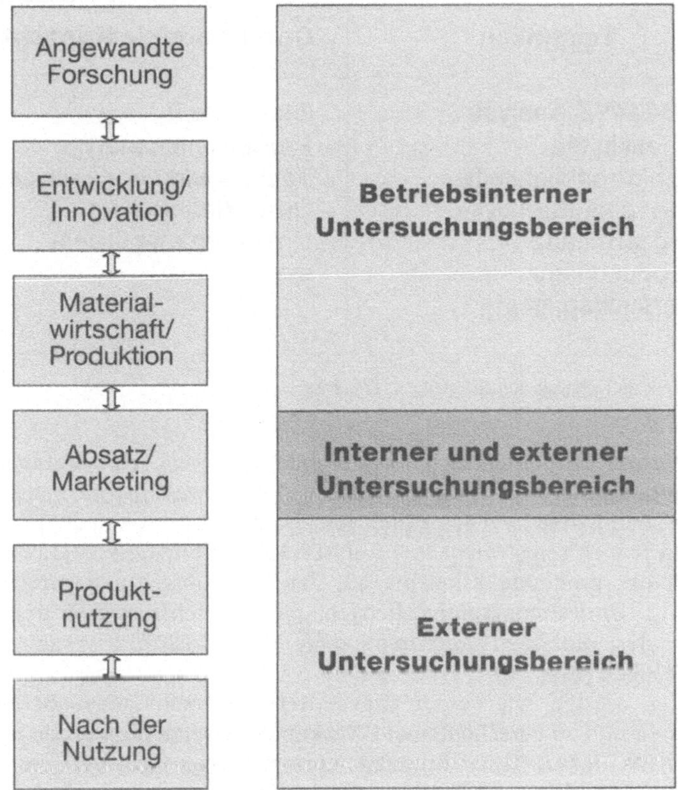

Bild 7.5 Der ganzheitliche Produktlebenszyklus nach Hübner/Simon-Hübner

ser Ebene durch strukturiertes und systematisches Vorgehen aus und tragen zur Verringerung der Komplexität von Problemen und Aufgabenstellungen bei. Sie können definiert werden als diejenigen Methoden, die auf dem Gebiet des Umweltmanagements auf operativer und strategischer Ebene zum Lösen von spezifischen Problemen der Planung, Regelung und Förderung der Umweltschutzmaßnahmen eingesetzt werden *[Kamiske u.a., 1995a, S. 34]*. Beispiele sind die umweltbezogene ABC/XYZ-Analyse, Checklistenmethodik, Ökobilanz und Produktlinienanalyse.

Bereits an dieser Stelle wird deutlich, daß ein enger Zusammenhang zwischen den beiden Technikebenen besteht. Umweltschutzmaßnahmen umfassen zwar auch organisatorische Maßnahmen, ebenso aber Werkzeuge, Anlagen, integrierte und End-of-Pipe-Techniken. Die prozedurale Ebene bereitet in diesem Fall die instrumentale Ebene vor. Dieser Tatsache trägt z.B. die Aussage Rechnung, daß integrierter Umweltschutz (instrumental) auf der Erfassung aller stofflichen und energetischen Inputs und Outputs durch Stoff- und Energiebilanzen (prozedural) aufbaut *[Strebel, 1991, S. 5]*.

Techniken	Übergreifende Konzepte
- ABC/XYZ-Analyse - Checklisten - Fehlermöglichkeits- und -einflußanalyse - Prozeßbilanz - Produktbilanz - Versuchsplanung	- Ökobilanz - Produktlinienanalyse - Technikwirkungsanalyse - Umweltcontrolling - Umweltmanagement-system

Bild 7.6 Beispiele für Techniken und übergreifende Konzepte

Organisatorische Maßnahmen, fortlaufende Regelwerke und umfangreiche Erfassungsmaßnahmen z.B. für die Beurteilung der Umwelteinwirkungen eines Unternehmens beinhalten in vielen Fällen verschiedene Techniken der prozeduralen Ebene, sind jedoch selbst nicht mehr als Techniken anzusehen. Hier bietet sich der Begriff übergreifende Konzepte an, der z.B. Umweltmanagementsysteme, Umweltaudit, Umweltcontrolling, betriebliches Vorschlagswesen und Technikwirkungsanalyse umfassen kann. In die folgende Betrachtung werden diese Konzepte einbezogen (Bild 7.6).

Techniken werden, wie bereits angedeutet, in verschiedenen Bereichen von Unternehmen und zu verschiedenen Zwecken eingesetzt. Sie werden folgerichtig als Qualitätstechniken, Umweltmanagementtechniken usw. bezeichnet. Häufig ist der Einsatz verschiedener Techniken jedoch in verschiedenen Arbeitsgebieten möglich. So kann die ABC-Analyse in der Wirtschaftlichkeitsbetrachtung (z.B. bei der Ermittlung der gewinnträchtigsten Produkte des Produktspektrums eines Unternehmens) ebenso eingesetzt werden wie im Umweltmanagement, die Fehlermöglichkeits- und -einflußanalyse (FMEA) im Qualitäts- wie im Umweltmanagement. Der Vorsatz Qualitäts-, Umweltmanagement-, Kreativitäts- gibt dann nur noch einen Hinweis auf die Herkunft einer Technik. Im folgenden wird daher im wesentlichen auf die Zuordnung einer Technik zu einem Arbeitsgebiet verzichtet.

7.3 Umweltschutzmaßnahmen aus dem Blickwinkel der Wertschöpfung

Unter dem Blickwinkel der Wertschöpfung lassen sich die betrieblichen Prozesse in verschiedene Kategorien einteilen. Diese Kategorien orientieren sich an den Leistungsarten der Elektrotechnik *[Tomys, 1994a, S.64 u.a.]*. Eine derartige Einteilung hilft, den Blick für die Wertsteigerung und die zum Teil erheblichen Anteile nicht wertsteigernder Prozesse zu schärfen. Nach Tomys kann zwischen Nutzleistung, Stützleistung, Blindleistung und Fehlleistung unterschieden werden. Nutzleistung ist geplant und im Sinne der Arbeitsaufgabe wertsteigernd, z.B. Bearbei-

Nutzleistung	Stützleistung
integrierter Umweltschutz Techniken der prozedualen Ebene wie QFD, FMEA	Techniken der prozedualen Ebene wie SPR, Qualitätszirkel, ABC/XYZ-Analyse, Ökobilanz (unter Umständen Nutzleistung)
Blindleistung	**Fehlleistung**
z.B. Recycling	Umwelteinwirkungen z.B. Emissionen und deren Folgen, wie Abgaben, Haftung, Produktionsausfälle nachsorgender Umweltschutz, wie Abluftfilter, Kläranlagen usw. (unter Umständen Blindleistung)

Bild 7.7 Einteilung betrieblicher Umweltschutzmaßnahmen in Leistungsarten

tungshauptzeiten. Stützleistung wird ebenfalls geplant und ist zur Erfüllung der Arbeitsaufgabe erforderlich, aber nicht wertsteigernd, z.B. Werkzeugwechsel. Blindleistung dagegen ist nicht geplant, aber dennoch erforderlich und gleichfalls wertneutral, z.B. Konstruktionsänderungen nach der Freigabe. Fehlleistung ist nicht geplant und wertmindernd, z.B. Ausschuß *[Tomys, 1994a, S. 62 ff.]*.

Diese Betrachtung läßt sich auch bei Maßnahmen und Prozessen des betrieblichen Umweltschutzes durchführen (Bild 7.7). Umwelteinwirkungen sind in der Regel nicht beabsichtigte und nicht geplante Ergebnisse (Outputs) von Prozessen bzw. Ressourcennutzung, die durch geeignete Maßnahmen vermieden, vermindert oder unschädlich gemacht werden müssen, um eine Kostenbelastung zu verhindern (wenngleich z.B. für Genehmigungen von Anlagen nach Bundesimmissionsschutzgesetz Emissionen im Sinne von Vorausbestimmen „geplant“ werden müssen). Diese Belastung wirkt sich auf die betriebliche Gesamtleistung und einzelne Produkte wertmindernd aus, z.B. durch behördliche Abgaben für Abwassereinleitung in die öffentliche Kanalisation, Umwelthaftungsfälle, Betriebsstilllegungen wegen fortgesetzter Überschreitung von Emissionsgrenzwerten oder Nichtgenehmigung von Anlagen wegen fehlender Sicherheitsvorkehrungen mit dem Ergebnis von Produktionsausfällen. Umwelteinwirkungen sind bzw. verursachen also Fehlleistungen.

Hier wird davon ausgegangen, daß inzwischen ein großer Teil der Umwelteinwirkungen von rechtlichen Regelungen betroffen ist. Daher ist die Umwelt nicht mehr uneingeschränkt als „freies Gut" anzusehen, dessen Nutzung zur Ressourcenentnahme und zur Aufnahme betrieblicher Outputs kostenfrei ist. Sofern diese Bedingung nicht gegeben ist, lassen sich Umwelteinwirkungen nicht betriebswirtschaftlich erfassen, da die Kosten in diesem Fall für die Beseitigung oder Vermeidung von Umweltschäden nicht vom einzelnen Unternehmen, sondern von der Volkswirtschaft getragen werden.

Verursachen Gegenmaßnahmen selbst Kosten für Unternehmen (z.B. durch zusätzliche Betriebskosten, Anschaffungskosten), also eine Wertminderung, sind sie ebenfalls Fehlleistung. Dies trifft auf nachsorgende Umweltschutzmaßnahmen zu. Der positive Effekt, der z.B. durch die Vermeidung von Abwasserabgaben durch eine betriebliche Vorklärung entsteht, wird durch die Betriebskosten und Kosten zur Beseitigung von Rückständen, wie z.B. Klärschlamm als Sondermüll, in vielen Fällen bei weitem aufgehoben. Verhalten sich Maßnahmen z.B. durch bessere Ressourcennutzung oder Energieeinsparung ohne zusätzliche Betriebskosten wertsteigernd, sind sie der Nutzleistung zuzurechnen. Hierunter fallen Maßnahmen des integrierten Umweltschutzes. Liegt Wertneutralität vor, handelt es sich um Blindleistung. Dies ist der Fall, wenn z.B. durch Produktionsabfallrecycling Entsorgungskosten vermieden werden können und die Ressourcenausnutzung erhöht werden kann (geringere Beschaffungskosten), aber zusätzlich Betriebskosten (z.B. durch Energieverbrauch) entstehen. Auf diese Weise lassen sich die nachsorgenden und integrierten Umweltschutztechniken der instrumentalen Ebene in das skizzierte Leistungsschema einordnen.

Diese Argumentation unterstützt die in der Literatur vertretene Ansicht, daß integrierter Umweltschutz im Vergleich zum nachsorgenden Umweltschutz zu bevorzugen ist. Es wird deutlich, daß verstärkte Anstrengungen zu unternehmen sind, um nachsorgenden Umweltschutz zu vermeiden, auch wenn aus technischen Gründen nicht vollständig auf ihn verzichtet werden kann. Da integrierter Umweltschutz gleichzeitig den Gedanken der Vorsorge beinhaltet und den Wertschöpfungsprozeß in den Mittelpunkt stellt, entspricht er dem Prinzip der ständigen Verbesserung.

Betrieblicher Umweltschutz ist nicht als statische Errungenschaft zu sehen, sondern als dynamischer und verbesserungsfähiger Prozeß. Dies betrifft sowohl den nachsorgenden Umweltschutz, dessen Projektierung durch Projektmanagement vorgenommen werden kann, als auch in besonderem Maße integrierten Umweltschutz, dessen Betrieb durch Prozeßmanagement sichergestellt werden soll. In diesem Sinne sind die Bemühungen des Prozeß- und Projektmanagements auszurichten.

Auch der Einsatz von Techniken der prozeduralen Ebene kann in das beschriebene Leistungsschema eingefügt werden. Insbesondere innerhalb von Planungsprozessen sind diese Techniken fester Bestandteil und tragen zur Wertsteigerung bei. Sie werden nicht zusätzlich zum Planungsprozeß eingesetzt, sondern integriert und sind daher Nutzleistung, z.B. Quality Function Deployment in der Produktentwicklung (s. Abschn. 7.6). Innerhalb der Bemühungen um Prozeßverbesserungen, z.B. in der Produktion durch die Arbeit von Qualitätszirkeln (s. Abschn. 7.6), werden Techniken der prozeduralen Ebene ebenfalls eingeplant und tragen zur Verringerung von Verschwendung bei. Wird deren Einsatz im Unternehmen als zusätzlich betrachtet (was nicht zwangsläufig so sein muß), verursachen sie auch zusätzliche Kosten. Zielsetzung ist jedoch, daß der positive Effekt, also die Verminderung von Verschwendung, diese Kosten überwiegt. Daher erzeugen Techniken der prozeduralen Ebene hier im schlechtesten Fall Stützleistung, in der Regel aber Nutzleistung.

Zu berücksichtigen ist bei dieser Betrachtungsweise, daß z.B. durch Veränderungen bei Rohstoffpreisen, Entsorgungskosten, rechtlichen Grundlagen oder Gebühren Verschiebungen zwischen den Leistungsarten möglich sind, so daß die Zuordnung auf den Betrachtungszeitraum bezogen und daher zeitabhängig ist. Diese Zuordnung zeigt also im wesentlichen Tendenzen für betriebswirtschaftliche Folgen von Umwelteinwirkungen auf. Je stärker aber Kosten für die Beseitigung und Vermeidung von Umweltschäden durch vorwiegend rechtliche Vorgaben auf die Verursacher, also hier die Unternehmen, übertragen werden, desto eher sind Umwelteinwirkungen als Fehlleistung anzusehen und Maßnahmen zu ergreifen, die sich mindestens wertneutral verhalten.

7.4 Der Technikeinsatz in der betrieblichen Praxis

Das Prinzip der ständigen Verbesserung kann nur dann erfolgreich sein, wenn den Mitarbeitern Strukturen zur Verfügung stehen, die es ihnen ermöglichen, ihre Ideen und Kenntnisse einzubringen, und die die Kreativität zur Weiterentwicklung der Ideen fördern. Mit Techniken der prozeduralen Ebene und übergreifenden Konzepten werden Verbesserungsbemühungen strukturiert, bzw. sie dienen dazu, ein „verbesserungsfreundliches" Umfeld im Unternehmen zu schaffen. In der Regel werden zunächst organisatorische Grundlagen durch die Verwirklichung übergreifender Konzepte geschaffen, z.B. durch den Aufbau eines Umweltmanagementsystems. Anschließend können Techniken angewendet werden. Im folgenden wird im wesentlichen diese prozedurale Ebene betrachtet.

Die Einrichtung übergreifender Konzepte wie eines Umweltmanagementsystems ist eine einmalige Sache; daher kommt hier, wie beschrieben, das Projektmanagement zum Einsatz. Die Pflege, Aktualisierung und Verbesserung unterliegt dem Prinzip der ständigen Verbesserung. Die wesentlichen Punkte der übergreifenden Konzepte, auf denen der Technikeinsatz aufbaut, sind:

- die Organisation der Verantwortlichkeiten für die Anwendung von Techniken und die Umsetzung der Ergebnisse,
- die Organisation der zeitlichen Freiräume für die Anwendung,
- die Sicherstellung der eventuell erforderlichen Mittel für Anwendung und Umsetzung,
- die Organisation der Erfolgskontrolle und -rückmeldung,

- die in Kap. 6 beschriebene Informationsbereitstellung und -verarbeitung
- die Einrichtung des Prozeßmanagements (s. Abschn. 7.1).

Zahlreiche Techniken werden innerhalb von Arbeitsgruppen angewendet. Das Festlegen von Verantwortlichkeiten betrifft z.B. die Einberufung der Arbeitsgruppen. Die zeitliche Koordination ist hier besonders wichtig.

Insbesondere innerhalb des Prozeßmanagements kommen Techniken zum Einsatz, wobei Prozeßmanagement vielfach als Erfolgsfaktor für TQM und den Technikeinsatz angesehen wird *[z.B. Legat, 1994, S. 80 ff., Martinez, 1994, S. 114 ff.]*. Prozeßmanagement soll das strukturierte und verantwortliche Arbeiten und Verbessern der Prozesse ermöglichen, um Verschwendung sowohl im Bereich der instrumentalen Techniken (z.B. Ausschuß) als auch im Umgang mit Ideen, der Kreativität und den Kenntnissen der Mitarbeiter (z.B. Fehlleitung von Informationen, Behinderung von Ideen) zu vermeiden. Hierdurch wird gleichzeitig ein wesentlicher Beitrag zur Steigerung und Aufrechterhaltung der Motivation der Mitarbeiter geleistet.

Im Sinne der ständigen Verbesserung ist es die Aufgabe der verschiedenen Führungsebenen, diese Voraussetzungen für die Anwendung der Techniken zur ständigen Verbesserung zu schaffen, während die Anwendung selbst Aufgabe der Mitarbeiter ist. Hierdurch läßt sich eine Einteilung in eher der unternehmenspolitischen oder führungsbezogenen Ebene zuzuordnende und der operativen, also umsetzungsbezogenen Ebene der Mitarbeiter am wertschöpfenden Prozeß zuzuordnende Techniken und Konzepte vornehmen.

Gemeinsam ist allen Techniken und Konzepten, daß sie für einen bestimmten, spezifischen Zweck und Aufgabentyp, z.B. für Datenerhebung, -strukturierung und -analyse oder Problembewertung und -lösung, entwickelt wurden. Je nach Stärke der Beziehungen dieser Aufgaben zueinander bestehen mehr oder weniger starke Beziehungen zwischen den Techniken und Konzepten. Wenn berücksichtigt wird, daß die Techniken nicht nur unabhängig voneinander für unterschiedliche Aufgaben, sondern auch für deren spezifische Ausprägungen in verschiedenen Branchen der Wirtschaft oder Wissenschaftszweigen konzipiert wurden, so wird verständlich, daß diese Beziehungen z.T. verhältnismäßig gering sind.

Andererseits existieren auch Überschneidungen. Im Qualitätsmanagement wurden die so unterschiedlichen Techniken wie Quality Function Deployment (QFD), Fehlermöglichkeits- und -einflußanalyse (FMEA), Versuchsplanung oder Statistische Prozeßregelung (SPR) bereits in eine sinnvolle Einsatzreihenfolge gebracht *[Tomys (nach Sondermann), 1994b, S. 221; Frehr (nach Philips), 1994, S. 249]*. Ein umfassendes Modell zur Strukturierung des Technikeinsatzes fehlt dagegen. Im folgenden wird ein solches Modell für das Umweltmanagement unter besonderer Berücksichtigung des Qualitätsmanagements vorgestellt.

Die Bearbeitung von Aufgaben jeder Art wird hier grob in drei Stufen aufgegliedert:

- Zieldefinition für die Aufgabe (einschließlich der Festlegung des Aufgabenumfangs und der Arbeitsgrenzen)
- Umsetzung der Ziele (Maßnahmenentwicklung und -planung zur Zielerreichung)
- Erfolgskontrolle.

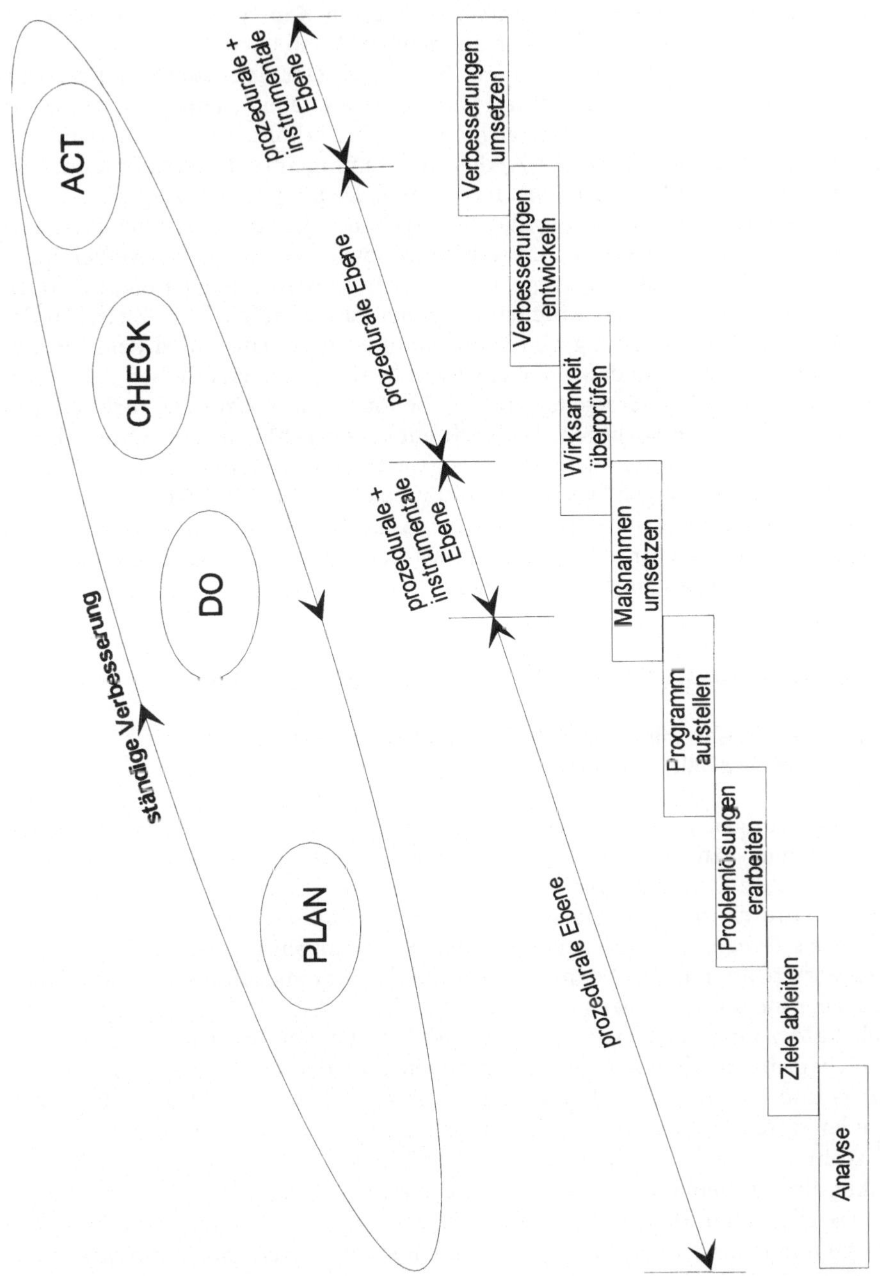

Bild 7.8 Der PDCA-Zyklus im betrieblichen Umweltschutz

Diese Gliederung entspricht weitestgehend den in Kap. 3 und 5 beschriebenen Vorgehensweisen und läßt sich auch aus dem EMAS ableiten.

Sind die Ziele erreicht, werden neue Ziele festgesetzt. Es entsteht ein Kreislauf, der zu einer ständigen Verbesserung führt, da jedes neue Ziel die Anforderungen gegenüber dem alten, bereits erreichten Zielwert erhöht. Dieser Kreislauf entspricht dem Plan-Do-Check-Act-Zyklus, den Deming unter Bezugnahme auf Shewart verwendet (Bild 7.8) *[Deming, 1989, S. 86 f.; Deming, 1993, S. 134 f.]*.

Der erfolgreichen Bearbeitung dieser Aufgaben stehen hauptsächlich Probleme der Informationsbeschaffung und -erhebung sowie der geeigneten Aufbereitung der erforderlichen Daten im Wege. Prozeßdaten werden entweder nicht erhoben oder so archiviert, daß das Arbeiten mit ihnen fast unmöglich ist. Zwischen der Erhebung und Aufbereitung von Informationen und Daten wird kein Zusammenhang hergestellt, so daß einerseits nicht benötigte Daten erhoben und verarbeitet werden und andererseits dringend benötigte Informationen nicht oder in ungeeigneter Weise vorliegen. Dadurch entstehen Fehler in Form von Abweichungen des Arbeitsergebnisses vom festgelegten Ziel und in der „Nichterfüllung festgelegter Forderungen“ (Fehlerdefinition nach DIN EN ISO 8402), z.B. unternehmensinterner Umweltziele *[DIN, 1994, S. 2]*. Dies betrifft sowohl Qualitäts-, Umweltschutz- und Arbeitsschutzziele als auch ökonomische, Produktivitäts- und weitere Ziele aus anderen Bereichen.

7.5 Der Einsatz von Techniken im Umweltmanagement

7.5.1 Der Einsatz mit dem Ziel der Umsetzung externer Forderungen an betrieblichen Umweltschutz

Die Forderungen an den betrieblichen Umweltschutz werden von verschiedenen unternehmensexternen Gruppen formuliert. Einzelkunden legen bei der Produktauswahl zunehmend ökologische Kriterien zugrunde. Umweltverträglichkeit wird hierdurch zum Qualitätsmerkmal von Produkten. Innerhalb der Gesellschaft als Ganzes sind die bedeutendsten Forderungen gesetzliche Regelungen und Vorschriften, die mit dem Druckmittel der Strafandrohung oder mit Abgaben, aber auch mit finanziellen Anreizen verbunden sind. Weiterhin entwickeln sich Forderungen aus meinungsbildenden Aktivitäten von Umwelt- und Verbraucherschutzverbänden, Bürgerinitiativen und der Berichterstattung in den Funk- und Druckmedien. Forderungen, die mit finanziellen Druckmitteln verbunden sind, kommen von Versicherungen und Kreditinstituten (Bild 7.9).

Während sich die Forderungen einzelner Kunden im wesentlichen auf die Produkte, also die geplanten Hauptprodukte beziehen, richten sich die Forderungen der Gesellschaft in starkem Maße an die Nebenprodukte, die ungeplanten Begleiterscheinungen, wie z.B. Emissionen und Ressourcenverbrauch *[Kamiske u.a., 1995b, S. 67 f.]*.

Von der Erfüllung bzw. Nichterfüllung der externen Forderungen sowie dem Umgang eines Unternehmens mit den Gruppen, die diese Forderungen aufstellen, werden das Image eines Unternehmens und unter anderem damit die Kaufbereitschaft der Kunden und der Markterfolg beeinflußt.

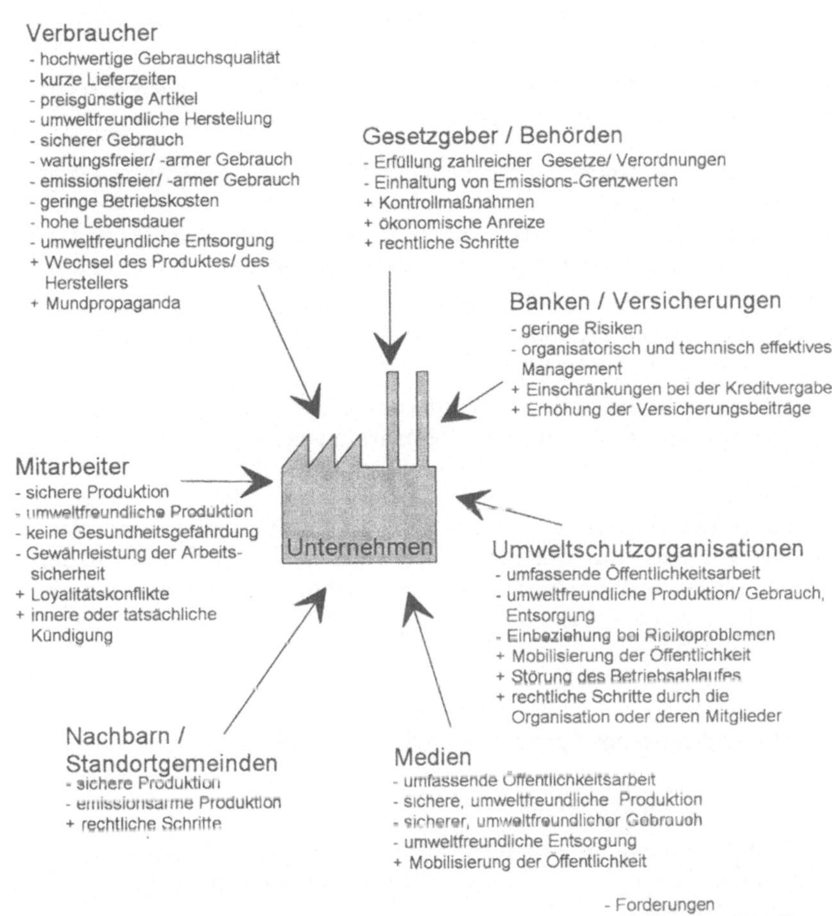

Bild 7.9 Anspruchsgruppen, deren Forderungen und Handlungsmöglichkeiten

Es ist also erforderlich, diese Forderungen einerseits in unternehmensinterne Ziele umzusetzen und systematisch an alle davon betroffenen Stellen weiterzuleiten (s. Kap. 3 und 4). Hierzu ist es erforderlich, Strukturierungshilfen zu verwenden, also Techniken einzusetzen. Techniken dienen damit der Sammlung, Strukturierung, Operationalisierung, Umsetzung und Überwachung der Einhaltung der Forderungen. Die Vielzahl der verwendeten Techniken für verschiedene Aufgaben muß in eine sinnvolle Abfolge gebracht werden, um ein Höchstmaß an Effektivität beim Umgang mit externen Forderungen zu erreichen. Verschwendung in Form von Reibungsverlusten (z.B. bei Veränderungen von Arbeitsabläufen, die nicht an alle betroffenen Mitarbeiter weitergegeben werden) oder unvollkommener Weitergabe des Inhalts von Forderungen ist zu vermeiden. Auch hier steht das Prinzip der ständigen Verbesserung an erster Stelle.

7.5.2 Der Einsatz im Rahmen der Umsetzung des EMAS

Wesentliche Forderungen an betrieblichen Umweltschutz ergeben sich aus dem EMAS. Derartige internationale Bemühungen verstärken den Druck auf die Unternehmen, systematische Vorgehensweisen einzuführen, um im weltweiten Wettbewerb das Feld Umweltverträglichkeit von Produkten und Prozessen rechtzeitig besetzen zu können.

Mit dem EMAS wird erstmals in einem Regelwerk des betrieblichen Umweltschutzes das Prinzip der ständigen Verbesserung gefordert. In der Verordnung heißt es in Abschnitt 2:

> „Ziel des Systems ist die Förderung der kontinuierlichen Verbesserung des betrieblichen Umweltschutzes im Rahmen der gewerblichen Tätigkeit ..."

Damit verbunden ist die eindeutige Forderung der Förderung des Gedankens der Vorsorge und Vermeidung von Umwelteinwirkungen im Gegensatz zur Nachsorge. Da bereits dargelegt wurde, wie wichtig und sinnvoll der Einsatz von Techniken für die ständige Verbesserung ist, ergibt sich aus Abschnitt 2 der Verordnung bereits die Notwendigkeit des Einsatzes von Techniken – auch wenn dies nicht explizit gefordert ist, um den Forderungen der Verordnung nachzukommen. Weiterhin werden hier organisatorische Maßnahmen gefordert. Dadurch wird das bereits beschriebene Zusammenspiel von einzelnen Techniken und übergreifenden Konzepten nötig.

7.6 Einordnung der Techniken nach Aufgaben

Techniken werden eingesetzt, um:

- die ständige Verbesserung zu unterstützen,
- dadurch der Fehlerentstehung und vorhandenen oder möglichen Problemen entgegenzuwirken
- externe Forderungen mit dem Ziel der möglichst einfachen Erfüllung zu systematisieren.

Durch die Einordnung in eine Matrix kann der Technikeinsatz strukturiert werden. Die Matrix wird aus den Bearbeitungsschwerpunkten Zieldefinition, Umsetzung der Ziele, Erfolgskontrolle und zusätzlich als übergreifender Einsatzbereich Information auf der waagerechten Achse sowie den Ausrichtungen unternehmenspolitisch und operativ auf der senkrechten Achse gebildet. In den einzelnen Matrixfeldern werden die Forderungen, denen die hier einzusetzenden Techniken genügen müssen, formuliert (Bild 7.10).

Aus dieser Matrix können für die konkrete Anwendung nicht nur einzelne Techniken ausgewählt werden, sondern auch „Technikketten" (Aufeinanderfolge des Einsatzes mehrerer Techniken) zur Bearbeitung komplexer Probleme abgeleitet werden. Hiermit ist der Einstieg in den Kreislauf der ständigen Verbesserung in verschiedenen Unternehmensbereichen wie Produktion und Konstruktion/Entwicklung möglich. Im Sinne ganzheitlicher Betrachtung ist auf die Verzahnung der Bereiche und „Technikketten" zu achten. Beispiele für den inte-

	Zieldefinition	Umsetzung der Ziele	Erfolgskontrolle	Umgang mit Informationen
unternehmens-politische Ebene				
operative Ebene				

Bild 7.10 Schema der verwendeten Matrix zur Einordnung der Techniken

grierten Einsatz verschiedener Techniken in den Bereichen Produktion sowie Konstruktion und Entwicklung werden in Abschn. 7.6.10 und 7.6.11 dargestellt.

Für die einzelnen Matrixfelder werden jeweils im ersten Schritt in einem Pflichtenheft allgemeine Aufgaben und Eigenschaften als Forderungen an die Techniken und Konzepte beschrieben. Im zweiten Schritt werden den Matrixfeldern typische Fehler, Probleme und deren Ursachen zugeordnet. Der dritte Schritt besteht in der Sammlung bekannter Techniken und Konzepte und der Einordnung in die Matrix. Kriterien sind einerseits die generelle Ausrichtung der entsprechenden Technik bzw. des Konzepts und andererseits die Eignung, die zuvor aufgezeigten Aufgaben zu bewältigen bzw. die Probleme zu beseitigen und Fehler zu vermeiden. Auf diese Weise werden auch Felder sichtbar, für die Techniken nur in unzureichendem Maße vorliegen und Bedarf für neue methodische Ansätze besteht. In vielen Fällen ist eine saubere Trennung der Matrixfelder nicht möglich und auch nicht sinnvoll, die Zuordnung der Techniken erfolgt dort eher willkürlich.

Kurzbeschreibungen einzelner Techniken erfolgen am Schluß des Kapitels.

7.6.1 Zieldefinition auf der unternehmenspolitischen Ebene

Die Einordnung in die Matrix zur Zieldefinition auf der unternehmenspolitischen Ebene zeigt Bild 7.11.

Aufgaben für den Technikeinsatz

Der erste Schritt zur Umgestaltung einer Unternehmensorganisation und der Verbesserung der Umweltverträglichkeit der Unternehmensprozesse besteht, wie bereits erläutert, in der Zielfindung für die Umgestaltung. Diese Ziele sind die Reaktion auf die externen Forderungen. Deren Erfassung und der Abgleich mit bereits bestehenden internen Forderungen bzw. Unternehmenszielen ist auch unter dem Aspekt der Anpassung und Aktualisierung der Maßnahmen und Organisationsformen eine ständige Aufgabe, die die Unternehmensleitung und damit die Unternehmenspolitik betrifft. Externe Forderungen ergeben sich z.B. aus gesetzlichen und normativen Regelungen sowie aus Forderungen der Kunden (s. Kap. 2). Sie beziehen sich auf den eingeschränkten Einsatz bestimmter Rohstoffe und Materialien, Emissionen, Arbeitssicherheit, Recyclingfähigkeit der Produkte und das Preis-Leistungs-Verhältnis (ausführliche Darstellung zur Zielbildung s. Kap. 3).

	Zieldefinition		
	Pflichten (Aufgaben und Eigenschaften)	**Probleme/Fehler und deren Ursachen**	**Techniken**
polit.	Abgleich interner und externer Forderungen	ungelöste Zielkonflikte: *Nichterkennen zukünftiger Problemfelder* *Ignoranz zukünftiger Problemfelder,* Fehleinschätzung der zeitlichen Dynamik	
	Abgleich Forderungen und Möglichkeiten	unrealistische Zielvorgaben	QFD, Kosten-Nutzen-Analyse, umfassende Wirtschaftlichkeitsbetrachtung
	Unternehmens- und Gesellschaftsverantwortung		UVP/Genehmigungsverfahren
	Einbeziehung der Mitarbeiter		Schulung, Vorschlagswesen, Qualitäts-, Umwelt-, Arbeitssicherheitszirkel
oper.	Bilden von Teilzielen	unklare Zielformulierung, mangelnde operative Ziele	QFD, Strukturierungstechniken (M7)
	Abgleich Anforderungen und Möglichkeiten		QFD, Kosten-Nutzen-Analyse, umfassende Wirtschaftlichkeitsbetrachtung
	Problem- (Aufgaben-) strukturierung		Strukturierungstechniken (M7), Q7, Fehleranalyse, Qualitäts-, Umwelt-, Arbeitssicherheitszirkel

Bild 7.11 Techniken zur Zieldefinition auf unternehmenspolitischer und operativer Ebene

Ungelöste Zielkonflikte zwischen diesen Forderungen und den bestehenden Unternehmenszielen, z.B. hinsichtlich der Wirtschaftlichkeit, können zu Problemen führen. Dies gilt z.B. beim Einsatz kostengünstiger Rohstoffe, mit denen Umweltprobleme bei der Gewinnung verbunden sind. Kompetenzgerangel zwischen Umweltfachleuten und Werksleitungen, Unzufriedenheit der Mitarbeiter, die mit gesundheitsgefährlichen Stoffen umgehen und unbequeme persönliche Schutzausrüstung tragen müssen, Imageverlust in der Öffentlichkeit aufgrund der Berichterstattung über ein Unternehmen in den Medien in Zusammenhang mit Umweltschäden sowie ordnungs- und strafrechtliche Konsequenzen beim Betrieb nicht genehmigter Anlagen sind weitere Beispiele für solche Probleme.

Wirtschaftliche, umweltbezogene, aus Kundenwünschen abgeleitete und sonstige qualitätsbezogene Forderungen können in Einzelfällen zu gegensätzlichen Entscheidungen führen, z.B. Oberflächengüte, Farben von Produkten. Dies betrifft z.B. den zu hohen Entsorgungskosten führenden Einsatz bestimmter Rohstoffe auf Kundenwunsch, z.B. Inhaltsstoffe von Lacken und anderen Oberflächenbeschichtungen. Rechtzeitige Abstimmung und Prioritätensetzung auf der Ebene der Unternehmenspolitik, d.h. die Entwicklung von Richtlinien für Entscheidungspfade, sind daher erforderlich, um im operativen Bereich Schwierigkeiten zu vermeiden (s. Kap. 3).

Werden zukünftige, möglicherweise sogar öffentlichkeitssensible Problemfelder, z.B. bestimmte Materialien betreffend, die im Verdacht stehen, gesundheitsgefährdend zu sein, nicht rechtzeitig erkannt oder ignoriert, muß später unter Zeitdruck nachgearbeitet werden. Vor allem die Berichterstattung in den Medien und die Themenwahl von Umwelt- und Verbraucherschutzverbänden liefern hier wichtige Hinweise. Auch die Fehleinschätzung der zeitlichen Dynamik von technischen und finanziellen Entwicklungen im Bereich des Umweltschutzes, z.B. für Anlagen des nachsorgenden, technischen Umweltschutzes, führt zu Zeitdruck und wirtschaftlichen Problemen.

Technikeinsatz bei der Bewußtseinsbildung und Zieldefinition
Insbesondere im Management existieren keine standardisierten Techniken zur notwendigen Bewußtseinsbildung und Problemerkennung als Voraussetzung umweltbewußten Managements. Ein erster Schritt zur Vorbereitung strategischer Entscheidungen ist daher die Problemstrukturierung und das Aufzeigen von Verbesserungspotentialen. Dies wird durch den Einsatz von Kosten-Nutzen-Analysen und durch den Einsatz von Strukturierungs- und Visualisierungstechniken wie den 7 Managementwerkzeugen (M7: Affinitätsdiagramm, Relationendiagramm, Baumdiagramm, Matrixdiagramm, Portfolio, Problem-Entscheidungs-Plan, Netzplan) gefördert.

Marketingmethoden und Quality Function Deployment (QFD) sind Techniken im Grenzbereich zur operativen Arbeit. Hier werden sowohl Handlungsrichtlinien und -spielräume für den operativen Bereich (z.B. kritische Designmerkmale als Ergebnis des QFD) entwickelt als auch Entscheidungsgrundlagen für das Management (Erfolgschancen von Produkten) gelegt. Der erste Schritt des QFD mit dem House of Quality ist die Sammlung, Ordnung und Bewertung von Kundenwünschen und in erweiterter Form gesellschaftlicher (auch rechtlicher) Forderungen. Für die Bewertung wird z.B. der paarweise Vergleich eingesetzt. Hierfür ist die oben geforderte Beobachtung des Marktes und der Medienlandschaft notwendig.

Die Nutzung von Informationssystemen im strategischen Bereich kann noch intensiviert werden. Im externen Bereich stehen z.B. Datenbanken des Umweltbundesamtes (UMPLIS) zur Verfügung (s. Kap. 6). Die daraus zu gewinnende Datensammlung zu externen Forderungen stellt im House of Quality die Grundlage für operative Entscheidungen hinsichtlich der Gestaltung von Produkten und Produktionsprozessen dar.

Eine weitere Aufgabe von Techniken im unternehmenspolitischen Bereich der Zieldefinition ist der Abgleich von internen und externen Forderungen mit den betrieblichen Möglichkeiten. Fragen, die hier geklärt werden müssen, lauten beispielsweise: Können die geforderten Materialien auf den vorhandenen Maschinen bearbeitet werden? Verfügen die Mitarbeiter über ausreichendes Wissen bei der Anwendung eines neuartigen Produktionsverfahrens? Können mit den vorhandenen Anlagen die geforderten Grenzwerte eingehalten werden oder sind zusätzliche Einrichtungen erforderlich? Die personellen, organisatorischen, technischen und finanziellen Möglichkeiten müssen bei der Zielvorgabe realistisch eingeschätzt werden. Wird durch unrealistische Vorgaben die Zielerreichung unmöglich, so führen die dann unvermeidlichen Mißerfolge zu Unzufriedenheit und Demotivation bei den beteiligten Mitarbeitern.

Mit den M7 werden beispielsweise Abhängigkeiten zwischen technischen und personellen Bedingungen (Relationendiagramm), Probleme bei der Umsetzung von Forderungen aufgezeigt und systematisiert (Affinitätsdiagramm) oder Lösungswege vorbereitet (Baumdiagramm, Netzplan). In der zentralen Bearbeitungsmatrix des QFD, dem House of Quality, können verschiedene technische Möglichkeiten auf gegenseitige Beeinflußbarkeit untersucht werden. Weiterhin können Kosten-Nutzen-Analysen und umfassende Wirtschaftlichkeitsbetrachtungen eingesetzt werden.

Technikeinsatzbei der Wahrnehmung unternehmerischer Verantwortung

Die Geschäftsleitung muß sich bei allen Entscheidungen der Folgen ihrer Verantwortung für das Unternehmen und seine Mitarbeiter bewußt sein. Ein Unternehmen kann nur erfolgreich sein und damit das Management seiner Verantwortung gerecht werden, wenn das Unternehmen akzeptierter Bestandteil der Gesellschaft bzw. des Sozialgefüges ist. Daher muß das Unternehmen auch gesellschaftliche Verantwortung übernehmen, z.B. für die Umwelt, in der Ausbildung und Arbeitsplatzsicherung oder im kulturellen Bereich.

Techniken im eigentlichen Sinn existieren hier nicht. Im Umweltbereich werden Methoden eingesetzt, mit denen vor der Durchführung von Maßnahmen die Umwelteinwirkungen abgeschätzt und damit Entscheidungsgrundlagen geschaffen werden. Beispielhaft sei hier die Umweltverträglichkeitsprüfung (UVP) genannt, die rechtlich vorgeschriebener Bestandteil von Genehmigungsverfahren für Investitionsvorhaben insbesondere im Baubereich ist. Weiterhin tragen zu einer ganzheitlichen Betrachtung der gesellschaftlichen Auswirkungen der Unternehmensprozesse Technikwirkungsanalyse und Produktlinienanalyse bei, deren Anwendung allerdings sehr umfangreich ist. Ähnliche Untersuchungen, die den Produktlebenszyklus unter Umweltgesichtspunkten betrachten, sind Bestandteil der Bewertung der ökologischen Qualität von Produkten (s. Kap. 3).

Technikeinsatz bei der Einbeziehung der Mitarbeiter

Ein wesentlicher Aspekt bei der Definition von Zielen sind Überlegungen zur Einbeziehung der Mitarbeiter. Ziele können nur erfolgreich verfolgt werden, wenn alle Mitarbeiter bereit und in der Lage sind, an der Zielerreichung mitzuwirken. Hierzu sind qualifikations- und motivationsfördernde sowie Informations- und Kommunikationsmaßnahmen einzusetzen (s. Kap. 5 und 6). In diesen Bereich gehören Schulungen, die Intensivierung des Vorschlagswesens und die Einrichtung und Unterstützung von Qualitätszirkeln. Die Inhalte letzterer sind auf Umwelt- und Arbeitssicherheitsfragen auszudehnen.

Der Erfolg von Qualitätszirkeln und Vorschlagswesen hängt dabei wesentlich von der Unterstützung und Anerkennung durch Vorgesetzte und oberstes Management ab. Zu beachten ist, daß gerade im Umweltschutz und in der Arbeitssicherheit viele Verbesserungen entstehen, die keinen unmittelbaren finanziellen bzw. produktivitätssteigernden Nutzen haben (z.B. die Anbringung von Spiegeln an schlecht einsehbaren Stellen zur Unfallvorbeuge für innerbetrieblichen Fahrzeugverkehr) und für die eventuell neue Wege der Anerkennung gefunden werden müssen. Weiterhin sind Kommunikationsmittel wie Firmenzeitungen, schwarze Bretter oder Informationsveranstaltungen zu nutzen.

7.6.2 Zieldefinition auf der operativen Ebene

Die Matrixeinordnung für die Zieldefinition auf der operativen Ebene zeigt Bild 7.11.

Es muß angestrebt werden, daß alle Arbeiten im Unternehmen der Erfüllung der strategischen Zielsetzung dienen und der Unternehmenspolitik entsprechen. Hierzu sind aus den langfristigen, strategischen Zielen für die operativen Unternehmenseinheiten Teilziele abzuleiten. Hier ist auf klare, eindeutige Formulierungen zu achten, die die Bedürfnisse der betroffenen Bereiche berücksichtigen und keine Unsicherheiten entstehen lassen. Verantwortlichkeiten, Zuständigkeiten und Handlungsspielräume müssen geregelt sein. Die Einbeziehung der Mitarbeiter bei der Formulierung bzw. Anpassung und Verbesserung der sie betreffenden Ziele muß gewährleistet sein.

Strukturierungstechniken wie die M7 eignen sich als Hilfsmittel, um ein geschlossenes Zielsystem für ein Unternehmen zu entwickeln. Mit QFD können von der Produktentwicklung bis zur Prüfplanung systematisch Ziele für Konstruktion, Fertigungs- und Prüfplanung abgeleitet werden, die unmittelbar Gültigkeit für die Mitarbeiter in den entsprechenden Bereichen haben und die Erfüllung der externen Forderungen sicherstellen.

Auch im operativen Bereich müssen die aus den Teilzielen folgenden Forderungen mit den betrieblichen Möglichkeiten abgeglichen werden. Kosten-Nutzen-Analysen, Wirtschaftlichkeitsbetrachtungen und wiederum QFD sind Techniken, die hier eingesetzt werden können.

Aufgaben, die sich aus den Zielen ergeben, sowie Probleme, die der Umsetzung entgegenstehen, sind zu strukturieren. Neben den M7 können die 7 Elementaren Werkzeuge der Qualitätssicherung (Q7: Brainstorming, Aufnahmebögen (z.B. Strichlisten), Histogramm, Korrelationsdiagramm, Paretodiagramm, Ursache-Wirkungs-Diagramm, Qualitätsregelkarte) eingesetzt werden. Durch Bearbeitung in der Gruppe, z.B. im Qualitätszirkel, können diese Werkzeuge sehr effektiv eingesetzt und alle betroffenen Mitarbeiter mit ihrem Wissen einbezogen sowie die Beteiligung bei der Zielverfeinerung sichergestellt werden. Sollen speziell Aufgaben des betrieblichen Umweltschutzes oder der Arbeitssicherheit bearbeitet werden, sollten diese Zirkel entsprechend Umwelt- oder Arbeitssicherheitszirkel genannt werden.

7.6.3 Umsetzung der Ziele auf unternehmenspolitischer Ebene

Die Einordnung der Umsetzung der Ziele auf unternehmenspolitischer Ebene ist in Bild 7.12 dargestellt.

Technikeinsatz bei der Zielumsetzung und der Feststellung von Verbesserungspotentialen
Die Umsetzung der Ziele beinhaltet die Planung und Verwirklichung der zur Zielerreichung erforderlichen Maßnahmen. Insbesondere ist zu überprüfen, inwieweit die Unternehmensstrukturen und relevanten organisatorischen Regelungen, z.B. bzgl. des Beauftragtenwesens, geeignet sind, die Zielerreichung zu ermöglichen bzw. zu unterstützen. Eng mit diesen aufbauorganisatorischen „Pflichten" sind Fragen verbunden, die der Verbesserung der Abläufe dienen.

Geeignete Techniken und Konzepte müssen dazu beitragen, Verbesserungspotentiale erkennen zu können und die notwendigen Maßnahmen vorzubereiten (Analysetechniken). In erster Linie ermöglichen dies das Umweltaudit bzw. die Umweltbetriebsprüfung, das Ökocontrolling und die Einrichtung eines Umweltmanagementsystems. Während mit dem Umweltaudit organisatorische Schwachstellen erkannt werden, können hierfür im Umweltmanagementsystem eindeutige Regelungen getroffen, Verantwortlichkeiten und Zuständigkeiten festgelegt werden. Das Ökocontrolling dient der Fortschreibung aller umweltrelevanten Daten zur Planung und Steuerung geeigneter Maßnahmen. Diese Konzepte wurden bereits behandelt.

Technikeinsatz beim Umgang mit Problemen
Allen Veränderungen aufbau- und ablauforganisatorischer Festlegungen können Widerstände seitens der Mitarbeiter entgegengebracht werden. Gründe hierfür sind zur Nichteinsichtigkeit führendes unzureichendes Wissen oder Ängste um den Arbeitsplatz, vor neuen Aufgaben und vor Veränderung bzw. dem Verlust von Zuständigkeiten und dem Aufgeben von Gewohnheiten. Hier setzen umfangreiche Informationsprogramme, Qualifikations- und Motivationsmaßnahmen wie Schulung und Qualitätszirkel an (s. Kap. 5).

Andere Probleme entstehen, wenn bestehende oder vorgesehene Maßnahmen in technischer, organisatorischer oder finanzieller Hinsicht nicht geeignet sind, zur Zielerreichung zu führen, oder effektivere Maßnahmen denkbar sind. Dies betrifft z.B. die Wirksamkeit von Einrichtungen des technischen Umweltschutzes (z.B. entweder Einsatz von Erdgas bei Verbrennungsprozessen oder Rauchgasentschwefelung beim fortgesetzten Einsatz von Kohlefeuerung, Nachverbrennung der Abluft von Produktionsstätten – ja oder nein) oder die Aufgabenverteilung im Unternehmen (soll der Gewässerschutzbeauftragte auch noch die Aufgaben des Immissionsschutzbeauftragten übernehmen oder besser ein anderer Mitarbeiter?). Um hier Entscheidungen herbeizuführen bzw. Probleme im Ansatz zu vermeiden, sind Teamarbeit im Qualitätszirkel, die Verwendung methodischer Vorgehensweisen wie Fehlermöglichkeits- und -einflußanalyse (FMEA), die Konstruktionsmethodik zur recyclinggerechten Konstruktion und der Einsatz von M7 und Q7 erforderlich. Diese Techniken machen ebenfalls Verbesserungspotentiale sichtbar. Das umsetzungsorientierte Wissen der Mitarbeiter wird auch durch die Förderung des Vorschlagswesens genutzt.

	Umsetzung der Ziele		
	Pflichten (Aufgaben und Eigenschaften)	**Probleme/Fehler und deren Ursachen**	**Techniken**
polit.	Unternehmensstrukturierung, Verbesserung der Abläufe		Umweltbetriebsprüfung/ -audit, Ökocontrolling
		Nichteinsichtigkeit in Veränderungen	Schulung, Qualitäts-, Umwelt-, Arbeitssicherheitszirkel
		ungeeignete Maßnahmen (technisch, organisatorisch, finanziell)	Vorschlagswesen Qualitäts-, Umwelt-, Arbeitssicherheitszirkel Konstruktionsmethodik
		unsystematisches Vorgehen	Strukturierungstechniken
oper.			FMEA, Q7 u.ä.
	Ermittlung von Risikopotentialen		FMEA, Q7, Fehleranalyse, Technikfolge-Abschätzung, Gefährdungs- und Schwachstellenanalyse
	Entwicklung eines Maßnahmenkatalogs, Handlungsanleitung		Konstruktionsmethodik, robuste Prozesse
	Prozeßverbesserung	nicht beherrschte Technik	FMEA, Qualitätszirkel, Vorschlagswesen, robuste Prozesse, Versuchsplanung/ -methodik, Prozeßregelung/ -überwachung
	Motivation und Qualifikation	Über- und Unterforderung, Unverständnis der Ziele	Schulung, Qualitäts-, Umwelt-, Arbeitssicherheitszirkel

Bild 7.12 Techniken zur Umsetzung der Ziele auf unternehmenspolitischer und operativer Ebene

7.6.4 Umsetzung der Ziele auf der operativen Ebene

Bild 7.12 zeigt die Einordnung der Zielumsetzung auf der operativen Ebene in die Matrix.

Aufgaben für den Technikeinsatz
Eine wichtige Aufgabe im operativen Bereich kommt den Techniken bei der Ermittlung und Verringerung von Risikopotentialen zu. So ist z.B. beim Umgang mit Gefahrstoffen das Risiko einer starken Umweltbelastung mit gesundheitlichen Schäden für Menschen und Schädigungen von Ökosystemen ständig gegeben, wie Unfälle in der chemischen Industrie zeigen. Umweltrisiken können von Anlagen, Organisationsmängeln (z.B. unzureichende Notfallpläne, fehlendes Krisenmanagement) und z.B. nicht angemessener Qualifikation von Maschinenbedienern ausgehen.

Weiterhin ist die ständige Verbesserung der Umweltverträglichkeit Ziel aller Maßnahmen im operativen Bereich. Sie trägt zur kostengünstigen Zielerreichung bei, indem die Mitarbeiter an der Maßnahmenentwicklung und Technikanwendung unmittelbar beteiligt sind. Insbesondere in der Verringerung von Stoffströmen liegen große Potentiale, die von den direkt mit den Produktionsprozessen umgehenden Mitarbeitern erkannt und ausgeschöpft werden können.

Technikeinsatz
Auf dem Gebiet der Untersuchung instrumentaler Techniken hinsichtlich ihrer Umweltverträglichkeit sind FMEA, Q7, Technikfolge-Abschätzung, Prozeßbilanzen und Gefährdungs- und Schwachstellenanalysen Techniken zur Risikoabschätzung und Vorbereitung von Verbesserungsmaßnahmen. Dabei können FMEA und Q7 direkt von den Mitarbeitern in bereichsübergreifender bzw. -interner Gruppenarbeit oder im Qualitätszirkel angewendet werden. Organisatorische Fragen betreffend kommen ebenfalls Schwachstellenanalysen sowie Umweltaudits zum Einsatz.

Technikfolge-Abschätzung, Prozeßbilanz, Gefährdungs- und Schwachstellenanalysen und Umweltaudits werden aufgrund der erforderlichen umfangreichen Datenerhebung in bereichsübergreifenden Projektteams durchgeführt. Nicht diesen Teams angehörige Mitarbeiter werden durch die Bereitstellung von Daten und Fachwissen ebenfalls beteiligt, z.B. im Rahmen von Interviews zur Bearbeitung von Checklisten.

Sowohl im unternehmenspolitischen als auch im operativen Bereich führt ein unsystematisches Vorgehen häufig zu Problemen und Fehlern, z.B. wenn einseitig nur die Frage der Beschaffungskosten betrachtet wird, ohne Entsorgungsnotwendigkeiten zu berücksichtigen, die durch Produktionsabfälle der beschafften Materialien entstehen, oder Emissionen verringert, gleichzeitig aber ein erhöhtes Abfallaufkommen sowie starker Energieverbrauch verursacht werden (s. auch Kap. 8). Strukturierungstechniken wie die M7, die Q7, FMEA und speziell im operativen Bereich Versuchsplanung zur Einrichtung robuster Prozesse führen dagegen systematisch und strukturiert zu Lösungen, die ein hohes Maß an Ergebnissicherheit durch z.T. bereichsübergreifende Zusammenarbeit aller betroffenen Mitarbeiter gewährleisten. Durch den Einsatz dieser Techniken werden unterschiedliche Sichtweisen der Mitarbeiter aus verschiedenen Fachabteilungen gleichberechtigt berücksichtigt, die Lösungsfindung dadurch objektiver gestaltet. Durch Versuchsplanung können Prozesse so eingestellt werden, daß verschiedene, die Qualität und die Umweltverträglichkeit bestimmende Merkmale in gleichem Maße optimiert werden (z.B. Maßhaltigkeit und Kühlschmiermittelverbrauch in der spanenden Fertigung).

Im operativen Bereich wird ein konkreter Maßnahmenkatalog zur Erreichung von Zielen wie Senkung des Abfalls in einem Produktionsbereich um eine bestimmte Menge, Verringerung des Energieverbrauchs oder Umstellung eines Verfahrens entwickelt (z.B. für den Einsatz von Wasserlacken als Ersatz für stark lösemittelhaltige Lacke). Dieser Katalog beinhaltet die notwendigen Arbeiten, die technische Ausrüstung, zeitliche und personelle Vorgaben sowie Handlungsanleitungen für die einzelnen Mitarbeiter, Daten für Anlageneinstellungen u.ä. Die Erarbeitung dieser Anleitungen erfolgt z.B. mit der Konstruktionsmethodik und gegebenenfalls mit Schulung.

Arbeitsanweisungen, Verfahrensanweisungen und Anlagenbeschreibungen/-kataster können in ein Umweltmanagementhandbuch übernommen werden. Im Handbuch werden in unterschiedlichen Detaillierungsstufen Abläufe und Organisation zur Zielerreichung innerhalb eines Umweltmanagementsystems beschrieben.

7.6.5 Erfolgskontrolle auf unternehmenspolitischer Ebene

In Bild 7.13 werden die Möglichkeiten der Erfolgskontrolle auf unternehmenspolitischer Ebene in die Matrix eingeordnet.

Die Erfolgskontrolle auf der unternehmenspolitischen Ebene bezieht sich auf die Wirksamkeit der durchgeführten organisatorischen Maßnahmen zur Erreichung der Umweltziele und Sicherstellung der Erfüllung gesetzlicher Vorgaben, z.B. Einsetzung und Aufgabenerfüllung des Immissionsschutzbeauftragten. Ein wichtiges Aufgabengebiet der Erfolgskontrolle ist die Überprüfung der Wirksamkeit des Umweltmanagementsystems. Weiterhin ist die Beurteilung der Mitarbeiterbeteiligung an Umweltprogrammen erforderlich, um die Einbeziehung der Mitarbeiter in die Verbesserung des betrieblichen Umweltschutzes sicherzustellen und deren Verständnis und Motivation zu erhöhen.

Hierzu sind Bewertungskriterien zu entwickeln; die Vergleichbarkeit ist zu gewährleisten. Vergleichbarkeit kann sich betriebsintern auf verschiedene Unternehmensbereiche und Kontrollzyklen und extern auf den Vergleich mit anderen Unternehmen beziehen. Ein komplexes Problem ist hierbei der für die strategische Maßnahmenplanung erforderliche Vergleich bzw. die Bewertung verschiedenartiger Umwelteinwirkungen wie Emissionen in unterschiedliche Medien (Wasser, Boden, Luft) oder Energieverbrauch. Aufgrund der Zusammenhänge zwischen diesen verschiedenen Einwirkungen und der unterschiedlichen wissenschaftlichen Bewertung existieren hier keine objektiven Kriterien.

Da die Verbesserung der Umweltverträglichkeit immer auch die Forderungen der Gesellschaft berücksichtigen muß, ist die Beurteilung der Einwirkungen durch die Gesellschaft ein Orientierungspunkt bei der unternehmensinternen Bewertung. Diese Beurteilung durch die Gesellschaft ist jedoch Schwankungen unterworfen, z.B. infolge neuer naturwissenschaftlicher Erkenntisse über Wirkun-

	Erfolgskontrolle		
	Pflichten (Aufgaben und Eigenschaften)	**Probleme/Fehler und deren Ursachen**	**Techniken**
polit.	Bewertungskriterien, Vergleichbarkeit verschiedenartiger Einwirkungen: *Review*	ungeeignete Kontrollmethoden, mangelnder Rückfluß der Ergebnisse	Umweltbetriebsprüfung/ -audit, Ökocontrolling, Ökobilanz, Ökologische Buchhaltung, Technikfolge-Abschätzung u.a.
oper.	einfache Handhabbarkeit		
	regelmäßige Anwendung		Umweltbetriebsprüfung/ -audit, Ökobilanz, BUIS/CAQ
	Bewertbarkeit: *Überprüfung der Teilziele*	Fehlinterpretation von Meßwerten, Unterlassung	Umweltbetriebsprüfung/ -audit, Ökocontrolling, Ökobilanz, Ökologische Buchhaltung, Technikfolge-Abschätzung u.a., FMEA, Q7, Fehleranalyse u.ä., Prozeßregelung

Bild 7.13 Techniken zur Erfolgskontrolle auf unternehmenspolitischer und operativer Ebene

gen verschiedener Schadstoffe. Dies muß bei unternehmerischen Entscheidungen z.B. bzgl. vorrangiger Investitionsvorhaben für technische Umweltschutzeinrichtungen berücksichtigt werden.

Unabhängig von den Bewertungsschwierigkeiten sind die Bemühungen zur ständigen Verbesserung aller umweltrelevanten Unternehmenstätigkeiten weiterzuverfolgen, die sich unter Einbeziehung aller Mitarbeiter auf sämtliche umweltrelevanten Prozesse beziehen.

Schwierigkeiten ergeben sich, wenn ungeeignete Kontrollmethoden (z.B. unvollständige Checklisten) eingesetzt werden, die nur eine unvollständige Erfassung ermöglichen oder an ungünstigen Kontrollpunkten ansetzen (z.B. wenn Abfall an einer zentralen Sammelstelle im Unternehmen registriert wird und nicht bei der verursachenden Abteilung, so daß keine verursachungsgerechte Verteilung der Entsorgungskosten möglich ist und damit für die Verursacher kein Anreiz zur Abfallvermeidung besteht). Mangelnder Rückfluß der Ergebnisse, z.B. aufgrund ungeeigneter Datenformate, führt zu strategischen Entscheidungen, die auf der Basis fehler- oder lückenhafter Informationen getroffen werden.

Der Erfolgskontrolle dienende Techniken sind das Umweltaudit bzw. die Umweltbetriebsprüfung im Sprachgebrauch des EMAS, das Ökocontrolling, die Ökobilanz, innerhalb der Ökologischen Buchhaltung die Ermittlung der Umweltbelastungspunkte (Kennzahl zur Bewertung von Umwelteinwirkungen unter besonderer Berücksichtigung des Umfangs vorhandener Rohstoffquellen und der Regenerierbarkeit), die Technikfolge-Abschätzung und verschiedene Reviews. Die Erfolgskontrolle muß auch unter wirtschaftlichen Gesichtspunkten erfolgen (s. Kap. 8).

7.6.6 Erfolgskontrolle auf der operativen Ebene

Die Einordnung der Erfolgskontrolle auf der operativen Ebene in die Matrix zeigt Bild 7.13.

Das Erreichen der operativen Teilzeile (z.B. Senkung des Energieverbrauchs an einer Produktionsanlage um einen festgelegten Wert) muß nach der Durchführung der geplanten Maßnahmen überwacht werden. Hierzu sind Erfolgsmerkmale und Bewertungskriterien festzulegen, die sich sowohl auf Prozesse als auch auf Ergebnisse beziehen. Insbesondere im Umweltmanagement ist durch die verstärkte Beachtung der Nebenprodukte, wie z.B. Emissionen, die Prozeßorientierung besonders ausgeprägt, so daß Kontrollpunkte z.B. für die Überwachung der Wirksamkeit von emissionsreduzierenden Maßnahmen gesetzt werden müssen. Gerade im operativen Bereich ist die einfache Handhabbarkeit und leichte Überschaubarkeit der Ergebnisse zur Einbeziehung und Motivation der betroffenen Mitarbeiter von besonderer Bedeutung. Die regelmäßige Anwendung muß gewährleistet sein.

Kontrollpunkte und Meßbarkeit von Prozeßmerkmalen sind Voraussetzungen für ein funktionierendes Prozeßmanagement, für das die Fortschrittskontrolle wichtiger Ausgangspunkt für die Planung von Verbesserungsmaßnahmen ist.

Fehlerursachen sind die Fehlinterpretation von Meßwerten und die absichtliche oder unabsichtliche Unterlassung der Kontrollmaßnahmen.

Nicht nur organisatorische Maßnahmen werden mit den in Abschn. 7.6.5 genannten Techniken beurteilt sondern auch operative. Weiterhin dienen FMEA durch wiederholte Durchführung und Vergleich mit vorangegangenen Ergebnissen, Q7 und Fehleranalyse der Erfolgskontrolle. Während die bisher genannten Techniken in bestimmten Abständen regelmäßig angewendet werden, erfolgt durch Prozeßregelung und -beobachtung eine laufende Überwachung von Prozessen. Die Anwendung der Statistischen Prozeßregelung ermöglicht die Trendbeobachtung für umweltrelevante Faktoren, wie z.B. Energie- oder Betriebsmittelverbrauch. Die Kontrollergebnisse werden im Betrieblichen Umweltinformationssystem (BUIS), in der Regel rechnerunterstützt, gesammelt (s. Kap. 6).

7.6.7 Umgang mit Informationen auf unternehmenspolitischer Ebene

In Bild 7.14 erfolgt die Einordnung des Umgangs mit Informationen auf unternehmenspolitischer Ebene in die Matrix.

Insbesondere im Umgang mit Daten ist die Trennung zwischen unternehmenspolitischer und operativer Ebene sehr willkürlich, die Aufgaben der Techniken nicht eindeutig einer Ebene zuzuordnen. Im folgenden werden die Aufgaben daher der Ebene zugeordnet, in denen sie eine größere, wenn auch nicht alleinige Bedeutung besitzen.

Mit informationsverarbeitenden Techniken sollen externe Forderungen verfügbar gemacht, Daten verdichtet, für die Entscheidungsfindung aufbereitet und konkretisiert werden sowie Probleme systematisch gesammelt werden.

Diesen Aufgaben stehen die Komplexität des Themas Umweltmanagement sowie die Datenvielfalt gegenüber, deren Beherrschung und Reduzierung größtes Problem im Umgang mit Informationen ist. Beispielhaft für die Datenmenge stehen die Vielzahl von Einsatzstoffen wie Roh- und Betriebsstoffen (z.B. Schmieröle), Hilfsstoffen, Verpackungsmaterialien usw. mit zugehörigen Informationen zum sicheren Umgang (Sicherheitsdatenblätter), die Klassifizierung von Abfallarten, Emissionsdaten, Verbrauchsdaten für Energie und Wasser sowie die große Zahl gesetzlicher Regelungen.

Externe Forderungen und Informationen werden mit einem BUIS verfügbar gemacht (s. Kap. 6). Die Verarbeitung interner und externer Daten erfolgt zusätzlich mit der Technikfolge-Abschätzung, Gefährdungs- und Schwachstellenanalysen, der FMEA, dem Ökocontrolling und der Ökobilanz bzw. daraus abgeleiteten, weniger umfangreichen Bilanzen wie Betriebs-, Prozeß-, Produkt- und Standortbilanz.

Mit QFD und Technikfolge-Abschätzung sollen Fehleinschätzungen z.B. der Kundenforderungen verhindert werden, Taguchis Verlustfunktion zeigt die Auswirkungen von fehleinschätzungsbedingten Fehlhandlungen auf.

7.6.8 Umgang mit Informationen auf der operativen Ebene

Der Umgang mit Informationen auf der operativen Ebene wird in Bild 7.14 in die Matrix eingeordnet. Weiter ausgeführt wird dieses Thema in Kap. 6.

Hier bestehen wesentliche Aufgaben in der Ermittlung des Informationsbedarfs und der Datenaktualisierung, z.B. bei Gesetzesänderungen, sowie in der Verringerung der Komplexität. Ziel des Technikeinsatzes ist es, Informationen für die Mitarbeiter im operativen Bereich handhabbar zu machen und ihnen ausschließlich die wirklich benötigten Daten zuzuführen. Es ist unbedingt zu vermeiden, sie mit einem Übermaß an Daten zu versorgen, die ohne unmittelbare Bedeutung für die anstehenden Aufgaben des Tagesgeschäftes sind.

Probleme liegen jedoch nicht nur in einem Zuviel an Informationen, sondern auch in einem Zuwenig bzw. in ungeeigneten Informationen begründet. In engem Zusammenhang damit steht die Problemunterschätzung, die die Informationserhebung bzw. -anforderung beeinflußt. Z.B. führt die Unkenntnis über Art und Menge der zu entsorgenden Abfallfraktionen durch mangelhafte Abfalltrennung unter Umständen zu höheren Entsorgungskosten. Nicht wahrgenommene Abweichungen führen ebenfalls zu Informationsdefiziten.

Zu den in Abschn. 7.6.7 genannten Techniken kommen noch die Umweltbetriebsprüfung bzw. das Umweltaudit, die Umweltmeßtechnik, Prozeßregelung und -beobachtung zur angemessenen Erhebung und Auswertung von Daten. Die genannten Strukturierungstechniken wie die M7, die FMEA, ABC/XYZ-Analyse und Q7 sind wichtige Arbeitsmethoden zur Reduzierung der Komplexität.

	Information		
	Pflichten (Aufgaben und Eigenschaften)	Probleme/Fehler und deren Ursachen	Techniken
polit.	Verfügbarkeit externer Forderungen		BUIS/CAQ
	Problemkataster, Datenverdichtung/ -konkretisierung	Nichtbeherrschung der Komplexität	Technikfolge-Abschätzung, BUIS/CAQ, Gefährdungsanalyse, Schwachstellenanalyse, FMEA, Ökocontrolling
		Fehleinschätzung der Kundensensibilität und gesellschaftlicher Forderungen	QFD, Taguchi: Verlustfunktion, Technikfolge-Abschätzung
oper.	Ermittlung eines Informationsbedarfs · Aktualisierung	Problemunterschätzung, fehlende Information (quantitativ und qualitativ)	Umweltbetriebsprüfung/ -audit, Ökocontrolling, Technikfolge-Abschätzung, BUIS/CAQ, Schwachstellenanalyse
		Nichtwahrnehmung von Abweichungen	BUIS/CAQ, Umweltmeßtechnik, Gefährdungsanalyse, Schwachstellenanalyse, Prozeßregelung/ -beobachtung
	Verringerung der Komplexität		Strukturierungstechniken, FMEA, ABC/XYZ-Analyse, Q7, BUIS/CAQ

Bild 7.14 Techniken zur Informationsbearbeitung auf unternehmenspolitischer und operativer Ebene

7.6.9 Alphabetische Liste der besprochenen Techniken und Konzepte

ABC/XYZ-Analyse
Technik, mit der Einsatzstoffe, Ausgangsstoffe, Prozesse und Umwelteinwirkungen anhand von Kriterien (s. Abschn. 7.6.10) verglichen werden, indem jeweils eine dreistufige Abstufung je nach Bedeutung (A, B und C) sowie eine mengenmäßige Abstufung (X, Y und Z) vorgenommen werden. Auf diese Weise werden besonders umweltkritische Stoffe, Prozesse und Umwelteinwirkungen ermittelt *[Ka-*

miske u.a., 1995a, S. 55 ff.; Stahlmann, 1993, S. 131 ff.; UBA, 1995b, S. 127 ff.; Stahlmann, 1994, S. 13 ff.].

Betriebliches Umweltinformationssystem (BUIS) und Computer aided Quality Assurance (CAQ)
Informationsbearbeitung, -sammlung und -bereitstellung für das Umweltmanagement bzw. das Qualitätsmanagement. Bei CAQ ist die Rechnerunterstützung bereits im Namen enthalten, beim BUIS ist sie als wichtiges Hilfsmittel empfehlenswert (s. auch Kap. 6) *[Kamiske u.a., 1995a, S. 25 ff.; Halley, Pfriem, 1992, S. 173; Kamiske, Brauer, 1995, S. 25 ff.].*

Bewertung der ökologischen Qualität
s. umfassende Beurteilungskonzepte *[Kamiske u.a., 1995a, S. 117 ff.; Hübner, Simon-Hübner, 1991; Hübner, Jahnes, 1992; Hübner, Jahnes, 1994, S. 50 ff.].*

Checklisten
s. Schwachstellenanalysen *[Kamiske u.a., 1995a, S. 77 ff.; Winter, 1993; Sietz, 1994].*

Die 7 Elementaren Werkzeuge der Qualitätssicherung (Q7)
Sammlung von sieben elementaren Techniken, die zur Visualisierung und Lösung von Problemen in der Gruppenarbeit und im Qualitätszirkel eingesetzt werden (Brainstorming, Fehlersammelliste, Histogramm, Pareto-Analyse, Korrelationsdiagramm, Ursache-Wirkungs-Diagramm, Qualitätsregelkarte). Universell für Probleme des Qualitäts-, Umweltmanagements und anderer Bereiche verwendbar *[Kamiske, Brauer, 1995, S. 164 ff.; Butterbrodt, Gogoll, Tammler in Petrick, Eggert (Hrsg.), 1995, S. 126 ff.].*

Die 7 Managementwerkzeuge (M7)
Sammlung von sieben elementaren Techniken, die zur Visualisierung von komplexen Zusammenhängen insbesondere nichtnumerischer Sachverhalte verwendet werden und ebenso universell wie die Q7 eingesetzt werden können (Affinitätsdiagramm, Relationendiagramm, Baumdiagramm, Matrixdiagramm, Portfolio, Problem-Entscheidungs-Plan, Netzplan) *[Kamiske, Brauer, 1995, S. 99 ff.; Butterbrodt u.a., 1995, S. 110 ff.].*

Fehlermöglichkeits- und -einflußanalyse (FMEA)
Qualitätstechnik, mit der für Prozesse, Konstruktionen oder Systeme potentielle Fehler, deren mögliche Folgen und Ursachen ermittelt sowie die Auftretenswahrscheinlichkeit der Fehler bzw. Fehlerursachen, deren Entdeckungswahrscheinlichkeit innerhalb des Unternehmens sowie deren Bedeutung für den Kunden bzw. den Prozeß abgeschätzt werden. Die Abschätzung führt zu einer sogenannten Risikoprioritätszahl (RPZ), die im Vergleich verschiedener Fehler das Aufstellen einer Prioritätenliste für die Beseitigung von Fehlerursachen ermöglicht. Im Umweltmanagement mit leichten Anpassungen an die spezifischen Probleme einsetzbar (Ermittlung der RPZ aus den Faktoren „Schwere" einer Umwelteinwirkung, Anteil einer Ursache an der Einwirkung und Möglichkeiten der Beeinflussung, s. Abschn. 7.6.10) *[Kamiske, Brauer, 1995, S. 47 ff.; Butterbrodt u.a., 1995, S. 118 ff.].*

Konstruktionsmethodik
In der Entwicklung und Konstruktion wird die Umweltverträglichkeit von Produkten wesentlich beeinflußt. Die Konstruktionsmethodik wird daher um die systematische Berücksichtigung von Umweltgesichtspunkten z.B. bei der recyclinggerechten Konstruktion erweitert *[VDI, 1991]*. Dies beinhaltet z.B. die Reparaturfreundlichkeit, Aufarbeitbarkeit, technologische Hochrüstbarkeit, Wieder- bzw. Weiterverwendungs- und -verwertungsmöglichkeiten von Bauteilen oder -gruppen und die Demontagegerechtigkeit *[Grieger, Wende, 1994, S. 95]*.

Kosten-Nutzen-Analysen und umfassende Wirtschaftlichkeitsbetrachtung
Insbesondere bei Investitionsvorhaben stellen auch im Umweltbereich derartige Analysen und Betrachtungen Entscheidungshilfen dar. Weiterhin sind fortlaufende Betrachtungen der wirtschaftlichen Wirkungen von Maßnahmen des betrieblichen Umweltschutzes wichtige Bestandteile des Ökocontrollings.

Materialintensitätsanalyse
s. umfassende Beurteilungskonzepte *[Liedtke, 1994; Schmidt-Bleek, 1994]*

Ökobilanz
Erfassungsmethodik für die Stoff- und Energieströme im Unternehmen. Es werden Eingangs- und Ausgangsstoffe und -energien mengenmäßig gegenübergestellt. Betrachtungsräume sind nach einem Schema des Instituts für ökologische Wirtschaftsforschung der gesamte Betrieb (Betriebsbilanz), einzelne Prozesse (Prozeßbilanz), einzelne Produkte (Produktbilanz) und weitere umweltrelevante Teilbereiche des Unternehmens (Standortbilanz) (s. Abschn. 7.6.10). Schwierigkeiten bestehen in der Abschätzung des Erfassungsaufwands und der Abgrenzung der Betrachtung (Frage nach der Einbeziehung der Umwelteinwirkungen beim Zulieferer, bei der Produktanwendung und Entsorgung) *[z.B. Kamiske u.a., 1995a, S.75 ff.; Beck, 1993]*.

Ökocontrolling
Umfassendes Konzept zur Steuerung von Umweltmanagementaktivitäten, indem umweltbezogene unternehmensinterne und externe Informationen und Daten (z.B. Ökobilanzergebnisse, rechtliche Forderungen) erfaßt und für die Entscheidungsfindung aufbereitet werden (s. auch Kap. 8) *[z.B. Kamiske u.a., 1995a, S. 16 ff.; Schulz, Schulz, 1993; Hopfenbeck, Jasch, 1993]*.

Ökologische Buchhaltung
Konzept, mit dem verschiedenartige Umwelteinwirkungen durch Umrechnungsverfahren aufsummiert, vergleichbar gemacht und kostenmäßig eingeschätzt werden können. Aufgrund fehlender objektiver Bezugsgrößen für den Vergleich und die Bewertung unterschiedlicher Umwelteinwirkugnen (z.B. Emissionen in Luft und Wasser) ist die Ökologische Buchhaltung bisher ein eher theoretischer Ansatz geblieben *[Kamiske u.a., 1995a, S. 103 ff.; Müller-Wenk, 1978]*.

Produktlinienanalyse
s. umfassende Beurteilungskonzepte *[Kamiske u.a., 1995a, S.129 ff.; Hübner, Jahnes, 1992; Öko-Institut Freiburg, 1987]*

Prozeßregelung und -beobachtung, insbesondere Statistische Prozeßregelung (SPR)
SPR ist eine Qualitätstechnik zur Prozeßregelung und -beobachtung, mit der durch spezielle Auswerteverfahren (Qualitätsregelkarten) für regelmäßige Stichprobenziehung Prozesse so geführt werden, daß zufällige (Streuung um den Mittelwert) und systematische Einflüsse (z.B. Abweichung des Mittelwertes vom geforderten Nennwert, Schwankungen beim Anfahren oder Schichtwechsel) auf das Prozeßergebnis beherrscht werden bzw. ausgeschaltet bleiben. Ziel ist das rechtzeitige Erkennen von Prozeßveränderungen, um durch Nachregeln das Entstehen von nicht den Forderungen entsprechenden Ergebnissen (z.B. Ausschuß) zu vermeiden. Im Umweltschutz können Emissionen, Schmierstoff-, Energieverbrauch u.ä. betrachtet werden *[Kamiske, Brauer, 1995, S. 221 ff.; Butterbrodt u.a., 1995, S. 123 f.]*.

Qualitätszirkel (Umwelt-, Arbeitssicherheitszirkel)
Hierunter werden kleine Gruppen von Mitarbeitern an einem bestimmten Prozeß verstanden (in der Regel unter 10 Mitarbeiter), die innerhalb ihrer Arbeitszeit Probleme selbständig bearbeiten. Diese Probleme können die Qualität, Instandhaltung, Arbeitssicherheit und auch die Umweltverträglichkeit betreffen *[Zink, Schick, 1984; Butterbrodt u.a., 1995, S. 124 ff.]*.

Quality Function Deployment (QFD)
Qualitätstechnik, mit der in einem mehrstufigen Verfahren Kundenforderungen gewichtet und für deren Erfüllung kritische Produkt-, Konstruktions-, Prozeß- und Fertigungsmerkmale abgeleitet werden. Gesellschaftliche Umweltforderungen können berücksichtigt werden. Zentrales Werkzeug zur Übersetzung der Kundenforderungen in technische Merkmale ist die Matrix House of Quality (HoQ). Das HoQ besteht im wesentlichen aus einer Spalte für die Anforderungen (im ersten Schritt die Kundenwünsche und sonstige Forderungen), die z.B. mit dem paarweisen Vergleich bewertet werden, und einer Zeile für die technischen Merkmale. Daraus wird die Matrix gebildet,in der die Zusammenhänge zwischen Forderungen und Merkmalen festgestellt werden. In Verbindung mit einem Wettbewerbervergleich und der Darstellung von Abhängigkeiten der technischen Merkmale untereinander können die kritischen Merkmale über ein einfaches Rechenschema bestimmt werden [*Kamiske, Brauer, 1995, S. 189 ff.; Butterbrodt u.a., 1995, S. 114 ff.; Stornebel, Tammler, S. 4 ff.]*.

Robuste Prozesse
Das Ergebnis der Versuchsplanung sind robuste Prozesse, die unabhängig von äußeren Störeinflüssen (z.B. Temperaturschwankungen) Produkte erzeugen, die den an sie gestellten Forderungen genügen.

Schulung
Weiterbildung von Mitarbeitern nimmt bei erfolgreichen Unternehmen einen hohen Stellenwert ein. Alle Mitarbeiter haben die Möglichkeit, an Weiterbildungsveranstaltungen im oder außerhalb des Unternehmens teilzunehmen. Die Teilnahme wird gefördert. In Zukunft werden Schulungsmaßnahmen, die den längerfristigen Erfolg und die Zufriedenheit der Mitarbeiter fördern, verstärkt Bedeutung erlangen.

Schwachstellenanalysen, Gefährdungsanalysen, Risikoanalyse
Hiermit werden Prozesse systematisch auf Gefahrenpotentiale und Schwachstellen unter Umweltschutz- und Arbeitssicherheitsgesichtspunkten untersucht, um Prioritäten für die Abwendung von Gefahren für die Gesundheit und das Leben von Mitarbeitern, Produktanwendern und die Umwelt zu vermeiden (s. auch Kap. 3). Eine derartige Analyse stellt z.B. die FMEA dar. Derartige Analysen werden häufig durch Checklisten eingeleitet, in denen die Gegebenheiten ermittelt werden.

Statistische Versuchsplanung
Äußere Einflüsse auf Prozesse (z.B. Luftfeuchtigkeit) sollen durch geeignete Einstellungen der Prozeßparameter (z.B. Drehzahl und Vorschub bei spanenden Werkzeugmaschinen) unwirksam gemacht werden. Dies geschieht durch nach statistischen Methoden folgende Planung und Durchführung von Versuchen, die vor Beginn der regelmäßigen Prozeßdurchführung erfolgen. Eine Abstimmung von qualitäts- und umweltverträglichkeitsbeeinflussenden Einstellungen ist möglich. Die für die industrielle Anwendung bedeutendsten Methoden wurden von Taguchi und Shainin entwickelt *[Kamiske, Brauer, 1995, S. 252 ff., Butterbrodt u.a., 1995, S. 121 ff.]*.

Strukturierungstechniken
Im wesentlichen die unter Q7 und M7 zusammengefaßten Techniken.

Technikfolgeabschätzung
s. umfassende Beurteilungskonzepte

Technikwirkungsanalyse
s. umfassende Beurteilungskonzepte *[Kamiske u.a., 1995a, S. 143 ff.; Hübner, Jahnes, 1992]*

Umfassende Beurteilungskonzepte
Hierzu zählen Technikfolgeabschätzung, Technikwirkungsanalyse, Produktlinienanalyse, Bewertung der Ökologischen Qualität von Produkten und Materialintensitätsanalyse. Diese beinhalten umfassende Beurteilungen der Wirkungen von Produkten und Produktionsprozessen unter gesellschaftlichen, umweltbezogenen, wirtschaftlichen und sonstigen Gesichtspunkten. Die einzelnen Techniken und Konzepte unterscheiden sich im Untersuchungsgegenstand, den Bewertungskriterien und der Tiefe der Beurteilung (s. Abschn. 7.6.11). Fast allen ist gemeinsam, daß den Kriterien die Phasen des Produktlebenszyklus gegenübergestellt werden, so daß eine Horizontal- und eine Vertikalbetrachtung durchgeführt werden. Die Auswertung erfolgt häufig in Matrixform.

Umweltaudit bzw. Umweltbetriebsprüfung
Systematisches Verfahren zur Erfassung umweltrelevanter Gegebenheiten (Organisation, Umwelteinwirkungen) und Vergleich mit den internen Zielsetzungen bzw. den externen Forderungen an den betrieblichen Umweltschutz. Hierzu existieren gesetzliche und normative Vorgaben z.B. innerhalb des EMAS, dem deutschen Umsetzungsgesetz zum EMAS (Umweltauditgesetz) und den Normen DIN ISO 14010, 14011-1 und 14012 *[DIN, 1995c; DIN, 1995d; DIN, 1995e]*.

Umweltmanagementsystem
Konzept zur Regelung der Aufbau- und Ablauforganisation des betrieblichen Umweltschutzes unter Berücksichtigung der internen Zielsetzungen, externen Forderungen und der umweltrelevanten Tätigkeiten des Unternehmens. Normative Vorgaben macht z.B. die DIN ISO 14001, in der verschiedene Elemente beschrieben werden, die z.B. führungs- und ablaufbezogen sind *[DIN, 1995b]*.

Umweltmeßtechnik
Der Teil der Meßtechnik, der sich mit der Erfassung und Analyse von Umwelteinwirkungen hinsichtlich Zusammensetzung, Menge und Stoffkonzentration beschäftigt.

Umweltverträglichkeitsprüfung (UVP)
Insbesondere bei Bauvorhaben ist die UVP eine vorgeschriebene Technik, die im Vorfeld von Entscheidungen mögliche Auswirkungen auf die Umwelt (z.B. Vernichtung wichtiger Biotope) infolge von Investitionsentscheidungen aufzeigen soll. Damit sollen negative Auswirkungen weitestmöglich vermieden werden, auch wenn die Ergebnisse nicht bindend sind.

Verlustfunktion nach Taguchi
Entgegen der bisherigen Sichtweise, daß die Erhöhung der Qualität (insbesondere von Produkten) mit höheren Kosten verbunden ist, stellt der Japaner Taguchi eine Funktion auf, nach der der (volkswirtschaftliche) Verlust mit höherer Qualität abnimmt. Höhere Qualität führt einerseits im Unternehmen durch Vermeidung von z.B. Ausschuß und Nacharbeit zu Einsparungen und andererseits durch z.B. hohe Zuverlässigkeit der ausgelieferten Produkte zur Vermeidung von Verlusten beim Anwender *[Kamiske, Brauer, 1995, S. 159 ff.; Gaub, 1990, S. 129 ff.]*. Dieser Ansatz setzt sich allmählich auch im Umweltmanagement durch, nämlich daß Umweltschutz und Wirtschaftlichkeit nicht zwangsläufig einen Widerspruch darstellen.

Vorschlagswesen
Mit dem Vorschlagswesen sollen die Mitarbeiter angeregt werden, sich über Verbesserungsmöglichkeiten in ihrem Arbeitsumfeld Gedanken zu machen. In zunehmendem Maße werden bei der Auszeichnung auch Vorschläge berücksichtigt, die zu Verbesserungen, die nicht unmittelbar wirtschaftlich meßbar sind, führen (z.B. in der Arbeitssicherheit und dem betrieblichen Umweltschutz).

7.6.10 Die Integration verschiedener Techniken zu einem geschlossenen System zur ständigen Verbesserung von Produktionsprozessen

Die Anwendung der Techniken richtet sich an den Phasen des ganzheitlichen Produktlebenszyklus aus (s. Abschn. 7.2). Die Produktion ist ein wesentlicher Bestandteil dieses Zyklus und soll im folgenden näher untersucht werden. Bei Verbesserungen der Umweltverträglichkeit von Produktionsprozessen werden alle mit der Produktion verbundenen Arbeitsabläufe betrachtet. Die Techniken werden in der Prozeßanalyse einschließlich -beschreibung und zur ständigen Verbes-

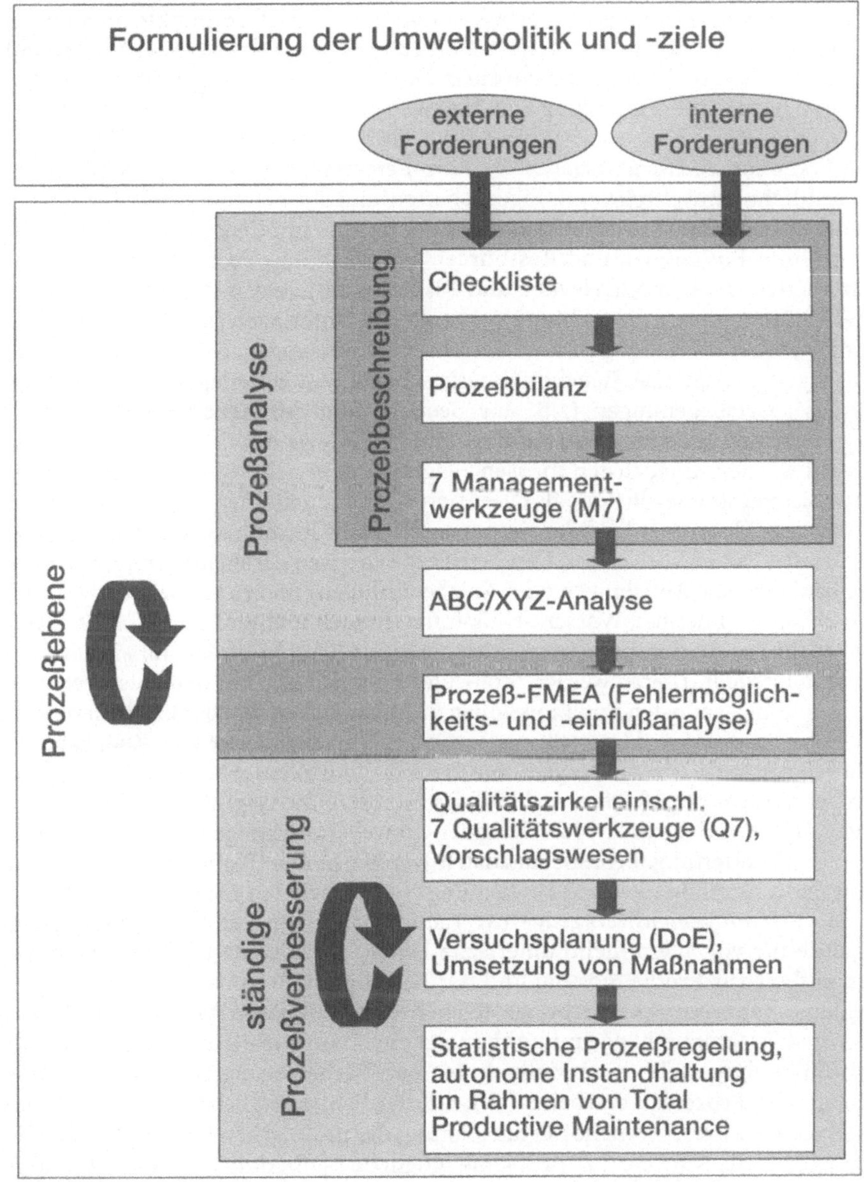

Bild 7.15 Prozeßbezogener Ablauf des Technikeinsatzes

serung einschließlich Prozeßbeobachtung und -überwachung eingesetzt (Bild 7.15). Zunächst müssen die externen Forderungen erfaßt, strukturiert und auf ihre Relevanz für die Produktionsprozesse untersucht werden. Ziel der Analyse ist es dann, den Umsetzungs- bzw. Erfüllungsgrad bzgl. der Forderungen zu ermitteln, Umwelteinwirkungen zu erfassen und Problemschwerpunkte aufzuzeigen. Dies ist eine Grundlage für weitere Verbesserungen. Die vorgestellte „Technikkette“ läßt sich in die Matrix einordnen: Die Aufgabenstellung ist eher operativer Art und betrifft die Umsetzung von Zielen.

Das Erkennen und Strukturieren von Prozeßeigenschaften und Schwachstellen
Wesentliche umweltrelevante Eigenschaften und Problembereiche, die mit dem zu untersuchenden Prozeß verbunden sind, werden mit *Checklisten* ermittelt. Dazu gehören Emissionen und Ressourcenverbrauch, das Problembewußtsein der Mitarbeiter, die Umweltrelevanz und Risikopotentiale von Produktionsanlagen. Diese können durch die Sichtung vorhandener Unterlagen (z.B. Prozeßbeschreibungen, Qualitätshandbuch und Verfahrensanweisungen, Schulungsunterlagen, Entsorgungsnachweise, Genehmigungsbescheide und Unterlagen des Rechnungswesens), Ortsbegehungen (z.B. zur Beobachtung der Arbeitsabläufe und der Begutachtung des Anlagenzustandes) und Interviews mit den Mitarbeitern festgestellt werden. Checklisten müssen zielgerichtet erstellt werden, wobei vorhandene Listen (Standardlisten) als Orientierung dienen können.

Mit Checklisten werden Bilanzierungen durch die Ermittlung der näher zu untersuchenden Fakten vorbereitet. Dies betrifft die Grenzen der Bilanzierung (z.B. Bereiche bzw. einzelne Abteilungen oder Anlagengruppen) und zu bilanzierende Größen wie Rohstoff-, Energie-, Wasser-, Hilfsstoffverbrauch und Emissionen. In *Prozeßbilanzen* für Produktionsprozesse werden die Input-/Output-Ströme für einzelne Prozesse untersucht. Hierzu werden Stoff- und Energieflüsse mit den entsprechenden Umwandlungsverlusten und Emissionen in Abhängigkeit von der produzierten Güter- oder Stoffmenge dargestellt und analysiert. Je detaillierter eine Zuordnung zu den Produktionseinheiten vorgenommen wird, desto sicherer können Ansatzpunkte für Verbesserungsmaßnahmen identifiziert werden. Die Gegenüberstellung von In- und Outputs und die Aufschlüsselung der Umwelteinwirkungen sind Grundlage für die Prozeßbewertung. Prozeßbilanzdaten werden in der Ökobilanzsystematik und dem Ökocontrolling sowie zur Berechnung von Kennzahlen genutzt.

Die *7 Managementwerkzeuge* (M7) sind Techniken zur Visualisierung und Analyse für vor allem nichtnumerische Daten. Ihr Einsatz trägt innerhalb von Teamarbeit zur Problemlösung und der Beseitigung der mit Checklisten festgestellten organisatorischen Schwachstellen bei. Prozeßbilanzdaten werden strukturiert und Zusammenhänge und Abhängigkeiten von Umwelteinwirkungen sowie Stoffflüsse dargestellt. Sind Maßnahmen zur Verbesserung der Umweltverträglichkeit von Prozessen erarbeitet (z.B. mit der Fehlermöglichkeits- und -einflußanalyse), so unterstützen die M7 die Planung der praktischen Umsetzung. So können z.B. für die Schwerpunktprobleme mögliche Maßnahmen gesammelt und im Affinitätsdiagramm geordnet werden, um prozeßbezogene Umweltprogramme aufstellen zu können.

Die Bewertung der Erkenntnisse zur Schwerpunktbildung
Die Bewertung der mit Checklisten und Prozeßbilanzen gewonnenen Erkenntnisse erfolgt mit der *ABC/XYZ-Analyse*. Dabei sollen Schwerpunktprobleme ermittelt und Mengeneffekte (z.B. Dauer und Intensität von Umwelteinwirkungen, Anzahl der Verursacher (Anlagen, Prozesse, Maschinenlaufzeiten) abgeschätzt

werden. Umwelteinwirkungen, Stoffe oder Prozesse werden in drei Wichtigkeitsklassen anhand der Kriterien

- das Vorhandensein umweltrechtlicher Rahmenbedingungen,
- gesellschaftliche Anforderungen,
- Umwelteinwirkungen während des Normalbetriebs,
- das Störfallrisiko,
- Umwelteinwirkungen bei vor- und nachgelagerten Lebensphasen von Produkten und Stoffen,
- Kostenbetrachtungen.

eingeordnet.

Die Fehlermöglichkeits- und -einflußanalyse (FMEA), die erfolgreich im Qualitätsmanagement eingesetzt wird, um Fehlerursachen zu bewerten, eignet sich im Umweltmanagement, um instrumental-technische und organisatorische Ursachen von Umwelteinwirkungen oder die Umwelt belastende Prozeßeinsatzstoffe zu beurteilen. In Verbindung mit der ABC/XYZ-Analyse und dem Ursache-Wirkungs-Diagramm führt ihr Einsatz zu einer strukturierten Verbesserung der Umweltverträglichkeit von Prozessen. Die mit der ABC/XYZ-Analyse ermittelten Schwerpunktprobleme werden auf Fehler bzw. Ursachen im Produktionsprozeß zurückgeführt (Ursache-Wirkungs-Diagramm: Zuordnung der möglichen Ursachen zu den Kategorien Mensch, Maschine, Mitwelt, Methode und Material, s. die 7 Elementaren Werkzeuge der Qualitätssicherung) und die Auswirkungen auf die Umwelt zusammengestellt. Unregelmäßigkeiten und Unzulänglichkeiten der Produktionsanlagen (z.B. Leckagen, hoher Energieverbrauch), der ausgewählten Produktionsverfahren (die z.B. abfallintensiv sind) sowie organisatorische und planerische Mängel der Prozesse (z.B. Fertigungsreihenfolge, unzureichende Unterweisung der Mitarbeiter) sind mögliche Ursachen, die im Ursache- Wirkungs-Diagramm ermittelt werden.

Die umweltbezogene FMEA arbeitet mit drei Faktoren für die Gesamtbewertung. Der erste Faktor bezieht sich auf die Bedeutung einer Umwelteinwirkung („Schwere") und leitet sich aus der Bewertung der ABC/XYZ-Analyse ab. Der zweite beschreibt die Wahrscheinlichkeit, mit der eine Ursache eine Umwelteinwirkung verursacht, bzw. den Anteil einer Ursache an einer Umwelteinwirkung. Der dritte Faktor bezieht sich auf den Aufwand, der mit möglichen Verbesserungsmaßnahmen verbunden ist. Die Maßnahmen werden in einem Brainstorming zusammengetragen und hinsichtlich organisatorischem, personellem, instrumental-technischem und finanziellem Aufwand zur Umsetzung im Verhältnis zum möglichen Ergebnis beurteilt. Dabei wird eine einfache Umsetzung mit großer Wirkung hoch bewertet, um anzuzeigen, daß hiermit begonnen werden soll.

Die Beurteilungsspanne reicht von 1 bis 10, wobei 10 den dringlichsten bzw. erfolgversprechendsten Handlungsbedarf kennzeichnet. Die drei Faktoren werden zu einer Risikoprioritätszahl (RPZ) multipliziert, wobei ebenfalls der höchste Wert vorrangigen Handlungsbedarf anzeigt. Die Reihenfolge der Notwendigkeit der Beseitigung der Ursachen von Umwelteinwirkungen wird also einerseits aus der RPZ und andererseits aus den Einzelbeurteilungen abgeleitet. Risikoprioritätszahlen als FMEA-Ergebnisse können als Kennzahlen innerhalb des Ökocontrollings verwendet werden.

Die Bearbeitung der Probleme

Die in der FMEA vorbereiteten Maßnahmen werden z.B. im *Qualitätszirkel* (QZ) konkretisiert. Hierdurch wird die Teamarbeit im Produktionsbereich unterstützt, während in den bisher beschriebenen Techniken im wesentlichen eine bereichsübergreifende Zusammenarbeit verschiedener, meist planerisch tätiger Fachabteilungen stattfindet. Umweltthemen werden gleichrangig neben traditionellen Themen der QZ-Arbeit, wie z.B. Qualitätsverbesserungen und Produktivitätssteigerungen, behandelt.

Die Mitarbeiter tragen verantwortlich zur Identifizierung und Beseitigung von Ursachen von Umwelteinwirkungen und zur Verbesserung der Umweltverträglichkeit der von ihnen betreuten Produktionsprozesse bei. Im QZ werden Themen und Probleme aufgegriffen, die den Teilnehmern beim Umgang mit Prozessen und Anlagen (z.B. Leckagen) auffallen oder die Ergebnis einer umweltbezogenen FMEA sind. Die Arbeit im QZ fördert die weitere ständige Verbesserung der Umweltverträglichkeit auf der Grundlage des Ist-Zustandes und ist eine Ergänzung zu innovativen Maßnahmen. Das Know-How der Mitarbeiter wird aus der Erkenntnis heraus genutzt, daß Probleme und Schwachstellen am besten am Ort ihres Auftretens erkannt und gelöst werden können. QZ-Ergebnisse können als Verbesserungsvorschläge eingebracht werden. Das *Vorschlagswesen* muß zur Aufnahme, Beurteilung und Honorierung von umweltrelevanten Vorschlägen gegebenenfalls erweitert werden.

Die *7 Elementaren Werkzeuge der Qualitätssicherung* (Q7) fördern das methodische Vorgehen im QZ und anderen Techniken (s. FMEA). Vorwiegend Daten quantifizierbarer Merkmale (z.B. Verbräuche) werden systematisch erfaßt und Ergebnisse visualisiert und analysiert. Die Kreativität bei der Suche nach Problemlösungen wird gezielt gefördert und der Ideenfindungsprozeß unterstützt.

Eine Ursache für überflüssige Umwelteinwirkungen (z.B. hoher Energie- oder Hilfsstoffverbrauch) ist häufig eine ungünstige Einstellung von Prozeß- und Anlagenparametern. Zur Ermittlung derjenigen Kombination dieser Parameter, die eine umweltverträgliche Produktion ohne Qualitätseinbußen unter Beachtung der Wirtschaftlichkeit ermöglicht, können die *Versuchsplanungsmethoden nach Taguchi* und *Shainin* eingesetzt werden. Statische Versuchsplanung sollte vor allem für Prozesse durchgeführt werden, die durch ABC/XYZ-Analyse und umweltbezogene FMEA als umweltkritisch identifiziert worden sind.

Maßnahmen nach der Problemlösung

Zur Überwachung der Wirksamkeit umgesetzter Verbesserungsmaßnahmen dient die Prozeßbeobachtung mit *Statistischer Prozeßregelung*. Sie besteht in der regelmäßigen Erfassung der Umwelteinwirkungen und dem Vergleich mit den Sollwerten (z.B. Emissionsgrenzwerte, interne Verbrauchsvorgaben). Hierdurch wird die Notwendigkeit weiterer Eingriffe zur Aufrechterhaltung des erreichten Niveaus der Umweltverträglichkeit erkannt. Daten werden zur Fortschreibung der Prozeßbilanz und im Ökocontrolling verwendet.

Die ständige Prozeßbeobachtung ist eine Voraussetzung für weitere Verbesserungen. Ziel des *Total Productive Maintenance* (TPM), der umfassenden und vorsorgenden Instandhaltung, ist die Steigerung der Gesamtanlageneffektivität. Verschwendungen innerhalb von Prozessen sollen vermieden und die Funktionstüchtigkeit der Anlagen verbessert werden. Hierbei bestehen Anknüpfungspunkte zwischen Instandhaltung und Umweltverträglichkeit, z.B. beim Einsatz von Hilfs- und Betriebsstoffen und dem Energieverbrauch von Produktionsanlagen in Abhängigkeit von Zustand und Funktionstüchtigkeit. In der *autonomen Instandhaltung* durch die Produktionsmitarbeiter als wichtigem Bestandteil des TPM werden Aufgaben der Maschinenreinigung, Inspektion, Wartung und Instandsetzung eigenverantwortlich übernommen und kurzzyklisch ausgeführt. Auch Aspekte des umweltverträglichen Betriebs von Produktionsanlagen sollten hier berücksichtigt werden *[Al-Radhi, Heuer, 1995; Al-Radhi u.a., 1995, Sektion 10.04]*.

7.6.11 Die Integration verschiedener Techniken zur Verbesserung der Umweltverträglichkeit von Produkten

Bei der Umweltverträglichkeit von Produkten ist ebenfalls der Produktlebenszyklus zu betrachten. Die Umweltverträglichkeit von Produkten wird im wesentlichen in Produktkonzeption, -bewertung und der Ausführung der Konzepte bestimmt (Bild 7.16). Hier werden nicht nur die (umweltbezogenen) Eigenschaften von Produkten im Gebrauch festgelegt, sondern auch Materialien, Produktionsverfahren und Entsorgungsmöglichkeiten vorgegeben bzw. beeinflußt. Daher beziehen sich viele Techniken, die in der Produktkonzeption eingesetzt werden, auf den gesamten Produktlebenszyklus. Die Folge ist jedoch, daß sie dadurch häufig sehr umfangreich in der Anwendung und daher schwer zu handhaben sind. Dennoch sollen beispielhaft auch die komplexeren Techniken und deren Möglichkeiten aufgezeigt werden.

Umgang mit Forderungen
Quality Function Deployment (QFD) wird eingesetzt, um Forderungen an die Qualität und Umweltverträglichkeit von Produkten mit Hilfe des *House of Quality* (HoQ) zu strukturieren und zu bewerten. Gegensätzliche Kundenwünsche und Forderungen werden im Vorfeld der Produktentwicklung aufeinander abgestimmt. Produktmerkmale hinsichtlich Umweltverträglichkeit sind heute vielfach bereits Qualitätsaspekte, weil diese beim Kunden eine zunehmende Bedeutung erlangen. Dennoch bestehen insbesondere bei Zulieferprodukten der Industrie vielfach Wünsche vor allem nach Materialien, die aus Gründen des Umweltschutzes besser zu vermeiden wären, aber z.B. aus Korrosionsschutzgründen gefordert sind. Hier ist eine Abstimmung z.B. im HoQ erforderlich. Eine vollständige QFD-Anwendung erfolgt in vier Schritten. Ergebnis des ersten Schrittes sind für die Erfüllung von Kundenwünschen kritische Produktmerkmale, in den weiteren Schritten kritische Konstruktions-, Prozeß- und Fertigungsmerkmale. Umweltaspekte erhalten durch eine gleichrangige Behandlung eine ebensolche Bedeutung im Produktkonzept wie die übrigen Kundenwünsche und Forderungen.

Mit den umweltkritischen Produkt-, Prozeß- und Fertigungsmerkmalen sind die wichtigsten Bereiche für *Produktbilanzen* festgelegt. Vor allem die für ein Produkt verarbeiteten Stoffe und Materialien sowie die zur Herstellung erforderliche Energie und Hilfsstoffe werden erfaßt. Die Bilanz stellt den ersten Schritt zur Ab-

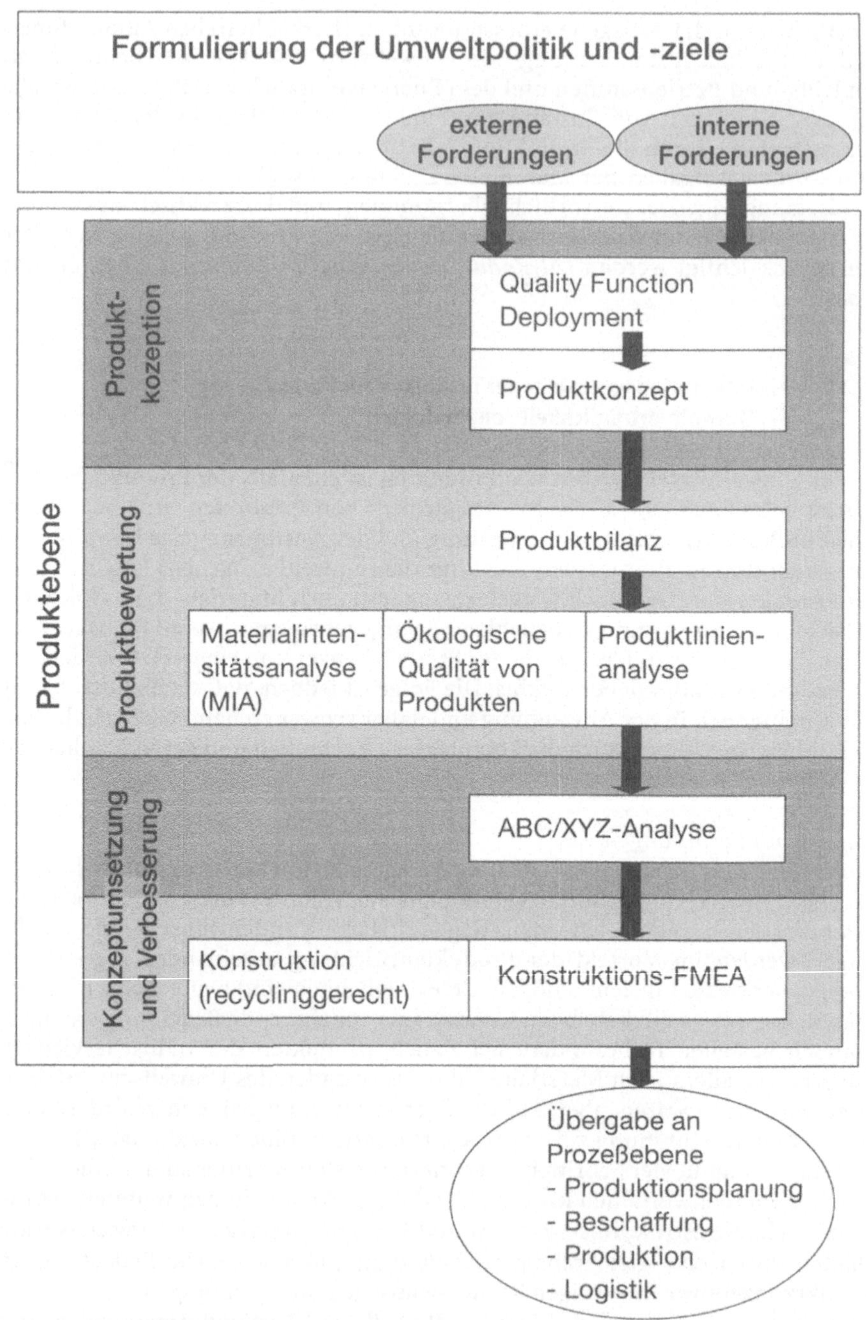

Bild 7.16 Produktbezogener Ablauf des Technikeinsatzes

schätzung von Umwelteinwirkungen vor der Umsetzung eines Konzepts dar. Produktbilanzen sind in diesem frühen Stadium integraler Bestandteil der Produktneuentwicklung. Weiterhin kommen sie zur Beschreibung bestehender Produkte zur Vorbereitung innovativer Weiterentwicklungen des Produktspektrums von Unternehmen und der Darlegung gegenüber den Partnern und Anspruchsgruppen zum Einsatz.

Bewertung von Produkten und Konzepten
Produktkonzepte und bereits existierende Produkte werden unter Einbeziehung der vor- und nachgelagerten Phasen des Produktlebenszyklus (Rohstoffgewinnung, Fertigung von Zulieferteilen, Produktgebrauch und Entsorgung) mit Materialintensitätsanalyse, Bewertung der ökologischen Qualität (s. Kap. 3) von Produkten und Produktlinienanalyse bewertet. Als umfassende, mit hohem Bearbeitungsaufwand verbundene Techniken sollte deren Einsatz sorgfältig abgewogen und vorbereitet werden.

Betrachtungsgegenstand der *Materialintensitätsanalyse* (MIA) sind Stoffströme über den gesamten Lebenszyklus eines Produktes. Diese werden berechnet bzw. abgeschätzt, um die Intensität der Umweltbelastung durch betriebliche Produktion beschreiben zu können. Ein „ökologischer Rucksack", der den im Produktionsprozeß eingesetzten Stoffen zugeordnet wird, symbolisiert den für deren Bereitstellung (Gewinnung, Aufbereitung, Veredelung) erforderlichen Ressourcenverbrauch. Die MIA gibt dadurch Impulse zur Auswahl der Rohstoffe, der Wahl der Produktionsverfahren in Verbindung mit dem Hilfs- und Betriebstoffeinsatz sowie für eine weniger materialintensive Produktion durch Stoffstrommanagement.

Die *Bewertung der ökologischen Qualität von Produkten* erfolgt über die Bestimmung von umweltbezogenen Qualitäten der einzelnen Produktlebenszyklus-Phasen („Teilqualitäten") mit zugeordneten Tätigkeitsfeldern. Für die einzelnen Felder werden umweltbezogene Kriterien aufgestellt und beurteilt. Hierdurch sind eine detaillierte Bewertung zur Ableitung von vorrangigen Handlungsfeldern und eine Komplettbeurteilung von Produkten möglich.

In die Produktlebenszyklus-Betrachtung der *Produktlinienanalyse* werden neben ökologischen auch gesellschaftliche und wirtschaftliche Aspekte einbezogen. Der Produktlebenszyklus wird aufgegliedert (Vertikalbetrachtung); für die einzelnen Aspekte werden Kriterien aufgestellt (Horizontalbetrachtung), so daß eine Bewertungsmatrix entsteht. Aus ihr kann Handlungsbedarf für bestimmte Phasen des Lebenszyklus zur positiven Beeinflussung der Kriterienbeurteilung abgelesen werden.

Verbesserung der Umweltverträglichkeit von Produkten
Zur Erarbeitung von Maßnahmen zur Steigerung der Umweltverträglichkeit von Produkten trägt auch hier eine Kombination von *ABC/XYZ-Analyse, Ursache-Wirkungs-Diagramm* und umweltbezogener *FMEA* bei. Nach der Ermittlung von Schwerpunktproblemen, der Ursachen und konkreter Ansatzpunkte bzw. Möglichkeiten für Verbesserungen können diese unter Beachtung der Richtlinien zur *recyclinggerechten Konstruktion* (z.B. demontagegerechte Gestaltung, technologische Hochrüstbarkeit) umgesetzt werden.

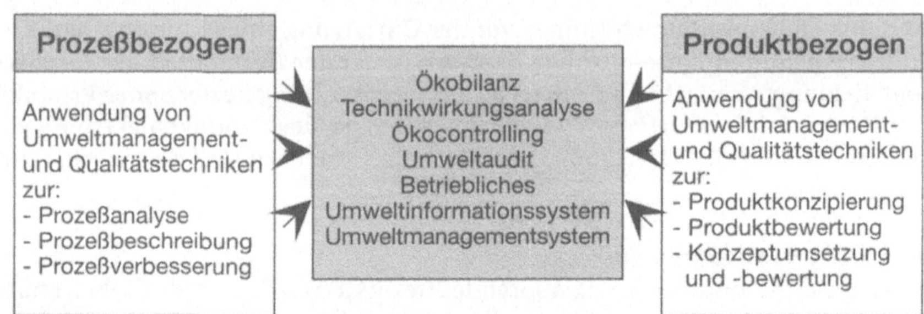

Bild 7.17 Zusammenspiel von Prozeßebene und Produktebene mit übergeordneten Konzepten

7.7 Zusammenfassung

Die Daten und Informationen, die bei der Anwendung der Techniken gewonnen werden, sind eine Entscheidungsgrundlage für das Management. Innerhalb umfassender Ansätze wie Ökobilanz, Technikwirkungsanalyse, Ökocontrolling, Betriebliches Umweltinformationssystem, Umweltaudit (bzw. -betriebsprüfung) und Umweltmanagementsystem werden sie weiter verdichtet und aufbereitet und fördern auf diese Weise die strategische Unternehmensplanung, die Darstellung der Umweltschutzaktivitäten gegenüber der Öffentlichkeit und die Anpassung der internen umweltbezogenen Zielsetzungen an betriebliche Gegebenheiten und Veränderungen der außerbetrieblichen Situation (Bild 7.17). Die Gesamtheit der Techniken ermöglicht dem Unternehmen eine umfassende Darstellung der Umwelteinwirkungen von Produkten und Prozessen. Mit der sinnvollen Verknüpfung der einzelnen Techniken wird der Weg zur nachhaltigen Verbesserung der Umweltverträglichkeit beschritten. Er zeichnet sich durch ein strukturiertes und systematisches Vorgehen aus und verbindet die innovative mit der ständigen Verbesserung. Das Unternehmen wird seiner gesellschaftlichen Verantwortung gerecht; es kann produktionsbezogene Einsparpotentiale und produktbezogene Marktchancen ausschöpfen.

Kapitel 2: Anforderungen an Unternehmen

Ökologische, ökonomische, technologische,
rechtlich-politische und sozio-kulturelle Umwelten des Unternehmens
Anforderungen der Umwelt an das Unternehmen

Kapitel 3: Umweltorientierte Unternehmensführung

Gesamtkonzeption einer umweltorientierten Unternehmensführung:
Informationsgrundlagen
Unternehmenspolitik und -leitbild
Unternehmensziele
Unternehmensstrategie

Kapitel 4: Von traditionellen Unternehmenskonzepten zu modernen Managementkonzepten

Traditionelle Unternehmenskonzepte
Moderne Managementkonzepte
Aktuelle Managementkonzepte im Überblick

Kapitel 5: Umweltorientierte Organisationsgestaltung

Rechtliche Grundlagen der betrieblichen Umweltschutzorganisation
Organisation des betrieblichen Umweltschutzes
Anforderungen durch Umweltmanagementnormen
Umweltorientiertes Personalmanagement
Einführung von Umweltmanagementsystemen
Praxisbeispiel: Umweltorientiertes Weiterbildungssystem

Kapitel 6: Zielorientierte Informationsflußgestaltung

Grundlagen und Definitionen
Informationen im Unternehmen
Informationssysteme zur Managementunterstützung
Datenbanken als Informationsspeicher
Umweltbezogene Informationen

Kapitel 7: Techniken für das Umweltmanagement

Die ständige Verbesserung
Der Technikbegriff in Zusammenhang mit betrieblichem Umweltschutz
Umweltschutzmaßnahmen aus dem Blickwinkel der Wertschöpfung
Der Technikeinsatz in der betrieblichen Praxis
Der Einsatz von Techniken im Umweltmanagement
Einordnung der Techniken nach Aufgaben

Kapitel 8: Die Ermittlung umweltrelevanter Kosten

Grundlagen
Umweltrelevante Kosten
Methodik zur Ermittlung der umweltrelevanten Kosten
Anwendungshinweise

8 Die Ermittlung umweltrelevanter Kosten

Die in den ersten beiden Kapiteln dargestellte steigende Bedeutung des Umweltschutzes bewirkt ein vermehrtes Interesse – gerade auch kleinerer und mittlerer Unternehmen (KMU) –, sich von einer abwartenden, defensiven Umweltpolitk ab- und einer aktiven, über die gesetzlichen Mindestanforderungen deutlich hinausgehenden Umweltpolitik hinzuwenden. Dafür ist es für das Management unerläßlich, über Informationen bezüglich der für das Unternehmen relevanten Umweltdaten zu verfügen. Es besteht ein hoher Bedarf an Managementinstrumenten, die durch die Bereitstellung von Zahlenmaterial Entscheidungen über betriebliche Umweltschutzaktivitäten unterstützen. Diese Instrumente sollen dazu dienen, möglichst viele Entscheidungseinflüsse zu objektivieren. Dennoch darf nicht vergessen werden, daß bei jeder umweltpolitischen Entscheidung auch subjektive Kriterien zu berücksichtigen sind.

Sowohl für den Einstieg eines Unternehmens in eine aktive Umweltpolitik als auch für die langfristige Vorbereitung einer Validierung nach dem EMAS ist zunächst eine umweltbezogene Analyse der Ist-Situation nötig (vgl. Kap. 3). Darauf aufbauend können dann Strategien und Maßnahmen definiert werden, die letztendlich zu einem Umweltmanagementsystem führen, welches den Kriterien des EMAS entspricht.

Heute existieren bereits einige Methodenvorschläge zur Analyse der ökologischen Situation des Unternehmens. Fast alle dieser Ansätze haben gemeinsam, daß sie Stoff- und Energieströme erheben und bezüglich ihrer ökologischen Relevanz gewichten; einen Überblick geben *Günther, Wagner [1993] und Wagner [1993]*.

Im Vergleich dazu ist die Analyse der ökonomischen Aspekte des betrieblichen Umweltschutzes noch nicht ausreichend methodisch entwickelt worden. Auch für diesen Bereich müssen jedoch Hilfsmittel der Entscheidungsunterstützung für das Management bereitgestellt werden. Empirische Untersuchungen haben ein entsprechendes Interesse der Unternehmen belegt *[vgl. Keller u.a., 1994]*. Auch die Erfahrung aus der Praxis zeigt, daß Unternehmen ein großes Interesse daran haben, zunächst einen Überblick über die Kosten, die mit Umweltschutz in Verbindung stehen, zu erlangen. Die Gründe dafür liegen neben der erforderlichen Entscheidungsgrundlage für Umweltschutzmaßnahmen und letztendlich auch vor der Einführung eines Umweltmanagementsystems in der Vermutung unbekannter Kostensenkungspotentiale. In vielen Fällen zeigt sich auch, daß betriebsinterne „Umweltschutz-Promotoren" (aktive Förderer des Umweltschutzes) auf Zahlenmaterial angewiesen sind. Dieses hilft ihnen, ihre Bemühungen, das Management zu aktiverer Umweltschutzpolitik zu bewegen, durch die wirtschaftliche Relevanz zu unterstützen.

Es ist zu erwarten, daß eine erhöhte Transparenz der ökonomischen Aspekte dazu führt, den Widerspruch zwischen den bekannten Praxisbeispielen einer realisierten Kostensenkung durch Umweltschutz *[vgl. Rauberger, 1994a, S. 10]* und dem häufig vorgebrachten Argument des Standortnachteils wegen hoher Belastungen durch Umweltschutzanforderungen aufzuklären. Die praktische Erfahrung im Zusammenhang mit der Umweltschutzdiskussion hat gezeigt, daß oft in Unkenntnis kostenmäßiger Zusammenhänge Umweltschutzmaßnahmen nicht ergriffen wurden, obwohl sie mit teilweise erheblichen Kosteneinsparungen verbunden und im Grunde aus rein ökonomischen Überlegungen geboten sind.

Den in der Praxis häufig bestehenden Informationsmangel bzgl. solcher entscheidungsrelevanter Kosten soll das folgende kurze Beispiel verdeutlichen:

> Während in einem vom Institut für Management und Umwelt Augsburg beratenen Unternehmen bisher die ökonomische Seite der outputseitig anfallenden Wertstoffe mit außerordentlichen Erträgen von 7.000 DM pro Jahr bewertet wurden, ergaben die Untersuchungen der externen Berater, daß eine realistische Bewertung auf Kosten von 507.000 DM pro Jahr kommt. Dabei wurden die Kosten für die Behandlung (Personal-, Lager- und Transportkosten) der abfallseitig anfallenden Wertstoffe sowie der Einkaufswert der Materialien berücksichtigt. Eine weitere Berücksichtigung der anteiligen Personal- und Maschinenkosten aufgrund des Durchlaufs der Materialien durch den Produktionsprozeß führte zu weiteren Kosten von mehr als einer Mio. DM pro Jahr [Rauberger, 1994b].

Im folgenden wird eine Methodik vorgestellt, die einen Beitrag zum Abbau dieses Informationsdefizites leisten kann. Dieser Ansatz ist also zunächst in den Bereich einer Situationsanalyse der umweltrelevanten, betrieblichen Größen einzuordnen. Jedoch werden die ökonomischen Auswirkungen, die sich aus umweltrelevanten Größen ergeben, im Vordergrund der Betrachtung stehen. Hiermit wird eine Entscheidungsgrundlage für die Schwerpunktsetzung weiterer betrieblicher umweltpolitischer Aktivitäten geschaffen. Durch die Erfassung von Stoff- und Energieströmen als ein Schritt des Vorgehens wird gleichzeitig ein Grundstein für den Aufbau eines Umweltmanagementsystems und damit für die Teilnahme am EMAS gelegt.

Um dies zu erreichen, wird im folgenden die theoretische Grundlage für die systematische Erfassung der relevanten Größen erläutert. Dafür wird von den bestehenden Ansätzen ausgehend die Methodik dargestellt, die von den existierenden Informationssystemen des einzelnen Unternehmens unabhängig eingesetzt werden kann. Im Anschluß daran werden in Abschn. 8.4 Anwendungshinweise gegeben.

8.1 Grundlagen

Die hier vorgestellte Methodik zur systematischen Erfassung ökonomischer Aspekte des betrieblichen Umweltschutzes fällt in den Bereich des Controllings. Im Zentrum der Controllingfunktionen steht nach gängiger Auffassung die Koordination von Informationsversorgung und Informationsverwendung im unternehmerischen Führungssystem *[Wagner, 1993, S. 209]*. Insbesondere die Funktion der Informationsversorgung zur Vorbereitung von Entscheidungen und zur fortlaufenden Beurteilung der Situation soll bezogen auf ökonomische Aspekte des betrieblichen Umweltschutzes erfüllt werden.

Es wird berücksichtigt, daß langfristig eine Integration in bestehende betriebliche Informationssysteme möglich sein soll. Damit wird eine kontinuierliche Fortschreibung der umweltrelevanten Daten und somit ein umfassendes Umwelt-Controlling mit den Möglichkeiten zur Planung, Steuerung und Kontrolle von Umweltschutzmaßnahmen aus ökonomischer und ökologischer Sicht verankert.

Die Praxis zeigt jedoch, daß häufig die vorliegenden Informationen aufgrund anderer Informationserfordernisse so strukturiert wurden, daß sie nicht direkt verwendet werden können. Daher wird die Methodik zunächst unabhängig von bestehenden betrieblichen Informationsquellen vorgestellt. Um die relevanten Informationen im Unternehmen zu erheben, kann dann aber sehr wohl auf bestehende Daten zurückgegriffen werden, wodurch sich die Erfassung stark vereinfacht (entsprechende Möglichkeiten wurden bereits ausführlich in Kap. 6 behandelt). In den meisten Fällen ist lediglich die Strukturierung der Daten wegen des veränderten Aussagebedarfs unterschiedlich zu der bekannter betrieblicher Kostendaten (s. hierzu Abschn. 8.2). Es müssen jedoch auch zusätzliche Daten (vielfach physische, wie z.B. Leistungsspitzen des Strombedarfs in Kilowatt [kW]) erhoben werden, die dem betrieblichen Rechnungswesen fremd sind.

Durch die Berücksichtigung ökonomischer Aspekte wird ebenfalls über die meisten heute existierenden Ansätze zur betrieblichen, umweltpolitischen Entscheidungsvorbereitung hinausgegangen. Diese Ansätze (Stichworte „Öko-Bilanzen" und „Öko-Controlling") erheben und bewerten die Daten der betrieblichen Aktivitäten vor allem unter ökologischen Aspekten (s. hierzu ausführlich Kap. 7).

Bevor die Methodik vorgestellt wird, müssen die Begriffe *„Öko-Audit"* und *„Öko-Controlling"* abgegrenzt werden.

8.1.1 „Öko-Audit"

Der Begriff „Öko-Audit" ist heute eine umgangssprachliche Bezeichnung für die Überprüfung eines Unternehmensstandortes durch einen zugelassenen Umweltgutachter auf die Erfüllung der Anforderungen des EMAS.

Für das im EMAS geforderte Umweltmanagementsystem ist die Erfassung der betrieblichen Stoff- und Energieströme ein wesentlicher Bestandteil. Die hier vorgestellte Methodik ist daher zunächst als Unterstützung für die Situationsanalyse (die erste „Umweltprüfung" bzw. die regelmäßig folgenden „Umweltbetriebsprüfungen") des Unternehmens zu verstehen. Auf der Basis der Situationsanalyse können dann die weiteren Schritte zur Implementierung eines Umweltmanagementsystems folgen. Die Bewertung der Umwelteinwirkungen aus betriebswirtschaftlicher Sicht wird durch das EMAS nicht gefordert. Daher bietet die hier vorgestellte Methodik eine sinnvolle Ergänzung zur Vorbereitung weiterer Entscheidungen des betrieblichen Umweltmanagements.

8.1.2 „Öko-Controlling"

Die Begriffe „Öko-Controlling", „umweltorientiertes Controlling" oder „ökologisches Controlling" werden in der Literatur weitgehend synonym gebraucht.

In einer Vielzahl von Veröffentlichungen wird der Begriff des „Öko-Controllings" für Ansätze verwendet, die konzeptionell an Verfahren der Betriebswirtschaftslehre angelehnt sind. Daher stammt der Begriffsteil des Controllings. So definieren Hoitsch/Kals:

> „Das umweltorientierte Controlling ist ein Subsystem der Führung, das Planung und Kontrolle sowie Informationsversorgung des betrieblichen Umweltschutzes ... unterstützt." *[Hoitsch, Kals, 1993, S. 80].*

In dieser Definition sind die Grundaufgaben des klassischen Controllings enthalten, und lediglich der Adressat ist der betriebliche Umweltschutz. Der Erfassungsgegenstand besteht jedoch in den meisten existierenden Ansätzen nicht in ökonomischen Größen, sondern im Regelfall in Stoff- und Energieströmen und deren ökologischer Gewichtung *[z.B. Hallay, Pfriem, 1992, S. 34].*

Das Öko-Controlling-System übernimmt hierbei die Funktion der Informationsbeschaffung, der Bereitstellung von Analyse- und Verarbeitungsverfahren und der Unterstützung der Planung und Steuerung der betrieblichen Abläufe *[vgl. Hallay, Pfriem, 1992, S. 34].* Ein Öko-Controlling-System beinhaltet also einen Methoden-Pool und organisiert die Abläufe des betrieblichen Öko-Controllings. Die Bestandteile eines Öko-Controlling-Systems sind dann ökologische Betriebs-, Prozeß- oder Produktbilanzen sowie Methoden zur Einstufung der verschiedenen darin aufgeführten Stoffe in Abhängigkeit von der Stärke ihrer Umweltrelevanz (zu den einzelnen Techniken für das Umweltmanagement vgl. Kap. 7).

Die Betonung der ökologischen Aspekte unter dem Begriff des Öko-Controllings stößt jedoch zunehmend auf Kritik *[z.B. bei Wagner, 1993].* Es wird vermehrt gefordert, daß das Öko-Controlling auch Informationen über:

- Umweltrecht und Umweltpolitik
- Technische Möglichkeiten des Umweltschutzes
- Umweltbezogene Ergänzungen des Rechnungswesens
- Risikomanagement und
- Kommunikation mit Anspruchsgruppen

liefern muß *[Hoitsch, Kals, 1993, S. 83 ff.].*

Zur Zeit stellt nach empirischen Erfahrungen die Einbeziehung einer Umweltkostenanalyse als Managementinstrument einen der wesentlichen Aspekte für die Akzeptanz eines betrieblichen Öko-Controllings dar *[Herrmann, 1994, S. 138].* In der Umweltmanagementberatung unterschiedlicher Unternehmen zeigt sich immer wieder, daß die Berücksichtigung von Kostengrößen als sehr wesentliche Entscheidungsgrundlage erkannt wird. Zum einen liegt dies darin, daß dieser Aspekt ein bereits vertrauter Parameter ist. Zum anderen wird häufig gerade von Personen, die die Einführung eines Umweltmanagementsystems von sich aus zu fördern versuchen, diese Berücksichtigung als Chance angesehen, negativ eingestellte Entscheidungsträger zu überzeugen.

8.2 Umweltrelevante Kosten

8.2.1 Definition umweltrelevanter Kosten

Der Begriff der „umweltrelevanten Kosten" soll als Arbeitsbegriff folgendermaßen definiert werden:

> ALS **UMWELTRELEVANTE KOSTEN** WERDEN DIEJENIGEN KOSTEN BEZEICHNET, DIE DEM UNTERNEHMEN AUS **GRÖSSEN** ENTSTEHEN, **DIE AM MARKT MIT UMWELTSCHUTZ IN VERBINDUNG GEBRACHT WERDEN.**

Um eine Abgrenzung vorzunehmen, ist die Frage zu stellen, ob Maßnahmen, die von Anspruchsgruppen bzw. Marktpartnern des Unternehmens (Lieferanten, Kunden, Mitarbeiter, Behörden, Öffentlichkeit usw.) als Umweltschutzmaßnahmen eingestuft werden, diese Größen verändern können. Diese Definition stellt eine Berücksichtigung aller betriebswirtschaftlichen Veränderungen, die durch Umweltschutzmaßnahmen entstehen, sicher. Als Beispiele seien einige Größen genannt, die sich beim Verzicht auf Umverpackungen (dies ist die für Marktpartner erkennbare Umweltschutzmaßnahme) ändern könnten. Diese Größen sind das Umverpackungsmaterial, der Energieverbrauch der Verpackungsanlage, die Kapitalbindung durch diese Anlage, der Personalbedarf zu ihrer Überwachung, aber auch möglicherweise die verbleibende direkte Verpackung, die höhere Kosten verursacht (z.B. durch zusätzliches Bedrucken).

Da der Untersuchungsgegenstand das Unternehmen ist (in Analogie zum EMAS), sind Umweltschutzmaßnahmen, die erst während der späteren Nutzung bzw. Entsorgung der Produkte greifen, nicht mit eingeschlossen. Daher werden auch nicht die eingesetzten Produktionsmaterialien und Hilfs- und Betriebsstoffe berücksichtigt. Erst wenn sie durch innerbetriebliche Prozesse z.B. in Abfall transformiert werden, sind sie gemäß der hier vorgegebenen Definition zu berücksichtigen. Erst dann zeigen sie umweltrelevante ökonomische Auswirkungen. Ihr Materialwert in Form der Einkaufskosten wird nur zu jenem Anteil bewertet, zu dem sie beispielsweise zu Abfällen oder Abwasser führen, ohne vorher einen betrieblichen Zweck erfüllt zu haben. Dieser Ansatz wird gewählt, da durch effizienten Einsatz der Materialien bei gleicher Erfüllung der betrieblichen (wertschöpfenden) Funktion grundsätzlich Umweltschutz betrieben wird. Um eine Abgrenzung zu erleichtern, werden in Abschn. 8.3.3 Datenbeispiele gegeben.

Über die geschilderten Größen hinaus fallen nicht internalisierte Kosten (sog. externe Kosten) nicht unter die Definition umweltrelevanter Kosten und müssen aufgrund der hier verfolgten Ziele auch nicht berücksichtigt werden. Diese Kosten, die durch die Einwirkung des Unternehmens auf die Umwelt entstehen, aber von diesem nicht zu tragen sind, stellen keine für das Unternehmen relevanten Aspekte der Ist-Analyse dar *[zur Definition vgl. Endres, 1985]*. Sie sind für die anfängliche Bewertung bzw. den Einstieg in ein betriebliches Umweltmanagement nicht als Schwerpunkt zu sehen. So verfährt auch die Kunert AG in der betrieblichen Umweltschutzpraxis *[Rauberger, 1994b]*.

In späteren Stufen sollte aber unbedingt versucht werden, die externen Kosten systematisch zu erfassen, da sie aufgrund möglicher Internalisierungszwänge (z.B.

durch die Umweltpolitik) ein zukünftiges unternehmerisches Risikopotential darstellen. Dieses Risikopotential rechtzeitig zu erkennen, ist daher eine originäre Aufgabe eines langfristigen „Ökologischen Controllings" *[Wagner, 1993, S. 216]*.

Das Beispiel eines geänderten Lackierverfahrens macht diesen Punkt deutlicher. Wenn Lösungsmittel durch verschiedene Abluftreinigungstechniken zurückgewonnen werden, so sind die damit in Verbindung stehenden Kosten (Kapitalbindung, Energie usw.) umweltrelevant. Ihr langfristiger Wegfall bei der Verwendung von Pulverlacken ist zu berücksichtigen. Die externen Kosten, die durch die dennoch entweichenden Restmengen entstehen, sind jedoch aus betrieblicher Sicht nicht entscheidungsrelevant.

Die dargestellten Beispiele und Abgrenzungen verdeutlichen, daß die Summe aller umweltrelevanten Kosten eines Unternehmens

a) *weder als Ausgaben für den Umweltschutz* zu bezeichnen ist,
b) *noch* daß man diese Größe insgesamt *als mögliches Kostensenkungspotential* bei einer konsequenten Verfolgung einer aktiven Umweltschutzpolitik ansehen darf.

Beides würde zu einer Fehlinterpretation der Daten führen. Im ersten Fall läge eine Täuschung der Öffentlichkeit vor. Wie erläutert wurde, handelt es sich gerade nicht nur um Kosten, die dem Unternehmen durch Umweltschutzauflagen entstehen. Vielmehr sind es die im Rahmen von Umweltschutzmaßnahmen veränderbaren (nach oben oder nach unten) ökonomischen Größen. Im zweiten Fall – der Darstellung als reines Kostensenkungspotential – würden die Erwartungen und damit auch die definierten Ziele des betrieblichen Umweltschutzes zu hoch gesteckt, wodurch es später zwangsläufig zu Zielverfehlungen und Enttäuschungen käme.

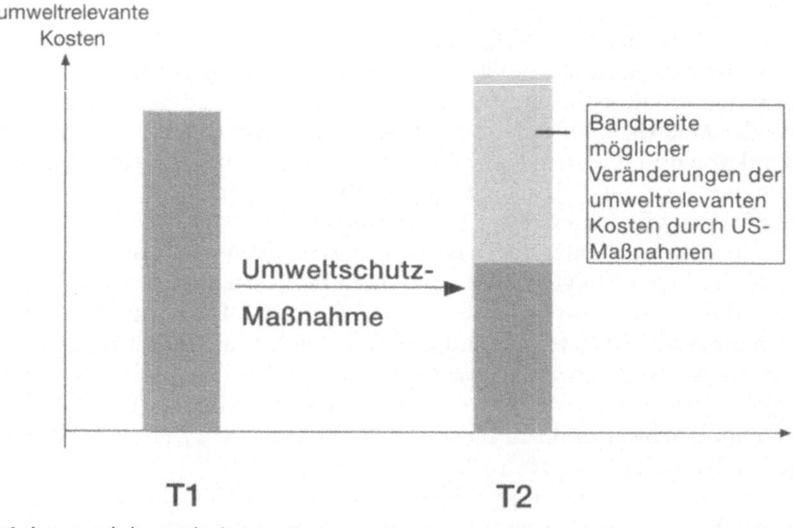

Bild 8.1 Aussagegehalt umweltrelevanter Kosten

Bild 8.1 verdeutlicht den Aussagegehalt der umweltrelevanten Kosten. Die Höhe des schraffierten Blockes zum Zeitpunkt T2 ist abhängig von der eingeleiteten Umweltschutzmaßnahme. Die Summe der umweltrelevanten Kosten (gesamte Säulenhöhe) kann im Zeitraum der Umweltschutzmaßnahme (T2 - T1) steigen oder sinken. Die Ermittlung der umweltrelevanten Kosten ermöglicht jedoch eine Entscheidung im Zeitpunkt T1 unter Berücksichtigung der ökonomischen Parameter.

Es kann zusammenfassend gesagt werden, daß die *umweltrelevanten Kosten aufzeigen, welche Größen mengenmäßiger und wertmäßiger Art berücksichtigt werden müssen, um Umweltschutzmaßnahmen vollständig bezüglich ihrer Auswirkungen auf die ökonomische Situation des Betriebes zu beurteilen.*

Eine notwendige Einschränkung besteht darin, daß nur solche Veränderungen erfaßt werden sollen, die einer Umweltschutzmaßnahme direkt zuzuordnen sind. Damit sind Veränderungen gemeint, die bereits vor der Durchführung einer Maßnahme bekannt und bewertbar sind. Eine Bewertung der indirekten Auswirkungen, z.B. einer höheren Akzeptanz durch Aufsichtsbehörden und dadurch verkürzter Genehmigungsverfahren mit geringeren Kosten nach der Einführung eines Umweltmanagementsystems, soll unterbleiben. Dies stellt eine Einschränkung dar, da diese Kostengrößen durchaus unter die hier verwendete Definition fallen. Es sind Größen, die sich verändern können, wenn eine von Anspruchsgruppen (hier den Behörden) als Umweltschutz anerkannte Maßnahme (Einführung eines Umweltmanagementsystems) durchgeführt wird. Um die Praxistauglichkeit des Ansatzes nicht zu reduzieren, muß ein aufwendiger und fragwürdiger Versuch der monetären Bewertung solcher Auswirkungen als Teil der umweltrelevanten Kosten unterbleiben. Es ist davon auszugehen, daß praktisch eine Abgrenzung von Umsatzveränderungen, die allgemein auf das *„Umweltimage"* des Unternehmens zurückzuführen sind, sogar gänzlich unmöglich ist *[Schreiner, 1992a, S. 947]*. Die Möglichkeit einer solchen positiven Auswirkung sollte jedoch vor einer Entscheidung berücksichtigt werden. Für die qualitative Bewertung bzw. eine nicht-monetäre quantitative Bewertung liegen bereits erprobte Verfahren (z.B. die Nutzwertanalyse) vor.

8.2.2 Kategorien umweltrelevanter Kosten

Die umweltrelevanten Kosten eines Unternehmens teilen sich in zwei Kategorien auf. Sie werden entweder direkt durch den Verbrauch eines Energieträgers bzw. die Entsorgung von Abfällen usw. verursacht, oder sie entstehen aufgrund von Anlagen, die für diese Zwecke benötigt werden, indirekt. Die Verwendung der Begriffe direkter und indirekter Kosten erfolgt in Anlehnung an die von Nosko verwendeten Begriffe „direkte Energiekosten" und „indirekte Energiekosten" und erweitert deren Auslegung auf andere umweltrelevante Aspekte (z.B. Abfall). Bei Nosko

> „... werden unter dem Begriff der Energiekosten sowohl die direkten (Energiebezugskosten) als auch die indirekten Energiekosten (Kosten für Zähler und Meßeinrichtungen, Instandhaltungskosten, Kosten der Umwandlung und Weiterleitung etc.) verstanden." *[Nosko, 1994, S. 25]*.

8.2.2.1 Direkte Kosten

Die erste Kategorie – die direkten Kosten – fällt nur dann an, wenn tatsächlich ein Energie- bzw. Stoffstrom stattfindet. Sie werden hier als direkte Kosten bezeichnet, da ihre *Entstehung direkt vom Vorhandensein einzelner Stoff- und Energieströme abhängt.* Es handelt sich dabei also um kurzfristig variable Kosten, die häufig weitestgehend proportional zur Quantität des Stoff- oder Energiestromes sein werden. Diese Kosten sind kurzfristig variabel, da sie durch eine Einstellung des jeweiligen Stoff- oder Energiestroms ohne zeitlichen Verzug abgebaut werden können.

Als Beispiel dafür sind Kosten zu nennen, die durch die Wassergebühren bei der Verwendung von Trinkwasser aus dem öffentlichen Netz anfallen. Diese werden pro m^3 erhoben und fallen nur dann an, wenn tatsächlich ein Verbrauch vorliegt. Sie sind umweltrelevant, da eine Umweltschutzmaßnahme zu einer Senkung des Wasserverbrauchs führen kann. Ein weiteres Beispiel sind die Gebühren für Hausmüllcontainer in Unternehmen. Diese sind nicht so wie die Wassergebühren direkt proportional zur tatsächlich anfallenden Müllmenge. Sie steigen bei Bedarf eines weiteren Containers um dessen Gebühr an. Jedoch gilt auch für diese Kostengröße, daß sie, wenn kein Hausmüll anfällt, nicht entsteht. Ferner handelt es sich um umweltrelevante Kosten, da eine Umweltschutzmaßnahme (z.B. Mülltrennung) das Hausmüllaufkommen senken kann und sich dadurch diese Kosten ändern würden.

8.2.2.2 Indirekte Kosten

Die zweite Kategorie umweltrelevanter Kosten – die indirekten Kosten – entsteht, da die *Stoff- und Energieströme bewegt, gelagert, überwacht und teilweise umgewandelt* werden müssen, bevor sie ihren betrieblichen Zweck erfüllen oder den Betrieb verlassen. Diese Kosten entstehen nicht direkt, wenn ein solcher Stoff- oder Energiestrom auftritt. Vielmehr handelt es sich dabei um anlagenbezogene Kosten (Abschreibungen usw.) und um Personalkosten. Die Anlagen bzw. das Personal müssen auf jeden Fall vorgehalten werden, um die Stoff- und Energieströme grundsätzlich zu ermöglichen. Sie führen also zu Kosten, unabhängig davon, welche Stoff- und Energieströme tatsächlich innerhalb einer Periode aufgetreten sind. Diese Kosten sind daher kurzfristig fix und können nur über mehrere Perioden abgebaut werden. Dadurch sind sie für kurzfristige Entscheidungen nicht relevant. Sie entstehen bis zu ihrem (langfristigen) Abbau unabhängig von getroffenen Umweltschutzentscheidungen bzw. eingeleiteten Umweltschutzmaßnahmen.

Für eine vollständige Maßnahmenbewertung müssen auch Veränderungen dieser nur kurzfristig fixen Kosten berücksichtigt werden. Es ist z.B. bei einer Entscheidung über eine neue Rauchgasentschwefelung durchaus interessant, welche Kosten für die Kapitalbindung dieser Anlage veranschlagt werden müssen. Diese Kosten, die ausschließlich aufgrund der Umweltschutzmaßnahme entstehen, sind eindeutig von der Definition umweltrelevanter Kosten eingeschlossen.

Um keine ausufernde Einbeziehung aller Personal- und Anlagenkosten in die umweltrelevanten Kosten und damit eine reduzierte Akzeptanz der getroffenen

Aussagen zu riskieren, muß die Betrachtung indirekter Kosten eingeschränkt werden. So sollen keinesfalls alle Kosten von Anlagen Berücksichtigung finden, die sich z.B. ändern können, wenn man eine Anlage mit weniger Verschnitt und dadurch geringerer Umweltbelastung durch Abfälle anschafft. Es sollten nur die indirekten Kosten erfaßt werden, die auf dem Weg von Stoff- und Energieströmen hin zu ihrem betrieblichen Zweck für eben diesen Weg erforderlich sind. Weiterhin sollen die direkten Kosten auch für Anlagen, die Stoff- und Energieströme nach ihrer Zweckerfüllung aus dem Betrieb herausleiten, erfaßt werden (z.B. Abfallsystem).

Zusammenfassend handelt es sich bei indirekten Kosten um *Kosten, die nur langfristig mit dem Volumen von Stoff- und Energieströmen der umweltrelevanten Teilsysteme variieren und keiner Wertschöpfung gegenüberstehen.*

Die Verbindung mit dem Fehlen einer Wertschöpfung soll erreichen, daß Ineffizienzen aufgedeckt werden können. Dahinter steht die Annahme, daß jeder Stoff- oder Energiestrom, der nicht unmittelbar zur Erstellung der betrieblichen Leistung notwendig ist, grundsätzlich verringert werden könnte, ohne die Produkte oder deren Qualität zu beeinflussen. Anlagen und Personalkosten für die eigentliche betriebliche Leistungserstellung sollen nicht zu den indirekten umweltrelevanten Kosten gezählt werden. Dies würde strukturell ein Infragestellen des Fortbestandes des Unternehmens bedeuten. Dadurch würde die angestrebte hohe Akzeptanz der Methodik in der Praxis gefährdet.

Mit der vorgestellten Definition sind nahezu alle Anlagen, die als Produktionsanlagen bezeichnet werden können (an denen eine Wertschöpfung stattfindet), ausgenommen. Es treten jedoch Abgrenzungsprobleme auf. So ist es z.B. schwierig, über die Zuordnung eines Trocknungsofens zu entscheiden. Einerseits kann man argumentieren, daß der Trocknungprozeß ein Produktionsprozeß ist und daher keine Anlage vorliegt, die nur zum Transport oder zur Umwandlung der Energie dient. Nach dieser Auslegung hätte der Ofen eine wertschöpfende Funktion und wäre nicht im Rahmen der indirekten, umweltrelevanten Kosten zu bewerten. Andererseits kann argumentiert werden, daß der Ofen nur die Umwandlung von z.B. Gas in Feuerungswärme betreibt und der eigentliche wertschöpfende Prozeß die Trocknung des Produktes ist. Im zweiten Fall würden die anlagenbezogenen Kosten als umweltrelevante Kosten berücksichtigt, im ersten nicht. Die Einstufung als indirekte Kosten verursachende Anlage ist in diesem Fall nicht von der Hand zu weisen. Es wäre denkbar, die Trocknung auf eine andere Art zu erreichen. Wenn es sich dabei um eine als Umweltschutzmaßnahme kommunizierbare Alternative handelt, wäre die Erfassung gerechtfertigt. Eine Möglichkeit dazu könnte die Nutzung der Abwärme eines anderen Prozesses sein.

Da eine eindeutige Entscheidungsregel für solche Grenzfälle nicht vorgegeben werden kann, sollten sie im Einzelfall entschieden werden. An dieser Stelle liegt eine stark subjektive Komponente vor. Hier wird sich ein Unterschied verschiedener Unternehmen ergeben, abhängig davon, wie das Management Umweltschutz als Unternehmensziel versteht.

- Ein stark *innovativ umweltschützendes* Unternehmen wird einen relativ großen Teil der Anlagen in die indirekten umweltrelevanten Kosten einbeziehen, da es Umweltschutzmaßnahmen stärker im Bereich des produktionsintegrierten Umweltschutzes sucht.

- *Weniger fortschrittliche* Unternehmen, deren Umweltschutzaktivitäten sich auf end-of-pipe-Technologien beschränken, werden die Produktionsanlagen kaum als möglichen Ansatzpunkt für Umweltschutzmaßnahmen sehen und daher auch nicht die damit verbundenen Kosten als Veränderungspotential möglicher Umweltschutzmaßnahmen ansehen.

Diese unterschiedlichen Ausprägungen des betrieblichen Umweltschutzes, die sich z.B. auch durch die wirtschaftliche Situation ergeben können, sind durchaus legitim und auch z.B. im EMAS berücksichtigt. Lediglich die *Einhaltung bestehender Gesetze* und die *kontinuierliche Verbesserung* des betrieblichen Umweltschutzes sind Pflicht. Auf welchem Niveau die kontinuierliche Verbesserung ansetzt und in welchen Schrittweiten sie vollzogen wird, bleibt offen.

Die jeweilige Entscheidung und die Begründung müssen dokumentiert und bei der Bewertung einer Maßnahme auf der Basis der dadurch ermittelten Daten als Annahme bekannt gemacht werden.

Die Vorteile dieser Vorgehensweise bestehen darin, daß

1. getroffene Annahmen begründet werden müssen und ihr Einfluß auf das Ergebnis nachvollziehbar dargestellt wird,
2. dieser Dokumentationszwang dazu führt, daß nachträglich der Einfluß einzelner Annahmen erkennbar bleibt und
3. der Entscheidungsträger (d.h. die Unternehmensleitung), wenn er nicht mit der gewählten Abgrenzung einverstanden ist, die dokumentierten Annahmen gemäß siner Auffassung anpassen kann, um die Auswirkungen auf das Ergebnis der Maßnahmenbewertung zu prüfen.

In diesem Zusammenhang stellt auch die Erweiterung des Betrachtungshorizontes eine Möglichkeit zur kontinuierlichen Verbesserung dar, wie das Beispiel des Trocknungsofens verdeutlicht. Damit kann eine zunächst enge Begriffsauslegung umweltrelevanter Kosten im Rahmen der kontinuierlichen Verbesserung der Umweltleistung des Standortes ausgedehnt werden. Die sich dadurch ergebende Berücksichtigung z.B. von Produktionsanlagen, die vornehmlich zur Wärmeerzeugung dienen, bei der Suche nach Umweltschutzmaßnahmen stellt eine solche Verbesserung dar. Mit der Ausweitung des Betrachtungshorizontes steigt das Potential, Umweltschutzmaßnahmen bzw. deren ökonomische Auswirkungen zu erkennen. Allerdings nimmt auch der Erfassungsaufwand zu.

8.2.3 Abgrenzung zu anderen Definitionen

Anhand eines Vergleichs mit anderen Begriffen aus der aktuellen Literatur und deren Definitionen werden im folgenden die Vorteile des hier verwendeten Begriffs aufgezeigt.

Eine der hier getroffenen Definition ähnliche schlägt Wagner unter dem Begriff „*Umweltschutzkosten*" vor:

> „Als Umweltschutzkosten seien – moderner Fassung des Kostenbegriffs folgend – sämtliche ökonomischen Nachteile bezeichnet, die durch Entscheidungen im Unternehmen, die die ökologische Umwelt tangieren, ausgelöst werden" *[Wagner, 1992, S. 920].*

Allerdings ist der Begriff der Umweltschutzkosten ungeschickt gewählt, da er implizit den Umweltschutz als einen Kostenverursacher darstellt. Es ist aber nicht nur der Umweltschutz, der zu Kosten führt, sondern vor allem der umweltbelastende ineffiziente Einsatz von Rohstoffen *[vgl. Rauberger, 1994a, S. 21]*. Außerdem vernachlässigt Wagner die ökonomischen Nachteile, die durch Entscheidungen im Unternehmen, welche die ökologische Umwelt tangieren, *abgebaut* werden können. Es fehlt die Berücksichtigung von Kostensenkungspotentialen, die im Zuge von Umweltschutzmaßnahmen realisiert werden können.

Die hier gewählte Definition umweltrelevanter Kosten geht auch deutlich über die häufige ausschließliche Betrachtung der Investitionskosten für die monetäre Bewertung von Umweltschutzmaßnahmen hinaus *[vgl. z.B Rückle, 1992, S. 451 ff.]*. Die klassische Investitionsrechnung greift bei der Bewertung von Umweltschutzmaßnahmen grundsätzlich zu kurz *[so auch Rauberger, 1994a]*.

„Investition ist eine betriebliche Tätigkeit, die zu unterschiedlichen Zeitpunkten t Ausgaben und Einnahmen verursacht, wobei dieser Vorgang immer mit einer Ausgabe beginnt" *[Kruschwitz, 1987, S. 4]*.

Nach dieser Definition würde z.B. bei der Bewertung einer Arbeitszeitflexibilisierung, die möglicherweise zu einer Senkung der Stromkosten aufgrund geringerer Leistungsnachfrage führt, keine Veränderung aufgezeigt werden. Eine typische Investitionszahlungsreihe beginnt mit einer Anfangsausgabe (vgl. o.). In den folgenden Perioden kommt es dann zu Einnahmen aufgrund der getätigten Investition. Der ökonomische Vergleich der Einnahme und der Ausgabe ist die zentrale Aufgabe der Investitionsrechnung. Grundsätzlich wird eine Investition dann als vorteilhaft bewertet, wenn der Wert der Einnahmen (evtl. abgezinst) höher als der Wert der Ausgabe ist. Die Investitionsrechnung ist also nach der vorgestellten Definition konzeptionell auf die Bewertung von Umweltschutzmaßnahmen beschränkt, die durch die Investition in eine entsprechende Technologie stattfinden (typischerweise end-of-pipe Technologien).

Im Gegensatz dazu ist mit Hilfe der hier gewählten Definition eine Berücksichtigung von nicht anlagengebundenen Maßnahmen eingeschlossen. Die Definition ermöglicht insbesondere, die immer bedeutender werdenden Maßnahmen des integrierten Umweltschutzes zu bewerten.

Unter *integriertem Umweltschutz* versteht man einen Ansatz, der aufbauend auf einer ganzheitlichen Betrachtung der physikalisch/technischen Größen versucht, Umweltbelastungen durch Beseitigung ihrer Ursachen zu vermeiden. Eine Vorsorge statt einer Nachsorge wird angestrebt. Hierbei wird versucht, vollständig auf end-of-pipe Technologien zu verzichten. Am Anfang stehen daher immer ausführliche Analysen stofflicher und energetischer Inputs und Outputs der Prozesse. Auch eine ausdrückliche Einbeziehung der vor- und nachgelagerten Prozeßstufen in die Bemühungen, Umweltbelastungen zu vermeiden, wird im Rahmen dieses Konzeptes verlangt *[vgl. Strebel, 1991]*.

Häufig wird im Rahmen des integrierten Umweltschutzes eine Umstellung der Prozeßreihenfolge oder der Austausch eines Rohstoffes vorgenommen.

Als Beispiel für eine solche Umstellung der Prozeßreihenfolge kann ein deutscher Joghurt-Hersteller genannt werden. Durch den Wechsel der täglichen Produktionsreihenfolge zwischen Vanille- und Schokolade-Joghurt konnte der Bedarf an Spülchemikalien zwischen den verschiedenen Produkten deutlich gesenkt werden. Der Grund lag darin, daß Verunreinigungen von Vanille in Schokolade weniger schmeckbar sind als umgekehrt *[v. Someren, 1994]*.

Die geschilderte Maßnahme wäre mit den Methoden der Investitionsrechnung nicht bewertbar.

Mit der verwendeten weitgefaßten Definition wird hingegen erreicht, daß alle von einer Umweltschutzmaßnahme verursachten ökonomischen Veränderungen Berücksichtigung finden. Dadurch wird eine umfassende Wirtschaftlichkeitsanalyse von Umweltschutzmaßnahmen aller Art ermöglicht.

Ein Abgrenzungsproblem besteht zur Verwendung des Begriffes der „*Umweltschutzkosten*" von Seiten der Kostenrechnung. Da dort ein grundsätzlich anderes Verständnis vorherrscht, soll hier kurz der Unterschied erläutert werden. J. Kloock, der als einer der Vorreiter der Diskussion um Umweltschutzkosten angesehen werden kann *[Wagner, 1993, S. 215]*, wählt folgende Definitionen. Die Umweltschutzmaßnahmen teilt Kloock in Regelungsmaßnahmen (end-of-pipe) und Vorsorgemaßnahmen (z.B. Substitution von Einsatzstoffen) ein. Die Kosten des Umweltschutzes sind dann entweder als sog. Differenzkosten oder als Opportunitätskosten bewertbar. Im Falle einer Regelungsmaßnahme sind die Differenzkosten anzusetzen:

> „Die Differenz aus den Kosten für durchzuführende Regelungsmaßnahmen und den Kosten bei Unterlassung dieser Maßnahme, also den Kosten der Unterlassungsalternative, stellen die anzusetzenden Umweltschutzkosten dar". In der Regel seien „die Kosten der Unterlassungsalternative als Kosten des Nichtstuns und daher mit dem Wert Null" anzusetzen *[Kloock, 1993, S. 187 ff.]*.

Bei Vorsorgemaßnahmen sind hingegen in der Regel die Opportunitätskosten anzusetzen. Unter Opportunitätskosten versteht man den Wert der nächstbesten Alternative *[Franke, 1988, S. 99]*. Die nächstbeste Alternative wäre hier die Unterlassung. Die Opportunitätskosten entstehen nach Kloock durch mögliche Gewinneinbußen aufgrund der Umweltschutzmaßnahmen, z.B. durch verringerte Qualität der Produkte *[Kloock, 1993, S. 188]*.

> „Offensichtlich sind in den Sonderfällen, in denen umweltorientierte Vorsorgemaßnahmen, insbesondere Substitutionsmaßnahmen, nur zu Kosteneinsparungen und damit zu Gewinnerhöhungen führen, die Differenz- und Opportunitätskosten jeweils Null, so daß für solche Umweltschutzmaßnahmen keine Umweltschutzkosten anzusetzen sind" *[Kloock, 1993, S. 188]*.

Aus dieser Auslegung wird eindeutig klar, daß bei dieser Begriffsauslegung kostensenkende bzw. erlössteigernde Maßnahmen nicht zu einer positiven Bewertung der betrachteten Umweltschutzmaßnahme führen. Gerade bei den Maßnahmen des integrierten Umweltschutzes treten häufig keine *zusätzlichen* Kosten auf. Beim „Joghurt-Beispiel" ergäbe sich keine Veränderung der Umweltschutzkosten im Sinne von Kloock. Die Definition führt also zu einer grundsätzlichen Einstufung des Umweltschutzes als Kostenverursacher. Damit wird schon im Ansatz eine negative Einstellung der Entscheider gegenüber dem Umweltschutz verankert *[so auch UBA, 1995b, S. 441]*.

Bei Kloocks Umweltschutzkosten fehlt eine Berücksichtigung der Kosten, die nicht mit einer Umweltschutzmaßnahme in Verbindung stehen, aber Potentiale zur Umweltentlastung aufzeigen können. So wird nach der oben wiedergegebenen Definition von Umweltschutzkosten nach Kloock z.B. nicht der Wasserverbrauch einer Anlage erfaßt, sondern lediglich die Differenzkosten bei einer Anlage, die weniger Wasser verbrauchen würde. Die Umweltschutzmaßnahme würde also mit den veränderten Kapitalbindungskosten gegenüber der Altanlage bewertet. Vor der Durchführung der Maßnahme würden aber keine aus der Wassernutzung entstehenden Kosten bewertet. Dies führt dazu, daß nicht anhand des hohen Verbrauches einer Altanlage ein Einsparpotential erkannt werden kann, sondern lediglich im nachhinein eine Bewertung der Maßnahme erfolgt, deren Entwicklung aber nicht durch diese Art der Umweltkostenrechnung gefördert wurde.

Zur Lenkung eines solchen innovativen Umweltschutzes schlägt Kloock folgendes Vorgehen vor: Es sollen zunächst besonders schnell abzubauende Umweltbelastungen (nach „ökologischer Dringlichkeit") ermittelt werden. Anschließend werden zur Aufteilung der Gemeinkosten Verteilungsschlüssel errechnet, so daß stark umweltbelastende Prozesse einen besonders hohen Anteil der *„umweltschutzspezifischen Gemeinkosten"* erhalten. Dadurch würden die besonders umweltbelastenden Prozesse mit Hilfe interner Verrechnungspreise stark verteuert, und die *„gewohnt kostenorientiert denkenden Mitarbeiter"* würden kreativ werden, um diese Kosten zu senken *[vgl. Kloock, 1993, S. 200 ff.]*. Für diese Vorgehensweise braucht man nach Kloock neben den Schlüsselgrößen zur Gemeinkostenverteilung auch eine

> „Festlegung der nach den umwelt(schutz)orientierten Schlüsselgrößen zu verteilenden Gemeinkosten (wie z.B. alle Fixkosten des Umweltschutzes)" *[Kloock, 1993, S. 201]*.

Welche Kosten genau unter den Begriff der umweltspezifischen Gemeinkosten fallen, wird von Kloock jedoch nicht definiert.

Bei dieser *„Lenkungsrechnung"* erkennt man einen Schnittpunkt zu den oben vorgestellten, stärker ökologisch ausgerichteten Ansätzen des „Öko-Controllings". Diese würden bei Kloock zur Ermittlung der besonders dringend abzubauenden Umweltbelastungen eingesetzt werden. Also benötigt auch Kloock für seine Ansätze der Umweltkostenrechnung die Informationen über Stoff- und Energieströme sowie deren ökologische Bewertung. Der Versuch, eine solche „Lenkungsrechnung" zu entwickeln, zeigt, daß auch von Kloock die Notwendigkeit erkannt wird, Kostensenkungspotentiale aufzuzeigen. Das genaue Vorgehen wird jedoch in der zitierten Literatur nicht erläutert und bleibt daher unklar.

Die hier eingeführten umweltrelevanten Kosten berücksichtigen hingegen explizit die zur Aufdeckung von Kostensenkungspotentialen relevanten Größen. Dies sind z.B. die durch Wasserverbrauch entstehenden Bezugskosten für Wasser (Beiträge und Gebühren) sowie die mit der Nutzung des Wassers in Verbindung stehenden Kosten (z.B. durch Kapitalbindung für Wasserspeicher). Beide Größen stellen ein Kostensenkungspotential bei einer Reduzierung des Wasserverbrauchs dar.

Damit werden durch die vorgestellte Definition alle Kostenkomponenten berücksichtigt, die z.B. auch von Rauberger auf Basis seiner Praxiserfahrungen als wesentlich eingestuft werden (Bild 8.2). Die folgende Auflistung zeigt die Elemente *der „umweltrelevanten Kosten (Umweltkosten)"*, die Rauberger

> „als Kosten, die sich komplementär zur Entlastung der betrieblichen Umweltsituation reduzieren lassen" definiert *[Rauberger, 1994a, S. 8]*.

1. Abwasser- und Abfallgebühren
2. Abschreibungen auf end-of-pipe-Technologien, Betriebsmittel und Personalkosten
3. Interne Transport-, Behandlungs- und Kontrollkosten von Reststoffen
4. Fehlerkosten (inkl. Personalkosten, Maschinenlaufzeiten, Nacharbeit ...)
5. Einkaufs- und Aufbereitungs- und Lagerkosten ineffizient eingesetzter Materialien

Bild 8.2 Handlungsorientierte Definition von Umweltkosten *[Rauberger, 1994a, S. 9]*

Auch bei diesem Autor werden wesentliche kostenverursachende umweltrelevante Größen nicht berücksichtigt. Seine Betrachtung konzentriert sich auf Kosten, die durch Abwässer und Abfälle entstehen. Damit wird die Umweltrelevanz des Verbrauchs von Ressourcen (z.B. fossiler Energieträger) nicht genügend einbezogen. Außerdem entsprechen die unter 2. aufgeführten Kosten nicht Raubergers eigener Definition. Diese Kosten können bei einer Entlastung der betrieblichen Umweltsituation durchaus auch ansteigen.

Schon an dieser Stelle wird jedoch auch klar, daß es sinnvoll sein wird, bei einer ersten Erfassung Schwerpunkte zu setzen, um den durch die weitgefaßte Definition (vgl. o.) begründeten Datenbedarf stufenweise zu erfassen und dabei zuerst die ökonomisch besonders problematischen Bereiche zu berücksichtigen. Eine Konzentration auf diejenigen umweltrelevanten betrieblichen Vorgänge, die zu hohen umweltrelevanten Kosten führen, sollte daher angestrebt werden.

8.3 Methodik zur Ermittlung der umweltrelevanten Kosten

8.3.1 Zielsetzung der Datenerhebung

Einleitend wurde dargestellt, daß die vorgestellte Methodik als Einstieg in ein betriebliches Umweltmanagement dienen kann. Sie soll dazu beitragen, eine erste Situationsanalyse der umweltrelevanten Kostensituation zu erarbeiten. Ein weiterer Schwerpunkt ist die umfassende Bewertung von Umweltschutzmaßnahmen bzgl. ihrer ökonomischen Auswirkungen zur Entscheidungsunterstützung. In beiden Fällen wird der Praktikabilität besondere Aufmerksamkeit gewidmet. Sowohl die Datenerhebung als auch die Datenstrukturierung zur Auswertung und Maßnahmenentwicklung wurden derart gestaltet, daß durch die einfache Handhabbarkeit eine möglichst hohe Akzeptanz bei einer Einführung im Unternehmen gewährleistet ist. Unter diesem Aspekt sollte langfristig auch eine Umsetzung mit Hilfe der EDV als Option vorgesehen werden. Dies ist erforderlich, da bei hohem Detaillierungsgrad der berücksichtigten Daten schnell eine Datenfülle entsteht, die ohne dieses Hilfsmittel nicht mehr zu überblicken ist. Schnittstellen zu den bereits im Unternehmen eingeführten Systemen sind dann vorzusehen (dazu ausführlicher Kap. 6).

Zur Gewährleistung der *Praktikabilität* wird bewußt in Kauf genommen, daß Ungenauigkeiten sowohl in Abgrenzungsfragen als auch in der Vollständigkeit der berücksichtigten Größen entstehen. Hinter dieser Überlegung steht die Erfahrung, daß es für das Management in der Regel wichtiger ist, sich in einfacher Weise über Wirkungen geplanter Maßnahmen zu informieren, als eine wissenschaftlich exakte Einordnung der Größen in einzelne Kategorien (z.B. „prozeßbedingte" oder „umweltschutzbedingte" Umweltkosten bei *[Roth, 1992, S. 118 ff.]*) vorzunehmen. Diese Selbstbeschränkung bedeutet, daß Größen, die umweltrelevant sind und zu Kosten führen, durchaus auch vernachlässigt werden dürfen, wenn begründet werden kann, daß sie entweder nicht entscheidungsrelevant sind oder ihre Erhebung wegen des großen Aufwandes nicht wirtschaftlich vertretbar ist.

Hier kann als typisches Beispiel das Büromaterial gelten. In den meisten Unternehmen ist es möglich, z.B. durch Verwendung von Buntstiften anstatt von Textmarkern Umweltschutz zu betreiben. Eine Analyse der Ist-Situation bzgl. der umweltrelevanten Kosten ist in diesem Fall jedoch nicht sinnvoll. Diese Abwägung liegt im Ermessensspielraum des Managements. Sie sollte aber in strittigen Fällen begründet und dokumentiert werden, um bei einer späteren Erhöhung des Detaillierungsgrades (z.B. im Zuge der kontinuierlichen Verbesserung) auf diese Argumentationsbasis zurückgreifen zu können, wenn es um eine Einbeziehung dieser bis dahin nicht berücksichtigten Daten geht.

Trotz der geforderten Praktikabilität ist es wichtig, eine fundierte Grundlage für eine umfassende Bewertung in Frage kommender Maßnahmen zu schaffen. Die entwickelte Methodik wurde gezielt auf *generelle Anwendbarkeit* hin konzipiert. Aus diesem Grund ist die vorgestellte Methodik so strukturiert, daß mit Hilfe der gleichen Informationen

- unterschiedlichste betriebliche Konstellationen ausgewertet werden können
- sie in unterschiedlichen Branchen anwendbar ist
- sie ebenso unabhängig von der Unternehmensgröße und dem Vorhandensein anderer Informationssysteme eingesetzt werden kann
- sie so allgemein formuliert ist, daß sie vor und nach der Durchführung von Umweltschutzmaßnahmen unverändert eingesetzt werden kann.

Durch diese Anwendungsoffenheit wird vermieden, daß die Ist-Situation und Maßnahmenszenarien mit strukturell unterschiedlichen Daten bewertet werden müssen. Die Methodik muß insbesondere unabhängig von sich ändernden Produktionsstrukturen anwendbar sein (z.B. vor und nach der Einführung eines neuen Lackierverfahrens). Dies ist für eine zuverlässige Bewertung notwendig, da nur der Vergleich (a) der Fortschreibung der Ist-Situation (ohne zusätzliche Umweltschutzaktivitäten) in die Zukunft mit (b) der bei Durchführung einer Umweltschutzmaßnahme zu erwartenden Zukunft zu aussagefähigen Daten führen kann. Es werden also zwei Fragen gestellt:

1.) „Was wäre in X Jahren, wenn wir keine Maßnahme ergreifen?"
2.) „Was wäre in X Jahren, wenn wir die Maßnahme Y durchführen?"

Der Vergleich der Antworten auf diese Fragen stellt die Bewertung der Maßnahme dar. Dieser Ansatz führt dazu, daß die unvermeidbare subjektive Komponente, die durch die Auswahl der berücksichtigten Informationen entsteht, beide Szenarien gleichermaßen beeinflußt.

Zur Verdeutlichung der Problematik soll das folgende Beispiel dienen: Ob die Flächenversiegelung in einem Industriebetrieb als umweltrelevant berücksichtigt wird und daher die Kapitalbindung durch das Grundstück kostenrelevant ist, kann strittig sein. Die Reduzierung des Flächenbedarfs kann als Umweltschutz bezeichnet werden. Nun ist aber für die Bewertung dieser Maßnahme wesentlich, daß sowohl bei der Ist-Analyse als auch im Rahmen der Maßnahmenauswertung der erforderliche Aufwand (z.B. für den Abriß einer nicht mehr genutzten Lagerhalle) betrachtet wird. Wenn darüber hinaus auch die veränderte Kapitalbindung berücksichtigt werden soll, so muß dies offensichtlich sowohl für die Ist-Analyse als auch für die Situation nach der Maßnahmendurchführung geschehen, um zu einer aussagekräftigen Bewertung zu kommen.

Das nächste Ziel ist die Entwicklung eines Systems, das *alle Veränderungen umfaßt*, die durch Umweltschutzmaßnahmen ausgelöst werden. Dieses Ziel begründet sich aus der hohen Komplexität der Umweltbeeinflussungen durch Unternehmen. Umweltschutzmaßnahmen haben in der Regel vielfältige Auswirkungen in sehr verschiedenen Bereichen. Deshalb muß sichergestellt werden, daß auch Auswirkungen, die nicht offensichtlich sind, miterfaßt werden. Dazu ist es wichtig, ein „Datengerüst" vorzugeben, welches zur Bewertung einer Maßnahme vollständig ausgefüllt werden muß. Erst durch ein solches methodisches Nachfragen nach allen potentiell relevanten Daten wird vermieden, daß einzelne Interdependenzen vernachlässigt werden. Zum Beispiel muß sichergestellt sein, daß bei der Errichtung einer betriebseigenen Kläranlage nicht nur die Verringerung der Abwassermenge erfaßt wird. Gleichzeitig müssen ein möglicherweise gestiegener Energieverbrauch sowie ein Anstieg der Abfallkosten – wegen der entstehenden Klärschlämme – zur Bewertung der Maßnahme herangezogen werden. Wie dieses „Datengerüst" gleichzeitig umfassend und dennoch betriebsindividuell aufgebaut werden kann, wird im folgenden dargestellt.

Zu Beginn der Datenerfassung müssen weniger relevante Aspekte unberücksichtigt bleiben, da zuerst ein Überblick über die Ist-Situation und über weitere Schwerpunkte für Analysen und Maßnahmen geschaffen wird. Die Bewertung, welche Größen zunächst vernachlässigt werden, sollte im Einzelfall durch Experten mit ökonomischem und ökologischem Sachverstand getroffen werden. Das vorgestellte Konzept ist aber von Anfang an darauf ausgerichtet, in späteren Phasen zu einem umfassenden Informationssystem ausgebaut zu werden. Daher werden konzeptionell alle Arten ökonomischer Größen berücksichtigt, die mit Umweltschutz in Verbindung stehen. In diesem Zusammenhang ist auch die Möglichkeit einer Zuordnung von Kosten zu Kostenverursachern (Produkten oder Prozessen) als langfristiges Ziel zu nennen.

> „Die Schaffung von Transparenz ist die Hauptaufgabe des [Umweltcontrolling-] Systems. Dabei steht neben ökologischen Fragestellungen die Kostentransparenz bezogen auf den betrieblichen Verursacher im Vordergrund" *[Hunscheid, Becker, 1994, S. 128].*

Zusammengefaßt lauten die Anforderungen an die Methodik zur Erfassung der umweltrelevanten Kosten:

- Eignung zur ersten Situationsanalyse
- Eignung zur Bewertung von Umweltschutzmaßnahmen unter Berücksichtigung der Komplexität von Maßnahmenauswirkungen
- hohe Akzeptanz durch Praktikabilität und Handhabbarkeit
- unternehmensunabhängige Anwendbarkeit
- langfristige Grundlage für Produktzuordnung der umweltrelevanten Kosten

8.3.2 Inhalte der Datenerhebung

Obwohl sich dieser Beitrag auf die Darstellung der wirtschaftlichen Aspekte des betrieblichen Umweltschutzes - zusammengefaßt unter dem Begriff der umweltrelevanten Kosten - konzentrieren soll, muß doch auch hier als wesentlicher Bestandteil eine *Analyse von Stoff- und Energieströmen* durchgeführt werden. Nur dadurch sind die zu Kosten führenden Mengenströme zu erfassen. Daher werden die Grundlagen der anfangs vorgestellten Instrumente des betrieblichen Umweltmanagements aufgegriffen (insbesondere die ökologische Betriebsbilanz).

Der Unterschied zu den ökologisch orientierten Konzepten besteht in der Auswahl relevanter Daten. Diese muß hier nach Kostenaspekten und nicht anhand der Qualität der Umweltbelastung stattfinden. Besonders deutlich wird dies am Beispiel der bereits erläuterten externen (noch nicht internalisierten) Kosten. Die dazu führenden Stoff- und Energieströme (z.B. Ozon-Emissionen bei der Kunststoffverarbeitung) sind ökologisch relevant. Sie werden daher bei der Erstellung einer ökologischen Betriebsbilanz berücksichtigt *[Hallay, Pfriem, 1992, S. 92]*. Da sie outputseitig nicht zu Kosten führen und auch kein Einkaufswert für das Ozon angesetzt werden muß, sind sie nicht relevant für die Ermittlung umweltrelevanter Kosten. Die Bewertung aus ökologischer Sicht muß zur Entscheidung über Umweltschutz-Maßnahmen selbstverständlich parallel erfolgen. Dann ist auch zu berücksichtigen, daß es langfristig zu zusätzlichen umweltrelevanten Kosten kommen kann, wenn solche bis dato externen Kosten internalisiert werden (z.B. durch die Umweltgesetzgebung).

Um den Datenbedarf zur Bestimmung der umweltrelevanten Kosten eines Unternehmens zu ermitteln, ist die Orientierung an der Definition des Begriffs erforderlich. Es stellt sich die Frage, in welchen Bereichen Kosten entstehen bzw. sich verändern können, wenn eine Umweltschutzmaßnahme durchgeführt wird. Maßnahmen, die gegenüber dem Markt als Umweltschutz kommunizierbar sind, können vor allem zu Kostenauswirkungen in den folgenden Bereichen führen:

- Energie
- Wasser/Abwasser
- Abfall
- Luftreinhaltung
- Lärmvermeidung
- Verpackung und
- Meß- und Kontrollsystem

Diese Bereiche werden im folgenden als *„umweltrelevante Teilsysteme“* bezeichnet.

Ein großes Problem besteht darin, daß sehr große Teile der umweltrelevanten Kosten als Gemeinkosten verbucht werden. Rauberger bemerkt dazu:

> „Dies beinhaltet nahezu alle umweltrelevanten Teilbereiche wie Entsorgungskosten, Gefahrstoffkontrolle, Abwassergebühren, Ausschußkosten etc. ... Die Folge ist, daß sich die Umlage von Umweltkosten auf die verantwortlichen Kostenträger, als Gemeinkosten erfaßt, in der Praxis als äußerst schwierig gestaltet" *[Rauberger, 1994a, S. 12]* (Rauberger verwendet „Umweltkosten" im Sinne umweltrelevanter Kosten (vgl. Abschn. 8.2.3)).

Diese Gemeinkosten werden dann über Verteilungsschlüssel pauschal auf die Kostenstellen und Kostenträger aufgeteilt.

> „Gerade bei Produkten mit stark unterschiedlichen Umweltbelastungen und -kosten... führt [dies] zu „cross-subsidies" (deutsch: Quersubventionen) von umweltschädlicheren durch weniger umweltbelastende Produkte und Produktionsprozesse" *[Rauberger, 1994a, S. 12]*.

Dadurch wird verhindert, daß die eigentlichen Verursacher (die *„verantwortlichen Kostenträger"*) von hohen umweltrelevanten Kosten exakt ermittelt werden. So können Produkte auch nicht entsprechend der durch sie verursachten Kosten (und Umweltbelastungen) kalkuliert werden.

Um die geforderte Zurechnung zu den Verursachern durchführen zu können, ist für die Anlagen, an denen die Zurechnung stattfinden soll, auf das Vorhandensein entsprechender verursachungsgerechter Größen zu achten. Es sind also Prozeßparameter erforderlich, die es ermöglichen, eine Beziehung zwischen den kostenverursachenden Stoff- und Energieströmen und Produkten herzustellen.

So kann eine Zuordnung der Abwassergebühren einer Lackiererei auf die Produkte nach jeweils eingesetzter Lackmenge sinnvoll sein. Wenn jedoch unterschiedliche Lacke verwendet werden, kann eine solche Zuordnung falsch sein. In diesem Fall wäre es denkbar, daß einzelne Lacke durch besonders belastende Inhaltsstoffe das Abwasser in eine teurer zu entsorgende Abwasserklasse umwandeln. Ohne das dafür verantwortliche Produkt könnten z.B. alle Abwässer über die Kanalisation als Indirekteinleiter entsorgt werden. Aufgrund zeitweilig höherer Belastung müßte aber das gesamte Abwasser beispielsweise zunächst behandelt werden. In diesem Fall müßten dem entsprechenden Produkt die gesamten zusätzlichen Kosten (gegenüber der Indirekteinleitung) angelastet werden.

Wegen der Zurechnungsproblematik müssen unter Umständen auch Informationen über den zeitlichen Verlauf des Entstehens von Energie- und Abfallströmen usw. ermittelt werden. Sollten keine solchen, die Zurechnung ermöglichenden Größen vorliegen, ist auf die Zuordnung zu verzichten und die Beseitigung dieses Informationsmangels als Zukunftsaufgabe zu definieren.

8.3.3 Spezielle Daten der umweltrelevanten Teilsysteme

Grundsätzlich sind für alle Stoff- und Energieströme die Mengen- und Wertkomponenten zu ermitteln. Es sind also erstens die Volumina in physikalischen Einheiten zu bestimmen. Zweitens müssen die umweltrelevanten Kosten durch eine

Bewertung der Mengenströme ermittelt werden. Bei Inputströmen ist der innerbetriebliche Verbleib und bei Outputströmen die innerbetriebliche Herkunft zu bestimmen. Für die relevanten Anlagen (vgl. o.) müssen die indirekten Kostenkomponenten erhoben werden.

Für die weiteren detaillierten Erläuterungen wird eine Einschränkung auf drei beispielhafte umweltrelevante Teilsysteme vorgenommen, um an ihnen das Vorgehen und die Abgrenzungsproblematik zu erläutern. Zur Darstellung der benötigten Daten für das Erreichen der zu Beginn umrissenen Informationsziele und für die anschließende Vorstellung der Methodik zu ihrer Erfassung werden nur die drei umweltrelevanten Teilsysteme Energie, Abfall und Wasser berücksichtigt. Diese Auswahl erfolgt aus zwei verschiedenen Gründen. Der erste liegt in der Vermutung, daß diese drei Bereiche in den meisten Unternehmen zu den kostenintensivsten gehören, da für sie eine Vielzahl von umweltrelevanten Gesetzen vorliegt und auch die Öffentlichkeit in diesen Bereichen besonders sensibilisiert ist. In diesem Zusammenhang sei z.B. an die Diskussionen um Energiesteuern, steigende Abwassergebühren oder Sondermüllproblematiken erinnert.

Der zweite Grund für die Auswahl der Teilsysteme Energie und Abfall besteht darin, daß in der Regel zum einen der Energiebereich ausgesprochen „input-orientiert“ ist. Das bedeutet, daß nahezu alle Kosten entlang von Energieströmen entstehen, die in den Betrieb hineingehen. Nur in Ausnahmefällen ist mit Kosten (bzw. Erlösen) durch Energieströme zu rechnen, die den Betrieb verlassen (z.B. Erlöse durch selbsterzeugten Strom eines Unternehmens an Pächter der Werkskantine). Im Gegensatz dazu stellt zum anderen das Abfallsystem ein „outputorientiertes“ System dar. Damit ist gemeint, daß alle relevanten Stoffströme vom Verlassen des Betriebes her zurückverfolgt werden können. Durch die jeweilige Orientierung ergeben sich Unterschiede bei der Ermittlung, die anhand dieser beiden Beispiele gut aufgezeigt werden können. Ein weiterer Grund liegt in häufig vorhandenen Einsparpotentialen in diesen Bereichen. Die Vermutung solcher Kostensenkungspotentiale stützt sich auf eine Befragung kleiner und mittlerer Unternehmen, die zu folgendem Ergebnis kommt:

> „Die größten Einsparpotentiale werden im Abfall- (24 % der Befragten) und Energiebereich (17 %) gesehen“ *[Schewig, 1994, S. 158]*.

Bevor die relevanten Daten der drei umweltrelevanten Teilsysteme weiter detailliert werden, sollen sie anhand der folgenden Auflistung in Form eines Kontenrahmens (Bild 8.3) im Überblick gezeigt werden.

Die Darstellung eines ökologischen Kontenrahmens zu Beginn der Analyse ist erfahrungsgemäß sehr hilfreich für den Projektstart. Wie er einfach aufgestellt werden kann, wird in den Ausführungen in Abschn. 8.3.4 zum „Vorgehen zur Datenerhebung“ erörtert.

Für die drei betrachteten Teilsysteme werden jetzt die Daten für die Ermittlung der umweltrelevanten Kosten und für deren Zuordnung zu den einzelnen Produkten und Prozessen allgemein beschrieben. Diese Aufzählung muß unvollständig bleiben, sie kann aber einen Eindruck darüber geben, welche Daten berücksichtigt werden sollten. Die Datenerhebung bzw. die Dateninhalte sind so gestaltet, daß sie unabhängig von der gewählten Systemabgrenzung anwendbar

1. Input (Mengen, Preise und Verwendung)

1.1 Energie
- Strom
- Ölprodukte
- Gas
- Treibstoffe
- ...

1.2 Wasser
- Trinkwasser
- Oberflächenwasser
- Brauchwasser
- Schmutzwasser
- ...

2. Output (Mengen, Kosten bzw. Erlöse und Herkunft)

2.1 energetisch
- Energieträger
- Wärme
- brennbare Abfälle
- ...

2.2 flüssig
- Brauchwasser
- Kaskadenwasser
- Trinkwasser
- ...

2.3 fest
- Wertstoffe
- Hausmüll
- Sondermüll
- Restmüll

...

3. Anlagen (Betriebs-, Personal-, Kapitalbindungskosten usw.)

3.1 Energie
- Erzeugung
- Speicherung
- Umwandlung:
  - Transport
  - Prozeßwärme
  - Klimatisierung

3.2 Wasser
- Gewinnung/ Sammlung
- Speicherung
- Aufbereitung

3.3 Abfall
- Sammlung
- Lagerung
- Aufbereitung

3.4 Abwasser
- Behandlung

...

Bild 8.3 Kontenrahmen der Erfassungsdaten

sind. Es spielt daher keine Rolle, ob die Erhebung für ein ganzes Unternehmen, einen Betriebsteil bzw. eine Abteilung oder für eine einzelne Anlage stattfindet.

8.3.3.1 Energie

Zunächst sind für das Energiesystem die Verbrauchswerte aller eingesetzten Energieträger relevant. Bei allen Energieträgern ist zu ermitteln, welche Qualität in welchen Mengen verwendet wird (Qualitäten sind z.B. bei Gas: Erdgas, Butan, Stadtgas usw.). Dabei sollten nach Möglichkeit die Verbräuche für Strom, Gas, Ölprodukte, gegebenenfalls auch Fernwärme usw. möglichst für den gleichen Zeitraum, d.h. die gleiche Periode ermittelt werden, da es hier zu Substitutionen kommen kann. Dadurch wird eine spätere Aggregation zum gesamten Energieverbrauch einer Periode erleichtert. Für die Energieträger Strom und gegebenenfalls Gas ist zusätzlich die Leistungsspitze (incl. Uhrzeit) zu ermitteln, da für diese Energieträger auch ein Leistungspreis gezahlt werden muß. Die Ermittlung der Uhrzeit kann für die Zuordnung des Leistungspreises zu Verursachern erforderlich sein. Sie ermöglicht auch Analysen zum Lastmanagement (z.B. geregeltes Anfahren der Anlagen, um Leistungsspitzen zu vermeiden).

Neben den Verbrauchswerten in Kilowattstunden (kWh), Kilogramm (kg), Normkubikmeter (m_n^3) oder Liter (l) muß auch der Preis einer solchen Einheit bekannt sein. Weiterhin sind die Berechnungsbedingungen und z.B. auch Preisschwellen (von denen an z.B. der Arbeitspreis sinkt) und Meßkosten (Verrechnungspreis) zu erheben. Für alle Energieträger ist zu erfragen, in welche Anlagen sie nach dem Einkauf gelangen. Dabei müssen sowohl direkte Verbraucher als auch Tank-, Speicher- und Umwandlungsanlagen (z.B. Gleichrichter) berücksichtigt werden.

Außer diesen Daten des Energieinputs sind auch alle energetischen Outputs zu ermitteln. Dabei sind für Strom, Wärme, Dampf, brennbare Abfälle usw. die Menge und Parameter (Massenstrom, Temperatur, Druck usw.) zu erfassen. Gleichzeitig muß festgestellt werden, aus welcher Anlage diese Energie stammt und wie sie weiterverwendet wird. Eine Verwendung in anderen Betriebsteilen bzw. Abteilungen ist ebenso möglich wie ein Verkauf. In diesem Fall sind auch die Erlöse pro Energieeinheit zu ermitteln.

Für die Ermittlung der indirekten umweltrelevanten Kosten des Energiesystems sind für die speziellen Anlagen (vgl. oben) Kapitalbindungs- und Personalkosten zu bestimmen. Dies sind

1. *Anlagen, die zur Erzeugung von Endenergie* (Strom, Gas, Dampf) Primär- oder Sekundärenergieträger umwandeln
2. *Anlagen, die Energie speichern* (Batterien, Schwungräder, Gas- oder Öltanks usw.)
3. Anlagen, *die Endenergie in bestimmte Nutzenergieformen umwandeln,* die dem Energiesystem zuzurechnen sind. Dazu zählt eine Umwandlung zu den Zwecken:

   - Transport
   - Beleuchtung
   - Klimatisierung und
   - Erzeugung von Wärme oder Kälte für Produktionsprozesse.

Damit wurde hier eine relativ weite Auslegung der zu berücksichtigenden Anlagen des Energiesystems gewählt. Dahinter steht die Überlegung, alle Energieverwendungen zu berücksichtigen, die durch einen Wechsel des verwendeten Energieträgers oder eine Umstellung der Prozesse verändert werden könnten. So ist bei Beleuchtungen eine Veränderung durch architektonische Maßnahmen denkbar (Wechsel zu Sonnenlicht als Energieträger), während durch geschickte Produktionssteuerung bzw. räumliche Anordnung von Anlagen auf Transportanlagen verzichtet werden könnte (Prozeßumstellung). Eine wertschöpfende Funktion würde davon nicht beeinträchtigt, dennoch ergäben sich kommunizierbare Umweltschutzmaßnahmen.

Für die unter diese Definitionen fallenden Anlagen sind die jährlichen Abschreibungen (Werteverzehr durch die Nutzung der Anlage) und die kalkulatorischen Zinsen zu ermitteln. Die kalkulatorischen Zinsen stellen die Opportunitätskosten der Kapitalverwendung dar. Man versteht unter Opportunitätskosten den Wert der nächstbesten Alternative. Das in der jeweiligen Anlage gebundene Kapital könnte alternativ am Kapitalmarkt zum dort üblichen Zins angelegt werden und Erträge erwirtschaften. Diese Möglichkeit gibt man mit der Investition in eine Anlage auf. Der damit verbundene Gewinnentgang muß der Anlage angelastet werden. Als Basis für die Berechnung der kalkulatorischen Zinsen kann der mittlere Wert der Anlage über die Zeit ihrer Nutzungsdauer gewählt werden. Wird dieser Betrag mit dem herrschenden Kapitalmarktzinssatz bewertet, hat man einen einfachen Wert für die kalkulatorischen Zinsen (ohne Inflationseinfluß usw.) gefunden. Hinzu kommen die Kosten für die Instandhaltung der Anlage innerhalb einer Periode sowie mögliche regelmäßig anfallende Kosten für TÜV-Untersuchungen, Anlagenversicherungen usw. Abschließend sind noch die Personalkosten der Periode zu bestimmen, die direkt für die Betreuung der Anlage anfallen (evtl. anteilige Personalkosten bei Teilzeitbetreuung).

Weiterhin sind für die unterschiedlichen Anlagen noch spezielle Informationen zu erheben:

Bei *Anlagen zur Energieerzeugung und -speicherung* sind eingehende und ausgehende Energieträger zu bestimmen. Darüber hinaus sind der Nutzungsgrad der Anlage sowie die Zielanlage (innerbetrieblicher Verbleib; vgl. oben) der hinausgehenden Energie zu ermitteln. Damit soll die Basis für eine spätere Zuordnung der umweltrelevanten Kosten zu Verursachern geschaffen werden. Der Nutzungsgrad ist für eine Bewertung der Verluste an dieser Anlage interessant. Er berechnet sich aus dem Verhältnis von eingehender und ausgehender Energie innerhalb einer Periode. Gerade im Fall von Speicheranlagen kann sich ein Verzicht auf die Speicherung als Maßnahme ergeben, wenn die Verluste zu hoch sind.

Bei *Anlagen, die Endenergieträger in Nutzenergie umwandeln*, ist zu ermitteln, ob ein bestimmtes Produkt oder ein bestimmter Prozeß dafür verantwortlich ist bzw. zu welchem Prozentsatz. So wäre bei der Kühlung einer Lagerhalle zu fragen, welche Produkte dort zu welchem Anteil (z.B. in m^3) gelagert werden.

Bei *Transportleistungen* sollten weiterhin zusätzliche variable Kosten des Transportes, wie z.B. Behälterkosten oder Transportversicherungen, erfaßt werden. Bei Beleuchtungsaufgaben sollten die Beleuchtungszeiten ermittelt werden, um z.B. später anhand möglicher Zeitverschiebungen Einsparpotentiale aufdecken zu können. Bei Heizungen sollte die Vollaststundenzahl (= Jahresenergieverbrauch in kWh geteilt durch die Nennleistung in kW) erfragt werden, um Daten für die Analyse alternativer Heizkonzepte zu gewinnen.

8.3.3.2 *Wasser*

Für das umweltrelevante Teilsystem Wasser sind alle inputseitig verwendeten Qualitäten mit den jeweiligen Mengen, Herkünften und Preisen zu ermitteln. Die unterschiedlichen Qualitäten können z.B.

- Trinkwasser aus dem öffentlichen Netz
- Grundwasser aus eigenem Brunnen
- Oberflächenwasser (z.B. aus einem Fluß oder von Dächern)
- Brauchwasser aus betrieblicher Kaskaden- oder Kreislaufführung
  oder
- Qualitätswasser (z.B. entsalzt)

sein [UBA, 1995b].

Für outputseitiges Wasser und Abwasser ist zu ermitteln, um welche Mengen welcher Wasser- bzw. Abwasserqualität es sich pro Periode handelt und wie sie entsorgt werden. Alle für die Entsorgung anfallenden direkten Kosten sind zu bestimmen. Weiterhin sollte erfragt werden, ob diese unterschiedlichen Qualitäten auch anders verwendet werden könnten (z.B. als Kaskadenwasser). In jedem Fall ist zu ermitteln, aus welcher Anlage die Abwässer stammen und welche Stoffe in ihnen enthalten sind. Insbesondere bei stark verschmutzten Abwässern, die möglicherweise als Sondermüll zu entsorgen sind, ist zu analysieren, welche Stoffe im einzelnen für diese Einstufung verantwortlich sind. In einem weiteren Schritt ist zu bestimmen, ob es sich unter Umständen um Produktionsüberschüsse handelt, die quasi ohne Umwandlung und ohne einen betrieblichen Zweck erfüllt zu haben, in das Abwasser gelangt sind. Bei diesen Inhaltsstoffen ist zusätzlich der Einkaufswert zu erheben (vgl. oben).

Auch für die Ermittlung der indirekten umweltrelevanten Kosten des Wassersystems sind für spezielle Anlagen Kapitalbindungs- und Personalkosten zu bestimmen (vgl. oben). Dies sind

1. Anlagen zur
   - *Förderung* (z.B. Pumpen)
   - *Sammlung* (z.B. Kondensatoren)
   - *Speicherung* (z.B. Zisternen) und
   - *Aufbereitung/ Behandlung* (z.B. Kläranlagen) *von Wasser und Abwässern.*
2. Anlagen, die Wasser *ausschließlich zum Kühlen, Reinigen und Einspeisen* als Produktionsrohstoff oder Brauchwasser verwenden (z.B. Berieselungsanlagen usw.).

Bei *Anlagen, die zur Förderung, Sammlung oder Speicherung von Frisch- und Kreislaufwasser* dienen, ist außerdem zu ermitteln, wohin das Wasser nach der Anlage gelangt und woher es stammt.

Bei *Wasseraufbereitungsanlagen* ist zu fragen, ob und welche Chemikalien eingesetzt werden und welche Kosten durch sie entstehen. Weiterhin sollte die Outputqualität bestimmt werden. Bei Anlagen zur Kühlung, Reinigung und Einspeisung als Produktionsrohstoff muß versucht werden, die verursachenden Produkte oder Prozesse anteilig zu ermitteln. Außerdem ist die Frage zu stellen, ob auch andere Wasserqualitäten die Aufgabe erfüllen könnten, um dadurch Informationen für eine mögliche Kreislaufführung zu erhalten.

8.3.3.3 Abfall

Im Rahmen der Datenermittlung für das Teilsystem Abfall sind für alle anfallenden Abfallarten die Anlage bzw. der Prozeß, aus dem sie stammen, zu erheben. Je nach Detaillierungsgrad der vorliegenden Daten bzw. der Bedeutung des Abfallbereichs des Unternehmens sollte auch die Detaillierung bei der Aufschlüsselung der Abfallströme gewählt werden. So kann eine relativ grobe Einteilung in Wertstoffe, Hausmüll, Sondermüll als einfache Aufschlüsselung gewählt werden. Bei weiterer Verfeinerung sollte dann eine Aufschlüsselung gemäß einem Abfallartenkatalog erfolgen (z.B. „Katalog der Abfallarten" der Länderarbeitsgemeinschaft Abfall: LAGA).

Weiterhin ist zu analysieren, wo Abfälle verbleiben und welche Kosten dabei entstehen. Dabei müssen auch Abgaben und Gebühren, die beispielweise durch eine Lagerung anfallen, erhoben werden. Bei allen Abfällen sollte auch berücksichtigt werden, welche Inhaltsstoffe darin enthalten sind. Hier ist – ähnlich wie beim Wassersystem – zu fragen, welche Stoffe die Einstufung des Abfalls in eine bestimmte Klasse determinieren. Hierbei ist daran gedacht, daß evtl. durch eine geschickte Abfalltrennung Teile der Abfallströme in weniger kostenträchtige Kategorien umgewandelt werden können.

Vor allem im output-orientierten Bereich der Abfälle ist es wesentlich zu ermitteln, ob die Inhaltsstoffe auch anhand ihrer Einkaufskosten als umweltrelevante Kosten zu bewerten sind (vgl. Wertstoffbeispiel in der Einleitung). Dafür ist zu entscheiden, ob die Stoffe ihren betrieblichen Zweck erfüllt haben oder nicht. Sollte es sich um solche Stoffe handeln, die z.B. nur durch Verschnitt entstanden sind, müssen die Kosten, die einkaufsseitig entstanden sind, ermittelt werden. In einer späteren Stufe sollte auch unbedingt versucht werden einzuschätzen, zu welchen weiteren Kosten der Durchlauf dieser Stoffe durch die Produktion geführt hat. So ist es bei entsprechendem Zeitaufwand durchaus möglich, die anteiligen Kosten durch Maschinenbelegung und Personalbedarf zu errechnen *[Rauberger, 1994a, S. 16]*.

Ebenso wie bei Energie und Wasser sind für die Ermittlung der indirekten umweltrelevanten Kosten des Abfallsystems für spezielle Anlagen Kapitalbindungs- und Personalkosten zu bestimmen. Diese sind für alle Anlagen relevant, die der *Abfallsammlung, -lagerung und -aufbereitung* dienen. Es ist dann zusätzlich zu erfragen, aus welcher Anlage die dort angelangten Abfälle stammen und wer in dieser Anlage der Verursacher war. Hinzu kommen unter Umständen Kosten für die Verpackung von Abfällen (z.B. in Fässer) und für Chemikalien, die zur Abfallbehandlung eingesetzt werden (z.B. Ölbinder).

Hiermit ist die Darstellung der relevanten Daten der drei Teilsysteme Energie, Wasser und Abfall abgeschlossen. Es sei erneut darauf hingewiesen, daß die Aufzählung der relevanten Daten keinen Anspruch auf Vollständigkeit erhebt. Sie soll vielmehr dazu dienen, ein besseres Verständnis für diejenigen Daten zu entwickeln, die zur Ermittlung der umweltrelevanten Kosten wichtig sind. Im folgenden Abschn. wird nun erläutert, wie diese Daten methodisch erhoben werden sollten, um die auftretenden Zurechnungs- und Abgrenzungsprobleme praktisch lösen zu können.

8.3.4 Vorgehen zur Datenerhebung

Bei der Erhebung der Daten zur Ermittlung der umweltrelevanten Kosten können grundsätzlich verschiedene Aggregationsebenen gewählt werden. So kann genauso damit begonnen werden, für einzelne Prozesse die umweltrelevanten Kosten zu bestimmen wie auch für Abteilungen, Betriebsteile (z.B. räumlich abgetrennte) oder für das gesamte Unternehmen. Je nachdem, welche Aggregationsebene gewählt wird, treten unterschiedliche Probleme auf. Am günstigsten erscheint eine anfängliche Erfassung der Stoff- und Energieströme für das gesamte Unternehmen (Stichwort „Ökologische Betriebsbilanz", vgl. Kap.7), die dann nach und nach weiter aufgeschlüsselt wird. Der Vorteil besteht darin, daß zu Beginn das Unternehmen als eine Art „black-box" betrachtet wird und zunächst alle Inputs und Outputs mengen- und wertmäßig erfaßt werden können. In einem weiteren Schritt sollten diese Mengenströme weiter nach Verwendungen aufgegliedert werden, bis eine verursachergerechte Zuordnung möglich ist.

Zu Problemen kommt es, wenn die Analyse für einen einzelnen Prozeß oder Betriebsteil erfolgt. Dann ist es möglich, daß es Stoff- und Energieströme gibt, die nicht von „außen" kommen, sondern aus anderen Unternehmensteilen. In diesem Fall stellt sich die Frage, wie diese zu bewerten sind. Es muß vermieden werden, daß die umweltrelevanten Kosten eines Stoff- oder Energiestroms mehrfach zugeordnet werden. Diese Gefahr besteht zumindest bei den direkten Kosten (z.B. für Energieträger). So könnte der Fall auftreten, daß in einer Abteilung zentral die Druckluft für den ganzen Betrieb erzeugt wird. Die für den Kompressor anfallenden Stromverbräuche würden dieser Abteilung angelastet. Bei der Untersuchung einer anderen Abteilung besteht dann die Gefahr, daß deren Druckluftinput anhand des zur Erzeugung notwendigen elektrischen Stromes bewertet wird. Damit läge aber eine Doppelerfassung der direkten Kosten des elektrischen Stromes vor. Um dies zu vermeiden, muß bereits methodisch sichergestellt werden, daß einmal zugeordnete umweltrelevante Kosten nicht ein zweites Mal erhoben werden.

Um diese Doppelerfassung zu umgehen, sollte die Zuordnung von Stoff- und Energieströmen nach Möglichkeit nur an Anlagen erfolgen, die direkt Produkte bearbeiten. Dies ist für eine Zuordnung sinnvoll, weil solche Anlagen in der Regel die Endpunkte der Mengenströme darstellen. Wenn eine Rückverfolgung der Stoff- und Energieströme bis hin zu einer solchen Anlage nicht möglich ist, ist es in der Regel sinnvoller, auch die Zuordnung nicht bis auf die Produktebene herunterzubrechen. In diesen Fällen könnte alternativ eine Zuordnung zu Produktionsprozessen oder sogar noch allgemeiner zur gesamten Abteilung gewählt werden. Dabei ist z.B. an eine Heizanlage einer Produktionshalle zu denken. Die dort verbrauchte Energie auf einzelne Produkte aufzuteilen (z.B. nach dem wertmäßigen Anteil an der Gesamtproduktion), ist nicht verursachungsgerecht möglich. Deshalb sollte diese weitere Detaillierung unterbleiben, die entstehenden Kosten sollten nur allgemein als umweltrelevante Kosten der Produktion dargestellt werden.

Um dieses Vorgehen methodisch zu verankern, sind die Daten gemäß Bild 8.4 zu erheben. Die folgenden *Erfassungsschritte* sind, wie in Bild 8.4 dargestellt, zu bearbeiten:

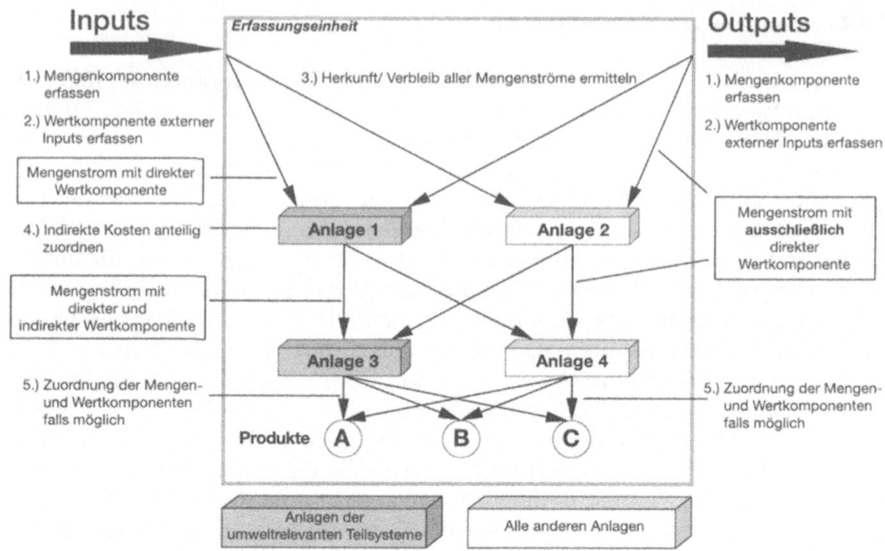

Bild 8.4 Erfassungsmethodik

1.) Die *stofflichen und energetischen Inputs und Outputs* der Untersuchungseinheit werden *erfaßt.*
2.) Nur die Mengenströme, die durch Zukauf in die Untersuchungseinheit kommen, werden mit einer *Wertkomponente* versehen. Weiterhin wird für die extern entsorgten Outputs eine *Wertkomponente* bestimmt.
3.) Für alle Ströme (auch ohne Wertkomponente) werden *die Anlagen bestimmt,* zu denen sie *direkt* gelangen oder von denen sie *direkt* kommen.
4.) Für alle *Anlagen,* die in dieser ersten Stufe ermittelt wurden, wird geprüft, ob sie zu einem der *umweltrelevanten Teilsysteme* gehören. Ist dies der Fall, werden ihre anlagenbezogenen Kosten ermittelt.
5.) Nun wird geprüft, ob der jeweilige Stoff- oder Energiestrom schon an dieser Anlage einem *Verursacher zugeordnet* werden kann. Ist dies nicht der Fall, wird die Anlage bestimmt, zu der dieser Strom weitergeleitet wird. Dort wird wieder geprüft, ob es eine Anlage der relevanten Teilsysteme ist usw.

Alle Anlagen, die auf diesem Weg passiert werden und zum jeweiligen umweltrelevanten Teilsystem gehören, werden als kostenrelevant berücksichtigt. Dies geschieht, indem den Strömen als zusätzliche Wertkomponente die indirekten Kosten dieser Anlage hinzuaddiert werden. Wenn am Schluß dieser Rückverfolgung der Ströme bis hin zu ihren Verursachern keine Anlage mit direkter Zuordnungsmöglichkeit steht, unterbleibt eine genaue Zuordnung der bis dahin aufgelaufenen Kosten zu einzelnen Produkten.

Für die Durchführung der Datenerfassung hat sich in mittelständischen, produzierenden Unternehmen folgendes Vorgehen bewährt:

Anlagen / Energie

Erfassungseinheit: Bearbeiter:	Zeitraum:	Datum:

	Bemerkungen
Anlage: ……… Nr. ……… Bezeichnung	
Abschreibungen / kalk. Zinsen: ………	
Instandhaltungskosten: ………	
Versicherung / Überwachung: ………	z.B.: TÜV usw.
Personalkosten: ………	direkt zurechenbare!
Sonstige Betriebskosten: ………	
Hauptfunktion: ………	Hauptfunktionen: Energie-Erzeugung Energie-Speicherung E-Rückgewinnung E-Umwandlung (s .u.)
Nebenfunktion: ……… (nur bei E-Umwandlung)	
Bezeichnung / Anteil / Einheit	Parameter?
Input-Energieform: ………	
Herkunft:	
Nr. / Bezeichnung / Anteil / Einheit	
Anlage:	
Anlage:	
Sonstige:	z. B.: EVU usw.
Bezeichnung / Anteil / Einheit	
Output-Energieform: ………	
Verursacher	z. B. der Nachfrager
Nr. / Bezeichnung / Anteil / Einheit	der Leistung / Energie
Anlage:	
Anlage:	
Produkt:	
Produkt:	
Sonstige:	Lagerflächen usw.
Bemerkungen: ………	Lastverläufe, Transportkategorien, Abwärme, Vollaststunden, Nutzungsgrad, usw.

Die ermittelte Hauptfunktion bestimmt, ob für die Anlage die im oberen Teil des Bogens erfragten Kosten zu ermitteln sind. Für den Fall, daß eine Energie-Umwandlung die Hauptfunktion ist, werden diese Kosten **ausschließlich** für Anlagen ermittelt, die: **Beleuchten, Klimatisieren, Prozeßwärme** oder **-kälte** erzeugen oder **Transportieren.**

Bild 8.5 Anlagenbogen; Energiesystem

Input / Energie

Erfassungseinheit: Bearbeiter:	Zeitraum:	Datum:

					Bemerkungen
Strom:					
Input, ges.:				kWh	
Herkunft:					
		Preis:	Anteil:	Einheit:	
Lieferant:				kWh	
Eigenerzeugung:				kWh	
Verwendung:					Lastspitze
	Nr.	Bezeichnung:	Anteil:	Einheit:	Uhrzei/ ca. kW
Anlage:				kWh	
Anlage:				kWh	
Anlage:				kWh	
Anlage:				kWh	
Anlage:				kWh	
Gas:					
Qualität:		Input, ges.:		kWh	Qualitäten
					Erdgas, Butan usw.
Herkunft:		Preis:	Anteil:	Einheit:	
Lieferant:				kWh	Transportkosten?
Lieferant:				kWh	
Eigenerzeugung:				kWh	in Anlage?
Verwendung:					Zweck
	Nr.	Bezeichnung:	Anteil:	Einheit:	
Anlage:				kWh	
Anlage:				kWh	
Anlage:				kWh	
Anlage:				kWh	
Anlage:				kWh	

Bild 8.6 Energiestrombogen, Strom-Input

Zunächst werden von Mitarbeitern alle Stoff- und Energieströme, die in das Unternehmen hineingehen oder es verlassen, mit Hilfe einer einfachen Baumstruktur grafisch dargestellt. Aus diesen Informationen wird ein ökologischer Kontenrahmen erstellt (vgl. oben). Beginnend von der Systemgrenze des Unternehmens wird weiterhin aufgezeigt, welche Quellen und Senken es für die unterschiedlichen Ströme gibt. Im zweiten Schritt werden zur Klärung der restlichen Fragen (2.–5.) Fragebogen/Checklisten verwendet, die für jeden Knoten in der entwickelten Baumstruktur auszufüllen sind.

Ein Satz von Fragebogen/Checklisten wurde entwickelt, von dem beispielhaft zwei Bogen (ein Stoff- und Energiestrombogen und ein Anlagenbogen) auf den folgenden Seiten dargestellt werden. Es gibt zwei Arten von Fragebogen/Checklisten:

1. Fragebogen/Checklisten zu *Stoff- und Energieströmen* und
2. Fragebogen/Checklisten zu den jeweiligen *Anlagen der umweltrelevanten Teilsysteme.*

Zuerst müssen die Stoff- und Energiestrombogen ausgefüllt werden. Danach werden für jene Anlagen, die in diesen Bogen als Quelle bzw. Zielort eines Stromes genannt wurden, Anlagenbogen angelegt. Hierdurch ist eine Überprüfung der erarbeiteten Baumstruktur möglich. Bei der Bearbeitung der Anlagenbogen ist zuerst zu entscheiden, ob es sich um eine kostenrelevante Anlage der umweltrelevanten Teilsysteme handelt. Die Abgrenzungskriterien sind jeweils unten auf den Bogen erläutert. Der obere graue Teil der Anlagenbogen dient zur Erfassung der anlagenbezogenen Kosten und der Personalkosten (dies sind vor allem die indirekten umweltrelevanten Kosten). Er wird daher nur für die Anlagen der umweltrelevanten Teilsysteme bearbeitet. Der untere Teil dient der Ermittlung von kostenverursachenden Größen und Anlagen bzw. der Produktzuordnung.

Auf allen Bogen muß vermerkt werden, für welchen Zeitraum die Angaben gelten. Diese Information ist besonders bei periodenbezogenen Daten (beispielsweise Energieverbräuche: [kWh/a]) wichtig. Sie ist aber auch erforderlich, um bei der Auswertung zu erkennen, ob es sich um anlagenbezogene Kosten eines Monats oder eines Jahres handelt (z.B. Abschreibungen). Außerdem sollte auch immer der Bearbeiter eingetragen werden, um bei Rückfragen einen Ansprechpartner zu haben. Diese allgemeinen Angaben bilden den Kopf der einzelnen Bogen (Bild 8.5 und 8.6).

8.4 Anwendungshinweise

Die Erfassung der Daten zur Erhebung der umweltrelevanten Kosten mit Hilfe der vorgestellten Methode ermöglicht es, in relativ kurzer Zeit einen Überblick über die Kosten des Unternehmens zu erlangen, die im Zuge von Umweltschutzmaßnahmen veränderbar sind. Bei weiterer Detaillierung steigt der Erhebungsaufwand; es muß ermittelt werden, auf welcher Stufe eine weitere Verfolgung von kostenverursachenden Stoff- und Energieströmen nicht mehr wirtschaftlich sinnvoll ist.

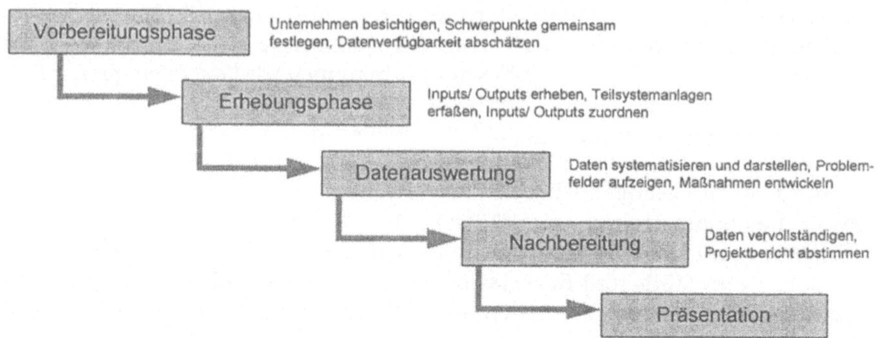

Bild 8.7 Phasenkonzept zur Erfassung umweltrelevanter Kosten

Die Erfahrung hat gezeigt, daß schon nach kurzer Zeit gute erste Ergebnisse vorliegen. Dabei sind vor allem bereits im Unternehmen vorliegende Daten der Kostenrechnung und des Einkaufswesens für eine schnelle Datenerhebung hilfreich. Wenn ein Unternehmen die Erfassung der umweltrelevanten Kosten im Rahmen der „ersten Umweltprüfung", also bei der Vorbereitung auf die Teilnahme am EMAS durchführt, ist der Mehraufwand gering. Da für die Umweltprüfung bereits eine Erhebung und Bewertung der Stoff- und Energieströme aus ökologischer Sicht erfolgen muß, ist die Ausweitung der Bewertung auf ökonomische Aspekte mit Hilfe der bekannten Daten wenig aufwendig.

Die Erhebung der Daten ist in der praktischen Anwendung nicht unabhängig sondern im Ablauf einer Abfolge von Ablaufphasen zu sehen. Bild 8.7 zeigt den Ablauf, der eingehalten werden sollte, um die Erfassung der umweltrelevanten Kosten durch ein Projektteam vorzubereiten und anschließend die Daten in entscheidungsrelevanter Form aufzubereiten.

Nach der Datenerhebung müssen auch die zeitlichen Entwicklungen abgeschätzt werden. Insbesondere veränderliche rechtliche oder vertragliche Rahmenbedingungen (z.B. bzgl. der Abfallentsorgung) können bereits zum Zeitpunkt der Ist-Analyse zu erkennbaren Veränderungen führen, die für die Auswahl von Maßnahmen entscheidungsrelevant sind.

Zusätzlich zu den durch die vorgestellte Methodik zu gewinnenden Informationen sind für die Bewertung von Umweltschutzmaßnahmen auf das Unternehmen noch *weitere Auswirkungen* zu berücksichtigen. Obwohl sie nicht Schwerpunkt dieses Kapitels sind, sollen die wichtigsten Punkte hier genannt werden. Es ist offensichtlich, daß die ökonomische Seite zwar häufig aus Sicht der Unternehmen entscheidend für eine Maßnahmenbeurteilung ist, daß aber im Sinne einer langfristigen Strategie auch nichtmonetäre Faktoren Berücksichtigung finden müssen.

Zu diesen Faktoren zählt in erster Linie die *Einhaltung relevanter Gesetze*, die deren Kenntnis im Unternehmen voraussetzt. Die Entscheidungsvorbereitung muß gewährleisten, daß Maßnahmen nicht ohne Berücksichtigung der nach der Umsetzung relevanten Gesetze bewertet werden. Durch diese kann es auch zu zusätzlichen Kosten kommen. Als Beispiel sei die Errichtung eines Heizkraftwerkes genannt. Sie hat zwingend die Bestellung eines Betriebsbeauftragten für Immissionsschutz („Immissionsschutzbeauftragten"; § 53 Abs. 1 BImschG (Gesetz zum Schutz vor schädlichen Umwelteinwirkungen durch Luftverunreinigungen, Geräusche, Erschütterungen und ähnliche Vorgänge (Bundes-Immissionsschutzgesetz – BImschG) vom 1.4.1979)) und die damit verbundenen Kosten zur Folge. Häufig entstehen solche Kosten aufgrund von externen Kommunikationserfordernissen wie z.B. Abfallkatastern usw.

Neben diesen rechtlichen Rahmenbedingungen müssen aber auch *gesellschaftliche Anforderungen* berücksichtigt werden. Hallay/Pfriem nennen in diesem Zusammenhang:

- Marktinformationen
- Tarifpolitische Informationen
- Politische Spannungsfelder
  Berichterstattung in den Medien und die
- aktuelle ökologische Ursachen- und Wirkungsforschung
  [vgl. Hallay, Pfriem, 1992, S. 36].

So hat sich beispielsweise die Verwendung phosphatfreier Waschmittel derart durchgesetzt, daß eine Produktionsprozeßinnovation, die wieder zurück zu phosphathaltigen Waschmitteln führen würde, nicht sinnvoll sein kann, auch wenn dadurch z.B. weniger Energie bei der Waschmittelproduktion verbraucht würde.

Außer den verschiedenen externen Entscheidungseinflüssen müssen aber auch *unternehmensinterne Faktoren* berücksichtigt werden. So können Umweltschutzmaßnahmen erhebliche organisatorische Veränderungen zur Folge haben. Wenn diese von Mitarbeitern und Gewerkschaften nicht ausreichend akzeptiert werden, ist die entsprechende Maßnahme kaum durchsetzbar. Vor allem bei Maßnahmen des integrierten Umweltschutzes können solche Veränderungen auftreten (z.B. durch Mehrschichtbetrieb zur Kappung von Verbrauchsspitzen). Eine Verträglichkeit des betrieblichen Umweltschutzes mit der Unternehmenskultur (der sog. Corporate Identity) muß sichergestellt werden und kann zusätzlich zu positiven Effekten führen *[vgl. Berger, 1991, S. 750].*

Aus der Vielzahl der angedeuteten Einflüsse wird deutlich, daß die Maßnahmensuche und Analyse ebenso methodisch und strukturiert durchgeführt werden muß wie die Situationsanalyse. Eine Verbindung mit der ABC-Analyse kann die Integration solcher Aspekte in die Entscheidungsfindung erleichtern. Die mit der vorgestellten Methodik mögliche Bewertung der ökonomischen Situation ist nur als Teil einer umfassenden Entscheidungsvorbereitung zu sehen. Sie bietet die Grundlage für eine Schwachstellenanalyse in bezug auf die Kostensituation. Je nach Zielsetzung des Unternehmens kann eine Schwachstellenanalyse mit dem Fokus auf die ökologischen Kriterien auch gleichwertig oder sogar bedeutender sein. Allerdings stellt, wie bereits erwähnt, die Einbeziehung einer Analyse der umweltrelevanten Kosten als Managementinstrument erfahrungsgemäß einen der wesentlichen Aspekte für die Akzeptanz eines betrieblichen Ökocontrollings dar.

Im Anschluß an die Schwachstellenanalyse ist dann der Entwurf von Maßnahmenalternativen und deren systematische Bewertung unter Berücksichtigung aller geschilderten Einflüsse (über die hier zwangsläufig unvollständige Darstellung hinaus) durchzuführen. Diese Prozesse können ausgesprochen zeitaufwendig sein. So berichtet Herrmann von mehreren Mannjahren allein für die Erhebung der Stoff- und Energieströme *[Herrmann, 1994, S. 136]*. Je besser diese Entscheidungsvorbereitungen rationalisiert werden können, desto größer wird ihre Akzeptanz und Anwendungshäufigkeit sein.

8.5 Zusammenfassung

Im vorliegenden Kapitel wurde eine Methodik zur systematischen Ermittlung der umweltrelevanten Kosten eines Unternehmes entwickelt und die praktische Vorgehensweise dargestellt. Im Anschluß wurden Anwendungshinweise gegeben.

Die Praktikabilität der vorgestellten Methode konnte in den durchgeführten Datenerhebungen in mittelständischen Unternehmen unter Beweis gestellt werden. Das folgende Beispiel zeigt die Leistungsfähigkeit:

> Die strukturierte Vorgehensweise erlaubte es in sehr kurzer Zeit (ca. zehn Tage), in einem bis dahin unbekannten Unternehmen (Umsatz ca. 45 Mio DM) grundlegende Information zu erheben. Es konnte aufgezeigt werden, daß allein im Bereich Energie direkte umweltrelevante Kosten von ca. 2.000.000 DM/a entstehen. Noch interessanter war eine Summe von ca. 1.100.000 DM/a indirekter umweltrelevanter Kosten für das Teilsystem Energie, da diese Kosten (für Kapitalbindung, Personal usw.) in der Regel nicht als relevant für Umweltschutzentscheidungen erkannt werden.
>
> Auf Basis der gewonnenen Erkenntnisse konnten, trotz bereits ausgeprägter Bemühung des Unternehmens um einen effizienten Ressourceneinsatz in der Vergangenheit, weitere direkt umsetzbare Maßnahmen empfohlen werden. Diese Maßnahmen werden voraussichtlich sowohl den Verzehr natürlicher Ressourcen als auch die umweltrelevanten Kosten des Unternehmens senken.

Die Anwendung hat jedoch auch gezeigt, daß eine weitere Detaillierung der Erfassung umweltrelevanter Kosten und die Pflege des Systems, d.h. die regelmäßig wiederkehrende Erfassung, einen zusätzlichen Aufwand bedeuten.

Jeder Aufwand für den Umweltschutz im Unternehmen muß sich durch einen entsprechenden Nutzen gemäß dessen Zielsystem rechtfertigen lassen. Der Umweltschutz an sich ist nicht das alles dominierende Oberziel. Dies muß vielmehr allgemein der dauerhafte Fortbestand des Unternehmens sein. Erst die dafür erforderliche Einbeziehung der Interessen aller Marktpartner in die unternehmerische Entscheidungsfindung führt zu einer angemessenen Berücksichtigung des Umweltschutzes.

Literatur

Adams, 1991 Adams, H. W. (Hrsg.): Die Organisation des betrieblichen Umweltschutzes. Frankfurt am Main: Frankfurter Allgemeine Zeitung/Verl.-Bereich Wirtschaftsbücher 1991

Al-Radhi u.a., 1995 Al-Radhi, M., Butterbrodt, D., Tammler, U.: Umweltverträglich fertigen mit Hilfe von Total Productive Maintenance (TPM). In: Hansen, W., Jansen, H. H., Kamiske, G. F. (Hrsg.): Qualitätsmanagement im Unternehmen - Grundlagen, Methoden und Werkzeuge, Praxisbeispiele (Loseblattwerk), Sektion 10.04. Berlin, Heidelberg u.a.: Springer 1995

Al-Radhi, Heuer, 1995 Al-Radhi, M., Heuer, J.: Total Productive Maintenance. München, Wien: Hanser 1995

Antes, 1991 Antes, R.: Organisation des Umweltschutzes. Aufgaben des Personalwesens. In: Personalführung (1991) Nr. 3, S. 148–154

ASUE, 1988 Arbeitsgemeinschaft für sparsamen und umweltfreundlichen Energieverbrauch e.V. (ASUE) (Hrsg.): Blockheizkraftwerke. Frankfurt am Main-Höchst, 1988

Bartscher, 1993 Bartscher, T.: Ökologie und Personalwesen. In: Personal (1993) Nr. 7, S. 311–313

Bayer, 1995 Bayer AG (Hrsg.): Umwelterklärung 1995 für den Standort der Bayer AG und der Bayer Faser GmbH, Oktober 1995

Bechmann, 1985 Bechmann, A.: Umweltverträglichkeit als Testkriterium - Argumente für eine ökologische Erweiterung des vergleichenden Warentests. In: Stiftung Warentest (Hrsg.): Umweltschutz und Konsumverhalten unter besonderer Berücksichtigung des vergleichenden Warentests. Berlin: Stiftung Warentest 1985, S. 7–50

Beck, 1993 Beck, M. (Hrsg.): Ökobilanzierung im betrieblichen Management. Würzburg: Vogel 1993

Beckmann, Hoppe, 1989 Beckmann, M., Hoppe, W.: Umweltrecht - Juristisches Kurzlehrbuch für Studium und Praxis. München: Beck 1989

Behrendt u.a., 1974 Behrendt, V., Koelle, H. H., Mackensen, R., Zangemeister, C.: Begriffsdefinition für komplexe Systeme mit besonderer Berücksichtigung der Zustands- und Zielanalyse. In: analysen und prognosen, Berlin, September 1974

Berger, 1991 Berger, R.: Strategische Umweltberatung - Umweltcontrolling. In: Umweltbundesamt (Hrsg.): Berichte 11/91. Berlin, 1991, S. 747–761

Bick, 1985 Bick, H.: Veränderungen von Ökosystemen durch Umweltbelastungen. In: Jänicke, M., Simonis, U. E., Weigmann, G. (Hrsg.): Wissen für die Umwelt - 17 Wissenschaftler bilanzieren. Berlin, New York: De Gruyter 1985, S. 37–54

Binder-Kissel, 1995 Binder-Kissel, U.: Gefahrstoffe - Alles fest im Griff. In: Umweltmagazin (März 1995), Sonderheft EDV im Umweltschutz. Würzburg: Vogel 1995, S. 38–41

Binswanger u.a., 1988 Binswanger, H. C., Frisch, H., Nutzinger, H. G. u.a.: Arbeit ohne Umweltzerstörung – Strategien für eine neue Wirtschaftspolitik. Frankfurt am Main: Fischer 1988

Bisani, 1995 Bisani, F.: Personalwesen und Personalführung. 4. Aufl. Wiesbaden: Gabler 1995

Bläsing, 1990 Bläsing, J. P.: Total Quality Management – Philosophie und Praxis qualitätsorientierter Führungsstrukturen. Qualitätsleiter-Forum. Ulm: TQU-Verlag 1990

Bläsing, 1992 Bläsing, J. P.: Trendwort – Modewort – Erfolgswort: Total Quality Management. In: Produktion und Management (Apr./Mai 1992). Ulm: TQU-Verlag 1992, S. 68

Bleicher, 1992 Bleicher, K.: Das Konzept Integriertes Management. 2., rev. u. erw. Aufl. Frankfurt am Main, New York: Campus 1992

BMFT, 1993 Bundesministerium für Forschung und Technologie (Hrsg.): Deutscher Delphi-Bericht zur Entwicklung von Wissenschaft und Technik. Projektdurchführung: Fraunhofer Institut für Systemtechnik und Innovationsforschung (ISI). Bonn, 1993

British Standards Institution, 1994 British Standards Institution, BSI (Hrsg.): Spezifikationen für Umweltmanagementsysteme nach BS 7750. London, 1994

Bundesregierung, 1971 Bundesregierung (Hrsg.): Umweltschutz – Das Umweltprogramm der Bundesregierung. Bundestagsdrucksache VI72710 vom 14. Oktober 1971. Stuttgart, Berlin u.a.: Kohlhammer 1972

Butsch u.a., 1991 Butsch, W., Gairing, F., Peterßen, W. H., Riedl, A.: Ausbildung im Wandel – Konsequenz für Selbstverständnis und Aufgabe des Ausbilders. Weinheim: Deutscher Studien Verlag 1991

Butterbrodt, 1995 Butterbrodt, D.: Konzept zur Einführung und Aufrechterhaltung eines Umweltmanagementsystems. In: Hansen, W., Jansen, H. H., Kamiske, G. F. (Hrsg.): Qualitätsmanagement im Unternehmen – Grundlagen, Methoden und Werkzeuge, Praxisbeispiele (Loseblattwerk), Sektion 10.03. Berlin, Heidelberg u.a.: Springer 1995

Butterbrodt u.a., 1995 Butterbrodt, D., Gogoll, A., Tammler, U.: Qualitätstechniken – Einsatzmöglichkeiten im Umweltmanagement. In: Petrick, K., Eggert, R. (Hrsg.): Umwelt- und Qualitätsmanagementsysteme – Eine gemeinsame Herausforderung. München, Wien: Hanser 1995, S. 103–31

Butterbrodt, Jacobsen, 1996 Butterbrodt, D., Jacobsen, H.: Umweltmanagement im Rahmen des Total Quality Management. In: zfo, Zeitschrift für Führung und Organisation (1996) Nr. 9

Butterbrodt, Tammler, 1994 Butterbrodt, D., Tammler, U.: Vom betrieblichen Umweltschutz zum Umweltmanagement durch Total Quality Management. In: Hansen, W., Jansen, H. H., Kamiske, G. F. (Hrsg.): Qualitätsmanagement im Unternehmen – Grundlagen, Methoden und Werkzeuge, Praxisbeispiele (Loseblattwerk), Sektion 10.01. Berlin, Heidelberg u.a.: Springer 1994

Butterbrodt, Tammler, 1996 Butterbrodt, D., Tammler, U.: Öko-Audit – Umweltmanagementsystem. Herausgegeben von Kamiske, G. F., Reihe „pocket power“. München, Wien: Hanser 1996

Buttgereit, 1993 Buttgereit, R.: Umweltaudit und (=) betriebliche Umweltberatung. Schriftl. Abdruck eines Vortrages auf dem II. Altlastensymposium Sachsen-Anhalt. Halle am 29.9.1993

Chen, 1976 Chen, P. P. S.: The Entity-Relationship Model – Toward a Unified View of Data. In: ACM Transactions on Database Systems 1. 1976, S. 9–36

Daenzer, 1977 Daenzer, W. F. (Hrsg.): Systems Engineering. Zürich: Industrielle Organisation 1977

Dahnz, 1994 Dahnz, W.: Strafrechtliche Verantwortung im Umweltbereich. In: zfo, Zeitschrift für Führung und Organisation (1994) Nr. 6

Degenhardt u.a., 1995 Degenhardt, J., Freimann, J., Muke, R., Schwaderlapp, R., Schwedes, R.: Pilot-Öko-Audits in Hessen – Erfahrungen und Ergebnisse. Ein Forschungsbericht. Herausgegeben vom Hessischen Ministerium für Wirtschaft, Verkehr und Landesentwicklung. Wiesbaden: Hessisches Ministerium für Wirtschaft, Verkehr und Landesentwicklung 1995

Dehio, Kieser, 1983 Dehio, P., Kieser, A.: Die Gestaltung von Entscheidungsunterstützungssystemen. In: Angewandte Informatik 25 (1983), Nr. 9, S. 371–382

Deming, 1986 Deming, W. E.: Out of the Crisis. 2. Aufl. Cambridge, USA: Massachusetts Institute of Technology Press 1986

Deming, 1989 Deming, W. E.: Out of the Crisis. 9. Aufl. Cambridge, USA: Massachusetts Institute of Technology Press 1989

Deming, 1993 Deming, W. E.: The new economics for industry, government, education. 4. Aufl., Cambridge, USA: Massachusetts Institute of Technology Press 1993

DGQ, 1994 Deutsche Gesellschaft für Qualität (DGQ) (Hrsg.): DGQ-Schrift 100-21. Umweltmanagementsystem – Modell zur Darlegung der umweltschutzbezogenen Fähigkeit einer Organisation. Berlin: Beuth 1994

DIN, 1992 Deutsches Institut für Normung (DIN) (Hrsg.): DIN 55350, Teil 11. Begriffe zu Qualitätsmanagement und Statistik, Entwurf. Berlin: Beuth 1992

DIN, 1994a Deutsches Institut für Normung (DIN) (Hrsg.): DIN-Fachbericht 45. Umweltmanagementsysteme. Berlin: Beuth 1994a

DIN, 1994b Deutsches Institut für Normung (DIN) (Hrsg.): DIN EN ISO 8402. Qualitätsmanagement – Begriffe. Berlin: Beuth 1994b

DIN, 1994c Deutsches Institut für Normung (DIN) (Hrsg.): DIN EN ISO 9000 ff. Normen zum Qualitätsmanagement, Qualitätsmanagementsysteme. Berlin: Beuth 1994c

DIN, 1995a Deutsches Institut für Normung (DIN) (Hrsg.): DIN 33921. Deutsche Vornorm zu Umweltmanagementsystemen. Berlin: Beuth 1995a

DIN, 1995b Deutsches Institut für Normung (DIN) (Hrsg.): DIN ISO 14001. Umweltmanagementsysteme – Spezifikationen und Leitlinien zur Anwendung (Deutsche Norm, Entwurf Okt. 1995). Berlin: Beuth 1995b

DIN, 1995c Deutsches Institut für Normung (DIN) (Hrsg.): DIN ISO 14010. Allgemeine Grundsätze für die Durchführung von Umweltaudits, Entwurf. Berlin: Beuth 1995c

DIN, 1995d Deutsches Institut für Normung (DIN) (Hrsg.): DIN ISO 14011-1. Auditverfahren, Audit von Umweltmanagementsystemen, Entwurf. Berlin: Beuth 1995d

DIN, 1995e Deutsches Institut für Normung (DIN) (Hrsg.): DIN ISO 14012. Qualifikationskriterien für Umweltauditoren, Entwurf. Berlin: Beuth 1995e

Doerner, 1994 Doerner, U.: Öko-Controlling und Öko-Auditing – Praktiziert mit der Datenbank „RECYCLIN". In: Günther, K. (Hrsg.): Erfolg durch Umweltmanagement. Neuwied: Luchterhand 1994, S. 170–180

Domsch, Gerpott, 1992 Domsch, M., Gerpott, T.: Personalbeurteilung. In: Gaugler, E., Weber, W. (Hrsg.): Handwörterbuch des Personalwesens. Stuttgart: Poeschel 1992, S. 1631–1641

Doppler, Lauterburg, 1994 Doppler, K., Lauterburg, C.: Change Management – Den Unternehmenswandel gestalten. 2. erw. u. überarb. Aufl., Frankfurt am Main, New York: Campus 1994

Dubbel, 1990 Beitz, W., Küttner, K. H. (Hrsg.): Taschenbuch für den Maschinenbau. 17. Aufl. Heidelberg, Berlin u.a.: Springer 1990

Dyllik, 1991 Dyllik, T.: Ökologisch bewußte Unternehmensführung – Herausforderung eines zukunftsorientierten Managements. In: Dyllik, T. (Hrsg.): Ökologische Lernprozesse in Unternehmungen. Bern, Stuttgart: Haupt 1991, S. 7–49

Dyllick, 1995 Dyllick, T.: Die EU-Verordnung zum Umweltmanagement und zur Umweltbetriebsprüfung (EMAS-Verordnung) im Vergleich mit der geplanten ISO-Norm 14001. Eine Beurteilung aus Sicht der Managementlehre. In: Zeitschrift für Umweltpolitik & Umweltrecht 18 (1995) Nr. 3, S. 299-339

Dyllik, Hummel, 1995 Dyllik, T., Hummel, J.: EMAS und/oder ISO 14.001 – Wider das strategische Defizit in den Umweltmanagementnormen. In: Umweltwirtschaftsforum/UWF (1995) Nr. 3, S. 24-28

E&R II Wagner, H. J.: Schaubilder und Tabellen zur Lehrveranstaltung Energie- und Rohstoffwesen II. Vorlesungsskript des Fachgebiets Energie- und Rohstoffwirtschaft. Berlin: TU Berlin 1993

EFQM, 1996 European Foundation for Quality Management (EFQM) (Hrsg.): Selbstbewertung 1996. Richtlinien für Unternehmen. Brüssel, 1996

EMAS Rat der Europäischen Gemeinschaften (Hrsg.): Verordnung (EWG) Nr. 1836/93 des Rates vom 19. Juni 1993 über die freiwillige Beteiligung gewerblicher Unternehmen an einem Gemeinschaftssystem für das Umweltmanagement und die Umweltbetriebsprüfung. Amtsblatt der Europäischen Gemeinschaften Nr. L 168 vom 10.07.1993
(Anmerkung: mit der Bezeichnung „*EMAS*“ wird auf die international gebräuchliche Bezeichnung der Verordnung Bezug genommen: *E*nvironmental *M*anagement and *A*udit *S*cheme)

Endres, 1985 Endres, A.: Umwelt- und Ressourcenökonomie. Darmstadt: Wissenschaftliche Buchgesellschaft 1985

Fiedler, Lutz, 1992 Fiedler H., Lutz U.: Das Umwelt-Rahmenhandbuch: Basis für ein systemorientiertes Umweltmanagement. In: Technische Überwachung Bd. 33 (1992) Nr. 2, S. 62–65

Fietkau, 1984 Fietkau, H. J.: Bedingungen ökologischen Handelns – Gesellschaftliche Aufgaben der Umweltpsychologie. Weinheim, Basel: Beltz 1984

Fietkau u.a., 1982 Fietkau, H. J., Kessel, H., Tischler, W.: Umwelt im Spiegel der öffentlichen Meinung. Frankfurt am Main, New York: Campus 1982

Fleischer, 1994 Fleischer, G. (Hrsg.): Produktionsintegrierter Umweltschutz. Berlin: EF-Verlag für Energie- und Umwelttechnik 1994

Foth, Kant, 1991 Foth, M., Kant, H.: Das umweltfreundliche Unternehmen – Ein Leitfaden für kleinere und mittlere Betriebe mit 14 Checklisten. Frankfurt am Main, New York: Campus 1991

Förstner, 1992 Förstner, U.: Umweltschutztechnik – Eine Einführung. 3.Aufl. Berlin, Heidelberg u.a.: Springer 1992

Förstner, 1993 Förstner, U.: Umweltschutztechnik – Eine Einführung. 4., überarb. u. erw. Aufl. Berlin, Heidelberg u.a.: Springer 1993

Franke, 1988 Franke, J.: Grundzüge der Mikroökonomik. 4. Aufl. München, Wien: Oldenbourg 1988

Frehr, 1994 Frehr, H. U.: Total Quality Management – Unternehmensweite Qualitätsverbesserung. 2. Aufl. München, Wien: Hanser 1994

Frese, 1988 Frese, E.: Grundlagen der Organisation. 4. Aufl. Wiesbaden: Gabler 1988

Frese, 1992 Frese, E.: Organisation des Umweltschutzes. In: Frese, E. (Hrsg.): Handwörterbuch der Organisation. Stuttgart: Poeschel 1992, S. 2433–2451

Gabler, 1992 Gabler Wirtschaftslexikon: Stichwort „Technologieförderungspolitik". 13., vollst. überarb. Aufl., Bd. 4. Wiesbaden: Gabler 1992, S. 3249–3250

Gaub, 1990 Gaub, H.: Taguchi Quality Engineering – Diskussionsstand in den USA. In: Kamiske, G. F. (Hrsg.): Tagungsband zu „Die Hohe Schule der Qualitätstechnik". Berlin, 1990

Gege, Hirsch, 1974 Gege, M., Hirsch, D.: Interne Kommunikation und Personalmotivation als Teil des Umweltmanagements. In: Manager Magazin (Hrsg.): Imageprofils. Hamburg 1992, S. 97–105

Gogoll, Theden, 1994 Gogoll, A., Theden, P.: Techniken des Quality Engineering. In: Kamiske, G. F. (Hrsg.): Die Hohe Schule des Total Quality Management. Berlin, Heidelberg u.a.: Springer 1994, S. 329–369

Graumann, 1974 Graumann, C. F.: Einführung in die Psychologie. 3. Aufl., Bd. 1. Frankfurt am Main, 1974

Grieger, Wende, 1994 Grieger, S., Wende, A.: Wege zur abfallvermeidenden Produktgestaltung. In: Fleischer, G. (Hrsg.): Produktionsintegrierter Umweltschutz. Berlin: EF-Verlag für Energie- und Umwelttechnik 1994, S. 91–124

Groll, 1994 Groll, U.: Umweltmanagement im Total Quality Management. In: Umweltwirtschaftsforum/UWF (1994) Nr. 6, S. 47–51

Günther, 1994 Günther, K. (Hrsg.): Erfolg durch Umweltmanagement. Neuwied: Luchterhand 1994

Günther, Wagner, 1993 Günther, E., Wagner, B.: Ökologieorientierung des Controlling (Öko-Controlling). In: Die Betriebswirtschaft 53 (1993), S. 143–166

Gunton, 1990 Gunton, T.: Optimale Informationssysteme im Unternehmen – Die Informations-Infrastruktur bedarfsgerecht gestalten. London: Prentice-Hall 1990

Haasis u.a., 1989 Haasis, H. D., Hackenberg, D., Hillenbrandt, R.: Betriebliche Umweltinformationssysteme. In: Information Management (1989) Nr. 4, S. 46–53

Haberfellner u.a., 1992 Haberfellner, R., Nagel, P., Becker, M., Büchel, A., von Massow, H.: Systems Engineering – Methodik und Praxis. 7. Aufl., völlig neu bearb. u. erw., herausgegeben von Daenzer, W.F., Huber, F. Zürich: Industrielle Organisation 1992

Haberfellner u.a., 1994 Haberfellner, R., Nagel, P., Becker, M., Büchel, A., von Massow, H.: Systems Engineering – Methodik und Praxis. 8. Aufl., herausgegeben von Daenzer, W. F., Huber, F. Zürich: Industrielle Organisation 1994

Hadding, 1988 Hadding, W.: Kommentar zu § 31 Schadenshaftung für Organpersonen. In: Soergel, H. (Hrsg.): Bürgerliches Gesetzbuch mit Einführungsgesetz und Nebengesetzen, Bd. 1. Stuttgart: Kohlhammer 1988

Hallay, Pfriem, 1992 Hallay, H., Pfriem, R.: Öko-Controlling – Umweltschutz in mittelständischen Unternehmen. Frankfurt am Main, New York: Campus 1992

Hallay, Pfriem, 1994 Hallay, H., Pfriem, R.: Qualitäts- und Umweltmanagement - Ein strategischer Wirtschaftsfaktor. In: QZ (Qualität und Zuverlässigkeit) 39 (1994) Nr. 11, S. ZE 141–145

Hammer, Champy, 1994 Hammer, M., Champy, J.: Business Reengineering - Die Radikalkur für das Unternehmen. Frankfurt am Main, New York: Campus 1994

Hauptmanns u.a., 1987 Hauptmanns, U., Herttrich, M., Werner, W.: Technische Risiken - Ermittlung und Beurteilung. Berlin, Heidelberg u.a.: Springer 1987

Hauschildt, 1993 Hauschildt, J.: Innovationsmanagement. München: Vahlen 1993

Hentze, 1991 Hentze, J.: Personalwirtschaftslehre 1 und 2. 5. Aufl. Bern, Stuttgart: Haupt 1991

Herrmann, 1994 Herrmann, K. D.: Betriebliche Umweltinformationssysteme und deren Stellenwert im Ökocontrolling. In: Hilty (Hrsg.): Informatik für den Umweltschutz, Bd. 2. Marburg: Metropolis 1994, S. 131–139

Herrmann, Walter, 1995 Herrmann, J., Walter, T.: TQM - Verständnis und Umsetzung. In: QZ (Qualität und Zuverlässigkeit) 40 (1995) Nr. 8, S. 922–925

Hilty u.a., 1994 Hilty, L. M., Jaeschke, A., Page, B., Schwabl, A. (Hrsg.): Informatik für den Umweltschutz, Bd. 2. Marburg: Metropolis 1994

Hinterhuber, 1990 Hinterhuber, H. H.: Wettbewerbsstrategie. 2. völlig neubearb. Aufl. Berlin, New York: De Gruyter 1990

Hinterhuber, 1992a Hinterhuber, H. H.: Strategische Unternehmensführung, Bd. I: Strategisches Denken. 5., neubearb. und erw. Aufl. Berlin, New York: De Gruyter 1992a

Hinterhuber, 1992b Hinterhuber, H. H.: Strategische Unternehmensführung, Bd. II: Strategisches Handeln. 5., neubearb. und erw. Aufl. Berlin, New York: De Gruyter 1992b

Hoch, Schirra, 1993 Hoch, D., Schirra, W.: Entwicklung der Informationstechnologie - Management des Wandels in einer Zeit des Paradigmenwechsels. In: Scheer, A. W. (Hrsg.): Handbuch Informationsmanagement: Aufgaben - Konzepte - Praxislösungen. Wiesbaden: Gabler 1993, S. 3–47

Hoechst, 1995 Hoechst AG: Progress-Report der Hoechst AG. Frankfurt am Main, 1995

Hoitsch, Kals, 1993 Hoitsch, H. J., Kals, J.: Zur Abgrenzung und Ausgestaltung des umweltorientierten Controlling. In: Journal für Betriebswirtschaft 2 (1993), S. 73–91

Hopfenbeck, 1990 Hopfenbeck, W.: Umweltorientiertes Management und Marketing: Konzepte - Instrumente - Praxisbeispiele. Landsberg am Lech: Moderne Industrie 1990

Hopfenbeck, 1992 Hopfenbeck, W.: Allgemeine Betriebswirtschafts- und Managementlehre: Das Unternehmen im Spannungsfeld zwischen ökonomischen, sozialen und ökologischen Interessen. 6., überarb. Aufl. Landsberg am Lech: Moderne Industrie 1992

Hopfenbeck u.a., 1995 Hopfenbeck, W., Jasch, C., Jasch, A.: Öko-Audit - Der Weg zum Zertifikat. Landsberg am Lech: Moderne Industrie 1995

Hopfenbeck, Jasch, 1990 Hopfenbeck, W., Jasch, C.: Öko-Controlling - Umdenken zahlt sich aus. Landsberg am Lech: Moderne Industrie 1990

Hübner, 1992 Hübner, H.: Ganzheitliches Innovations- und Technologiemanagement. In: Gabler Wirtschaftslexikon. 13., vollst. überarb. Aufl., Bd. 2. Wiesbaden: Gabler 1992, S. 1628–1637

Hübner, 1996 Hübner, H.: Informationsmanagement und strategische Unternehmensführung – Vom Informationsmarkt zur Innovation. München, Wien: Oldenbourg 1996

Hübner, Jahnes, 1992 Hübner, H., Jahnes, S.: Instrumente als „Management-Technologie“ für die Technikwirkungsanalyse – Technik- und Produktfolgenabschätzung im Unternehmen als Kern eines vorsorgenden Umweltmanagements. Kassel: Universität-Gh 1992

Hübner, Jahnes, 1994 Hübner, H., Jahnes, S.: Die ökologische Qualität von Produkten als zusätzliche Dimension einer umweltorientierten Produktplanung. In: Umweltwirtschaftsforum (1994), Nr. 5, S. 50–56

Hübner, Simon-Hübner, 1991 Hübner, H., Simon-Hübner, D.: Ökologische Qualität von Produkten – Ein Leitfaden für Unternehmen. Herausgegeben vom Hessischen Ministerium für Umwelt, Energie und Bundesangelegenheiten. Wiesbaden, 1991

Hunscheid, Becker, 1994 Hunscheid, J., Becker, G.: Praxisbeispiele für die Verknüpfung von betrieblichen Informationssystemen mit einem Umweltcontrolling-System. In: Hilty (Hrsg.): Informatik für den Umweltschutz, Bd. 2. Marburg: Metropolis 1994, S. 117–130

Imai, 1992 Imai, M.: Kaizen – Der Schlüssel zum Erfolg der Japaner im Wettbewerb. 4. durchgesehene Aufl. München: Wirtschaftsverlag Langen Müller/Herbig 1992

Immler, 1989 Immler, H.: Vom Wert der Natur – Zur ökologischen Reform von Wirtschaft und Gesellschaft. Opladen: Westdeutscher Verlag 1989

Jung, Kleine, 1993 Jung, R. H., Kleine, M.: Management: Personen – Strukturen – Funktionen – Instrumente. München, Wien: Hanser 1993

Johann, 1988 Johann, H. P.: Das berufliche Anforderungsprofil für die Tätigkeit des Umweltschutzbeauftragten. In: Die Umweltschutz-Beauftragten – VDI Bericht 696. Düsseldorf: VDI-Verlag 1988

Juran, 1988 Juran, J. M.: Quality Control Handbook. 4. Aufl. New York: McGraw Hill Book Company 1988

Kaier, Hausladen 1994 Kaier, U. M, Hausladen, W.: KWK in Industriebetrieben und die Potentiale einer rationellen Energieverwendung. In: Umweltwirtschaftsforum/UWF (1994) Nr 7, S. 35–42

Kamiske, 1994 Kamiske, G. F. (Hrsg.): Die Hohe Schule des Total Quality Management. Berlin, Heidelberg u.a.: Springer 1994

Kamiske u.a., 1995a Kamiske, G. F., Butterbrodt, D., Dannich-Kappelmann, M., Tammler, U.: Umweltmanagement – Moderne Methoden und Techniken zur Umsetzung. München, Wien: Hanser 1995a

Kamiske u.a., 1995b Kamiske, G. F., Butterbrodt, D., Tammler, U.: Umweltschutz als Bestandteil eines umfassenden Managementsystems. In: Tagungsband zur Forschungstagung Qualität '95, FQS-Schrift Nr. 80-95 Frankfurt am Main, 1995b

Kamiske, Brauer, 1993 Kamiske, G. F., Brauer, J.: Qualitätsmanagement von A-Z. München, Wien: Hanser 1993

Kamiske, Brauer, 1995 Kamiske, G. F., Brauer, J.: Qualitätsmanagement von A-Z. 2. Aufl. München, Wien: Hanser 1995

Kamiske, Füermann, 1995 Kamiske, G. F., Füermann, T.: Reengineering versus Prozeßmanagement – Der richtige Weg zur prozeßorientierten Organisationsgestaltung. In: zfo, Zeitschrift für Führung und Organisation (1995) Nr. 3, S. 142-148

Kamiske, Malorny, 1992 Kamiske, G. F., Malorny, C.: Total Quality Management, Ein bestechendes Führungsmodell mit hohen Anforderungen und großen Chancen. In: zfo, Zeitschrift für Führung und Organisation (1992) Nr. 5, S. 274–278

Kamiske, Tammler, 1995 Kamiske, G. F.; Tammler, U.: Integration von Umweltmanagement- und Qualitätstechniken. In: Zeitschrift für wirtschaftlichen Fabrikbetrieb (1995) Nr. 11, S. 536–539

Karabatsos, 1989 Karabatsos, N. A.: Dr. Kaoru Ishikawa - Quality Organizer. In: Quality Progress (1989) Ausgabe Juni, S. 20

Keller u.a., 1994 Keller, L., Förderer, L., Bieri, E.: Umweltinformatik und Öko-Audit. In: Hilty (Hrsg.): Informatik für den Umweltschutz Bd. 2. Marburg: Metropolis 1994, S. 139–143

Kirsch, Klein, 1977 Kirsch, W., Klein, H. K.: Management Informationssysteme II. Stuttgart: Kohlhammer 1977

Klausewitz, 1986 Klausewitz, W.: Umwelt 2000. Kleine Senckenberg Reihe 3. Frankfurt am Main: Kramer 1986

Klein, 1990 Klein, J.: Vom Informationsmodell zum integrierten Informationssystem. In: Information Management (1990) Nr. 2, S. 6–16

Kloock, 1993 Kloock, J.: Neuere Entwicklungen betrieblicher Umweltkostenrechnungen. In: Wagner, G. R. (Hrsg.): Betriebswirtschaft und Umweltschutz. Stuttgart: Schäffer-Poeschel 1993, S. 179–206

Knauer, 1993 Knauer, P.: Umweltinformationssysteme als Instrument der Umweltpolitik (2. Int. Tagung und Ausstellung über Umweltinformation und Umweltkommunikation Ecoinforma '92, Bayreuth 1992). Tagungsband Volume 4, S. 129–135

Knörzer, 1994 Knörzer, A.: Ökologische Unternehmensbeurteilung - Ein Novum im Bankengeschäft. In: Günther, K. (Hrsg.): Erfolg durch Umweltmanagement. Neuwied: Luchterhand 1994, S. 181–194

Kosanke, 1993 Kosanke, K.: CIMOSA: Offene System-Architektur. In: Scheer, A. W. (Hrsg.): Handbuch Informationsmanagement: Aufgaben - Konzepte - Praxislösungen. Wiesbaden: Gabler 1993, S. 113-141

Kraemer, Wiechmann, 1991 Kraemer, W., Wiechmann, D.: Die Betriebsdatenerfassung als integraler Bestandteil der Fertigungssteuerung und Kostenrechnung. In: Scheer, A. W. (Hrsg.): Fertigungssteuerung - Expertenwissen für die Praxis. München: Oldenbourg 1991, S. 311–353

Kreikebaum, 1992 Kreikebaum, H.: Umweltgerechte Produktion - Integrierter Umweltschutz als Aufgabe der Unternehmensführung im Industriebetrieb. Wiesbaden: Dt. Fachschriften-Verlag 1992

Krogh, Palaß, 1996 Krogh, H., Palaß, B.: Sieg in Etappen. In: Manager Magazin (1996) Nr. 5, S. 196–213

Langheine, Lehmann, 1986 Langheine, R., Lehmann, J.: Entstehungsbedingungen des Umweltbewußtseins. In: Günther, R., Winter, G. (Hrsg.): Umweltbewußtsein und persönliches Handeln. Weinheim, Basel: Beltz 1986, S. 42–54

Leavitt, 1965 Leavitt, H.: Applied Organizational Change in Industry - Structural, Technological and Humanistic Approaches. In: March, J. D. (Hrsg.): Handbook of Organizations. 1965, S. 1144–1170

Legat, 1994 Legat, D.: Hewlett Packard S. A.: Genf: Total Quality im Managementprozeß. In: Zink, K. J. (Hrsg.): Business Excellence durch TQM - Erfahrungen europäischer Unternehmen. München, Wien: Hanser 1994, S. 79–89

Lehner, Glötzl, 1990 Lehner, F., Glötzl, E.: Aufbau und Funktion eines Umweltinformationssystems. In: Umweltinformationsmanagement (1990) Nr. 1, S. 40–47

Liedtke, 1994 Liedtke, C.: Ein neues Maß für ökologisches Wirtschaften - MIPS. Vortrag auf dem 3. Lüneburger Umweltsymposium: Umwelt-Audit und seine Relevanz für Unternehmen. Vortragsband. Lüneburg, 1994

Lockemann, 1993 Lockemann, P. C.: Datenbank-Strategie als Teil der Informationsmanagement-Strategie. In: Scheer, A. W. (Hrsg.): Handbuch Informationsmanagement: Aufgaben - Konzepte - Praxislösungen. Wiesbaden: Gabler 1993, S. 713–735

Loos, 1992 Loos, P.: Datenstrukturierung in der Fertigung. München: Oldenbourg 1992

Macharzina, 1995 Macharzina, K.: Unternehmensführung - Das internationale Managementwissen. 2. akt. und erw. Aufl. Wiesbaden: Gabler 1995

Malorny, Hummel, 1996 Malorny, C., Hummel, T.: Total Quality Management. Herausgegeben von Kamiske, G. F., Reihe „pocket power". München, Wien: Hanser 1996

Mantz, 1994 Mantz, M.: Stand der Betriebsorganisation im deutschen Umweltrecht. In: QZ (Qualität und Zuverlässigkeit) 39 (1994), S. 1273–1278

Martin, 1985 Martin, J.: Manifest für die Informations-Technologie von morgen. Düsseldorf: Econ 1985

Martínez, 1994 Martínez, J. L.: Industrias del Ubierna SA - UBISA: Prozesse, Politik und Strategie. In Zink, K. J. (Hrsg.): Business Excellence durch TQM - Erfahrungen europäischer Unternehmen. München, Wien: Hanser 1994, S. 113–134

Matzel, 1994 Matzel, M.: Die Organisation des betrieblichen Umweltschutzes - Eine organisationstheoretische Analyse der betrieblichen Teilfunktion Umweltschutz. Berlin: Schmidt 1994

Meffert, Kirchgeorg, 1993 Meffert, H., Kirchgeorg, M.: Marktorientiertes Umweltmanagement - Grundlagen und Fallstudien. 2., überarb. und erw. Aufl. Stuttgart: Schäffer-Poeschel 1993

Middelhoff,1994 Middelhoff, H.: Die Organisation des betrieblichen Umweltschutzes - Beispiel deutsche und schweizerische chemische Industrie. In: zfo, Zeitschrift für Organisation (1994) Teil I: Nr. 5, S. 312-315 u. Teil II: Nr. 6, S. 388–392

Müller, 1993 Müller, A.: Umweltorientiertes betriebliches Rechnungswesen. München, Wien: Oldenbourg 1993

Müller-Wenk, 1978 Müller-Wenk, R.: Ökologische Buchhaltung - Informations- und Steuerungsinstrument für umweltkonforme Unternehmenspolitik. Frankfurt am Main, New York: Campus 1978

Neuberger, 1995 Neuberger, O.: Führungstheorien - Machttheorien. In: Kieser, A. (Hrsg.): Handwörterbuch der Führung. 2. Aufl. Stuttgart: Schäffer-Poeschel 1995, S. 953–968

Nork, 1992 Nork, M. E.: Umweltschutz in unternehmerischen Entscheidungen. Wiesbaden: Deutscher Universitätsverlag 1992

Nosko, 1994 Nosko, H.: Rationelle Energieverwendung im Industriebetrieb. In: Umweltwirtschaftsforum/UWF (1994) Nr. 7, S. 25–30

Nutzinger, 1988 Nutzinger, H. G.: Grenzen einer marktorientierten Umweltpolitik. In: Verbraucherzentrale NRW e.V. (Hrsg.): Umweltökonomie und Umweltpolitik. Verbraucherpolitische Hefte Nr. 6. Düsseldorf: Steinbeck Druck 1988, S. 39–50

Ö.B.U./A.S.I.E.G.E., 1992 Unternehmensvereinigung für ökologisch bewußte Unternehmensführung (Ö.B.U./ A.S.I.E.G.E.) (Hrsg.): Ökobilanzen für Unternehmen. Schriften Nr. 7. Basel, 1992

Öko-Institut Freiburg, 1987 Öko-Institut Freiburg (Hrsg.): Produktlinienanalyse – Bedürfnisse, Produkte und ihre Folgen. Ein Diskussionsbeitrag aus dem Öko-Institut. Projektgruppe Ökologische Wirtschaft. Köln: Kölner Volksblatt 1987

Österle, 1981 Österle, H.: Entwurf betrieblicher Informationssysteme. München: Hanser 1981

Pfriem, 1995 Pfriem, R.: Unternehmenspolitik in sozialökologischen Perspektiven. Marburg: Metropolis 1995

Pohle, 1991 Pohle, H.: Chemische Industrie – Umweltschutz, Arbeitsschutz, Anlagensicherheit. Rechtliche und technische Normen. Umsetzung in die Praxis. Weinheim, New York u.a.: VCH 1991

Rack, 1994 Rack, M.: Mindestregelungen zur umweltsichernden Betriebsorganisation – Vorschriften über die Einführung eines Öko-Audit-Systems. In: Schimmelpfeng, L, Machmer, D. (Hrsg.): Öko-Audit – Umweltmanagement und Umweltbetriebsprüfung nach der EG-Verordnung 1836/93. Taunusstein: Blottner 1994, S. 28–61

Rapin, 1990 Rapin, H.: Umwelt. In: Rapin, H. (Hrsg.): Der private Haushalt – Daten und Fakten. Reihe „Stiftung der private Haushalt" Bd. 9. Frankfurt am Main, New York: Campus 1990, S. 239–253

Rauberger, 1994a Rauberger, R.: Von der Ökobilanz zum Umweltkostenmanagement. Unveröffentlichtes Arbeitspapier. Augsburg: Institut für Management und Umwelt 1994a

Rauberger, 1994b Rauberger, R.: Ökobilanzen am Beispiel der Kunert AG. Vortrag an der TU Berlin, 10.11.1994b

Redeker, Otto, 1993 Redeker, G., Otto, S.: Präventive Qualitätssicherung durch umweltorientierte, simulationsgestützte Analyse und Bewertung industrieller Prozesse. In: Pfeifer, T., Hollmann, F. (Hrsg.): Innovative Qualitätssicherung in der Produktion. FQS-Schrift 96-04. Frankfurt: Beuth 1993, S. 121–128

Redeker, Otto, 1995 Redeker, G., Otto, S.: Simulation von Fertigungsprozessen. In: Umweltmagazin (1995) Nr. 4, S. 38–40

Remer, Sandholzer, 1992 Remer, A., Sandholzer, U.: Ökologisches Management und Personalarbeit. In: Steger, U. (Hrsg.): Handbuch des Umweltmanagements, München: Beck 1992, S. 512–536

Rosenstiel, 1980 Rosenstiel, L.: Motivation im Betrieb. 8. Aufl. München, 1980

Roth, 1992 Roth, U.: Umweltkostenrechnung – Grundlagen und Konzeption aus betriebswirtschaftlicher Sicht. Wiesbaden: Deutscher Universitäts Verlag 1992

Rückle, 1992 Rückle, D.: Investition und Finanzierung. In: Steger, U. (Hrsg.): Handbuch des Umweltmanagements. München: Beck 1992, S. 451–467

Rüdenauer, 1991 Rüdenauer, M.: Ökologisch Führen - Funktionelle Kooperation statt hierarchischer Kontrolle. Wiesbaden: Gabler 1991

Runge, 1992 Runge, H. R.: Der steinige Weg zur Weltspitze In: QZ (Qualität und Zuverlässigkeit) 37 (1992), S. 645–650

Sack, 1995 Sack, H. J.: Umweltschutz-Strafrecht - Erläuterungen der Straf- und Bußgeldvorschriften. 4. Aufl. 17. Ergänzungslieferung: Stand Januar 1995. Stuttgart: Kohlhammer 1995

Schäfer, 1986 Schäfer, K.: Verhältnis des § 831 zu anderen Vorschriften des BGB. In: Staudinger, J. (Hrsg.): Staudingers Kommentar zum Bürgerlichen Gesetzbuch. Buch 2. 12. Aufl. Berlin: Schweitzer de Gruyter, 1986

Schaltegger, 1994 Schaltegger, S.: Zeitgemässe Instrumente des betrieblichen Umweltmanagements. In: Die Unternehmung (1994) Nr. 2, S. 117–131

Schaltegger, Sturm, 1992 Schaltegger, S., Sturm, A.: Ökologieorientierte Entscheidungen in Unternehmen. Bern, Stuttgart u.a.: Haupt 1992

Scheer, 1991 Scheer, A. W.: Architektur integrierter Informationssysteme - Grundlagen der Unternehmensmodellierung. Heidelberg, Berlin u.a.: Springer 1991

Scheer, 1993 Scheer, A. W.: ARIS - Architektur integrierter Informationssysteme. In: Scheer, A. W. (Hrsg.): Handbuch Informationsmanagement: Aufgaben - Konzepte - Praxislösungen. Wiesbaden: Gabler 1993, S. 81–112

Schewig, 1994 Schewig, D.: Betriebliche Umweltinformationssysteme in Klein- und Mittelbetrieben: Rahmenbedingungen und Anforderungen. In: Hilty (Hrsg.): Informatik für den Umweltschutz, Bd. 2. Marburg: Metropolis 1994, S. 155–165

Schianetz, 1994 Schianetz, K.: Umweltmanagement in der Textilindustrie. Herausgegeben vom Sächsischen Staatsministerium für Umwelt und Landesentwicklung, 1994

Schmidheiny, 1992 Schmidheiny, S.: Business Council for Sustainable Development (BCSD): Kurswechsel - Globale unternehmerische Perspektiven für Entwicklung und Umwelt. München: Artemis & Winkler 1992

Schmidt, 1992 Schmidt, R.: Einführung in das Umweltrecht. 3. Aufl. München: Beck 1992

Schmidt-Bleek, 1994 Schmidt-Bleek, F.: Wieviel Umwelt braucht der Mensch? - MIPS, das Maß für ökologisches Wirtschaften. Berlin, Boston u.a.: Birkhäuser 1994

Schnabl, 1993 Schnabl, H. (Hrsg.): Ökointegrative Gesamtrechnung - Ansätze, Probleme, Prognosen. Berlin, New York: De Gruyter 1993

Schneck, 1995 Schneck, O.: Management-Techniken - Einführung in die Instrumente der Planung, Strategiebildung und Organisation. Frankfurt am Main, New York: Campus 1995

Scholz, 1989 Scholz, C.: Personalmanagement. München: Vahlen 1989

Schönsleben, 1994 Schönsleben, P.: Praktische Betriebsinformatik - Konzepte logistischer Abläufe. Heidelberg, Berlin u.a.: Springer 1994

Schreiber, 1994 Schreiber, R. L.: Unternehmen und globale Herausforderung vor Ort. In: Leichtschuh-Fecht, H., Burmeister, K. (Hrsg.): Die Zukunft der Unternehmen in einer ökologischen Wirtschaft. Frankfurt am Main: Ökologische Briefe 1994, S. 29–32

Schreiner, 1988 Schreiner, M.: Umweltmanagement in 22 Lektionen – Ein ökonomischer Weg in eine ökologische Zukunft. Wiesbaden: Gabler 1988

Schreiner, 1992a Schreiner, M.: Betriebliches Rechnungswesen bei umweltorientierter Unternehmensführung. In: Steger, U. (Hrsg.): Handbuch des Umweltmanagements. München: Beck 1992a, S. 469–485

Schreiner, 1992b Schreiner, M.: Auswirkungen einer umweltorientierten Unternehmensführung auf die Kosten- und Leistungsrechnung. In: Männel, W. (Hrsg.): Handbuch Kostenrechnung. Wiesbaden: Gabler 1992b, S. 941–957

Schulz, Schulz, 1993 Schulz, E., Schulz, W.: Umweltcontrolling in der Praxis. München: Vahlen 1993

Schulz, Schulz, 1994 Schulz, E., Schulz, W.: Beck Wirtschaftsberater Ökomanagement – So nutzen Sie den Umweltschutz im Betrieb. München: dtv, Beck 1994

Schwarz, 1983 Schwarz, H.: Betriebsorganisation als Führungsaufgabe. Organisation – Lehre und Praxis. 9., neubearb. u. erg. Aufl. Landsberg am Lech: Moderne Industrie 1983

Seggelke, 1993 Seggelke, J.: Das Umweltplanungs- und Informationssystem des Bundes UMPLIS – Aufgaben Hoffnungen und Grenzen. In: Jaeschke, A., Page, B. (Hrsg.): Informatikanwendungen im Umweltbereich. Kernforschungszentrum Karlsruhe 4223, März 1987, S. 47–72

Seggelke, 1994 Seggelke, J.: Ganzheitlich integrierter Modellansatz für DV-gestützte Informationssysteme am Beispiel Umweltschutz. Dissertation. Hamburg: Technische Universität Hamburg-Harburg 1994

Seidel, Behrens, 1992 Seidel, E., Behrens, S.: Umweltcontrolling als Instrument moderner betrieblicher Abfallwirtschaft. In: Betriebswirtschaftliche Forschung und Praxis (1992) Nr. 2, S. 136–152

Seidel, Goldmann, 1995 Seidel, E., Goldmann, B.: Umweltkennzahlen zur Unterstützung betrieblicher Entscheidungen. In: Bundesumweltministerium, Umweltbundesamt (Hrsg.): Handbuch Umweltcontrolling. München: Vahlen 1995, S. 539–560

Seidel, Menn, 1988 Seidel, E., Menn, H.: Ökologisch orientierte Betriebswirtschaft. Stuttgart, Berlin u.a.: Kohlhammer 1988

Seitschek, 1973 Seitschek, V.: Qualitätsberichterstattung – Informationsmittel für alle Unternehmensstufen. In: QZ (Qualität und Zuverlässigkeit) 18 (1973) Nr. 11, S. 276–283

Sietz, 1994 Sietz, M. (Hrsg.): Umweltbewußtes Management. 2. Aufl. Taunusstein: Blottner 1994

Sietz, v. Saldern, 1993 Sietz, M.; v. Saldern, A.: Umweltschutzmanagement und Öko-Auditing. Berlin, Heidelberg u.a.: Springer 1993

Simon, 1992 Simon, C.: Integriertes Informationsmodell zum qualitätssicherungsgerechten Simultaneous Engineering. In: QZ (Qualität und Zuverlässigkeit) 37 (1992) Nr. 5, S. 275–280

Simonis, 1988 Simonis, U. E.: Ökologische Orientierungen – Vorträge zur Strukturanpassung von Wirtschaft, Technik und Wissenschaft. 2., durchg. u. erw. Aufl. Berlin: Edition Sigma 1988

v. Someren, 1994 van Someren, T. C. R.: Öko-Audit in der Praxis der Unternehmensberatung. Vortrag an der TU Berlin am 31.10.1994

Spur, 1994 Spur, G.: Fabrikbetrieb. Das System - Planung - Steuerung - Organisation - Information - Qualität - Die Menschen. München, Wien: Hanser 1994

Staehle, 1991 Staehle, W. H.: Management - Eine verhaltenswissenschaftliche Perspektive. 6., überarb. Aufl. München: Vahlen 1991

Staehle, 1994 Staehle, W. H.: Management - Eine verhaltenswissenschaftliche Perspektive. 7. Aufl.. München: Vahlen 1994

Stahel, 1994 Stahel, W. R.: Gibt es eine ökologische Gesellschaft und wie sieht sie aus? In: Umweltwirtschaftsforum/UWF (1994) Nr. 5, S. 72–78

Stahlmann, 1993 Stahlmann, V.: Ziel und Inhalt ökologischer Rechnungslegung - Vom Teil zum Ganzen. In: Beck, M. (Hrsg.): Ökobilanzierung im betrieblichen Management. Würzburg: Vogel 1993, S. 91–145

Stahlmann, 1994 Stahlmann, V.: Zur Bewertung von ökologischen Wirkungen des Unternehmens. In: Umweltwirtschaftsforum/UWF (1994) Nr. 7, S. 7–17

Stark, 1994 Stark, R.: Qualitäts- und Umweltmanagement - Analogien und Synergien. In: QZ (Qualität und Zuverlässigkeit) 39 (1994), S. 978–982

Stegemann, 1993 Stegemann, G.: Datenbanksysteme - Konzepte, Modelle, Netzanwendungen. Braunschweig: Vieweg 1993

Steger, 1993 Steger, U.: Umweltmanagement - Erfahrungen und Instrumente einer umweltorientierten Unternehmensstrategie. 2., überarb. u. erw. Aufl. Wiesbaden: Gabler 1993

Steinbuch, 1995 Steinbuch, O.: Personalwirtschaft. 6. Aufl. Ludwigshafen: Kiehl 1995

Steinle u.a., 1994 Steinle, C., Lawa, D., Schollenberg, A.: Ökologieorientierte Unternehmensführung - Ansätze, Integrationskonzept und Entwicklungsperspektiven. In: Zeitschrift für Umweltpolitik und Umweltrecht (1994) Nr. 4, S. 409–444

Steven, 1994 Steven, M.: Produktion und Umweltschutz - Ansatzpunkte für die Integration von Umweltschutzmaßnahmen in die Produktionstheorie. Wiesbaden: Gabler 1994

Storm, 1991 Storm, P.: Umweltrecht - Einführung. 4. Aufl. Berlin: Schmidt 1991

Stornebel, Tammler, 1995 Stornebel, K., Tammler, U.: Quality Function Deployment als Werkzeug des Umweltmanagements. In: Umweltwirtschaftsforum/UWF (1995) Nr. 5, S. 4–8

Strebel, 1991 Strebel, H.: Integrierter Umweltschutz - Merkmale, Voraussetzungen, Chancen. In: Kreikebaum, H. (Hrsg.): Integrierter Umweltschutz - Eine Herausforderung an das Innovationsmanagement. 2. erw. Aufl. Wiesbaden: Gabler 1991, S. 4–16

Strobel, 1994 Strobel, M.: Mitarbeiter am Institut für Management und Umwelt, Augsburg, in mehreren telefonischen Gesprächen im November 1994

Teutsch, 1985 Teutsch, G. M.: Lexikon der Umweltethik. Düsseldorf, Göttingen: Patmos, Vandenhoeck & Ruprecht 1985

Thaler, 1993 Thaler, G.: Informationsmanagement in einem international operierenden Handels- und Dienstleistungsunternehmen - Ein Erfahrungsbericht. In: Scheer, A. W. (Hrsg.): Handbuch Informationsmanagement: Aufgaben - Konzepte - Praxislösungen. Wiesbaden: Gabler 1993, S. 391–408

Tischler, 1984 Tischler, W.: Einführung in die Ökologie. 3., stark veränderte u. erw. Aufl. Stuttgart, New York: Gustav Fischer 1984

Tomys, 1994a Tomys, A. K.: Kostenorientiertes Qualitätsmanagement - Ein Beitrag zur Klärung der Qualität-Kosten-Problematik. München, Wien: Hanser 1994a

Tomys, 1994b Tomys, A. K.: Wertschöpfung als Wirkungsgrad von Geschäftsprozessen. In: Kamiske, G. F. (Hrsg.): Die Hohe Schule des Total Quality Management. Berlin, Heidelberg u.a.: Springer 1994b, S. 216–232

Töpfer, Mehdorn, 1994 Töpfer, A., Mehdorn, H.: Wird der Standard nicht erreicht, sind kostspielige Nachbesserungen erforderlich. Total Quality Management III. In: Handelsblatt Nr. 23 vom 03.02. 1994, S. 12

TUB, 1994 Technische Universität Berlin (Hrsg.): Spezielle Energiewandler. Skriptum zum Weiterbildungsprogramm Energie- und Umweltmanagement. Berlin: TU Berlin 1994

UBA, 1989 Umweltbundesamt (Hrsg.): Daten zur Umwelt 1988/89. Berlin: Schmidt 1989

UBA, 1995a Umweltbundesamt (Hrsg.): Umweltdaten Deutschland. 1995a

UBA, 1995b Bundesumweltministerium und Umweltbundesamt (Hrsg.): Handbuch Umweltcontrolling. München: Vahlen 1995b

Ulrich, 1987 Ulrich, H.: Unternehmenspolitik, 2., durchgesehene Aufl. Bern, Stuttgart: Haupt 1987

Ulrich, Fluri, 1992 Ulrich, P., Fluri, E.: Management - Eine konzentrierte Einführung. 6., neubearb. und erg. Aufl. Bern, Stuttgart: Haupt 1992

Ulrich, Probst, 1988 Ulrich, H., Probst, G. J. B.: Anleitung zum ganzheitlichen Denken und Handeln - Ein Brevier für Führungskräfte. Bern, Stuttgart: Haupt 1988

Umweltmagazin, 1995 Umweltmagazin, Sonderheft EDV im Umweltschutz. Würzburg: Vogel 1995

VDI, 1991a Verein Deutscher Ingenieure (VDI): Technikbewertung - Begriffe und Grundlagen. VDI-Richtlinie 3780. Düsseldorf: VDI-Verlag 1991a

VDI, 1991b Verein Deutscher Ingenieure (VDI): Konstruieren recyclinggerechter technischer Produkte. VDI-Richtlinie 2243 (Entwurf). Düsseldorf: VDI-Verlag 1991b

VDI, 1994 Verein Deutscher Ingenieure (VDI): System zur Zukunftssicherung (TQM). VDI-Richtlinie 5500. Düsseldorf: VDI-Verlag 1994

Vester, 1987 Vester, F.: Unsere Welt - Ein vernetztes System. 4. Aufl. München: Deutscher Taschenbuch Verlag 1987

Wagner, 1992 Wagner, G. R.: Kosten der Umwelterhaltung in ihrer Bedeutung für die Unternehmenspolitik. In: Männel, W. (Hrsg.): Handbuch Kostenrechnung. Wiesbaden: Gabler 1992, S. 917–929

Wagner, 1993 Wagner, G. R.: Das Ökologische Controlling als Konzeption interner Unternehmensrechnung. In: Wagner, G.R. (Hrsg.): Betriebswirtschaft und Umweltschutz. Stuttgart: Schäffer-Poeschel 1993, S. 207–222

Wagner, Janzen, 1994 Wagner, R., Janzen, H.: Umwelt-Auditing als Teil des betrieblichen Umwelt- und Risikomanagements. In: Betriebwirtschaftliche Forschung und Praxis (1994) Nr. 6, S. 573–604

Westkämper, 1994 Westkämper, E.: Zertifizierung des Umweltmanagements nach dem Vorbild des Qualitätsmanagements. In: QZ (Qualität und Zuverlässigkeit) 39 (1994), S. ZE 134–140

Wicke, 1989 Wicke, L.: Umweltökonomie - Eine praxisorientierte Einführung. 2., vollst. überarb., erw. u. akt. Aufl. München: Vahlen 1989

Wicke u.a., 1992 Wicke, L., Haasis, H.-D., Schafhausen, F., Schulz, W.: Betriebliche Umweltökonomie - Eine praxisorientierte Einführung. München: Vahlen 1992

Winje, Hanitsch, 1990 Winje, D., Hanitsch, R. (Hrsg.): Energiemanagement. Handbuchreihe Energieberatung/Energiemanagement Bd. 1, Heidelberg, Berlin u.a.: Springer 1990
Winter, 1993 Winter, G.: Das umweltbewußte Unternehmen - Ein Handbuch der Betriebsökologie mit 28 Check-Listen für die Praxis. 5., völlig überarb. u. erg. Aufl. München: Beck 1993
Wirtschaftswoche, 1994 Wirtschaftswoche: Öko-Audit. Wirtschaftswoche Nr. 43 (1994), Düsseldorf, 1994, S. 124
Wöhe, 1986 Wöhe, G.: Einführung in die Allgemeine Betriebswirtschaftslehre. 16., überarb. Aufl. München: Vahlen 1986
Zahn, Schmid, 1992 Zahn, E., Schmid, U.: Wettbewerbsvorteile durch umweltschutzorientiertes Management. In: Zahn, E., Gassert, H. (Hrsg.): Umweltschutzorientiertes Management - Die unternehmerische Herausforderung von morgen. Stuttgart: Poeschel 1992, S. 39–93
Zink, 1989 Zink, K. J.: Zur Relevanz sozio-technologischer Systemgestaltung am Beispiel Qualitätsmanagement. In: Technologie & Management (1989) Nr. 4, S.24–29
Zink, 1993 Zink, K. J.: Business Excellence durch TQM - Erfahrungen europäischer Unternehmen. München, Wien: Hanser 1993
Zink, Schick, 1984 Zink, K. J., Schick, G.: Quality Circles. München, Wien: Hanser 1984
Zink, Schildknecht, 1989 Zink, K. J., Schildknecht, R.: Total Quality Konzepte - Entwicklungslinien und Überblick. In: Zink, K. J. (Hrsg.): Qualität als Managementaufgabe. Landsberg am Lech: Moderne Industrie 1989
Zink, Schildknecht, 1992 Zink, K. J., Schildknecht, R.: Total Quality Management - Baustein einer umfassenden Qualitätsförderung. In: QZ (Qualität und Zuverlässigkeit) 37 (1992), S. 720–724
Zündel, 1992 Zündel, S.: Umwelt-Controlling als Instrument für eine ökologisch orientierte Unternehmenspolitik. In: Fertigungstechnik und Betrieb (1992) Nr. 4, S. 148–150

Autoren

Dipl.-Ing. Detlef Butterbrodt
Geboren 1962, studierte Maschinenbau mit der Vertiefung Produktionstechnik und Qualitätsmanagement an der Technischen Universität Berlin. Am Lehrgebiet Qualitätswissenschaft arbeitet er seit 1992 als Wissenschaftlicher Mitarbeiter unter der Leitung von Prof. Dr.-Ing. Kamiske an der ökologischen Ausrichtung des TQM-Führungsmodells und seit 1994 an dem AiF/FQS-geförderten Forschungsprojekt „Umweltschutz als Bestandteil eines umfassenden Managementsystems". Daneben ist er Mitbegründer eines Hochschularbeitskreises und Mitglied in zahlreichen weiteren Arbeitskreisen zu dieser Thematik sowie Referent an verschiedenen Bildungsinstituten. 1996 wurde er für seine Arbeit mit dem Walter Masing-Preis ausgezeichnet.
Als Autor verschiedener Fachartikel und Buchbeiträge bereitet er die konzeptionellen Grundlagen in Verbindung mit praktischen Erfahrungen aus einer Vielzahl von Projekten auf, um sie einer breiten Leserschaft zugänglich zu machen.

Dipl.-Wirtsch.-Ing. Ulrich Hamm
Geboren 1967, studierte Wirtschaftsingenieurwesen mit den Vertiefungen Energietechnik/Erneuerbare Energien und Strategische Unternehmensführung an der Technischen Universität Berlin. Während seines Studiums sammelte er bereits Erfahrungen bei der Erfassung umweltrelevanter Kosten bei der KPMG Deutsche Treuhand Gesellschaft, Umweltgruppe Berlin. Seit 1995 ist er als Umweltbetriebsprüfer (IHK) bei der UCB Umwelt Consult Berlin GmbH verantwortlich für das Geschäftsfeld Umwelt-, Qualitäts- und Arbeitssicherheitsmanagementberatung.

Dipl.-Oec. Stefan Jahnes

Geboren 1962, studierte Wirtschaftswissenschaften mit der Vertiefung „Markt und Allokation" an der Universität-Gh Kassel. Seit 1993 ist er dort als wissenschaftlicher Mitarbeiter im Fachbereich Wirtschaftswissenschaften, Fachgebiet Technikwirkungs- und Innovationsforschung/ TWI beschäftigt (Leitung: Prof. Dipl.-Ing. Dr. H. Hübner). Seine Arbeitsschwerpunkte liegen in den Bereichen Technik- und Produktfolgenabschätzung und Umweltmanagement. Daneben ist er Mitglied in einschlägigen Arbeitskreisen, Dozent in der Umweltweiterbildung der IHK Kassel und (Co-)Autor verschiedener Fachbeiträge seine Arbeitsschwerpunkte betreffend.

Dr. Sebastian Kostka

Geboren 1966, hat den größten Teil seiner Schulzeit in Paris auf einer internationalen Schule verbracht. Nach Beendigung seiner Schulzeit mit dem deutschen und französischen Abitur begann er 1985 sein Studium der Chemie an der TU Berlin, welches er im Sommer 1991 abschloß. 1992 begann er seine Promotion am Institut für Technische Chemie an der TU Berlin mit dem Thema „Förderung des produktionsintegrierten Umweltschutzes in der chemischen Industrie durch Einführung von Umweltmanagementsystemen in der Forschung und Entwicklung". Diese Thematik wurde in enger Zusammenarbeit mit der chemischen Industrie bearbeitet. Die notwendigen ökonomischen Kenntnisse erwarb sich Herr Kostka durch ein Aufbaustudium des Wirtschaftsingenieurwesens an der Technischen Fachhochschule Berlin. Mitte 1996 wurde das Promotionsverfahren mit „sehr gut" abgeschlossen. Herr Kostka ist Autor diverser Artikel zu der oben genannten Thematik.

Dipl.-Ing. Stefan Otto

Geboren 1964, studierte Maschinenbau der Vertiefungsrichtung Produktionstechnik an der Universität Hannover. Seit 1991 arbeitet er am Institut für Qualitätssicherung der Universität Hannover als wissenschaftlicher Mitarbeiter unter der Leitung von Professor Georg Redeker. Die Schwerpunkte seiner Arbeit liegen an der Nahtstelle zwischen Qualitätsmanagement und Umweltmanagement. Seit Oktober 1993 bearbeitet er das von der Deutschen Forschungsgemeinschaft geförderte Forschungsprojekt „Präventive Qualitätssicherung durch umweltorientierte, simulationsgestützte Analyse und Bewertung industrieller Prozesse".

Dipl.-Ing. Ulrich Tammler

Geboren 1967, studierte Maschinenbau mit den Vertiefungsrichtungen Produktionstechnik und Qualitätswissenschaft an der Technischen Universität Berlin. Er arbeitet seit 1992 im Fachgebiet Qualitätswissenschaft des Instituts für Werkzeugmaschinen und Fabrikbetrieb der TU Berlin als Wissenschaftlicher Mitarbeiter unter der Leitung von Prof. Dr.-Ing. Kamiske. Sein spezielles Aufgabengebiet ist die Anwendung des Konzepts der ständigen Verbesserung für die Steigerung der Umweltverträglichkeit von Produktionsprozessen durch kombinierte Anwendung von Umweltmanagement und Qualitätstechniken. Seit 1994 betreut er das AiF/FQS-geförderte Forschungsprojekt „Umweltschutz als Bestandteil eines umfassenden Managementsystems". Er ist Mitbegründer eines Hochschularbeitskreises und Mitglied in weiteren Arbeitskreisen. Seine in der unternehmerischen Praxis erprobten Arbeitsergebnisse wurden in verschiedenen Buchbeiträgen und Fachartikeln veröffentlicht.

Sachverzeichnis